FiNALEonline.de

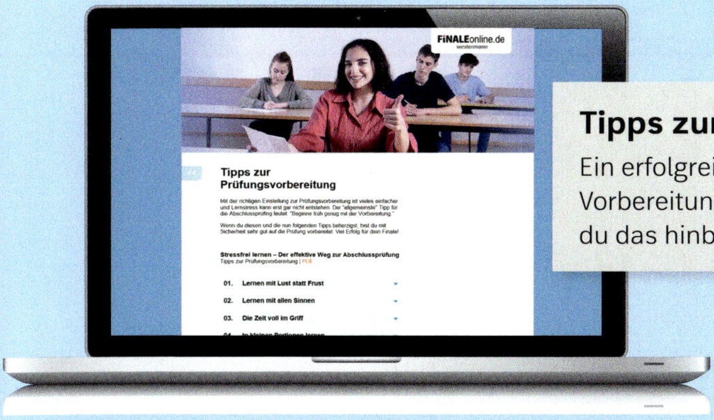

Tipps zur Prüfungsvorbereitung

Ein erfolgreiches Abitur erfordert eine gezielte Vorbereitung ohne unnötigen Lernstress. Wie du das hinbekommst, erfährst du hier!

Videos zur mündlichen Prüfung

Nur wenige Abiturienten wissen genau, wie sie abläuft, die „Mündliche". Die Videos geben dir Einblick in den Ablauf der Prüfung und Tipps für die richtige Vorbereitung.

Die Kombination aus FiNALE-Buch und FiNALEonline bietet dir die optimale Vorbereitung für deine Prüfung und begleitet dich sicher zu einem erfolgreichen Abitur 2022!

www.finaleonline.de

DEIN ONLINE-PLUS ZUM FiNALE ABITURBAND

FiNALEonline.de

FiNALEonline ist die digitale Ergänzung zu deinem Abiturband. Hier findest du eine Vielzahl an Angeboten, die dich bei deiner Prüfungsvorbereitung zusätzlich unterstützen.

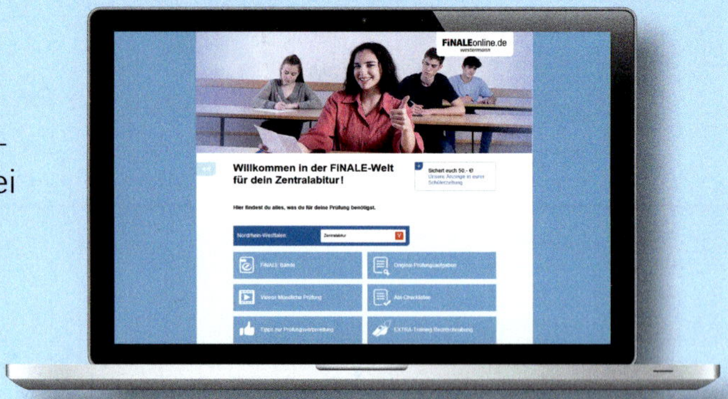

Das Plus für deine Vorbereitung:

- Original-Prüfungsaufgaben mit Lösungen (bitte Code von Seite 2 eingeben!)
- EXTRA-Training Rechtschreibung
  So kannst du einem möglichen Punktabzug bei deinen Abi-Klausuren vorbeugen.
- Videos zur mündlichen Prüfung
- Tipps zur stressfreien Prüfungsvorbereitung
- Abi-Checklisten mit allen prüfungsrelevanten Themen

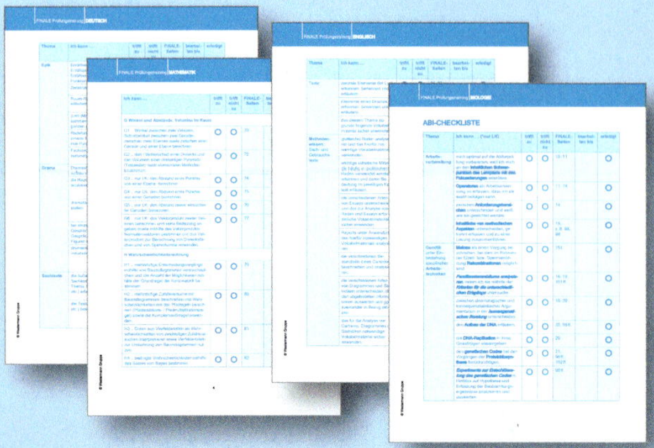

Abi-Checklisten
Sie helfen dir, den Überblick über den Prüfungsstoff zu behalten.

westermann

FiNALE
Prüfungstraining

Bayern

Abitur 2022
Mathematik

Heinz Klaus Strick
Martin Brüning
Benno Burbat
Dr. Holger Reeker

FiNALEonline.de

Liebe Abiturientin, lieber Abiturient,

sobald die Original-Prüfungsaufgaben zur Veröffentlichung freigegeben sind, können sie unter www.finaleonline.de zusammen mit ausführlichen Lösungen kostenlos heruntergeladen werden. Gib dazu einfach diesen Code ein:

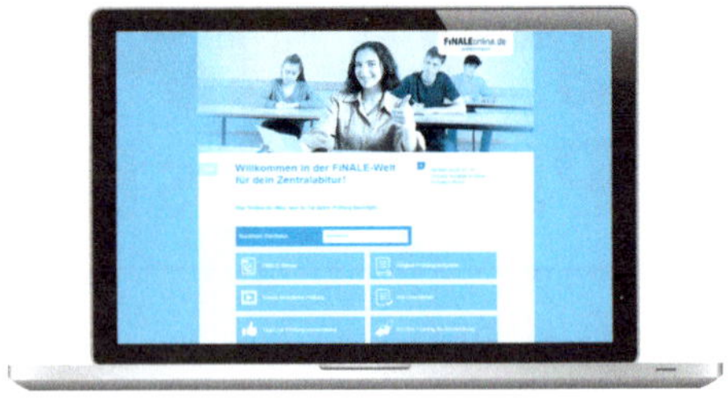

MA2X8K6

Einfach mal reinschauen: www.finaleonline.de

westermann GRUPPE

Druck A[1] / Jahr 2021
Alle Drucke der Serie A sind im Unterricht parallel verwendbar.

Redaktion: Dr. Ulrich Kilian, science & more redaktionsbüro
Kontakt: finale@westermann.de
Layout: Druckreif! Sandra Grünberg, Braunschweig
Umschlaggestaltung: Gingco.Net, Braunschweig
Umschlagfoto: Peter Wirtz, Dormagen
Zeichnungen: Michael Wojczak, Langner & Partner Werbeagentur GmbH
Druck und Bindung: westermann druck GmbH, Braunschweig

ISBN 978-3-7426-2255-6

Inhaltsverzeichnis

Arbeiten mit FiNALE

Liebe Schülerin, lieber Schüler,

dieses Buch zur Vorbereitung auf die schriftlichen Abiturprüfungen 2021 im Fach Mathematik berücksichtigt die für 2022 vorgesehenen Abiturvorschriften sowie die traditionell in Bayern gestellten Aufgabenformate.

Zur gezielten Vorbereitung auf das Abitur 2022 bietet **FiNALE**:

- vielfältige Aufgabenbeispiele mit ausformulierten Beispiellösungen, oft auch mit alternativen Lösungswegen;
- erprobte Aufgaben, die *hilfsmittelfrei* gelöst werden (Training für Prüfungsteil A);
- ausführliche Trainingsaufgaben für die Abituraufgaben des Prüfungsteils B, die *mit Hilfsmitteln* gelöst werden sollen;
- alle Original-Prüfungsaufgaben von 2020 mit ausführlichen Lösungen. Sobald die Original-Prüfungsaufgaben 2021 zur Veröffentlichung freigegeben sind, können sie zusammen mit ausführlichen Lösungen kostenlos im Internet unter **www.finaleonline.de** heruntergeladen werden.

Die in diesem Buch abgedruckten Trainingsaufgaben zum Prüfungsteil B umfassen stets mehrere Teilaufgaben, durch die unterschiedliche Aspekte eines Sachverhalts angesprochen werden. Der Umfang dieser Aufgaben geht deutlich über den Umfang der Aufgaben des Prüfungsteils B in der schriftlichen Abiturprüfung hinaus, wo – aus Zeitgründen – nur jeweils einige der möglichen Fragestellungen berücksichtigt werden können.

FiNALE ist so konzipiert, dass bei der Arbeit mit dem Buch eine *individuelle* Vorbereitung möglich ist. Sie können sich schnell einen Überblick über Ihre persönlichen Stärken und Schwächen in den Themenbereichen Analysis, Geometrie oder Stochastik verschaffen und damit die Intensität der Arbeit nach eigenen Bedürfnissen genau dosieren.

Das detaillierte Inhaltsverzeichnis, das übersichtlich zusammengestellte Verzeichnis der für die Abiturprüfung notwendigen Kompetenzen (Abi-Checkliste), die alle Kompetenzen abdeckenden Trainingsaufgaben mit den entsprechenden Querverweisen zur Kompetenzübersicht sowie ein Stichwortverzeichnis erleichtern dabei die Orientierung in **FiNALE**.

Der systematische Aufbau und die komprimierte Form fördern eine zeitökonomische und effektive Abiturvorbereitung. **FiNALE** empfiehlt sich von daher als sinnvolle Begleitung und Ergänzung des Fachunterrichts.

Wir wünschen Ihnen viel Erfolg!

Tipps zum Umgang mit FiNALE

Für die Vorbereitung auf die zentrale Abiturprüfung im Fach Mathematik schlagen wir folgende Arbeitsweisen vor:

Möglichkeit 1:
Um einen Überblick über die verschiedenen Themenbereiche zu erhalten, sollten Sie zunächst die Kompetenzübersicht (Abi-Checkliste) sowie die Ausführungen in Form des Basiswissens lesen und sich anhand der Beispiele verdeutlichen, welche Anforderungen mit den Kompetenzen zu erfüllen sind. Dabei können Sie gleichermaßen feststellen, welche Prüfungsinhalte Sie bereits gut beherrschen und was Ihnen noch Schwierigkeiten bereitet. Wir empfehlen Ihnen hier, sich zu notieren, welche Themen Sie noch intensiver wiederholen sollten, um damit die Vorbereitung auf die Abiturprüfung zu strukturieren. Wenn Sie hier systematisch vorgehen und sich über Ihre Stärken und Schwächen im Klaren sind, wird die Vorbereitung effizient und zielorientiert sein.

Nach der Entscheidung, in welchem Themenbereich für Sie in der persönlichen Vorbereitung auf das Zentralabitur der größte Handlungsbedarf besteht, können Sie die entsprechenden Kapitel im Basiswissen nochmals intensiv durcharbeiten. Hier werden auch die im Basiswissen von **FiNALE** enthaltenen einfachen Aufgabenbeispiele als Muster hilfreich sein.

Nachdem Sie die Grundlagen wiederholt haben, bieten Ihnen die zugehörigen Trainingsaufgaben mit ihren ausführlichen Lösungen (auch mit Lösungsalternativen) ein umfangreiches Übungsfeld. Sie können für Ihre Vorbereitung besonders geeignete Aufgaben anhand der bei den Aufgabenstellungen notierten Kompetenzen schnell erkennen.

Versuchen Sie zunächst, die Aufgaben selbstständig zu bearbeiten, d.h. erst dann die angebotenen Lösungen einzusehen, wenn es nicht mehr anders geht. Wenn Ihnen die Bearbeitung ohne Blick in den Lösungsteil gelungen ist, sollten Sie dennoch Ihre eigenen Lösungen kontrollieren und mit den abgedruckten Lösungen und weiteren Lösungsvarianten vergleichen.

Treten auch nach der Durchsicht der angebotenen Lösungen Verständnisprobleme auf, dann hilft Ihnen das intensive Durcharbeiten der zugehörigen Stichwörter des Basiswissens sicherlich weiter. – Überhaupt lässt sich das *Basiswissen* wie ein Nachschlagewerk benutzen.

An den Original-Prüfungsaufgaben können Sie dann erproben, wie weit Sie mit Ihrer Vorbereitung bereits gekommen sind.

Möglichkeit 2:
Selbstverständlich können Sie **FiNALE** auch in anderer Reihenfolge nutzen: Wenn Sie unmittelbar mit den Trainingsaufgaben beginnen, werden Sie automatisch durch die Querverweise zu den zugehörigen Kompetenzen und dem entsprechenden Basiswissen hingeführt. Treten Schwierigkeiten bei der Lösung der Aufgaben auf, so können Sie Ihre Lücken genau erkennen und die entsprechenden Inhalte wiederholen. Allerdings erhalten Sie bei der oben beschriebenen Vorgehensweise schneller einen Überblick über Ihre Stärken und Schwächen.

Bei diesen Vorschlägen zur Arbeitsweise mit **FiNALE** handelt es sich natürlich nur um Anregungen, die Sie nach eigenen Vorstellungen variieren können.

Abi-Checkliste

ANALYSIS

Ich kann ...	Trifft zu	Trifft nicht zu	Seite
A Differenzialrechnung			
A1 ... Potenzfunktionen ableiten (ganzzahlige, rationale, reelle Exponenten).	⊗	○	12
A2 ... Exponentialfunktionen, Logarithmusfunktionen, Sinus- und Kosinusfunktion ableiten.	⊗	○	13
A3 ... einfache Funktionen mit der Summen- und Faktorregel ableiten, zusammengesetzte Funktionen mit der Produkt-, Quotienten- und Kettenregel ableiten.	⊗	○	13
A4 ... die Gleichung einer Tangente und einer Normalen an einen Funktionsgraphen bestimmen.	⊗	○	15
A5 ... mittlere und lokale Änderungsraten angeben und berechnen sowie im Sachzusammenhang interpretieren.	⊗	○	16
A6 ... Schnittwinkel eines Graphen mit der x-Achse bestimmen.	⊗	○	17
B Untersuchung von Funktionsgraphen			
B1 ... Graphen auf Symmetrie untersuchen.	⊗	○	18
B2 ... den Graphen einer Funktion verschieben.	⊗	○	19
B3 ... den Graphen einer Funktion strecken.	⊗	○	21
B4 ... Nullstellen einer Funktion bestimmen.	⊗	○	22
B5 ... Schnittpunkte zweier Funktionsgraphen interpretieren.	○	⊗	23
B6 ... Graphen auf Monotonie und auf lokale und absolute Extrempunkte untersuchen und diese im Sachzusammenhang interpretieren.	⊗	○	24
B7 ... Graphen auf ihr Krümmungsverhalten und auf Wende- und Sattelpunkte untersuchen und diese im Sachzusammenhang interpretieren sowie die Wendestelle als Stelle mit extremaler Änderungsrate identifizieren.	⊗	○	26
B8 ... den Globalverlauf ganzrationaler Funktionen und das asymptotische Verhalten bei Exponentialfunktionen untersuchen.	⊗	○	28
B9 ... Funktionenscharen auf besondere Punkte untersuchen sowie gemeinsame Punkte der Kurvenschar ermitteln; Ortslinien von Funktionenscharen bestimmen.	⊗	○	29

Ich kann ...	Trifft zu	Trifft nicht zu	Seite
B10 ... Eigenschaften der Sinus- und Kosinusfunktion angeben und die Funktionsgleichung einer allgemeinen Sinusfunktion bestimmen.	○	○	32
B11 ... Eigenschaften von gebrochenrationalen Funktionen untersuchen.	⊗	○	34
B12 ... Eigenschaften von Wurzelfunktionen bestimmen.	⊗	○	37
B13 ... Überprüfen, ob eine Funktion umkehrbar ist, und den Funktionsterm der Umkehrfunktion herleiten.	⊗	○	38
C Mathematische Modellierungen mithilfe der Differenzialrechnung			
C1 ... ganzrationale Funktionen mit vorgegebenen Eigenschaften bestimmen (auch in Sachzusammenhängen, z. B. Trassierungen).	○	○	39
C2 ... Exponentialfunktionen aus gegebenen Bedingungen bestimmen.	○	○	41
C3 ... in Anwendungen ein passendes Modell für das exponentielle Wachstum aufstellen, seine Tragfähigkeit untersuchen und Schlussfolgerungen im Sachzusammenhang interpretieren sowie Verdopplungs- und Halbwertszeiten berechnen.	○	○	42
C4 ... Extremwertaufgaben mit Nebenbedingungen innermathematisch und in Sachzusammenhängen lösen.	○	○	44
D Integralrechnung			
D1 ... Stammfunktionen zu Grundtypen von Funktionen bestimmen und den Hauptsatz der Differenzial- und Integralrechnung (HDI) zur Berechnung bestimmter Integrale anwenden.	○	○	46
D2 ... Flächeninhalte zwischen einem Funktionsgraphen und der x-Achse und Flächeninhalte zwischen mehreren Funktionsgraphen berechnen.	○	○	48
D3 ... Gesamtänderungen aus gegebenen Änderungsraten mithilfe von bestimmten Integralen berechnen.	○	○	50
D4 ... Mittelwerte von kontinuierlich veränderten Größen mit der Integralrechnung berechnen.	○	○	51
D5 ... Inhalte ins Unendliche reichender Flächen mit uneigentlichen Integralen und den dabei erforderlichen Grenzwertbetrachtungen ermitteln.	○	○	52

Geometrie

Ich kann ...	Trifft zu	Trifft nicht zu	Seite
E Vektorrechnung			
E1 ... Punkte im Raum durch Ortsvektoren sowie Verschiebungen im Raum durch Vektoren beschreiben.	◯	◯	53
E2 ... untersuchen, ob ein Vektor eine Linearkombination von zwei Vektoren ist.	◯	◯	53
E3 ... Vektoren addieren und subtrahieren sowie den Mittelpunkt einer Strecke berechnen.	◯	◯	54
E4 ... das Skalarprodukt zweier Vektoren berechnen und damit entscheiden, ob die Vektoren zueinander orthogonal sind.	◯	◯	56
E5 ... Längen von Strecken im Raum und den Betrag von Vektoren berechnen.	◯	◯	57
E6 ... Kreise und Kugeln mithilfe von Koordinaten und Vektoren beschreiben.	◯	◯	58
F Geraden und Ebenen im Raum			
F1 ... Parameterdarstellungen für Geraden ermitteln sowie überprüfen, ob und ggf. wo ein Punkt auf einer gegebenen Gerade liegt (Punktprobe).	◯	◯	59
F2 ... Geraden auf ihre gegenseitige Lage untersuchen.	◯	◯	60
F3 ... Parameterdarstellungen für Ebenen ermitteln sowie überprüfen, ob ein Punkt auf einer gegebenen Ebene liegt (Punktprobe).	◯	◯	62
F4 ... Spurpunkte von Geraden sowie Spurpunkte und Spurgeraden von Ebenen bestimmen.	◯	◯	64
F5 ... einen Normalenvektor und den Einheitsnormalenvektor einer Ebene bestimmen.	◯	◯	65
F6 ... Ebenen mithilfe von Koordinatengleichungen beschreiben – auch in Normalenform oder HESSE'scher Normalenform angeben.	◯	◯	67
F7 ... Darstellungsformen von Ebenen ineinander überführen.	◯	◯	69
F8 ... Schnittprobleme zwischen Geraden und Ebenen in Sachzusammenhängen untersuchen.	◯	◯	70
F9 ... Ebenen auf ihre gegenseitige Lage untersuchen und möglicherweise vorhandene Schnittgeraden bestimmen.	◯	◯	73
F10 ... lineare Gleichungssysteme systematisch lösen.	◯	◯	75

Ich kann ...	Trifft zu	Trifft nicht zu	Seite
G Winkel und Abstände, Volumina im Raum			
G1 ... Winkel zwischen zwei Vektoren und Schnittwinkel zwischen zwei Geraden berechnen.	◯	◯	79
G2 ... Schnittwinkel zwischen zwei Ebenen berechnen.	◯	◯	80
G3 ... Schnittwinkel zwischen einer Gerade und einer Ebene berechnen.	◯	◯	81
G4 ... den Flächeninhalt eines Dreiecks und das Volumen einer dreiseitigen Pyramide (Tetraeder) mit elementaren Methoden bestimmen.	◯	◯	82
G5 ... den Abstand eines Punktes von einer Ebene berechnen.	◯	◯	83
G6 ... den Abstand eines Punktes von einer Geraden berechnen.	◯	◯	85
G7 ... den Abstand zweier windschiefer Geraden berechnen.	◯	◯	86
G8 ... das Vektorprodukt zur Berechnung von Dreiecksflächen und von Spatvolumina verwenden.	◯	◯	87

Stochastik

Ich kann ...	Trifft zu	Trifft nicht zu	Seite
H Beschreibende Statistik			
H1 ... Mittelwert und Stichprobenstreuung einer Häufigkeitsverteilung bestimmen.	◯	◯	88
I Wahrscheinlichkeitsrechnung			
I1 ... Wahrscheinlichkeiten von Ereignissen mithilfe elementarer Regeln berechnen.	◯	◯	90
I2 ... mehrstufige Zufallsversuche mithilfe von Baumdiagrammen beschreiben.	◯	◯	91
I3 ... Wahrscheinlichkeiten mithilfe der Pfadregeln berechnen.	◯	◯	92
I4 ... bedingte Wahrscheinlichkeiten mithilfe von Vierfeldertafeln oder umgekehrten Baumdiagrammen bestimmen.	◯	◯	92
I5 ... bedingte Wahrscheinlichkeiten mithilfe des Satzes von Bayes bestimmen.	◯	◯	93
I6 ... überprüfen, ob zwei Ereignisse stochastisch voneinander abhängig oder unabhängig sind.	◯	◯	94

J Wahrscheinlichkeitsverteilungen			
J1 ... Wahrscheinlichkeitsverteilungen einer (diskreten) Zufallsvariablen bestimmen.	◯	◯	95
J2 ... Kenngrößen (Erwartungswert, Varianz und Standardabweichung) einer (diskreten) Zufallsvariablen berechnen.	◯	◯	96
J3 ... wesentliche Eigenschaften von BERNOULLI-Versuchen erläutern und Wahrscheinlichkeiten von Ereignissen mithilfe der BERNOULLI-Formel oder der Optionen eines TR bestimmen.	◯	◯	97
J4 ... Mindestwerte von n bzw. von p zu einer vorgegebenen Mindestwahrscheinlichkeit ermitteln.	◯	◯	99
J5 ... die Kenngrößen Erwartungswert, Varianz und Standardabweichung einer binomialverteilten Zufallsvariablen berechnen.	◯	◯	101
K Beurteilende Statistik			
K1 ... Prognosen im Hinblick auf zu erwartende absolute Häufigkeiten treffen und damit die Signifikanz von Abweichungen bewerten.	◯	◯	102
K2 ... Mithilfe einer Entscheidungsregel von der Stichprobe auf die Gesamtheit schließen.	◯	◯	103
K3 ... Mögliche Fehler bei der Anwendung einer Entscheidungsregel beschreiben und zugehörige Wahrscheinlichkeiten bestimmen können.	◯	◯	105
K4 ... die prinzipielle Vorgehensweise bei einem einseitigen Hypothesentests erläutern (Standpunkt klären, Annahme- und Verwerfungsbereich bestimmen, Entscheidungsregeln festlegen)	◯	◯	106

Basiswissen

A1 Potenzfunktionen ableiten (ganzzahlige, rationale, reelle Exponenten).

(1) Potenzregel für **natürliche Exponenten:**
$f(x) = x^n,\ n \in \mathbb{N}$, $\qquad f'(x) = n \cdot x^{n-1}$.

(2) Potenzregel für **negative ganzzahlige Exponenten**:
$f(x) = x^{-n}\ (x \neq 0)$ $\qquad f'(x) = -n \cdot x^{-n-1}$

Merkregel:
Pot-a=Ex-+Fa-da
Potenzfunktion **a**bleiten:
Exponent um 1 verringern,
Faktor **da**vorschreiben

(3) Potenzregel für **rationale Exponenten** (insb. **Wurzelfunktionen**):
$f(x) = x^r,\ f'(x) = r \cdot x^{r-1}\ (x > 0)$

(4) Potenzregel für **reelle Exponenten:**
$f(x) = x^r\ (x > 0),\ f'(x) = r \cdot x^{r-1}$

Definition: Sei $r = \frac{m}{n}$.
$f(x) = x^r = x^{\frac{m}{n}} = \sqrt[n]{x^m}$

Beispiele

(1) $f(x) = x^1 \Rightarrow f'(x) = 1$ $\qquad f(x) = x^2 \Rightarrow f'(x) = 2x$ $\qquad f(x) = x^5 \Rightarrow f'(x) = 5 \cdot x^4$

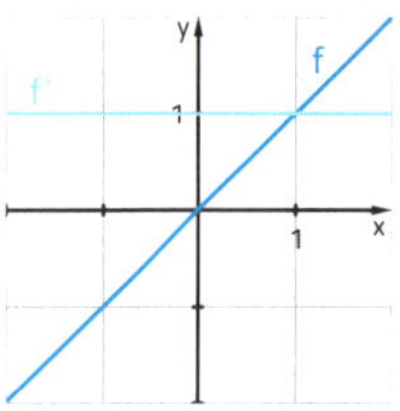

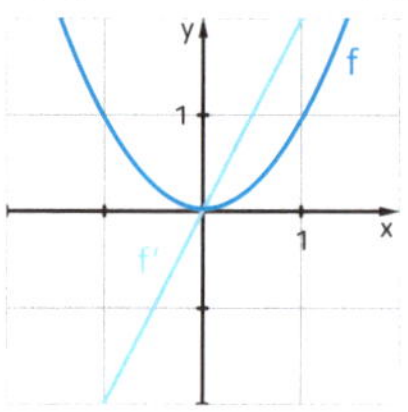

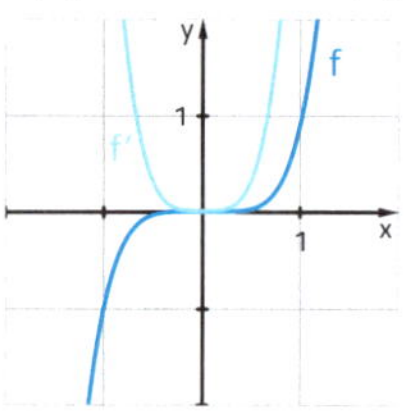

(2) $f(x) = x^{-1} \Rightarrow f'(x) = (-1) \cdot x^{-2} = -\frac{1}{x^2}$ $\qquad f(x) = \frac{1}{x^3} = x^{-3} \Rightarrow f'(x) = (-3) \cdot x^{-4} = -\frac{3}{x^4}$

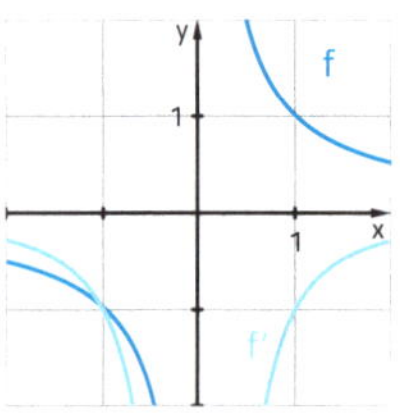

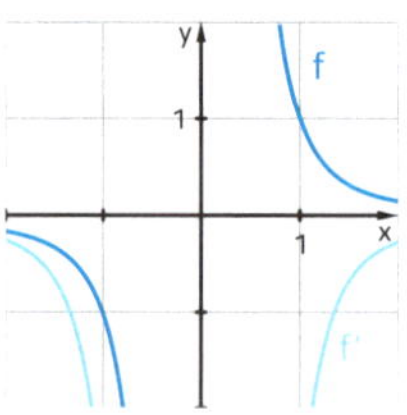

(3) $f(x) = x^{\frac{1}{2}} = \sqrt{x} \Rightarrow f'(x) = \frac{1}{2} \cdot x^{-\frac{1}{2}} = \frac{1}{2\sqrt{x}}$ $\qquad f(x) = x^{-\frac{1}{3}} = \frac{1}{\sqrt[3]{x}} \Rightarrow f'(x) = -\frac{1}{3} \cdot x^{-\frac{4}{3}} = -\frac{1}{3 \cdot \sqrt[3]{x^4}}$

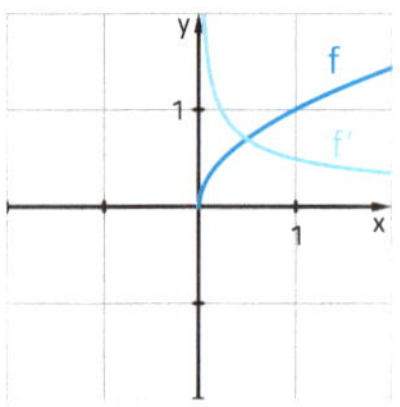

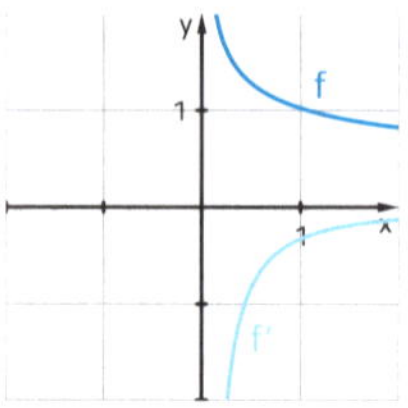

A2 Exponentialfunktionen, Logarithmusfunktionen, Sinus- und Kosinusfunktion ableiten.

(1) Die Ableitung der Exponentialfunktion zur Basis e (EULER'sche Zahl) stimmt mit der Funktion selbst überein: $f(x) = e^x \Rightarrow f'(x) = e^x$.

(2) Die Ableitung der **Logarithmusfunktion** zur Basis e ist gleich der Kehrwertfunktion: $f(x) = \ln(x) \Rightarrow f'(x) = \frac{1}{x}$.

(3) Ableitung der Exponentialfunktion mit beliebiger Basis: $f(x) = b^x = e^{\ln(b) \cdot x} \Rightarrow f'(x) = e^{\ln(b) \cdot x} \cdot \ln(b) = b^x \cdot \ln(b)$ – vgl. auch A3, Beispiel (4).

(4) Die Ableitung der **Sinusfunktion** ist gleich der Kosinusfunktion; die Ableitung der **Kosinusfunktion** ist gleich der negativen Sinusfunktion.
$f(x) = \sin(x) \Rightarrow f'(x) = \cos(x)$ $\quad$ $f(x) = \cos(x) \Rightarrow f'(x) = -\sin(x)$

Beispiele

vgl. A3

A3 Einfache Funktionen mit der Summen- und Faktorregel ableiten, zusammengesetzte Funktionen mit der Produkt-, Quotienten- und Kettenregel ableiten.

Für das Ableiten von Funktionen gelten folgende Regeln:

(1) **Summen- und Faktorregel (Linearität)**
$f(x) = k_1 \cdot f_1(x) + k_2 \cdot f_2(x) \Rightarrow f'(x) = k_1 \cdot f'_1(x) + k_2 \cdot f'_2(x)$

In Worten: Ein konstanter Faktor bleibt beim Ableiten erhalten. Die Ableitung einer Summe ist gleich der Summe der Ableitungen der Summanden.

(2) **Produktregel**
$f(x) = u(x) \cdot v(x) \Rightarrow f'(x) = u'(x) \cdot v(x) + u(x) \cdot v'(x)$

(3) Für Funktionen, deren Funktionsterm als Bruch geschrieben werden kann, gilt die sogenannte **Quotientenregel**:

$$f(x) = \frac{u(x)}{v(x)} \Rightarrow f'(x) = \frac{u'(x) \cdot v(x) - u(x) \cdot v'(x)}{v^2(x)}$$

Statt der Quotientenregel kann man auch Produkt- und Kettenregel anwenden:

$$f(x) = \frac{u(x)}{v(x)} = u(x) \cdot (v(x))^{-1} \Rightarrow f'(x) = u'(x) \cdot (v(x))^{-1} + u(x) \cdot (-1) \cdot (v(x))^{-2} \cdot v'(x)$$
$$= \frac{u'(x)}{v(x)} - \frac{u(x) \cdot v'(x)}{v^2(x)} = \frac{u'(x) \cdot v(x) - u(x) \cdot v'(x)}{v^2(x)}$$

(4) Für geschachtelte Funktionsterme gilt die **Kettenregel:**

$f(x) = g(h(x)) \Rightarrow f'(x) = g'(h(x)) \cdot h'(x)$

Die äußere Funktion g wird abgeleitet und die innere Funktion h wie eine Variable behandelt. Dieser Term wird mit der Ableitung der inneren Funktion multipliziert.

Beispiele

(1) **Summen- und Faktorregel**

$f(x) = 5 \cdot x^3 + 4 \cdot x^2 \quad \Rightarrow f'(x) = 15 \cdot x^2 + 8 \cdot x$

$f(x) = \frac{3}{x^2} - 6 \cdot \sqrt{x} = 3 \cdot x^{-2} - 6 \cdot x^{\frac{1}{2}} \Rightarrow f'(x) = 3 \cdot (-2) \cdot x^{-3} - 6 \cdot \frac{1}{2} \cdot x^{-\frac{1}{2}} = -\frac{6}{x^3} - \frac{3}{\sqrt{x}}$

$f(x) = \log_2 x = \frac{\ln(x)}{\ln(2)} \Rightarrow f'(x) = \frac{1}{\ln(2)} \cdot \frac{1}{x} = \frac{1}{x \cdot \ln(2)}$

$f(x) = 2 \cdot \sin(x) + \frac{1}{2} \cdot \cos(x) \Rightarrow f'(x) = 2 \cdot \cos(x) - \frac{1}{2} \cdot \sin(x)$

(2) **Folgerung für ganzrationale Funktionen:** Ist eine ganzrationale Funktion f gegeben durch $f(x) = a_n \cdot x^n + a_{n-1} \cdot x^{n-1} + \ldots + a_2 \cdot x^2 + a_1 \cdot x + a_0$, $n \in \mathbb{N}$, dann gilt:
$f'(x) = n \cdot a_n \cdot x^{n-1} + (n-1) \cdot a_{n-1} \cdot x^{n-2} + \ldots + 2 \cdot a_2 \cdot x + a_1$.

(3) **Produktregel**

$f(x) = (2x + 5) \cdot e^x \Rightarrow f'(x) = 2 \cdot e^x + (2x + 5) \cdot e^x = (2x + 7) \cdot e^x$

$f(x) = (x^2 + 3x - 1) \cdot e^x \Rightarrow f'(x) = (2x + 3) \cdot e^x + (x^2 + 3x - 1) \cdot e^x = (x^2 + 5x + 2) \cdot e^x$

$f(x) = x^2 \cdot \cos(x) \Rightarrow f'(x) = 2x \cdot \cos(x) - x^2 \cdot \sin(x)$

(4) **Kettenregel**

$f(x) = e^{-x^2} \Rightarrow f'(x) = e^{-x^2} \cdot (-2x)$

$f(x) = 3^x = e^{x \cdot \ln(3)} \Rightarrow f'(x) = e^{x \cdot \ln(3)} \cdot \ln(3) = 3^x \cdot \ln(3)$

$f(x) = \sin(2x) \Rightarrow f'(x) = 2 \cdot \cos(2x)$

(5) **Produkt- und Kettenregel**

$f(x) = x^3 \cdot e^{-x} \Rightarrow f'(x) = 3x^2 \cdot e^{-x} + x^3 \cdot e^{-x} \cdot (-1) = (3x^2 - x^3) \cdot e^{-x}$

$f(x) = (x^2 + 1)^3 \cdot e^{-0,3x} \Rightarrow$

$$f'(x) = 3 \cdot (x^2 + 1)^2 \cdot (2x) \cdot e^{-0,3x} + (x^2 + 1)^3 \cdot e^{-0,3x} \cdot (-0,3)$$
$$= (x^2 + 1)^2 \cdot e^{-0,3x} \cdot (6x - 0,3 \cdot (x^2 + 1)) = (x^2 + 1)^2 \cdot e^{-0,3x} \cdot (-0,3 \cdot x^2 + 6x - 0,3)$$

(6) **Quotientenregel:**

(i) $f(x) = \frac{x^2 + 2}{3x + 1}$; Zählerfunktion: $u(x) = x^2 + 2$; $u'(x) = 2x$;
Nennerfunktion $v(x) = 3x + 1$; $v'(x) = 3$, also

$$f'(x) = \frac{2x \cdot (3x + 1) - (x^2 + 2) \cdot 3}{(3x + 1)^2} = \frac{3x^2 + 2x - 6}{(3x + 1)^2}$$

(ii) Wenn im Quotienten Potenzen von Klammertermen auftreten, empfiehlt sich eine Umformung der folgenden Art (Anwendung von Produkt- und Kettenregel):

$$f(x) = \frac{x^2 + 3}{(4x - 5)^3} = (x^2 + 3) \cdot (4x - 5)^{-3} \Rightarrow f'(x) = (2x) \cdot (4x - 5)^{-3} + (x^2 + 3) \cdot (-3) \cdot (4x - 5)^{-4} \cdot 4$$
$$= \frac{2x}{(4x - 5)^3} - \frac{12 \cdot (x^2 + 3)}{(4x - 5)^4} = \frac{2x \cdot (4x - 5) - 12 \cdot (x^2 + 3)}{(4x - 5)^4}$$

A4 Die Gleichung einer Tangente und einer Normalen an einen Funktionsgraphen bestimmen.

Eine **Tangente** ist eine Gerade durch den Punkt eines Graphen. Die Steigung der Geraden stimmt mit der Steigung des Graphen in diesem Punkt (dem Berührpunkt) überein.

Die Gleichung der Geraden g, von der man die Steigung m und einen Punkt (a|b) kennt, bestimmt man mithilfe der Punkt-Steigungsform: $g(x) = m \cdot (x - a) + b$

Die Gleichung einer Tangente t an eine differenzierbare Funktion f im Punkt (a|f(a)) wird mithilfe der Ableitung f′(a) bestimmt:
$t(x) = f'(a) \cdot (x - a) + f(a)$.

Bei der Ermittlung der Tangentengleichung kann man auch so verfahren, dass man f′(a) bestimmt und dann in der allgemeinen Geradengleichung $y = m \cdot x + b$ die bekannten Größen einsetzt, um b zu bestimmen:
Bekannt sind also: $m = f'(a)$, $y = f(a)$ und $x = a$. Hieraus ergibt sich die Gleichung $f(a) = f'(a) \cdot a + b$, d. h. $b = f(a) - f'(a) \cdot a$.

Zusatz: Die **Normale** im Punkt P ist eine Gerade, die den Graphen der Funktion f im Punkt $P(x_0|f(x_0))$ orthogonal schneidet. Dabei ist die Steigung der Normalen gleich dem negativen Kehrwert der 1. Ableitung an dieser Stelle, also $m = \frac{-1}{f'(x_0)}$.

Beispiele

(1) Bestimmung der Tangente und der Normalen des Graphen der Funktion f mit $f(x) = x^2$ an der Stelle x = 1: Es gilt: $f(1) = 1$ und $f'(x) = 2x$, also $f'(1) = 2$.
Daher ist $t(x) = 2 \cdot (x - 1) + 1 = 2x - 1$ die Gleichung der Tangente t durch den Punkt (1 | 1) und $n(x) = -\frac{1}{2} \cdot (x - 1) + 1 = -\frac{1}{2}x + \frac{3}{2}$ die Gleichung der Normalen n durch den Punkt (1|1).

(2) Bestimmung der Tangente und der Normalen des Graphen der Funktion f mit
$f(x) = x^2 \cdot e^{-x}$ an der Stelle $a = -0{,}5$:
Es gilt: $f(-0{,}5) \approx 0{,}412$ und
$f'(x) = 2x \cdot e^{-x} + x^2 \cdot e^{-x} \cdot (-1) = (-x^2 + 2x) \cdot e^{-x}$, also
$f'(-0{,}5) \approx -2{,}061$.
Daher ist
$t(x) \approx -2{,}061 \cdot (x + 0{,}5) + 0{,}412 \approx -2{,}061x - 0{,}619$
und
$n(x) \approx 0{,}485 \cdot (x + 0{,}5) + 0{,}412 \approx 0{,}485x + 0{,}655$.

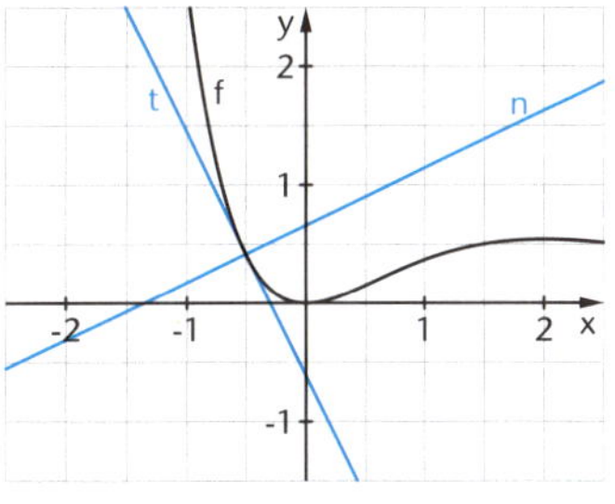

(3) Gesucht ist derjenige Punkt (a | f(a)) des Graphen von $f(x) = e^{0,5 \cdot x}$, in dem die Tangente an den Graphen durch den Ursprung verläuft.

Hier gilt: $f'(x) = 0{,}5 \cdot e^{0,5 \cdot x}$,
also lautet die Tangentengleichung
$t(x) = 0{,}5 \cdot e^{0,5 \cdot a} \cdot (x - a) + e^{0,5 \cdot a}$.

Aus der Bedingung $t(0) = 0$ ergibt sich
$0 = 0{,}5 \cdot e^{0,5 \cdot a} \cdot (0 - a) + e^{0,5 \cdot a} \Leftrightarrow 0 = e^{0,5 \cdot a} \cdot (1 - 0{,}5 \cdot a)$
$\Leftrightarrow a = 2$, da $e^{0,5 \cdot x} > 0$ für alle x.

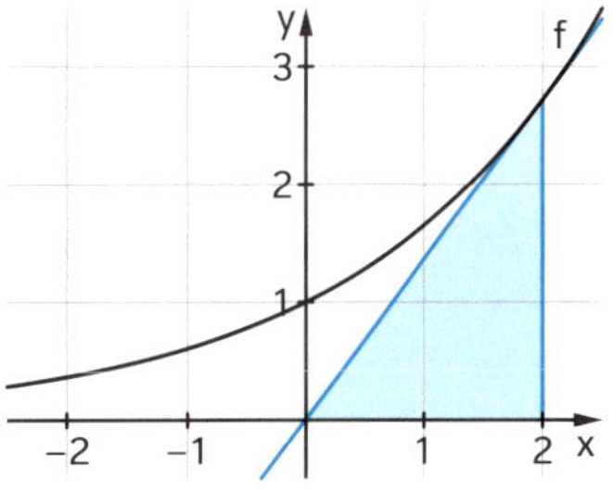

Anschaulich kann man die Berührstelle a der Tangente auch so ermitteln, dass das Steigungsdreieck betrachtet wird:
waagerechte Kathete: a; senkrechte Kathete: f(a); Steigung f′(a).

Es muss also gelten: $f'(a) = \frac{f(a)}{a}$, also in diesem Beispiel:

$0{,}5 \cdot e^{0{,}5a} = \frac{e^{0{,}5a}}{a}$, d. h. $0{,}5 = \frac{1}{a}$ und somit $a = 2$.

A5 Mittlere und lokale Änderungsraten angeben und berechnen sowie im Sachzusammenhang interpretieren.

Zeichnet man durch zwei Punkte $A(a|f(a))$ und $B(b|f(b))$ des Graphen einer Funktion f eine Gerade (also eine Sekante zum Graphen von f), so ist die Steigung dieser Geraden **die mittlere Änderungsrate der Funktion f im Intervall** [a; b], also:
$\frac{f(b) - f(a)}{b - a}$.

Die Ableitung einer Funktion an einer Stelle x_0 ist **die lokale Änderungsrate** in x_0 und der Grenzwert des Differenzenquotienten für $x \to x_0$:

$f'(x_0) = \lim\limits_{x \to x_0} \frac{f(x) - f(x_0)}{x - x_0}$.

Dies kann man auch in der Form $f'(x_0) = \lim\limits_{h \to 0} \frac{f(x_0 + h) - f(x_0)}{h}$ beschreiben.

Als **Ableitungsfunktion** f′ einer Funktion f bezeichnet man die Funktion, die jeder Stelle $a \in D_f$ die Ableitung $f'(a)$ zuordnet.

Beispiele

(1) $f(x) = x^3 - 2$ $\qquad f(0) = 0;\ f(2) = 4.$

Die mittlere Änderungsrate der Funktion im Intervall [0; 2] ist $\frac{f(2) - f(0)}{2 - 0} = \frac{4 - 0}{2} = 2$.

(2) In Anwendungssituationen haben Differenzenquotient und Differenzialquotient beispielsweise folgende Bedeutung:

Zuordnung durch die Funktion f	mittlere Änderungsrate in einem Intervall	lokale Änderungsrate in einem Punkt
Zeit → zurückgelegter Weg	Durchschnittsgeschwindigkeit in einem Zeitintervall	Momentangeschwindigkeit zu einem Zeitpunkt
Zeit → Geschwindigkeit	durchschnittliche Beschleunigung in einem Zeitintervall	Momentanbeschleunigung zu einem Zeitpunkt
Weg → Benzinverbrauch (Volumen)	durchschnittlicher Benzinverbrauch auf einer Wegstrecke	momentaner Benzinverbrauch
Zeit → eingefüllte Wassermenge	durchschnittliche Zuflussgeschwindigkeit in einem Zeitintervall	momentane Zuflussgeschwindigkeit zu einem Zeitpunkt
Zeit → Höhe einer Pflanze	durchschnittliche Wachstumsgeschwindigkeit in einem Zeitintervall	momentane Wachstumsgeschwindigkeit zu einem Zeitpunkt
Zeit → Temperatur	durchschnittliche Änderung der Temperatur in einem Zeitintervall	momentane Temperaturänderung zu einem Zeitpunkt
Zeit → Besucherzahl	durchschnittliche Zunahme der Besucherzahl in einem Zeitintervall	momentane Zunahme der Besucherzahl zu einem Zeitpunkt

A6 Schnittwinkel eines Graphen mit der x-Achse bestimmen.

Als Schnittwinkel α eines Graphen mit der x-Achse bezeichnet man jeweils den spitzen Winkel der beiden Winkel, welche die Tangente in einer Nullstelle x_0 des Graphen mit der x-Achse bildet.
Aus dem Steigungsdreieck, das durch die Tangente gebildet wird, ergibt sich $\tan(\alpha) = m = f'(x_0)$ und hieraus dann $\alpha = \tan^{-1}(m) = \tan^{-1}(f'(x_0))$.
Da m auch negativ sein kann, definiert man allgemein:
$\alpha = |\tan^{-1}(f'(x_0))|$ als **Schnittwinkel des Graphen von f mit der x-Achse.**

Beispiele

(1) Der Graph der Funktion f mit $f(x) = 0{,}25x^3 - 0{,}75x - 0{,}5$ hat eine Nullstelle bei $x_0 = 2$.

Die Steigung des Graphen an dieser Stelle, also die Steigung der Tangente, ist $f'(2) = 2{,}25$ (da $f'(x) = 0{,}75x^2 - 0{,}75$).

Daher ist $\alpha = \tan^{-1}(2{,}25) \approx 66{,}0°$.

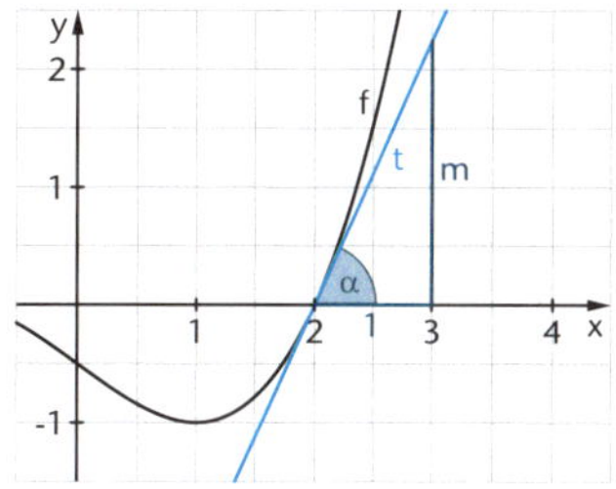

(2) Der Graph der Funktion f mit $f(x) = 2 - e^x$ hat eine Nullstelle bei $x_0 = \ln(2) \approx 0{,}693$.

Die Steigung des Graphen an dieser Stelle, also die Steigung der Tangente, ist $f'(\ln(2)) = -2$ (da $f'(x) = -e^x$).

Daher ist $\alpha = |\tan^{-1}(-2)| \approx 63{,}4°$.

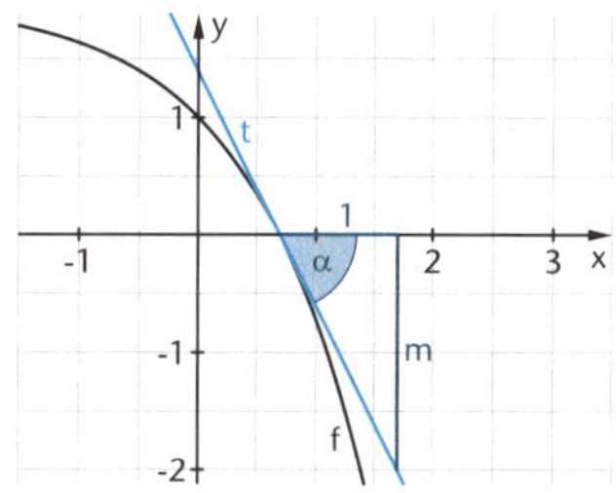

(3) Der Graph der Funktion f mit $f(x) = \sin(\pi x)$ hat eine Nullstelle an der Stelle $x_0 = 1$.

Die Steigung des Graphen an dieser Stelle ist $f'(1) = -\pi$ (da $f'(x) = \pi \cdot \cos(\pi x)$).

Daher ist $\alpha = |\tan^{-1}(-\pi)| \approx 72{,}3°$.

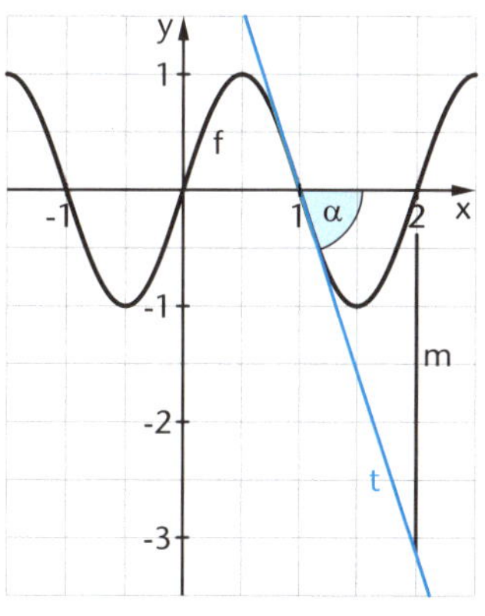

B1 Graphen auf Symmetrie untersuchen.

- *Achsensymmetrie zur y-Achse:*
  Der Graph der Funktion f ist achsensymmetrisch zur y-Achse, wenn für alle x aus dem Definitionsbereich von f gilt:

  $f(-x) = f(x)$.

  Für ganzrationale Funktionen f gilt zusätzlich:
  Der Graph von f ist genau dann achsensymmetrisch zur y-Achse, wenn der Funktionsterm f(x) nur Potenzen von x mit geraden Exponenten enthält.

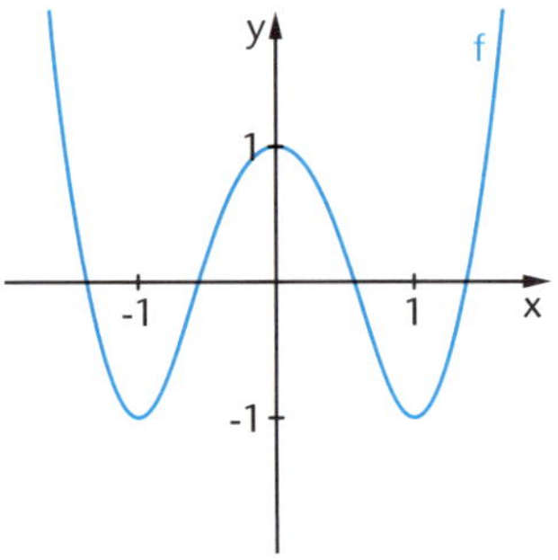

- *Punktsymmetrie zum Ursprung:*
  Der Graph der Funktion f ist punktsymmetrisch zum Ursprung, wenn für alle x aus dem Definitionsbereich von f gilt:

  $f(-x) = -f(x)$.

  Für ganzrationale Funktionen f gilt zusätzlich:
  Der Graph von f ist genau dann punktsymmetrisch zum Ursprung, wenn der Funktionsterm f(x) nur Potenzen von x mit ungeraden Exponenten enthält.

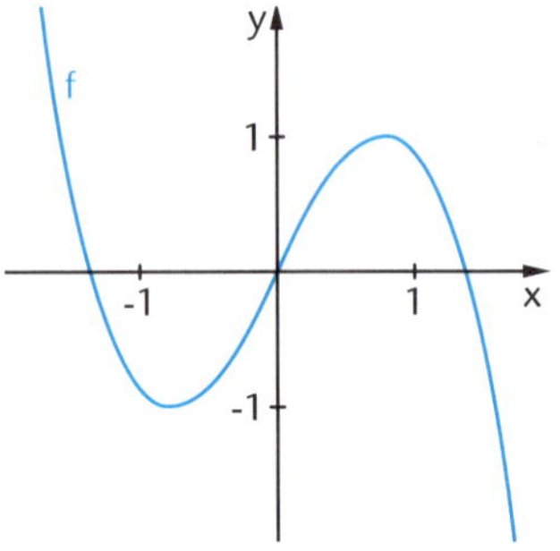

- *Achsensymmetrie zu der Parallelen x = a zur y-Achse*
  Der Graph einer Funktion f ist achsensymmetrisch zu der Parallelen zur y-Achse mit der Gleichung x=a, wenn der um −a in Richtung der x-Achse verschobene Graph (vgl. B2) achsensymmetrisch zur y-Achse ist.

- *Punktsymmetrie zu einem Punkt S(a|b)*
  Der Graph einer Funktion f ist punktsymmetrisch zum Punkt S(a | b), wenn der um −a in Richtung der x-Achse und um −b in Richtung der y-Achse verschobene Graph (vgl. B2) punktsymmetrisch zum Ursprung ist.

  Für ganzrationale Funktionen dritten Grades gilt immer: Der Graph ist punktsymmetrisch zum Wendepunkt.

Beispiel

Der Graph der Funktion f mit $f(x) = x^4 - 2x^2 + 1$ ist achsensymmetrisch zur y-Achse, da im Funktionsterm nur gerade Exponenten auftreten. Dabei kann der letzte Summand 1 gedeutet werden als $1 \cdot x^0$ (0 ist eine gerade Zahl!).

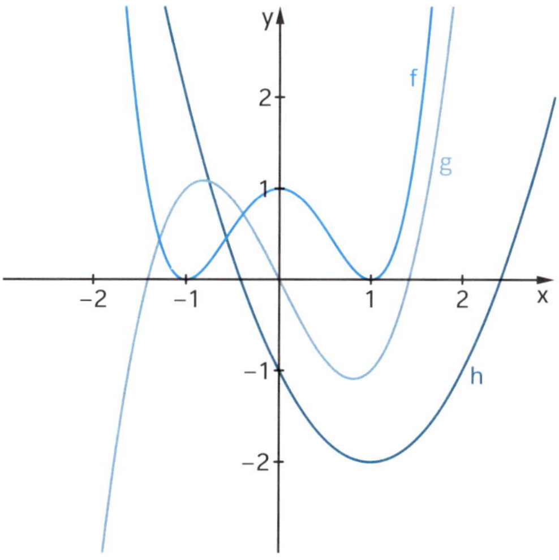

Der Graph der Funktion g mit $g(x) = x^3 - 2x$ ist punktsymmetrisch zum Ursprung, da im Funktionsterm nur ungerade Exponenten auftreten.

Der Graph der Funktion h mit $h(x) = x^2 - 2x - 1$ ist weder achsensymmetrisch zur y-Achse noch punktsymmetrisch zum Ursprung, da im Funktionsterm sowohl gerade als auch ungerade Exponenten auftreten.

Um nachzuweisen, dass der Graph einer ganzrationalen Funktion f achsensymmetrisch ist zu einer Parallelen zur y-Achse mit der Gleichung $x = a$, verschiebt man den Graphen der Funktion f um $-a$ Einheiten in Richtung der x-Achse; treten dann im Funktionsterm der neuen Funktion nur Potenzen von x mit geraden Exponenten auf, dann ist der verschobene Graph achsensymmetrisch zur y-Achse, also der ursprüngliche Graph achsensymmetrisch zu $x = a$.

Um nachzuweisen, dass der Graph einer ganzrationalen Funktion f punktsymmetrisch ist zu einem Punkt $S(a|b)$, verschiebt man den Graphen der Funktion f um $-a$ Einheiten in Richtung der x-Achse und um $-b$ Einheiten in Richtung der y-Achse; treten dann im Funktionsterm der neuen Funktion nur Potenzen von x mit ungeraden Exponenten auf, dann ist der verschobene Graph punktsymmetrisch zum Ursprung, also der ursprüngliche Graph punktsymmetrisch zum Punkt S.

B2 Den Graphen einer Funktion verschieben.

(1) *Verschiebung in Richtung der y-Achse*
Addiert man eine Zahl b zu einem Funktionsterm, dann **verschiebt** sich der Graph in Richtung der y-Achse. Falls $b > 0$, ist dies eine Verschiebung nach oben, falls $b < 0$, eine Verschiebung nach unten.

(2) *Verschiebung in Richtung der x-Achse*
Ersetzt man im Funktionsterm $f(x)$ einer gegebenen Funktion f die Funktionsvariable x durch $(x - c)$, dann verschiebt sich der Graph um c Einheiten, d. h. für $c > 0$ nach rechts und für $c < 0$ nach links.

Beispiele

(1) Ausgehend vom Graphen der Funktion f mit $f(x) = x^4 - 6x^2$ erhält man durch Addition von +3 zum Funktionsterm den um 3 Einheiten nach oben verschobenen Graphen der Funktion f_1 mit $f_1(x) = x^4 - 6x^2 + 3$ und durch Addition von −5 zum Funktionsterm den um 5 Einheiten nach unten verschobenen Graphen der Funktion f_2 mit $f_2(x) = x^4 - 6x^2 - 5$.

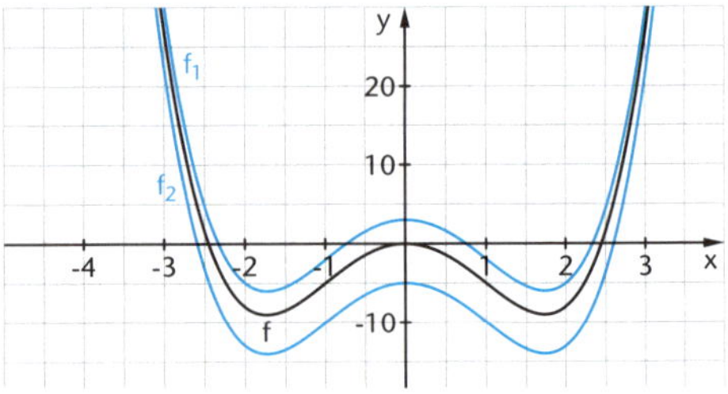

(2) Verschiebt man den Graphen der ganzrationalen Funktion f mit $f(x) = x^4 - 5x^2 + 4$ um 2 Einheiten nach links, dann erhält man den Graphen der Funktion g mit

$$\begin{aligned} g(x) &= (x+2)^4 - 5\cdot(x+2)^2 + 4 \\ &= (x^4 + 8x^3 + 24x^2 + 32x + 16) - 5\cdot(x^2 + 4x + 4) + 4 \\ &= x^4 - 8x^3 - 19x^2 + 12x. \end{aligned}$$

(3) Verschiebt man den Graphen der Exponentialfunktion f mit $f(x) = 0{,}6\cdot 1{,}5^x$ um 1 Einheit in Richtung der x-Achse, dann erhält man die Exponentialfunktion g mit

$$g(x) = 0{,}6\cdot 1{,}5^{x-1} = 0{,}6\cdot 1{,}5^x\cdot 1{,}5^{-1} = (0{,}6\cdot 1{,}5^{-1})\cdot 1{,}5^x = \left(\frac{0{,}6}{1{,}5}\right)\cdot 1{,}5^x = 0{,}4\cdot 1{,}5^x.$$

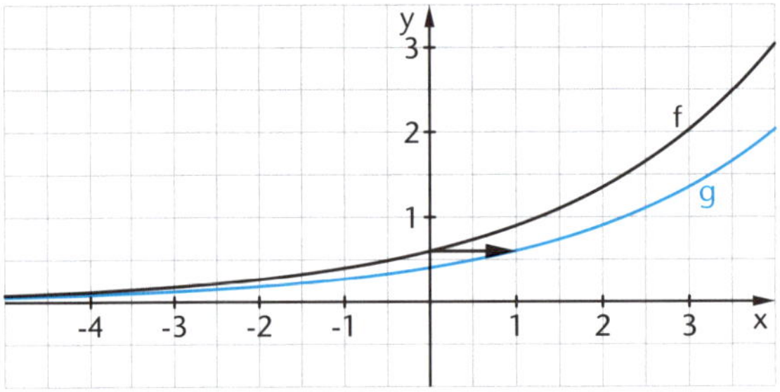

B3 Den Graphen einer Funktion strecken.

(1) *Streckung in Richtung der y-Achse*
Die **Vervielfachung** eines Funktionsterms mit dem Faktor k bewirkt eine **Streckung** des Graphen in Richtung der y-Achse (wobei das Wort „Streckung“ in der Alltagssprache mit einer Vergrößerung verbunden ist, im mathematischen Sinne auch eine „Stauchung“ bedeuten kann). Dabei sind sechs besondere Fälle zu unterscheiden:

$k > 1$: Der Graph wird (im Wortsinne) gestreckt, d. h., die y-Werte aller Punkte werden vervielfacht, d. h. die Abstände der Punkte zur x-Achse werden ver-k-facht (also, da $k > 1$: vergrößert).

$k = 1$: Der Graph wird auf sich selbst abgebildet.

$0 < k < 1$: Der Graph wird gestaucht, d. h., die Abstände der Punkte zur x-Achse werden ver-k-facht (also, da $0 < k < 1$: verkleinert).

$-1 < k < 0$: Der Graph wird an der x-Achse gespiegelt und mit dem Faktor $|k|$ gestaucht.

$k = -1$: Der Graph wird (nur) an der x-Achse gespiegelt.

$k < -1$: Der Graph wird an der x-Achse gespiegelt und mit dem Faktor $|k| > 1$ gestreckt.
Die Verschiebung in Richtung der y-Achse hat keine Auswirkung auf die Steigung einer Funktion an einer Stelle, da die Ableitung des konstanten Glieds b gleich null ist.

Hinweis: Durch Verschiebung um b in Richtung der y-Achse vergrößert oder verkleinert sich das Flächenstück zwischen Graph und x-Achse um die Größe eines Rechtecks, das die Höhe b hat.

(2) *Streckung in Richtung der x-Achse*
Ersetzt man die Variable x im Funktionsterm durch den Term $k \cdot x$ ($k > 0$), dann wird der Graph in Richtung der x-Achse mit dem Faktor $\frac{1}{k}$ gestreckt.

Beispiele

(1) Ausgehend vom Graphen der Funktion f mit
$f(x) = x^3 + 2x^2 - 5x - 6$ erhält man die übrigen Graphen durch Streckung in Richtung der y-Achse mit den Faktoren $k_1 = 1{,}5$; $k_2 = 0{,}5$; $k_3 = -0{,}3$; $k_4 = -1$ bzw. $k_5 = -2$.

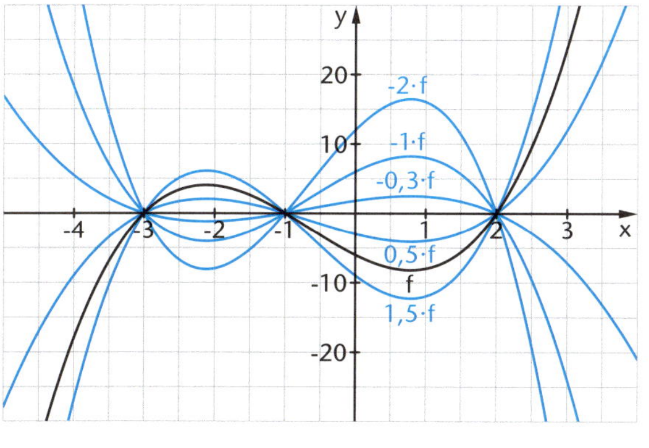

(2) Ersetzt man im Funktionsterm von $f(x) = x^2$ die Variable x durch den Term 1,5 x, so erhält man den Funktionsterm

$g(x) = (1{,}5\,x)^2 = 2{,}25\,x^2$.

Der Graph von g ist gegenüber dem Graphen von f mit dem Faktor $\frac{1}{1{,}5} = \frac{2}{3}$ in Richtung der x-Achse gestreckt.

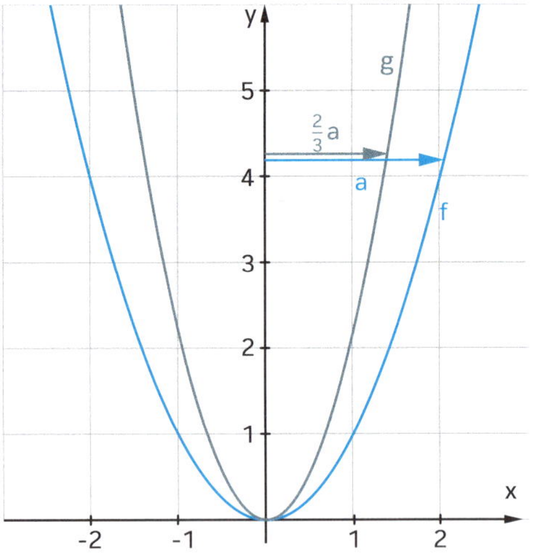

B4 Nullstellen einer Funktion bestimmen.

Zur Bestimmung der Schnittpunkte des Graphen der Funktion f mit der x-Achse wird der Funktionsterm f (x) gleich null gesetzt und die sich ergebende Gleichung f (x) = 0 nach x aufgelöst.

Als Lösungen der Gleichung erhält man die Nullstellen x_{N_1}, x_{N_2}, x_{N_3}, … der Funktion.

Die Schnittpunkte des Graphen mit der x-Achse sind $(x_{N_1}|0)$, $(x_{N_2}|0)$, $(x_{N_3}|0)$, … .

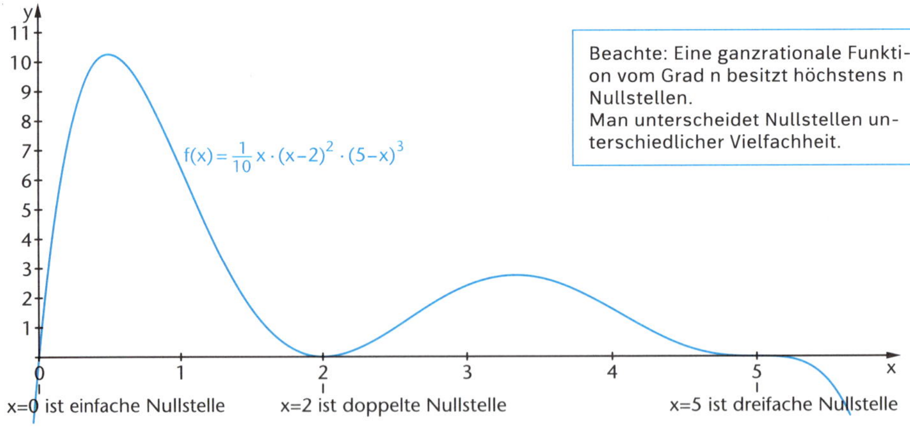

Beachte: Eine ganzrationale Funktion vom Grad n besitzt höchstens n Nullstellen.
Man unterscheidet Nullstellen unterschiedlicher Vielfachheit.

Falls die Nullstellen algebraisch bestimmt werden sollen, kann eines der folgenden Verfahren bei der Lösung hilfreich sein:

- Klammere, falls möglich, x (oder sogar x^2, x^3, …) im gesamten Funktionsterm aus.
- Löse eine quadratische Gleichung mit dem Verfahren der quadratischen Ergänzung, mit der p-q-Formel oder mit dem Satz von VIETA.
- Kennt man ganzzahlige Nullstellen, dann kann man den Funktionsterm teilweise mithilfe von Linearfaktoren darstellen und dann einen Koeffizientenvergleich vornehmen.

Beispiele

(1) *Nullstellen rechnerisch durch Ausklammern bestimmen*
Um die Schnittpunkte des Graphen von f mit $f(x) = -x^3 + 4x^2$ und der x-Achse zu bestimmen, hilft das Ausklammern von $-x^2$:
$f(x) = 0 \Leftrightarrow -x^3 + 4x^2 = 0 \Leftrightarrow -x^2 \cdot (x-4) = 0 \Leftrightarrow x = 0 \vee x = 4.$

Dabei ist x = 0 eine doppelte und x = 4 eine einfache Nullstelle.
Die Schnittpunkte mit der x-Achse lauten: (0|0) und (4|0).

(2) *Nullstellen rechnerisch durch Punktprobe und Koeffizientenvergleich bestimmen*
Um die Schnittpunkte des Graphen von g mit $g(x) = x^3 - 4x^2 - 4x + 16$ und der x-Achse zu ermitteln, versucht man, die erste Nullstelle zu erraten: x = 2. Der Funktionsterm lässt sich dann darstellen in der Form $(x-2) \cdot (x^2 + ax + b)$. Nach Ausmultiplizieren findet man durch Koeffizientenvergleich: a = −2 und b = −8.
Man erhält alle Nullstellen nach Lösen der quadratischen Gleichung:
$x^2 - 2x - 8 = 0 \Leftrightarrow x = -2 \vee x = 4.$

Also: $g(x) = 0 \Leftrightarrow x^3 - 4x^2 - 4x + 16 = 0 \Leftrightarrow (x-2) \cdot (x^2 - 2x - 8) = 0$
$\Leftrightarrow x = 2 \vee x^2 - 2x - 8 = 0 \Leftrightarrow x = 2 \vee x = -2 \vee x = 4.$

Alle Nullstellen sind einfache Nullstellen.
Die Schnittpunkte mit der x-Achse lauten: (−2|0), (2|0) und (4|0).

B5 Schnittpunkte zweier Funktionsgraphen interpretieren.

Sind zwei Funktionen f und g gegeben, dann bestimmt man die Schnittpunkte der Graphen durch Lösen der Gleichung $f(x) = g(x)$.

Wenn man die Gleichung umformt, sodass auf der linken Seite ein Term steht, und auf der rechten Seite null, dann wird das Problem „Schnittstellen zweier Graphen berechnen" zum Problem „Nullstellen bestimmen", vgl. Lösungsverfahren in B4.

Anschließend darf man nicht vergessen, die y-Koordinaten der Schnittpunkte zu bestimmen, wenn dieses verlangt ist. Dazu setzt man die erhaltenen Schnittstellen (x-Koordinaten) in die Funktionsgleichung von f oder von g ein, oder man macht beides zur Kontrolle: In beiden Fällen muss das gleiche Ergebnis herauskommen.

Beispiel

Bestimmen der Schnittpunkte der Graphen von f mit $f(x) = -x^3 + 4x^2$ und g mit $g(x) = x^3 - 4x^2 - 4x + 16$:
Die Vereinfachung von $f(x) = g(x)$ führt zur Gleichung $2x^3 - 8x^2 - 4x + 16 = 0$.
Diese hat die Lösung x = 4 (wie man durch Probieren/Einsetzen herausfindet oder ggf. auch aus der Untersuchung der Nullstellen der Funktionen f und g weiß).

Der Funktionsterm lässt sich dann darstellen in der Form $2(x-4) \cdot (x^2 + ax + b)$.
Durch Koeffizientenvergleich ergibt sich: a = 0 und b = −2.

Also: $f(x) = g(x) \Leftrightarrow -x^3 + 4x^2 = x^3 - 4x^2 - 4x + 16 \Leftrightarrow 2x^3 - 8x^2 - 4x + 16 = 0$
$\Leftrightarrow 2(x-4)(x^2-2) = 0 \Leftrightarrow x = 4 \vee x = -\sqrt{2} \vee x = \sqrt{2}.$

Mit $f(-\sqrt{2}) \approx 10{,}83$, $f(\sqrt{2}) \approx 5{,}17$ und $f(4) = 0$ erhält man die Schnittpunkte der Graphen von f und g: $(-\sqrt{2}|10{,}83)$, $(\sqrt{2}|5{,}17)$ und $(4|0)$.

B6 Graphen auf Monotonie und auf lokale und absolute Extrempunkte untersuchen und diese im Sachzusammenhang interpretieren.

Wir betrachten eine auf dem Intervall I differenzierbare Funktion f.

- *Monotonie:*
  Wenn $f'(x) > 0$ für alle $x \in I$, dann ist der Graph von f streng monoton steigend.
  Wenn $f'(x) < 0$ für alle $x \in I$, dann ist der Graph von f streng monoton fallend.

  Die Umkehrung dieser Aussage ist nicht richtig. Beispiel: Der Graph von $f(x) = x^3$ ist streng monton steigend auf $\mathbb{R}$, aber es gilt: $f'(0) = 0$.

- *Lokale Extrempunkte:*
  Notwendige Bedingung:
  Wenn f an der inneren Stelle x_0 einen Extremwert hat, so gilt $f'(x_0) = 0$.

  Die Bedingung $f'(x) = 0$ bedeutet anschaulich, dass die Tangente an der Extremstelle parallel zur x-Achse verläuft.

  Hinreichende Bedingung (mit der zweiten Ableitung):
  Falls $f'(x_0) = 0$ und $f''(x_0) > 0$ [$f''(x_0) < 0$],
  so befindet sich an der Stelle x_0 ein lokales Minimum [Maximum].

  Hinreichende Bedingung (Vorzeichenwechselkriterium):
  Falls $f'(x_0) = 0$ und f' einen Vorzeichenwechsel (VZW) von – nach + [VZW von + nach –] hat, so befindet sich an der Stelle x_0 ein lokales Minimum [Maximum].

- *Absolute Extrempunkte:*
  Vergleicht man alle lokalen Minima [Maxima] und die Funktionswerte an den Rändern des Intervalls I, so ist der kleinste [größte] Wert daraus das absolute Minimum [Maximum].

Bei der Untersuchung von Extremstellen in einem Sachzusammenhang, der mit einer mathematischen Funktion beschrieben wird, können diese im Kontext gedeutet werden.

Beispiel 1 *Bestimmung von Extrempunkten*

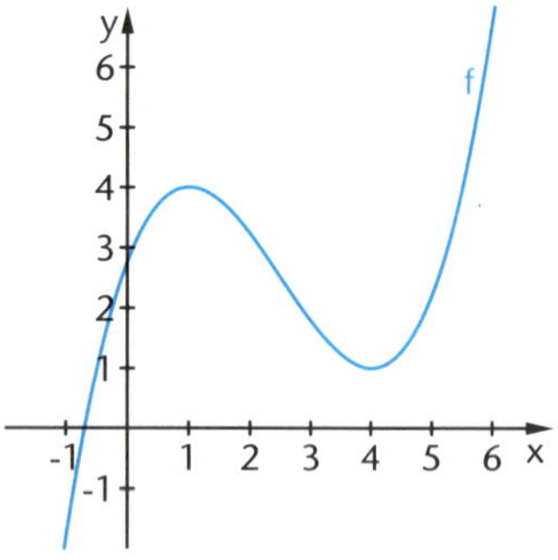

Gegeben ist die Funktion f mit

$f(x) = \frac{1}{9}(2x^3 - 15x^2 + 24x + 25)$.

Die Ableitungen sind:

$f'(x) = \frac{1}{9}(6x^2 - 30x + 24) = \frac{2}{3}(x^2 - 5x + 4) = \frac{2}{3}(x-1)(x-4)$

und

$f''(x) = \frac{2}{3}(2x - 5)$.

Untersuchung auf Monotonie mit einer Vorzeichentabelle für f':
Zuerst werden die Nullstellen der ersten Ableitung bestimmt:
$f'(x) = 0 \Leftrightarrow x^2 - 5x + 4 = 0 \Leftrightarrow (x-1)(x-4) = 0 \Leftrightarrow x = 1 \vee x = 4$

Mit einer Vorzeichentabelle kann das Vorzeichen der ersten Ableitung auf den Teilintervallen zwischen und neben deren Nullstellen bestimmt werden. Dazu bestimmt man jeweils das Vorzeichen aller Linearfaktoren von f′ auf den Teilintervallen und erhält daraus leicht das Vorzeichen von f′.

Intervall	$(x-1)$	$(x-4)$	$f'(x)=\frac{2}{3}\cdot(x-1)\cdot(x-4)$
$x<1$	−	−	+
$1<x<4$	+	−	−
$x>4$	+	+	+

Also ist f streng monoton wachsend für $x < 1$ und für $x > 4$ und streng monoton fallend für $1 < x < 4$. Mit dem Vorzeichenwechselkriterium folgt bereits aus dieser Tabelle, dass an der Stelle $x = 1$ ein lokales Maximum und an der Stelle $x = 4$ ein lokales Minimum vorliegt.

Untersuchung auf lokale Extrempunkte mit der zweiten Ableitung:

Notwendige Bedingung: $f'(x) = 0 \Leftrightarrow x^2 - 5x + 4 = 0 \Leftrightarrow (x-1)(x-4) = 0 \Leftrightarrow x = 1 \vee x = 4$

Hinreichende Bedingung: Da $f'(1) = 0 \wedge f''(1) = -2 < 0$, liegt an der Stelle $x = 1$ ein lokales Maximum vor.
Da $f'(4) = 0 \wedge f''(4) = 2 > 0$, liegt an der Stelle $x = 4$ ein lokales Minimum vor.

Mit $f(1) = 4$ und $f(4) = 1$ erhält man den lokalen Hochpunkt $H(1|4)$ und den lokalen Tiefpunkt $T(4|1)$.

Beispiel 2 *Randextrema*

Gegeben ist die Funktion f mit $f(x) = \frac{1}{3}x^3 - 2x^2 + 3x$.
Gesucht sind das absolute Maximum und das absolute Minimum über dem Intervall $[0; 5]$.

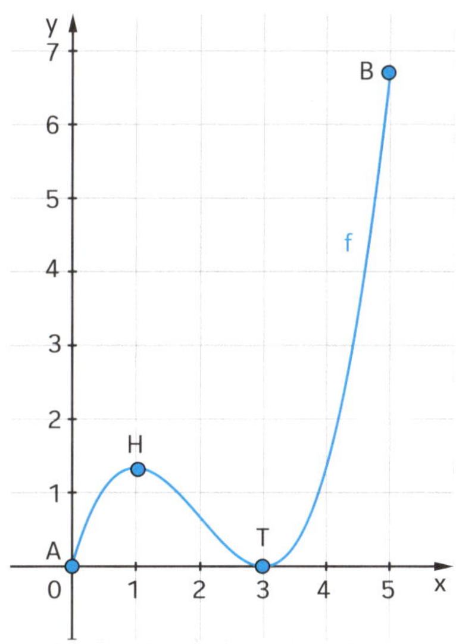

- *Numerische Bestimmung der (lokalen) Extrempunkte*
  Mithilfe der Analyse-Optionen im Grafik-Modus des TR findet man:
  – den Hochpunkt $H(1|1{,}33)$
  – den Tiefpunkt $T(3|0)$
- *Vergleich mit den Randwerten*
  Die Randpunkte des Funktionsgraphen sind $A(0|0)$ und $B(5|6{,}67)$. Die Punkte $A(0|0)$ und $T(3|0)$ sind also absolute Minima, der Randpunkt $B(5|6{,}67)$ ist das absolute Maximum.

B7 Graphen auf ihr Krümmungsverhalten und auf Wende- und Sattelpunkte untersuchen und diese im Sachzusammenhang interpretieren sowie die Wendestelle als Stelle mit extremaler Änderungsrate identifizieren.

Wir betrachten eine Funktion f und ihre Ableitungen.

Der Graph von f heißt auf I linksgekrümmt [rechtsge… …enn f′ auf I streng monoton steigend [fallend] ist.

$f''(x)$
linksgekrümmt: positiv
rechtsgekrümmt: negativ

- *Kriterium für das Krümmungsverhalten:*
  Wenn $f''(x) > 0$ [$f''(x) < 0$] für alle $x \in I$ gilt, dann ist der Graph von f auf I linksgekrümmt [rechtsgekrümmt].
  Die Umkehrung des Satzes ist nicht richtig. Beispiel: Der Graph von $f(x) = x^4$ ist auf $\mathbb{R}$ linksgekrümmt, aber $f''(0) = 0$.

- *Wendepunkte:*
  Notwendige Bedingung:
  Wenn x_0 eine Wendestelle von f ist, so gilt $f''(x_0) = 0$.

  Wendestellen sin… Extremstellen der… Ableitung.

  Hinreichende Bedingung (mit der dritten Ableitung):
  Falls $f''(x_0) = 0$ und $f'''(x_0) \neq 0$, so liegt an der Stelle x_0 eine Wendestelle vor.

  Hinreichende Bedingung (Vorzeichenwechselkriterium):
  Falls $f''(x_0) = 0$ und f'' einen Vorzeichenwechsel (VZW) hat, so liegt an der Stelle x_0 eine Wendestelle vor.

- *Sattelpunkte:*
  Sattelpunkte sind Wendepunkte mit einer zur x-Achse parallelen Tangente.
  Daher gilt die **hinreichende Bedingung**:
  Falls $f'(x_0) = 0$ und $f''(x_0) = 0$ und $f'''(x_0) \neq 0$, so befindet sich an der Stelle x_0 ein Sattelpunkt.

  TE $f'(x)$ 0

Bei der Untersuchung von Wendestellen in einem Sachzusammenhang, der mit einer mathematischen Funktion beschrieben wird, können diese als Stellen mit maximaler oder minimaler Änderungsrate im Kontext gedeutet werden.

Beispiel 1 *Bestimmung des Krümmungsverhaltens und von Wendepunkten*

Gegeben ist die Funktion f mit $f(x) = \frac{1}{4}x^4 - x^3 + 4x$.

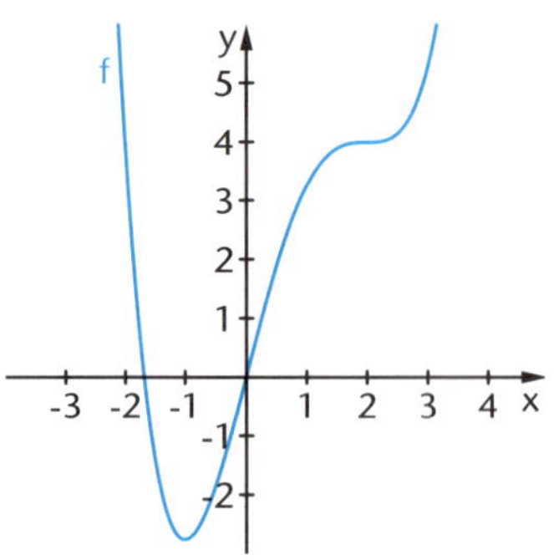

Die Ableitungen sind:
$f'(x) = x^3 - 3x^2 + 4$
$f''(x) = 3x^2 - 6x = 3x(x - 2)$
$f'''(x) = 6x - 6 = 6(x - 1)$

Untersuchung des Krümmungsverhaltens mit einer Vorzeichentabelle für f″:
Zuerst werden die Nullstellen der zweiten Ableitung bestimmt:
$f''(x) = 0 \Leftrightarrow 3x^2 - 6x = 0 \Leftrightarrow 3x(x-2) = 0 \Leftrightarrow x = 0 \vee x = 2$

Mit einer Vorzeichentabelle kann das Vorzeichen der zweiten Ableitung auf den Teilintervallen zwischen und neben deren Nullstellen bestimmt werden. Dazu bestimmt man jeweils das Vorzeichen aller Linearfaktoren von f″ auf den Teilintervallen und erhält daraus leicht das Vorzeichen von f″. Hier sind also die Linearfaktoren (3x) und (x − 2) zu untersuchen:

Intervall	**3x**	**x − 2**	**$f''(x) = 3x \cdot (x-2)$**
$x < 0$	−	−	+
$0 < x < 2$	+	−	−
$x > 2$	+	+	+

Also ist der Graph von f für $x < 0$ sowie für $x > 2$ linksgekrümmt und für $0 < x < 2$ rechtsgekrümmt.
Mit dem Vorzeichenwechselkriterium folgt bereits aus dieser Tabelle, dass $x = 0$ und $x = 2$ Wendestellen sind.

Untersuchung auf Wendepunkte mit der dritten Ableitung:
Notwendige Bedingung: $f''(x) = 0 \Leftrightarrow 3x^2 - 6x = 0 \Leftrightarrow 3x(x-2) = 0 \Leftrightarrow x = 0 \vee x = 2$
Hinreichende Bedingung: Da $f''(0) = 0 \wedge f'''(0) = -6 < 0$, ist $x = 0$ eine Wendestelle.
Da $f''(2) = 0 \wedge f'''(2) = 6 > 0$, ist $x = 2$ eine Wendestelle,
da zusätzlich $f'(2) = 0$, liegt hier sogar ein Sattelpunkt vor.
Mit $f(0) = 0$ und $f(2) = 4$ erhält man den Wendepunkt $W(0|0)$ und den Sattelpunkt $S(2|4)$.

Beispiel 2 *Wendepunkte bei Exponentialfunktionen*

Gegeben ist die Funktion f mit
$f(x) = x^2 \cdot e^{-x}$.
Die Ableitungen erhält man durch die Anwendung der Produkt- und Kettenregel:
$f'(x) = (-x^2 + 2x) \cdot e^{-x}$,
$f''(x) = (x^2 - 4x + 2) \cdot e^{-x}$,
$f'''(x) = (2x - 4) \cdot e^{-x} - (x^2 - 4x + 2) \cdot e^{-x}$
$= (-x^2 + 6x - 6)\, e^{-x}$

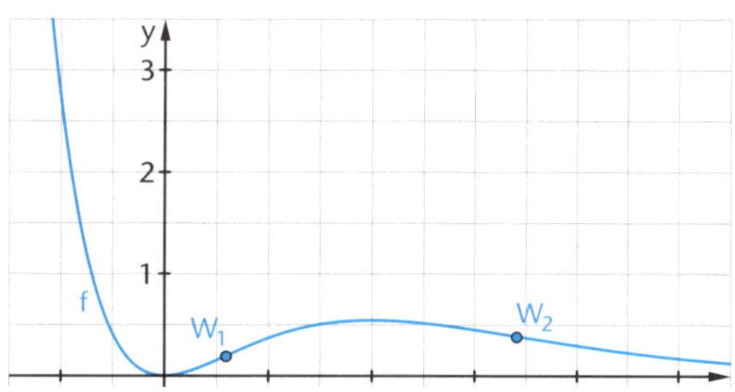

Durch die Anwendung der notwendigen Bedingung
$f''(x) = 0 \Leftrightarrow (x^2 - 4x + 2) = 0 \Leftrightarrow x = 2 - \sqrt{2} \approx 0{,}59 \vee x = 2 + \sqrt{2} \approx 3{,}41$
erhält man zwei Kandidaten für Wendestellen, die nun weiter untersucht werden.

Mit den hinreichenden Bedingungen
$f''(2 - \sqrt{2}) = 0 \wedge f'''(2 - \sqrt{2}) \approx -1{,}57 \neq 0$ und
$f''(2 - \sqrt{2}) = 0 \wedge f'''(2 - \sqrt{2}) \approx 0{,}09 \neq 0$
ist nachgewiesen, dass die betrachteten Stellen Wendestellen sind.

Durch Einsetzen der Wendestellen in die Funktionsgleichung erhält man die Wendepunkte $W_1(0{,}59\,|\,0{,}19)$ und $W_2(3{,}41\,|\,0{,}38)$.

B8 Den Globalverlauf ganzrationaler Funktionen und das asymptotische Verhalten bei Exponentialfunktionen untersuchen.

- Für eine ganzrationale Funktion f mit $f(x) = a_n x^n + \ldots + a_0$ gilt, wenn $a_n > 0$:
  $\lim\limits_{x \to \infty} f(x) = \infty$
  $\lim\limits_{x \to -\infty} f(x) = -\infty$ (falls n eine ungerade Zahl ist)
  $\lim\limits_{x \to -\infty} f(x) = \infty$ (falls n eine gerade Zahl ist)

- Für die Exponentialfunktion f mit $f(x) = e^x$ gilt:
  $\lim\limits_{x \to -\infty} e^x = 0$ und $\lim\limits_{x \to +\infty} e^x = +\infty$.

  Die Annäherung des Graphen von $f(x) = e^x$ an die x-Achse für $x \to -\infty$ erfolgt so stark, dass auch die Multiplikation mit beliebigen Potenzen von x diesen Grenzwert nicht verändert:
  $\lim\limits_{x \to -\infty} (x^n \cdot e^x) = 0$ für $n \geq 1$.

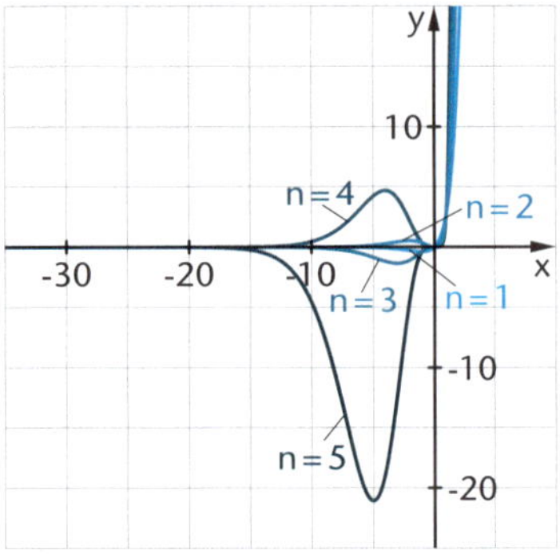

  Die negative x-Achse ist eine **Asymptote** *) für alle Funktionen vom Typ $x^n \cdot e^x$, $n \in \mathbb{N}$.
  Analog gilt: $\lim\limits_{x \to +\infty} e^{-x} = 0$ und $\lim\limits_{x \to -\infty} e^{-x} = +\infty$
  sowie $\lim\limits_{x \to +\infty} (x^n \cdot e^{-x}) = 0$

  *) Eine Funktion a wird als Asymptotenfunktion einer Funktion f bezeichnet, wenn gilt $\lim\limits_{x \to -\infty} (f(x) - a(x)) = 0$ oder $\lim\limits_{x \to +\infty} (f(x) - a(x)) = 0$.
  Dies bedeutet, dass sich der Graph der Funktion f dem Graphen der Asymptotenfunktion a für $x \to +\infty$ oder für $x \to -\infty$ beliebig gut annähert.

Beispiel

Gegeben ist die Funktion f durch $f(x) = (-x^3 + 2x^2) \cdot e^{-x}$.

Ihr Graph nähert sich für $x \to +\infty$ der x-Achse asymptotisch an.
Es gilt: $\lim\limits_{x \to +\infty} f(x) = 0$.

Für $x \to -\infty$ wachsen die Funktionswerte über alle Grenzen. Es gilt:
$\lim\limits_{x \to -\infty} f(x) = +\infty$.

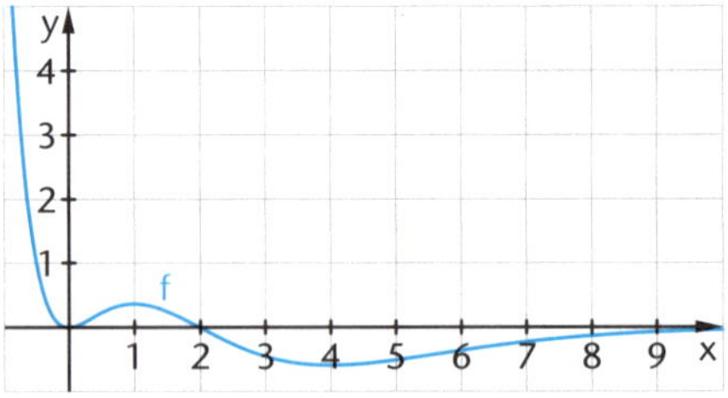

Zur Begründung des Vorzeichens reicht es aus, das Vorzeichen des Summanden mit dem höchsten Exponenten, hier $-x^3$ zu betrachten. Für $x < 0$ ist $-x^3$ positiv.

B9 Funktionenscharen auf besondere Punkte untersuchen sowie gemeinsame Punkte der Kurvenschar ermitteln; Ortslinien von Funktionenscharen bestimmen.

Eine Funktionenschar f_k ergibt sich, wenn der Funktionsterm einen Parameter k enthält, für den man verschiedene Zahlen einsetzen kann. Man erhält dann nicht nur einen, sondern abhängig von der Einsetzung für den Parameter, verschiedene Graphen. Bei der Untersuchung der Funktionenschar wird der Parameter k so behandelt, als stehe er für eine zwar beliebige dann aber als konstant angenommene Zahl.

Zur **Untersuchung einer Funktionenschar auf besondere Punkte** wird analog zu den in B6, B7 und B8 beschriebenen Verfahren vorgegangen. Allerdings können die Ableitungen, die Bedingungen und die Koordinaten der Punkte von dem Parameter k abhängig sein. Weiterhin können auch die Eigenschaften besonderer Punkte z. B. vom Vorzeichen des Parameters abhängen. Dann wird eine Fallunterscheidung erforderlich sein.
Zur **Bestimmung aller gemeinsamen Punkte** der Funktionenschar verwendet man den Ansatz $f_{k_1}(x) = f_{k_2}(x)$ mit der Voraussetzung $k_1 \neq k_2$. Alle Lösungen dieser Gleichung sind die x-Koordinaten der gemeinsamen Punkte.

Ortslinien: Der Graph, auf dem die Extrempunkte [Wendepunkte] aller Funktionen einer Funktionenschar liegen, heißt **Ortslinie** der Extrempunkte [Wendepunkte]. Um die Gleichung einer Ortslinie der Extrempunkte [Wendepunkte] zu ermitteln, bestimmt man zunächst die vom Parameter k abhängigen Koordinaten $E(x_e(k)|y_e(k))$ der Punkte.
Dann löst man die Gleichung $x = x_e(k)$ nach k auf und setzt das Ergebnis für k in die Gleichung $y = y_e(k)$ ein.

Beispiel 1 *Parametervariation zur Anpassung an eine vorgegebene Eigenschaft*

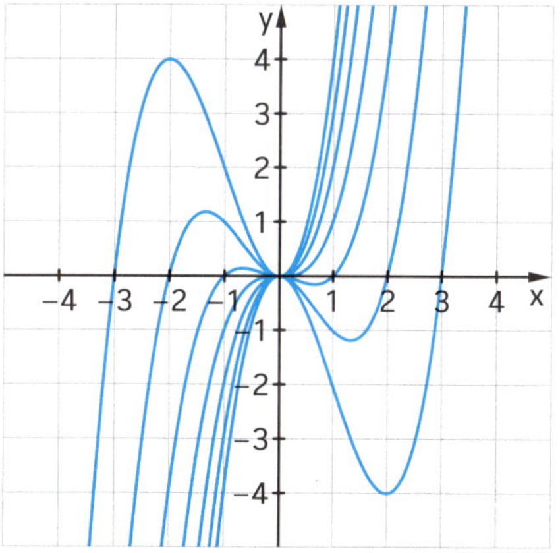

Gegeben sind die Graphen der Funktionenschar mit $f_k(x) = x^3 - kx^2$.

- Welcher der Graphen hat einen Hochpunkt an der Stelle $x = -2$?
  notwendige Bedingung: $f_k'(x) = 3x^2 - 2kx$:
  $f_k'(-2) = 3(-2)^2 - 2k \cdot (-2) = 12 + 4k = 0 \Leftrightarrow k = -3$

  hinreichende Bedingung: $f_k''(x) = 6x - 2k$;
  $f_{-3}''(-2) = 6 \cdot (-2) - 2 \cdot (-3) = -12 + 6 < 0$.

  Unter den Kurven der Funktionenschar hat der Graph mit $f_{-3}(x) = x^3 + 3x^2$ die gewünschte Eigenschaft.

- Welcher der Graphen hat bei $x = 1$ eine Wendestelle?
  notwendige Bedingung: $f_k''(x) = 6x - 2k$: $f_k''(1) = 6 - 2k = 0 \Leftrightarrow k = 3$
  hinreichende Bedingung: $f_k'''(x) = 6 \neq 0$

  Unter den Kurven der Funktionenschar hat der Graph mit $f_3(x) = x^3 - 3x^2$ die gewünschte Eigenschaft.

Beispiel 2 *Untersuchung einer Funktionenschar*

Gegeben ist die Funktionenschar f_k durch
$f_k(x) = -2x^3 + kx$ mit $k \in \mathbb{R}$.

Die Ableitungen sind: $f_k'(x) = -6x^2 + k$, $f_k''(x) = -12x$ und $f_k'''(x) = -12$.
Die Graphen der Schar sind punktsymmetrisch zum Ursprung, da der Funktionsterm nur ungerade Exponenten von x enthält.

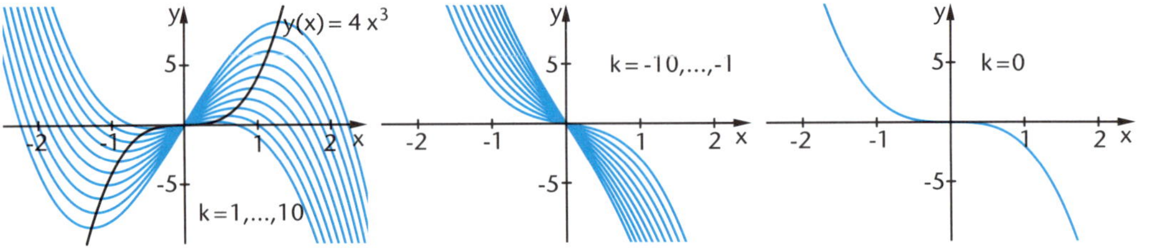

Schnittpunkte mit der x-Achse:
$f_k(x) = 0 \Leftrightarrow -2x^3 + kx = 0 \Leftrightarrow x(-2x^2 + k) = 0 \Leftrightarrow x = 0 \vee x^2 = \frac{k}{2}$.
Falls $k > 0$ hat die Gleichung drei Lösungen: $x = 0 \vee x = -\frac{\sqrt{2k}}{2} \vee x = \frac{\sqrt{2k}}{2}$.
Die Schnittpunkte sind dann $(0|0)$, $\left(-\frac{\sqrt{2k}}{2}\middle|0\right)$ und $\left(\frac{\sqrt{2k}}{2}\middle|0\right)$.
Falls $k \leq 0$, ist nur $(0|0)$ Schnittpunkt mit der x-Achse.

Extrempunkte:
Notwendige Bedingung: $f_k'(x) = 0 \Leftrightarrow -6x^2 + k = 0 \Leftrightarrow x^2 = \frac{k}{6}$.
Falls $k > 0$, hat die Gleichung zwei Lösungen: $x = -\frac{\sqrt{6k}}{6} \vee x = \frac{\sqrt{6k}}{6}$.
In diesem Fall ergibt die hinreichende Bedingung: $f_k'\left(-\frac{\sqrt{6k}}{6}\right) = 0 \wedge f_k''\left(-\frac{\sqrt{6k}}{6}\right) = 2\sqrt{6k} > 0$.
Mit $f_k\left(-\frac{\sqrt{6k}}{6}\right) = -\frac{\sqrt{6k^3}}{9}$ ist daher $T\left(\left(-\frac{\sqrt{6k}}{6}\middle|-\frac{\sqrt{6k^3}}{9}\right)\right)$ ein lokaler Tiefpunkt für $k > 0$.
Aufgrund der Punktsymmetrie zum Ursprung ist $H\left(\frac{\sqrt{6k}}{6}\middle|\frac{\sqrt{6k^3}}{9}\right)$ für $k > 0$ ein lokaler Hochpunkt.
Falls $k = 0$, hat die Gleichung $f_k'(x) = 0$ nur die Lösung $x = 0$. Da auch $f_k''(0) = 0$, ist mit der hinreichenden Bedingung hier noch keine Aussage möglich.
Falls $k < 0$, hat die Gleichung $f_k'(x) = 0$ keine Lösung. In diesem Fall liegen also keine Extrempunkte vor.

Wendepunkte:
Notwendige Bedingung: $f_k''(x) = 0 \Leftrightarrow -12x = 0 \Leftrightarrow x = 0$.
Hinreichende Bedingung: $f_k''(0) = 0 \wedge f_k'''(0) = -12 \neq 0$.
Also ist $W(0|0)$ ein Wendepunkt für alle k. Falls $k = 0$, ist dies sogar ein Sattelpunkt.

Gemeinsame Punkte aller Graphen der Funktionenschar:
Aus dem Ansatz $f_{k_1}(x) = f_{k_2}(x)$ mit $k_1 \neq k_2$ folgt
$-2x^3 + k_1x = -2x^3 + k_2x \Leftrightarrow k_1x = k_2x \Leftrightarrow (k_1 - k_2)x = 0$.
Da nach Voraussetzung $k_1 \neq k_2$ ist, bedeutet dies, dass $x = 0$.
Daher ist der Punkt $(0|0)$ der einzige gemeinsame Punkt.

Ortslinie der Extrempunkte:

$x = \frac{\sqrt{6k}}{6} \Rightarrow x^2 = \frac{k}{6} \Rightarrow k = 6x^2 \;\rightarrow\; y = \frac{\sqrt{6k^3}}{9}$

Durch Einsetzen von k in die letzte Gleichung erhält man die Gleichung der Ortslinie der Hochpunkte:

$y(x) = \frac{\sqrt{6(6x^2)^3}}{9} = 4x^3$ für $x > 0$.

Durch analoges Vorgehen erhält man für $x < 0$ dieselbe Gleichung für die Ortslinie der Tiefpunkte.

Beispiel 3 *Ortslinienbestimmung*

Gesucht ist die Gleichung der Kurve, auf der alle Tiefpunkte der Kurvenschar f_t mit $f_t(x) = x^2 + tx - t$ liegen.

Man findet die Tiefpunkte $T_t\left(-\frac{t}{2}\middle|-\frac{1}{4}t^2 - t\right)$.

Aus $x = -\frac{t}{2}$ erhält man $t = -2x$ und setzt diesen Wert in $y = -\frac{1}{4}t^2 - t$ ein:

$y = -\frac{1}{4}(-2x)^2 - (-2x)$.

Die gesuchte Ortslinie besitzt die Gleichung $y = -x^2 + 2x$.

Kurvenscharen auf gemeinsame Punkte der Schar untersuchen:

Zeigen Sie, dass alle Kurven zu f_t mit $f_t(x) = x^2 + tx - t$ durch den Punkt $S(1|1)$ gehen.

Der Ansatz lautet: $f_{t_1}(x) = f_{t_2}(x)$, $t_1 \neq t_2$, also

$x^2 + t_1x - t_1 = x^2 + t_2x - t_2 \Leftrightarrow t_1x - t_2x = t_1 - t_2 \Leftrightarrow x = \frac{t_1 - t_2}{t_1 - t_2} \Leftrightarrow x = 1$.

Es ist $f_t(1) = 1$. Also verlaufen alle Kurven durch den Punkt $S(1|1)$.

Beispiel 4 *Kurvenschar mit Exponentialfunktionen*

- Hat die Kurvenschar mit $f_k(x) = (e^x - k)^2$ gemeinsame Punkte?
  Dazu untersuchen wir: Für welche $x \in \mathbb{R}$ gilt: $k_1(x) = k_2(x)$ sofern $k_1 \neq k_2$?

  $(e^x - k_1)^2 = (e^x - k_2)^2 \Leftrightarrow e^{2x} - 2k_1e^x + k_1^2 = e^{2x} - 2k_2e^x + k_1^2 \Leftrightarrow 2 \cdot (k_1 - k_2) \cdot e^x = k_1^2 - k_2^2$

  $\Leftrightarrow e^x = \frac{1}{2} \cdot (k_1 + k_2) \Leftrightarrow x = \ln\left(\frac{1}{2} \cdot (k_1 + k_2)\right)$.

  Da der gemeinsame Punkt des Graphen von f_{k1} und f_{k2} von den Werten von k_1 und k_2 abhängt, gibt es keinen gemeinsamen Punkt, der gleichzeitig zu allen Graphen der Schar gehört.

- Welche der Kurven der Funktionenschar hat an der Stelle $x = 1$ eine Wendestelle?

  $f_k'(x) = 2 \cdot (e^x - k) \cdot e^x = 2e^{2x} - 2ke^x$ (nach Kettenregel)

  $f_k''(x) = 4e^{2x} - 2ke^x = 2e^x \cdot (2e^x - k)$

  notwendige Bedingung: $f_k''(1) = 2 \cdot e \cdot (2e - k) = 0 \Leftrightarrow k = 2e$

  hinreichende Bedingung: $f_k'''(x) = 8 \cdot e^{2x} - 2ke^x$;
  $f_{2e}'''(1) = 8 \cdot e^2 - 2 \cdot 2e \cdot e^1 = 4e^2 \neq 0$.

  Der gesuchte Parameter ist also $k = 2e$.

B10 Eigenschaften der Sinus- und Kosinusfunktion angeben und die Funktionsgleichung einer allgemeinen Sinusfunktion bestimmen.

Die Funktion mit der Gleichung $y = \sin x$ und $\mathbb{R}$ (bzw. einer Teilmenge von $\mathbb{R}$) als Definitionsmenge heißt **Sinusfunktion**. Ihr Graph heißt auch *Sinuskurve*.
Die Funktion mit der Gleichung $y = \cos x$ und $\mathbb{R}$ (bzw. einer Teilmenge von $\mathbb{R}$) als Definitionsmenge heißt **Kosinusfunktion**. Ihr Graph heißt auch *Kosinuskurve*.

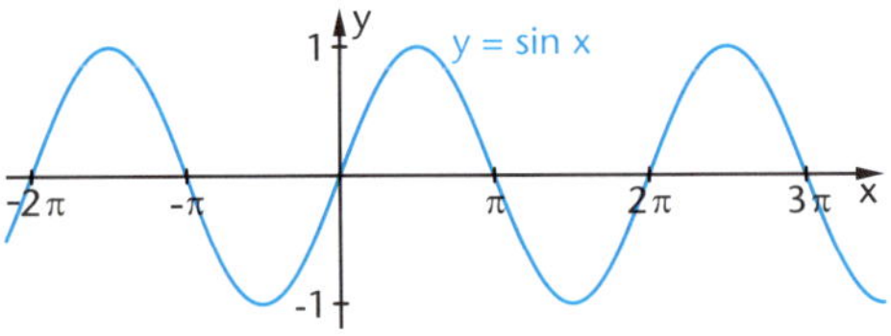

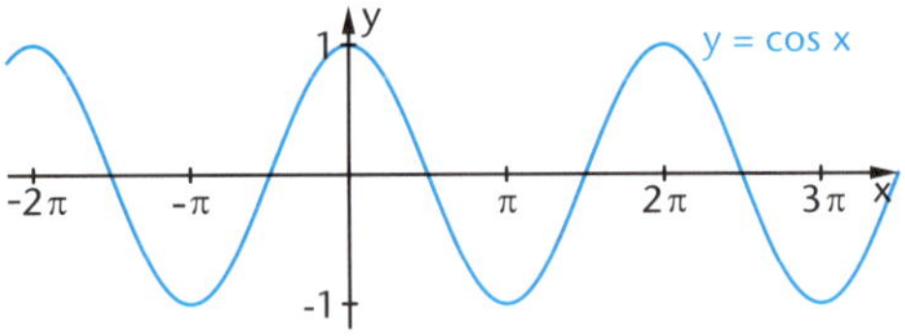

Die Wertemenge ist jeweils die Menge aller reellen Zahlen, für die gilt: $-1 \leq y \leq 1$.

Die Sinus- und die Kosinusfunktion sind periodische Funktionen mit der Periode 2π:

$\sin(x + 2\pi) = \sin x$ $\qquad$ $\cos(x + 2\pi) = \cos x$

Allgemein gilt $\sin(x + k \cdot 2\pi) = \sin x$ und $\cos(x + k \cdot 2\pi) = \cos x$ für $k \in \mathbb{Z}$.

Der Graph der Sinusfunktion ist punktsymmetrisch zum Koordinatenursprung.
Für alle Winkelgrößen x gilt: $\sin(-x) = -\sin x$
Der Graph der Kosinusfunktion ist achsensymmetrisch zur y-Achse.
Für alle Winkelgrößen x gilt: $\cos(-x) = \cos x$

Die Nullstellen der Sinusfunktion liegen bei ganzzahligen Vielfachen von π:
$x = k \cdot \pi,\ k \in \mathbb{Z}$.

Die Nullstellen der Kosinusfunktion liegen bei ungeradzahligen Vielfachen von $\frac{\pi}{2}$:
$x = (2k + 1) \cdot \frac{\pi}{2},\ k \in \mathbb{Z}$.

Die Sinus- und die Kosinusfunktion sind für alle $x \in \mathbb{R}$ differenzierbar und es gilt:
$\sin' x = \cos x$ und $\cos' x = -\sin x$.
Weiter gilt: $\sin'' x = -\sin x$ und $\cos'' x = -\cos x$.

Beide Funktionen haben wegen der Periodizität unendlich viele Hoch- und Tiefpunkte:

$y = \sin x$: $H\left(\frac{1}{2}\pi + k \cdot 2\pi \mid 1\right)$, $T\left(\frac{3}{2}\pi + k \cdot 2\pi \mid -1\right)$

$y = \cos x$: $H(k \cdot 2\pi \mid 1)$, $T(\pi + k \cdot 2\pi \mid -1) = ((2k + 1) \cdot \pi \mid -1)$

Die Nullstellen der Sinus- und Kosinusfunktion sind auch deren Wendestellen.

Den Graphen der Kosinusfunktion kann man durch Verschieben parallel zur x-Achse aus dem der Sinusfunktion erhalten. Beispielsweise gilt:

$\cos x = \sin\left(x + \frac{\pi}{2}\right)$ und umgekehrt: $\sin x = \cos\left(x - \frac{\pi}{2}\right)$.

Aus dem Graphen der Sinusfunktion mit $y = \sin x$ erhält man den Graphen zur **allgemeinen Sinusfunktion** mit $y = a \cdot \sin(b(x + c)) + d$ durch
(1) Strecken mit dem Faktor a parallel zur y-Achse;
(2) anschließendes Strecken mit dem Faktor $\frac{1}{b}$ parallel zur x-Achse;
(3) anschließendes Verschieben um $|c|$ parallel zur x-Achse;
wenn $c < 0$, wird nach rechts verschoben; wenn $c > 0$, wird nach links verschoben;
(4) anschließendes Verschieben um $|d|$ parallel zur y-Achse;
wenn $d > 0$, wird nach oben verschoben; wenn $d < 0$, wird nach unten verschoben.

Beispiele

(1) Der Graph der Funktion f mit

$f(x) = 3 \cdot \sin\left(2 \cdot \left(x - \frac{\pi}{4}\right)\right) - \frac{1}{2}$

entsteht aus dem Graphen der Sinusfunktion durch

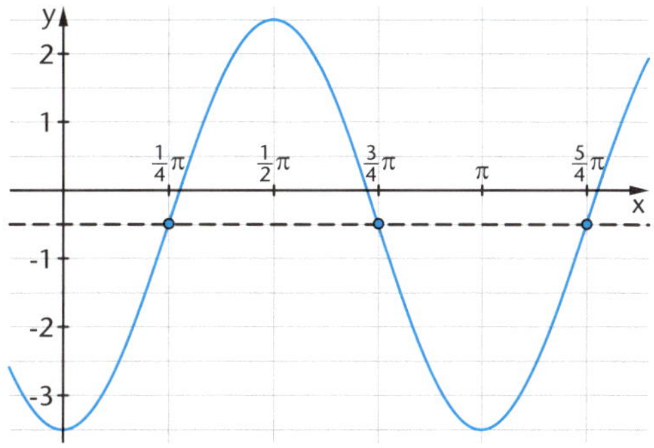

- Verschieben um $\frac{\pi}{4}$ nach rechts,
- Verschieben um $\frac{1}{2}$ nach unten,
- Strecken mit dem Faktor 3 in Richtung der y-Achse (dadurch wird die Auslenkung gegenüber der mittleren Lage verdreifacht) und
- Strecken mit dem Faktor 2 in Richtung der x-Achse (dadurch wird die Periodenlänge halbiert).

(2) Am Graphen der abgebildeten allgemeinen Sinusfunktion lesen wir ab:

Verschiebung um $\frac{5\pi}{3}$ nach links, d. h. $c = \frac{5\pi}{3}$,

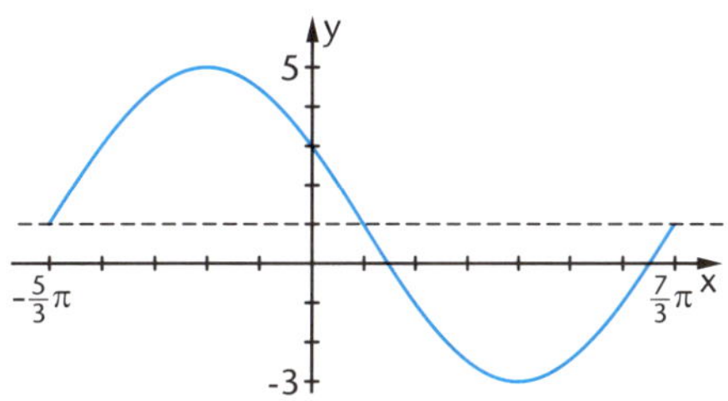

Verschiebung um 1 nach oben, d. h. $d = +1$.

Die Auslenkung gegenüber der mittleren Lage beträgt 4 Einheiten, d. h. der Graph ist mit dem Faktor 4 in Richtung der y-Achse gestreckt worden, d. h. $a = 4$.

Die Periodenlänge beträgt $p = 4\pi$, d. h. der Graph ist mit dem Faktor 2 in Richtung der x-Achse gestreckt worden, d. h. $b = \frac{1}{2}$.

Die Funktionsgleichung lautet also $f(x) = 4 \cdot \sin\left(\frac{1}{2} \cdot \left(x + \frac{5}{3}\pi\right)\right) + 1$.

(3) Von einer allgemeinen Sinusfunktion sind einige charakteristische Punkte einer Periode gegeben.

x	1	2	3	4	5
f(x)	1	3	1	–1	1

Der periodische Verlauf ist durch den „Anfangspunkt" (1|1) gegeben, d. h. der gesamte Graph ist um 1 nach oben und um 1 nach rechts verschoben, d. h. $c = -1$ und $d = +1$.
Der größte Funktionswert ist $f(2) = 3$, der kleinste $f(4) = -1$; die Auslenkung gegenüber der mittleren Lage beträgt $\Delta = 2$, d. h. der Faktor der Streckung parallel zur y-Achse ist $a = 2$.
Die Periodenlänge beträgt $5 - 1 = 4$ Einheiten; daher ist die Länge einer Periode nicht $p = 2\pi$. Der Faktor der Streckung beträgt $b = \frac{(2\pi)}{4} = \frac{\pi}{2}$.

Der Funktionsterm lautet daher $f(x) = 2 \cdot \sin\left(\frac{\pi}{2} \cdot (x - 1)\right) + 1$.

B11 Eigenschaften von gebrochenrationalen Funktionen untersuchen.

Bei der Funktionsuntersuchung von Quotientenfunktionen müssen einige Besonderheiten beachtet werden, die wir im Folgenden ansprechen (hier also keine vollständige Untersuchung der Eigenschaften):

Definitionsbereich: Hat eine Funktion innerhalb eines Intervalls, auf dem sie ansonsten definiert ist, einzelne Stellen, an denen sie nicht definiert ist, so heißen diese Stellen

Definitionslücken. Bei Funktionen der Form $f(x) = \frac{z(x)}{n(x)}$, also Quotienten aus einer Zählerfunktion z (x) und einer Nennerfunktion n (x), sind die Definitionslücken die Stellen, an denen die Nennerfunktion n(x) gleich null wird. Hier gibt es folgende Möglichkeiten:

$z(x_0)$	$n(x_0)$	$f(x_0)$ (mit Bemerkungen)
$\neq 0$	$\neq 0$	$f(x_0) = \frac{z(x_0)}{n(x_0)}$ normaler Punkt
$\neq 0$	$= 0$	Polstelle
$= 0$	$\neq 0$	Nullstelle
$= 0$	$= 0$	überprüfen, ob die Definitionslücke bei x_0 hebbar ist; dies ist der Fall, wenn der $\lim\limits_{x \to x_0} f(x)$ existiert.

Polstellen: Die Definitionsmenge einer Quotientenfunktion hängt wesentlich von den Nullstellen der Nennerfunktion ab:
Ist die Nullstelle des Nennerfunktion nicht zugleich Nullstelle der Zählerfunktion, liegt an dieser Definitionslücke x_0 eine Polstelle vor.
Man unterscheidet Polstellen **mit** bzw. **ohne Vorzeichenwechsel (VZW)**, je nachdem, ob die Teilgraphen links und rechts der Polgeraden nach oben oder nach unten ins Unendliche verlaufen (Schreibweise: $f(x) \to -\infty$ oder $f(x) \to \infty$ für $x \to x_0$).
Gelegentlich werden Polgeraden auch als **senkrechte Asymptoten** bezeichnet.

Asymptoten:

Das Verhalten von f(x) für $x \to \infty$ bzw. für $x \to -\infty$ wird durch das Verhalten von Zähler- und Nennerfunktion bestimmt. Falls eine Funktion a existiert, für die gilt:
$\lim\limits_{x \to -\infty} [f(x) - a(x)] = 0$ oder $\lim\limits_{x \to +\infty} [f(x) - a(x)] = 0$, dann wird der Graph von a als Asymptote des Graphen von f bezeichnet. Anschaulich bedeutet die Grenzwerteigenschaft, dass sich der Graph der Funktion f dem Graphen der Funktion a für $x \to -\infty$ oder $x \to +\infty$ beliebig annähert.

Beispiele zu Definitionslücken

Beispiel 1 *Polstelle ohne Vorzeichenwechsel*

$f(x) = \frac{1}{(x+2)^2}$

Für $x \to -2$, $x < -2$ und $x > -2$ gilt $f(x) \to +\infty$.
Der Graph von f hat an der Stelle $x = -2$ eine Polstelle ohne Vorzeichenwechsel.

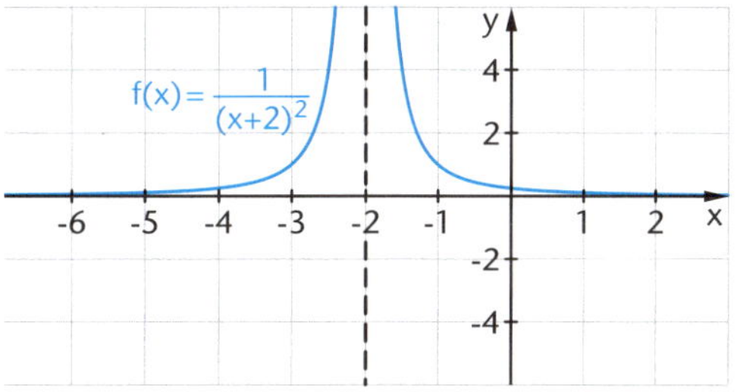

Beispiel 2 *Polstelle mit Vorzeichenwechsel*

$f(x) = \frac{e^x}{x+1}$

Für $x \to -1$, $x < -1$ gilt: $f(x) \to -\infty$, für $x \to -1$, $x > -1$ gilt $f(x) \to +\infty$.
Der Graph von f hat an der Stelle $x = -1$ eine Polstelle mit Vorzeichenwechsel.

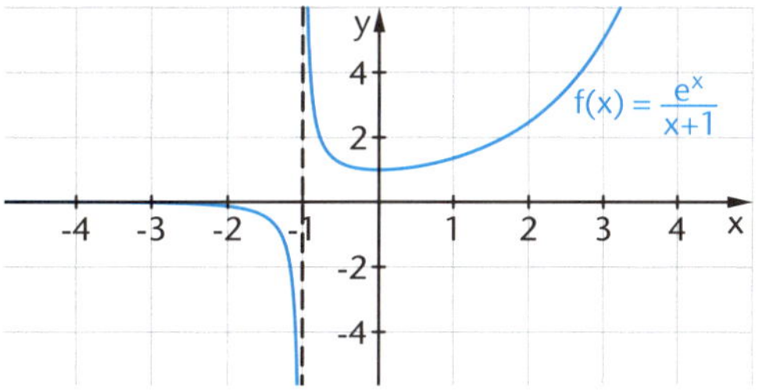

Beispiel 3 *Hebbare Definitionslücke*

$f(x) = \frac{x-1}{x^2-1}$

Für $x \neq 1$ kann man den Funktionsterm umformen:

$$f(x) = \frac{x-1}{(x+1)(x-1)} = \frac{1}{x+1}.$$

Da $\lim\limits_{x \to 1} f(x) = \frac{1}{2}$, hat die Funktion f an der Stelle $x = +1$ eine hebbare Definitionslücke.

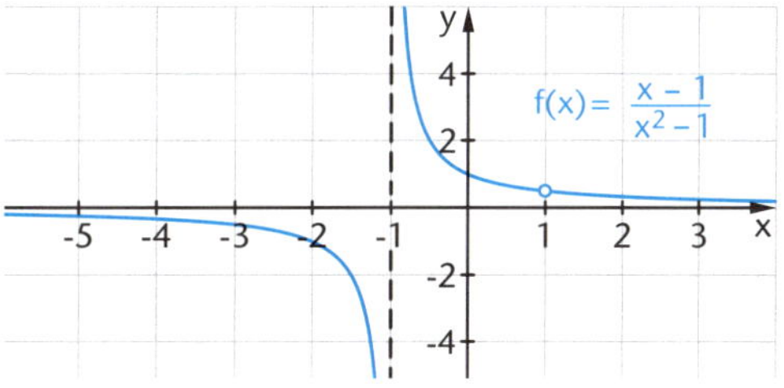

Beispiel 4 *„Einseitige" Polstelle*

$f_t(x) = \frac{t + \ln(x)}{x}$

Für $x \to 0$, $x > 0$ gilt $f_t(x) \to -\infty$.

Die Funktionen der Funktionenschar haben an der Stelle $x = 0$ eine „einseitige" Polstelle, da die Funktion nur für $x > 0$ definiert ist.

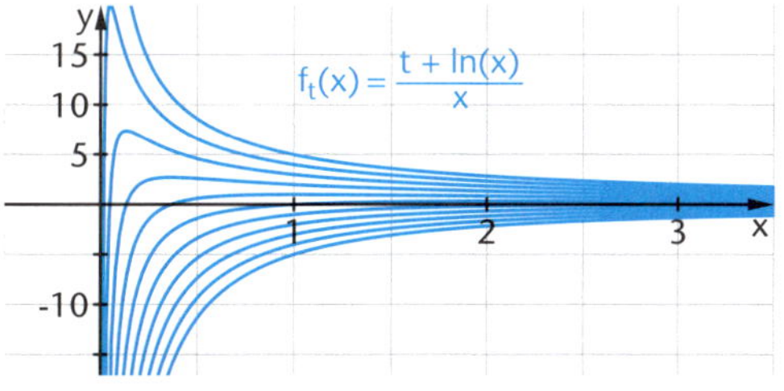

Beispiele zu Asymptoten

Beispiel 1 *Senkrechte Asymptote*

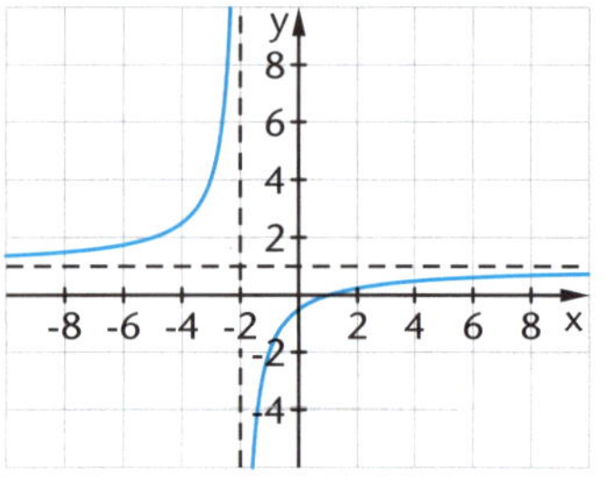

$f(x) = \frac{x-1}{x+2}$, $D_f = \mathbb{R} \setminus \{-2\}$,

Definitionslücke bei $x = -2$.
Für $x \to -2$ und $x < -2$ (Annäherung von links) strebt $f(x) \to \infty$ und für $x \to -2$ und $x > -2$ (Annäherung von rechts) strebt $f(x) \to -\infty$.
Der Graph von f hat an der Stelle $x - -2$ eine Polstelle mit VZW. Die durch $x = -2$ definierte Gerade ist eine senkrechte Asymptote. Die Parallele zur x-Achse mit $a(x) = 1$ ist eine waagerechte Asymptote.

Beispiel 2 *Waagerechte Asymptote*

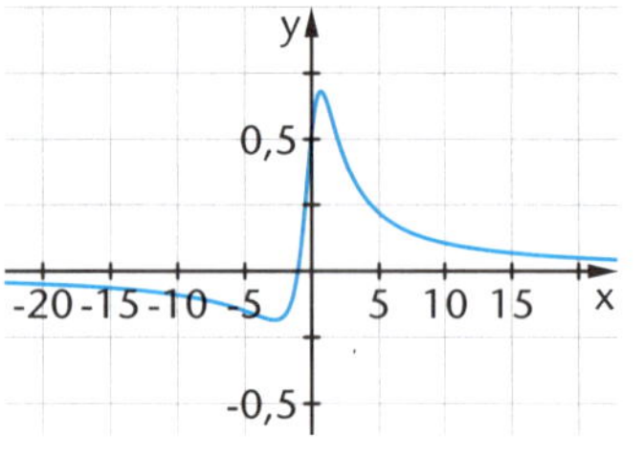

$f(x) = \frac{x+1}{x^2+2}$, $D_f = \mathbb{R}$.

Für $x \to \pm\infty$ strebt $f(x) \to 0$. Die x-Achse ist waagerechte Asymptote $(a(x) = 0)$

Beispiel 3 *Schiefe Asymptote*

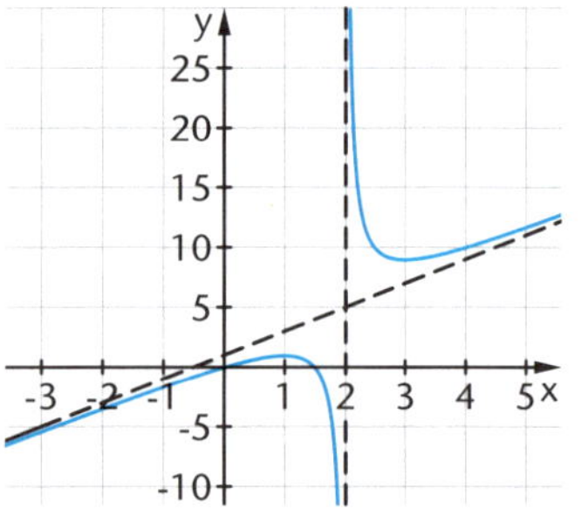

$f(x) = \frac{2x^2 - 3x}{x-2}$, $D_f = \mathbb{R} \setminus \{+2\}$.

Nach Umformung erhält man $f(x) = 2x + 1 + \frac{2}{x-2}$.

Der Graph besitzt eine schiefe Asymptote mit der Gleichung $a(x) = 2x + 1$ sowie eine senkrechte Asymptote mit $x = 2$.

B12 Eigenschaften von Wurzelfunktionen bestimmen.

Die Untersuchung der Eigenschaften von Wurzelfunktionen unterscheidet sich von der anderer Funktionstypen vor allem dadurch, dass ggf. eine Einschränkung der Definitionsmenge beachtet werden muss; außerdem kann es vorkommen, dass die Funktionen an den Rändern der Definitionsmenge nicht differenzierbar sind (man könnte dort eine Parallele zur y-Achse als Tangente einzeichnen, deren Steigung "unendlich" ist):

- Wurzelfunktionen sind für alle diejenigen x definiert, für die der Radikand (Term, der unter dem Wurzelzeichen steht) nicht negativ ist,
- an der Stelle oder den Stellen, an denen der Radikand den Wert null annimmt, ist die Wurzelfunktion nicht differenzierbar, denn beim Differenzieren einer Wurzelfunktion entsteht ein Bruchterm, dessen Nennerfunktion nicht null werden darf.

Beispiele

(1) $f(x) = \sqrt{x} = x^{\frac{1}{2}}$, $D_f = \{x \mid x \geq 0\}$; f ist differenzierbar auf $D_f \setminus \{0\} = \{x \mid x > 0\}$ und es gilt nach Potenzregel, vgl. **A1**: $f'(x) = \frac{1}{2} \cdot x^{-\frac{1}{2}} = \frac{1}{2\sqrt{x}}$.

(2) $f(x) = \sqrt{x^2 - 4x + 3}$, $D_f = \{x \mid x^2 - 4x + 3 \geq 0\} = \{x \mid x \leq +1 \ \vee \ x \geq +3\}$; f ist differenzierbar auf $D_f \setminus \{+1; +3\} = \{x \mid x < +1 \ \vee \ x > +3\}$ und es gilt nach Kettenregel, vgl. **A2**:

$$f'(x) = \frac{1}{2} \cdot (x^2 - 4x + 3)^{-\frac{1}{2}} \cdot (2x - 4) = \frac{2x - 4}{2\sqrt{x^2 - 4x + 3}} = \frac{x - 2}{\sqrt{x^2 - 4x + 3}}.$$

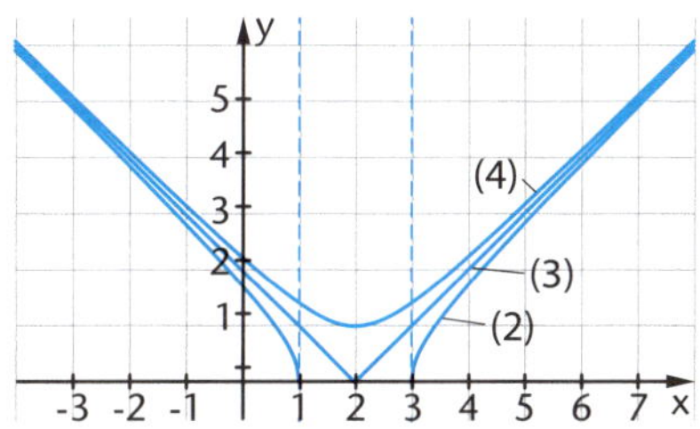

(3) $f(x) = \sqrt{x^2 - 4x + 4} = \sqrt{(x-2)^2} = |x - 2|$, $D_f = \mathbb{R}$; f ist differenzierbar auf $D_f \setminus \{+2\} = \mathbb{R} \setminus \{+2\}$ und es gilt nach Kettenregel, vgl. **A2**:

$$f'(x) = \frac{1}{2} \cdot (x^2 - 4x + 4)^{-\frac{1}{2}} \cdot (2x - 4) = \frac{2x - 4}{2\sqrt{x^2 - 4x + 4}} = \frac{x - 2}{\sqrt{x^2 - 4x + 4}} = \frac{x - 2}{|x - 2|};$$ dabei ist

$f'(x) = -1$ für $x < +2$ und $f'(x) = +1$ für $x > +2$, vgl. Abbildung.

(4) $f(x) = \sqrt{x^2 - 4x + 5}$, $D_f = \{x \mid x^2 - 4x + 5 \geq 0\} = \{x \mid (x-2)^2 + 1 \geq 0\} = \mathbb{R}$; f ist differenzierbar auf $D_f = \mathbb{R}$ und es gilt nach Kettenregel, vgl. **A2**:

$$f'(x) = \frac{1}{2} \cdot (x^2 - 4x + 5)^{-\frac{1}{2}} \cdot (2x - 4) = \frac{2x - 4}{2\sqrt{x^2 - 4x + 5}} = \frac{x - 2}{\sqrt{x^2 - 4x + 5}}.$$

(5) $f(x) = \sqrt{x \cdot (4 - x)}$, $D_f = \{x \mid x \cdot (4 - x) \geq 0\} = \{x \mid 0 \leq x \leq +4\}$; f ist differenzierbar auf $D_f \setminus \{0; +4\} = \{x \mid 0 < x < +4\}$ und es gilt nach Kettenregel, vgl. **A2**:

$$f'(x) = \frac{1}{2} \cdot (x \cdot (4 - x))^{-\frac{1}{2}} \cdot (4 - 2x) = \frac{4 - 2x}{2\sqrt{x \cdot (4 - x)}} = \frac{2 - x}{\sqrt{x \cdot (4 - x)}}.$$

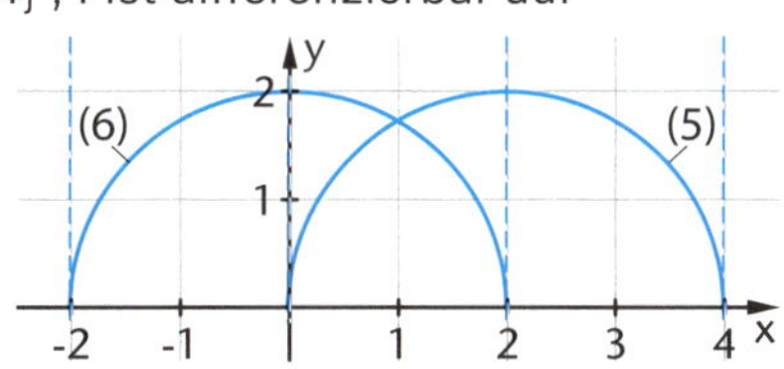

(6) $f(x) = \sqrt{4 - x^2}$, $D_f = \{x \mid 4 - x^2 \geq 0\} = \{x \mid -2 \leq x \leq +2\}$; f ist differenzierbar auf $D_f \setminus \{-2; +2\} = \{x \mid -2 < x < +2\}$ und es gilt nach Kettenregel, vgl. **A2**:

$$f'(x) = \frac{1}{2} \cdot (4 - x^2)^{-\frac{1}{2}} \cdot (-2x) = \frac{-2x}{2\sqrt{4 - x^2}} = -\frac{x}{\sqrt{4 - x^2}}.$$

B13 Überprüfen, ob eine Funktion umkehrbar ist, und den Funktionsterm der Umkehrfunktion herleiten.

Eine Funktion f mit $y = f(x)$ ist (auf einem Intervall) umkehrbar, wenn nicht nur jedem x-Wert eindeutig ein y-Wert zugeordnet werden kann, sondern auch umgekehrt jedem Funktionswert der Funktion f auch eindeutig ein x-Wert. Diese Zuordnung wird dann durch die Umkehrfunktion f^{-1} beschrieben.

Den Funktionsterm der Umkehrfunktion f^{-1} erhält man, indem man im Funktionsterm von f die Variablen x und y vertauscht und diesen Term dann nach y auflöst.

Die Wertetabelle von f^{-1} erhält man durch Vertauschen der Spalten der Wertetabelle von f, den Graphen von f^{-1} durch Spiegelung des Graphen von f an der Geraden mit $y = x$. Beim Übergang von einer Funktion f zu ihrer Umkehrfunktion f^{-1} werden auch Definitionsmenge und Wertemenge vertauscht: $D_{f^{-1}} = W_f$ und $W_{f^{-1}} = D_f$.

Die Eigenschaft der Umkehrbarkeit ist auf jeden Fall gewährleistet, wenn der Graph der Funktion auf einem Intervall streng monoton steigend oder streng monoton fallend ist.

ableiten, zeigen dass die Ableitung immer > 0 ist

Beispiel 1

Der Graph der Funktion f mit $f(x) = x^2 + 1$ ist für $x \geq 0$ streng monoton steigend und daher dort umkehrbar.
Es gilt: $D_f = [0; +\infty[$ und $W_f = [1; +\infty[$.

Den Funktionsterm der Umkehrfunktion f^{-1} erhält man durch folgende Schritte:
- Vertauschen der Variablen in der gegebenen Funktionsgleichung:
  $y = x^2 + 1 \rightarrow x = y^2 + 1$
- Auflösen der Funktionsgleichung nach y:
  $x = y^2 + 1 \Leftrightarrow x - 1 = y^2 \Leftrightarrow y = \sqrt{x - 1}$

Für die Umkehrfunktion f^{-1} gilt:
$D_{f^{-1}} = [1; +\infty[$ und $W_{f^{-1}} = [0; +\infty[$

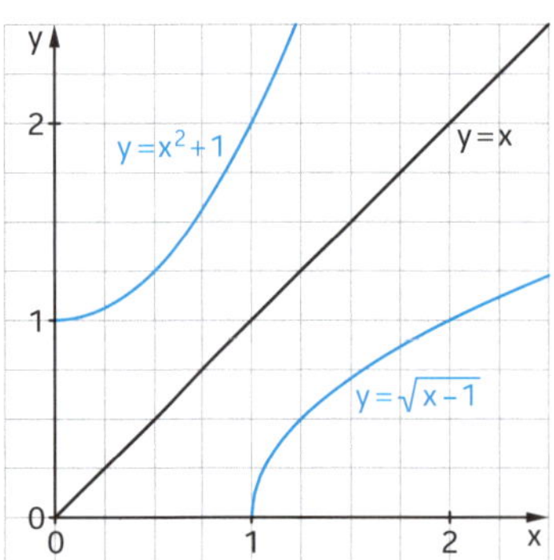

Beispiel 2

Der Graph der Funktion f mit $f(x) = \frac{3}{1 + 2e^{-x}}$ ist für alle $x \in \mathbb{R}$ streng monoton steigend (Nachweis mithilfe der 1. Ableitung) und daher dort umkehrbar.
Es gilt: $D_f = \mathbb{R}$ und $W_f =]0; +3[$.

Den Funktionsterm der Umkehrfunktion f^{-1} erhält man durch folgende Schritte:
- Vertauschen der Variablen in der gegebenen Funktionsgleichung:
  $y = \frac{3}{1 + 2e^{-x}} \rightarrow x = \frac{3}{1 + 2e^{-y}}$
- Auflösen der Funktionsgleichung nach y:
  $x = \frac{3}{1 + 2e^{-y}} \Leftrightarrow x + 2xe^{-y} = 3 \Leftrightarrow e^{-y} = \frac{3 - x}{2x}$
  $\Leftrightarrow e^{y} = \frac{2x}{3 - x} \Leftrightarrow y = \ln\left(\frac{2x}{3 - x}\right)$

Für die Umkehrfunktion f^{-1} gilt:
$D_{f^{-1}} =]0; +3[$ und $W_{f^{-1}} = \mathbb{R}$.

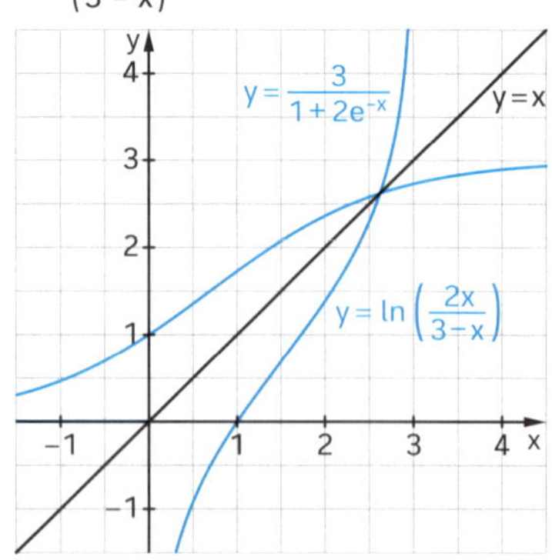

C1 Ganzrationale Funktionen mit vorgegebenen Eigenschaften bestimmen (auch in Sachzusammenhängen, z. B. bei Trassierungen).

Zur Bestimmung einer ganzrationalen Funktion f vom Grad n sind (n + 1) Bedingungen an die gesuchte Funktion erforderlich. Diese können in einer Grafik dargestellt, in einem Text verdeutlicht oder auch schon in Form von Gleichungen formuliert sein.

Vorgehensweise:

1. Setzen Sie an mit einem Funktionsterm, der variable Koeffizienten a, b, c, ... enthält. Der Grad der Funktion muss dabei um eins niedriger gewählt werden als die Anzahl der bekannten Bedingungen.
   Falls 5 Bedingungen bekannt sind, lautet der Ansatz: $f(x) = ax^4 + bx^3 + cx^2 + dx + e$
2. Stellen Sie die gegebenen Bedingungen als Gleichungen mit den Termen f(x), f′(x), f″(x), ... dar.
3. Notieren Sie daraus ein Gleichungssystem mit n + 1 Gleichungen zur Bestimmung der n + 1 unbekannten Koeffizienten a, b, c, ...
4. Lösen Sie das Gleichungssystem und setzen Sie die gefundene Lösung in den Funktionsterm f(x) ein.
5. Prüfen Sie das Ergebnis auch an eventuell vorliegenden hinreichenden Bedingungen z. B. für Hoch-, Tief- oder Wendepunkte.

Falls bekannt ist, dass der Graph der gesuchten Funktion achsensymmetrisch zur y-Achse [punktsymmetrisch zum Ursprung] ist, enthält der Funktionsterm nur Summanden mit geraden [ungeraden] Potenzen von x. Dies sollte bereits beim Ansatz berücksichtigt werden, da sich dadurch das Gleichungssystem deutlich vereinfacht.

Beispiel 1

Die Punkte A(0|3), B(2|5) und C(6|−3) liegen auf einer quadratischen Parabel.
Zur Bestimmung des Funktionsterms der zugehörigen quadratischen Funktion dient der Ansatz $f(x) = ax^2 + bx + c$ mit $a, b, c \in \mathbb{R}$. Aus den Bedingungen $f(0) = 3$, $f(2) = 5$ und $f(6) = -3$ folgt das Gleichungssystem:

$$\left|\begin{array}{r} c = 3 \\ 4a + 2b + c = 5 \\ 36a + 6b + c = -3 \end{array}\right| \Leftrightarrow \left|\begin{array}{r} c = 3 \\ 4a + 2b = 2 \\ 36a + 6b = -6 \end{array}\right| \Leftrightarrow \left|\begin{array}{r} c = 3 \\ 2a + b = 1 \\ 6a + b = -1 \end{array}\right| \Leftrightarrow \left|\begin{array}{r} c = 3 \\ 2a + b = 1 \\ 4a \quad = -2 \end{array}\right| \Leftrightarrow \left|\begin{array}{r} c = 3 \\ -1 + b = 1 \\ a = -\frac{1}{2} \end{array}\right| \Leftrightarrow \left|\begin{array}{l} c = 3 \\ b = 2 \\ a = -\frac{1}{2} \end{array}\right|$$

Also lautet das Ergebnis $f(x) = -\frac{1}{2}x^2 + 2x + 3$.

Wurde der Funktionsterm wie hier so bestimmt, dass der Graph durch gegebene Punkte verlaufen soll, so bezeichnet man den Term auch als Stützstellenpolynom.

Beispiel 2

Der Graph einer ganzrationalen Funktion 4. Grades soll symmetrisch zur y-Achse sein und diese im Punkt A (0|− 2) schneiden. Weiterhin soll H (2|4) ein Hochpunkt sein.
Da sich aus diesen Vorgaben drei Bedingungen ergeben und aufgrund der Symmetrie wird $f(x) = a x^4 + b x^2 + c$ als Ansatz gewählt.

Aus den Bedingungen $f(0) = -2 \wedge f(2) = 4 \wedge f'(2) = 0$ ergibt sich mit $f'(x) = 4 a x^3 + 2 b x$ das Gleichungssystem:

$$\left|\begin{array}{r} c = -2 \\ 16a + 4b + c = 4 \\ 32a + 4b = 0 \end{array}\right| \Leftrightarrow \left|\begin{array}{r} c = -2 \\ 16a + 4b = 6 \\ 32a + 4b = 0 \end{array}\right| \Leftrightarrow \left|\begin{array}{lr} & c = -2 \\ 16a + 4b & = 6 \\ 16a & = -6 \end{array}\right| \Leftrightarrow \left|\begin{array}{r} c = -2 \\ -6 + 4b = 6 \\ a = -\frac{3}{8} \end{array}\right| \Leftrightarrow \left|\begin{array}{l} c = -2 \\ b = 3 \\ a = -\frac{3}{8} \end{array}\right|$$

Also lautet das Ergebnis $f(x) = -\frac{3}{8}x^4 + 3x^2 - 2$.

Da mit $f''(x) = -\frac{9}{2}x^2 + 6$ außerdem auch $f''(2) = -12 < 0$, ist H tatsächlich ein Hochpunkt.

Beispiel 3

Die beiden dargestellten Straßenabschnitte sollen so miteinander verbunden werden, dass sich an den Anschlussstellen keine Knicke ergeben.

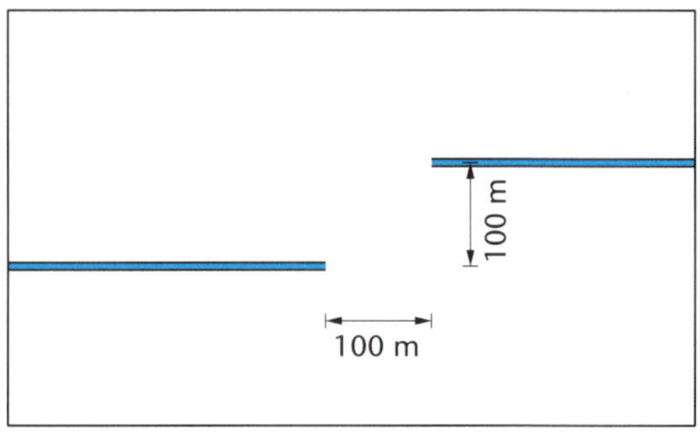

Zunächst wird ein geeignetes Koordinatensystem festgelegt. Dabei entspricht 1 Längeneinheit 100 m in der Natur. Da sich aus den Vorgaben vier Bedingungen ergeben, kann eine ganzrationale Funktion dritten Grades als Ansatz gewählt werden:
$f(x) = a x^3 + b x^2 + c x + d$.

Die Bedingungen $f(0) = 0 \wedge f(1) = 1 \wedge f'(0) = 0 \wedge f'(1) = 0$ führen mit
$f'(x) = 3 a x^2 + 2 b x + c$
zum Gleichungssystem:

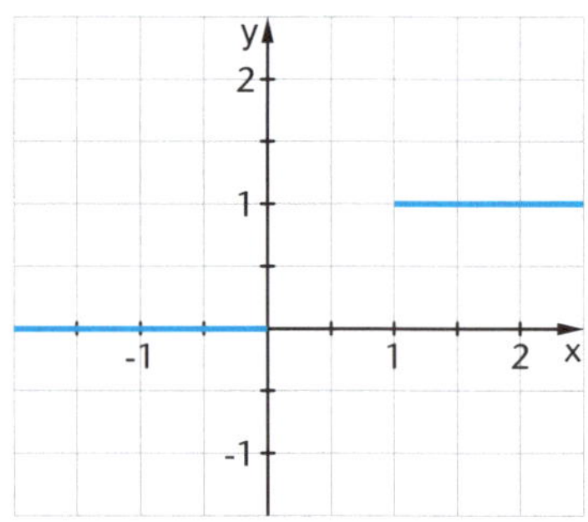

$$\left|\begin{array}{r} d = 0 \\ a + b + c + d = 1 \\ c = 0 \\ 3a + 2b + c = 0 \end{array}\right| \Leftrightarrow \left|\begin{array}{r} d = 0 \\ a + b = 1 \\ c = 0 \\ 3a + 2b = 0 \end{array}\right| \Leftrightarrow \left|\begin{array}{r} d = 0 \\ a + b = 1 \\ c = 0 \\ a = -2 \end{array}\right| \Leftrightarrow \left|\begin{array}{l} d = 0 \\ b = 3 \\ c = 0 \\ a = -2 \end{array}\right|$$

Lösung: $a = -2 \wedge b = 3 \wedge c = d = 0$

Also kann der neue Straßenabschnitt für $0 \le x \le 1$ mit $f(x) = -2x^3 + 3x^2$ beschrieben werden.

C2 Exponentialfunktionen aus gegebenen Bedingungen bestimmen.

„Einfache“ Exponentialfunktionen, mit deren Hilfe beispielsweise Wachstumsprozesse modelliert werden können, sind vom Typ $f(x) = a \cdot e^{bx}$.
Funktionen dieses Typs sind durch die Angabe von zwei Eigenschaften, z. B. von zwei Punkten, eindeutig bestimmt.

Beispiele

(1) Gesucht ist eine Exponentialfunktion f vom Typ $f(x) = a \cdot e^{bx}$, deren Graph durch die Punkte $(0|3)$ und $(5|2)$ verläuft.
Aus den Koordinaten der Punkte ergeben sich die Bedingungen
(I) $3 = a \cdot e^0 = a \cdot 1 = a$ und (II) $2 = a \cdot e^{5b}$.
Einsetzen von $a = 3$ aus (I) in (II) ergibt: $2 = 3 \cdot e^{5b}$,
also $\frac{2}{3} = e^{5b} \Leftrightarrow 5b = \ln\left(\frac{2}{3}\right) \Leftrightarrow b = \frac{1}{5} \cdot \ln\left(\frac{2}{3}\right) \approx -0{,}081$.
Die Funktion f mit $f(x) = 3 \cdot e^{-0{,}081x}$ erfüllt also die geforderten Bedingungen.

(2) Gesucht ist eine Exponentialfunktion f vom Typ $f(x) = a \cdot e^{bx}$, deren Graph im Punkt $(2|1)$ die Steigung 3 hat.
Wegen $f(x) = a \cdot e^{bx}$ und $f'(x) = a \cdot b \cdot e^{bx}$ ergeben sich die Bedingungen:
(I) $1 = a \cdot e^{2b}$ und (II) $3 = a \cdot b \cdot e^{2b}$.
Einsetzen von (I) in (II) ergibt: $3 = a \cdot b \cdot e^{2b} = b \cdot (a \cdot e^{2b}) = b \cdot 1 = b$,
also aus (I): $1 = a \cdot e^6 \Leftrightarrow a = e^{-6}$.
Die Funktion f mit $f(x) = e^{-6} \cdot e^{3x} = 0{,}002479 \cdot e^{3x}$ erfüllt also die geforderten Bedingungen.

Entsprechend benötigt man für die Bestimmung von Funktionen, mit deren Hilfe beschränkte Wachstumsprozesse modelliert werden können, also Funktionen f vom Typ $f(x) = c - a \cdot e^{bx}$, die Vorgabe von drei Eigenschaften, um die Koeffizienten a, b, c zu berechnen.

C3 In Anwendungen ein passendes Modell für das exponentielle oder das beschränkte Wachstum aufstellen, seine Tragfähigkeit untersuchen und Schlussfolgerungen im Sachzusammenhang interpretieren sowie Verdopplungs- und Halbwertszeiten berechnen.

Wachstums- und Abnahmeprozesse lassen sich durch Exponentialfunktionen beschreiben.

Beim **exponentiellen Wachstum** ändert sich der Bestand in gleichen Zeitintervallen immer mit demselben Faktor, d. h. die Änderungsrate ist stets derselbe Anteil des vorhandenen Bestandes.

$B(t) = B(0) \cdot e^{k \cdot t}$ ($B(0)$ ist der Bestand zur Zeit $t = 0$).

Bei einem (positiven) exponentiellen Wachstum heißt die Zeitdauer, in der sich der Bestand verdoppelt, **Verdopplungszeit**.
Bei einem exponentiellen Zerfall heißt die Zeitdauer, in der sich der Bestand halbiert, **Halbwertszeit**.

Der Ansatz zur Berechnung lautet bei der

Verdopplungszeit	*Halbwertszeit*
$B(t) = 2 \cdot B(0)$	$B(t) = \frac{1}{2} \cdot B(0)$

In der Realität wird es immer eine Grenze für das Wachstum geben, diese wird als **Sättigungsgrenze** S bezeichnet.

Von einem **beschränkten Wachstum** spricht man, wenn die Änderungsrate stets derselbe Anteil von der Differenz von der Sättigungsgrenze S und dem augenblicklichen Bestand $B(t)$ ist

$B(t) = S + [B(0) - S] \cdot e^{-k \cdot t}$.

Beim beschränkten Wachstum ist die Parallele zur x-Achse mit $y = S$ (Sättigungsgrenze) eine Asymptote für die Wachstumsfunktion.

Beispiele

(1) Der Luftdruck nimmt mit größer werdendem Abstand zur Erdoberfläche ab, und zwar um 12 % je 1000 m. Zur Zeit ist der Luftdruck auf Meereshöhe 1018 mbar. Welcher Luftdruck herrscht in 6000 m Höhe?

$B(6) = B(0) \cdot 0{,}88^6 = 1018 \cdot 0{,}88^6 \approx 473$ mbar.
Man kann dies auch so notieren: $B(6) = B(0) \cdot e^{6 \cdot \ln(0{,}88)} = 1018 \cdot 0{,}4644 \approx 473$ mbar.

(2) Ein Anfangsbestand $B(0)$ von Bakterien erhöht sich täglich um 10 %. Den Funktionsterm erhält man aus folgenden Bedingungen:

Bakterienbestand nach dem 1. Tag: $B(1) = B(0) \cdot 1{,}1$;
nach dem 2. Tag: $B(2) = B(0) \cdot 1{,}1^2$;
nach dem n-ten Tag: $B(n) = B(0) \cdot 1{,}1^n$;

also: $B(t) = B(0) \cdot 1{,}1^t$. Wegen $k = \ln(1{,}1) \approx 0{,}095$ kann man dies auch wie folgt notieren:
$B(t) = B(0) \cdot e^{\ln(1{,}1) \cdot t} = B(0) \cdot e^{0{,}095t}$.

(3) Zu Beginn des Jahres 2000 hatte Indien etwa 1 Milliarde Einwohner. Es wird angenommen, dass das jährliche Bevölkerungswachstum 1,4 % beträgt. In welchem Zeitraum verdoppelt sich die Bevölkerungszahl (sofern die Wachstumsrate gleich bleibt)?

Der Wachstumsprozess kann modelliert werden mithilfe von
$B(t) = 1{,}014^t = e^{\ln(1{,}014)\cdot t} = e^{0{,}0139\cdot t}$,
wobei t die Zeit in Jahren ab dem Jahr 2000 angibt.
Verdopplungszeit aus $B(t) = 1 \cdot e^{\ln(1{,}014)\cdot t} = 2 \cdot B(0)$.

Lösung der Exponentialgleichung $1{,}014^t = 2$ durch Logarithmieren:

$1{,}014^t = 2 \Leftrightarrow t \cdot \ln(1{,}014) = \ln(2) \Leftrightarrow t = \frac{\ln(2)}{\ln(1{,}014)} \approx 49{,}9$, d. h. nach etwa

50 Jahren wird sich die indische Bevölkerung verdoppelt haben (sofern die Wachstumrate unverändert bleibt).

(4) Wann ist ein Auto mit 30 000 € Neuwert bei einem jährlichen Wertverlust von 20 % nur noch die Hälfte wert?

Der Abnahmeprozess wird modelliert mithilfe von
$B(t) = 30\,000 \cdot 0{,}8^t = 30\,000 \cdot e^{\ln(0{,}8)\cdot t} = 30\,000 \cdot e^{-0{,}223\cdot t}$
(wobei t die Zeit in Jahren nach dem Neukauf angibt).
Ansatz: $B(t) = \frac{1}{2} \cdot B(0) \Leftrightarrow 15\,000 = 30\,000 \cdot e^{\ln(0{,}8)\cdot t} \Leftrightarrow \frac{1}{2} = e^{\ln(0{,}8)\cdot t} \Leftrightarrow t = \frac{\ln\left(\frac{1}{2}\right)}{\ln(0{,}8)} = 3{,}1$.

Nach etwas mehr als 3 Jahren besitzt das Fahrzeug nur noch den halben Wert.

(5) In einer Minute kühlt sich eine warme Flüssigkeit um etwa 20 % der Differenz zur Raumtemperatur ab. Die aktuelle Raumtemperatur beträgt 20°.
Nach welcher Zeit ist ein 90 °C heißer Kaffee auf 50 °C abgekühlt?

Es ist $T(t) = 20 + [90 - 20] \cdot 0{,}8^t$, also wegen $\ln(0{,}8) \approx -0{,}223$: $T(t) = 20 + 70 \cdot e^{-0{,}223t}$.

Aus $50 = 20 + 70 \cdot e^{-0{,}223t}$ folgt: $\frac{3}{7} = e^{-0{,}223t}$, also

$\ln\left(\frac{3}{7}\right) = -0{,}223t$ und $t = 3{,}8$ (nach ca. 3,8 min ist der Kaffee auf 50 °C abgekühlt).

C4 Extremwertaufgaben mit Nebenbedingungen innermathematisch und in Sachzusammenhängen lösen.

Folgende Schritte sind zu beachten:

- Alle wichtigen Größen sind zu benennen. Für die Größe, für die ein Extremum (Maximum oder Minimum) zu bestimmen ist (sogenannte Extremalgröße), muss eine Gleichung aufgestellt werden. Die durch die Gleichung bestimmte Zielfunktion enthält i. A. noch mehrere Variablen.
- Eine Nebenbedingung wird aufgestellt; diese gibt an, wie die auftretenden Variablen voneinander abhängen. Diese Nebenbedingung wird so in den Funktionsterm der Zielfunktion eingesetzt, dass im Funktionsterm nur noch die eine Variable vorkommt, deren Extremum gesucht wird.
- Von dieser Zielfunktion werden die lokalen Extremstellen und die zugehörigen Funktionswerte bestimmt
- Ist der Definitionsbereich eingeschränkt, müssen auch die Funktionswerte an den Rändern berechnet und mit den Funktionswerten der lokalen Extremstellen verglichen werden.
- Wenn so der Extremwert für die betrachtete Extremalgröße gefunden ist, müssen noch alle im ersten Ansatz aufgetretenen Größen berechnet werden.

Beispiel 1

P (x | y) sei ein beliebiger Punkt des Graphen der Funktion f mit $f(x) = -\frac{1}{2}x^2 + 2$, der oberhalb der x-Achse liegt.

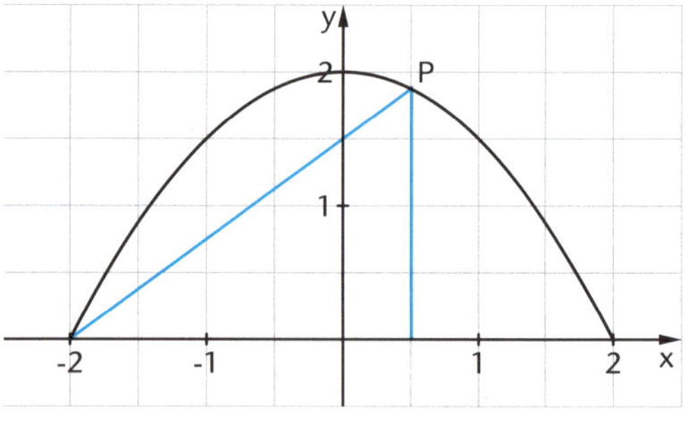

Die Parallele zur y-Achse durch den Punkt P, die x-Achse und die Gerade, die durch A (−2 | 0) und P verläuft, bestimmen ein Dreieck. Für welche Lage des Punktes P ist der Flächeninhalt des Dreiecks maximal?

Gesucht ist der maximale Flächeninhalt, deshalb wird ein Funktionsterm zur Berechnung des Flächeninhalts aufgestellt:

$A(x, y) = \frac{1}{2} \cdot (x - (-2)) \cdot y = \frac{1}{2} \cdot (x + 2) \cdot y.$

Die Nebenbedingung „P ist Punkt des Graphen“ liefert $y = -\frac{1}{2}x^2 + 2$.

Diese Bedingung für y wird in den Term der Zielfunktion eingesetzt:

$A(x) = \frac{1}{2} \cdot (x + 2) \cdot (-\frac{1}{2}x^2 + 2) = -\frac{1}{4}x^3 - \frac{1}{2}x^2 + x + 2.$

Definitionsbereich der Zielfunktion: $-2 \leq x \leq 2$ (der Einfachheit halber werden die beiden Randstellen mit hinzugenommen).

Von dieser Funktion wird das lokale Extremum bestimmt:

$A'(x) = -\frac{3}{4}x^2 - x + 1;\ A'(x) = 0 \Leftrightarrow x = \frac{2}{3} \vee x = -2.$

Für $x = -2$ liegt der Punkt P auf der x-Achse.

$A''(x) = -\frac{3}{2}x - 1;\ A''\left(\frac{2}{3}\right) = -2 < 0;$

an der Stelle $x = \frac{2}{3}$ hat die Zielfunktion also ein lokales Maximum. An den Rändern der Definitionsmenge (= Nullstellen der Funktion f) ist der Flächeninhalt des Dreiecks gleich null. Daher ist das Dreieck mit dem größten Flächeninhalt gegeben, wenn $x = \frac{2}{3}$ und $y = f\left(\frac{2}{3}\right) = \frac{16}{9}$.

Der maximale Flächeninhalt ist: $A\left(\frac{2}{3}\right) = \frac{64}{27}$ FE ≈ 2,37 FE.

Beispiel 2

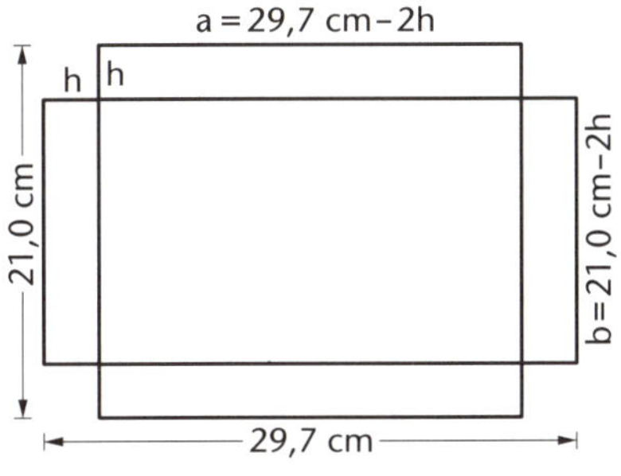

Aus einem DIN-A4-Blatt soll eine offene Schachtel mit möglichst großem Volumen gebastelt werden. (Die Klebefalze können vernachlässigt werden.)

Bezeichnen wir die Länge der offenen Schachtel mit a, die Breite mit b und die Höhe mit h, dann ergibt sich das Volumen gemäß der Formel: $V(a, b, h) = a \cdot b \cdot h$.

Die Schachtel entsteht durch das Aufklappen von rechteckigen Streifen der Höhe h. Aus dem Sachzusammenhang ergibt sich, dass diese Höhe h größer sein muss als null, aber kleiner als die halbe Breite des DIN-A4-Blattes, d. h. 0 cm < h < 10,5 cm.

Durch die Länge des DIN-A4-Blattes (29,7 cm) wird auch die Länge der Schachtel begrenzt; daher gilt die erste Nebenbedingung: $a = 29{,}7 - 2h$.

Durch die Breite des DIN-A4-Blattes (21,0 cm) wird auch die Breite der Schachtel begrenzt; daher gilt die zweite Nebenbedingung: $b = 21{,}0 - 2h$.

Wenn wir diese beiden Bedingungen in den o. a. Term V(a, b, h) einsetzen, erhalten wir die Zielfunktion

$V(h) = (29{,}7 - 2h) \cdot (21{,}0 - 2h) \cdot h = 4h^3 - 101{,}4h^2 + 623{,}7h$, wobei $0 \le h \le 10{,}5$ (der Einfachheit halber werden die beiden Randstellen mit hinzugenommen).

Um das Maximum dieser Funktion zu bestimmen, bilden wir die 1. Ableitung:

$V'(h) = 12h^2 - 202{,}8h + 623{,}7.$

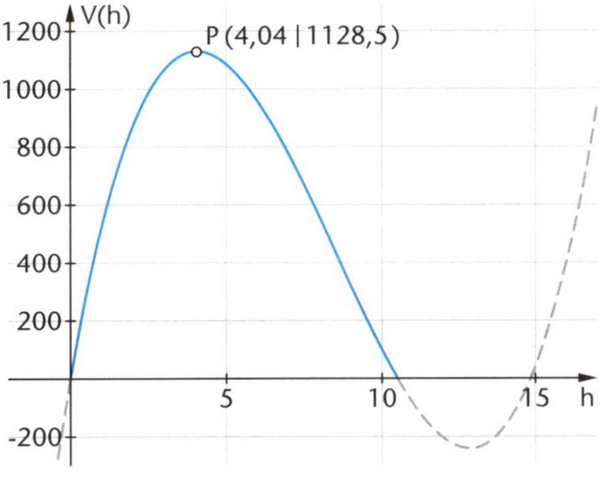

Die quadratische Gleichung $V'(h) = 0$ hat zwei Lösungen:

$h_1 \approx 4{,}04$ und $h_2 \approx 12{,}86$.

Die zweite Lösung entfällt im Sachzusammenhang, stellt sich aber auch als Tiefpunkt heraus, wenn man die hinreichenden Kriterien untersucht oder den Graphen insgesamt betrachtet.

Das maximal erreichbare Volumen der offenen Schachtel beträgt

$V(h_{max}) = V(4{,}04) \approx 1128{,}5\ \text{cm}^3$.

D1 Stammfunktionen zu Grundtypen von Funktionen bestimmen und den Hauptsatz der Differenzial- und Integralrechnung (HDI) zur Berechnung bestimmter Integrale anwenden.

Jede differenzierbare Funktion F mit $F'(x) = f(x)$ für alle $x \in D_f$ heißt **Stammfunktion** von f.

Der Nachweis hierfür erfolgt, indem man die angegebene Stammfunktion ableitet. Das Bilden von Stammfunktionen ist nicht eindeutig, da die Konstante beim Ableiten wegfällt (vgl. Beispiel). In der folgenden Tabelle kann daher zu jeder angegebenen Stammfunktion auch eine beliebige Konstante addiert werden.

f(x)	c	x^n für $n \neq -1$	$\frac{1}{x}$ $D_f = \mathbb{R} \setminus \{0\}$	$\sqrt{x}$ $D_f = \mathbb{R}^+$	e^x	ln(x)	sin(x)	cos(x)
$F(x) = \int f(x)\,dx$	c x	$\frac{1}{n+1}x^{n+1}$	ln(|x|)	$\frac{2}{3}x^{\frac{3}{2}}$	e^x	$x \cdot \ln(x) - x$	$-\cos(x)$	sin(x)

Integralfunktion:
Gegeben sei eine Funktion f in einem Intervall J und $a \in J$. Dann heißt die Funktion I_a mit

$$I_a(x) = \int_a^x f(t)\,dt$$

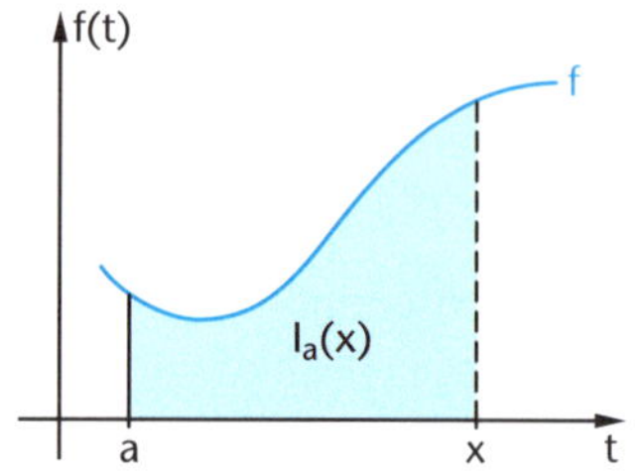

Integralfunktion von f mit unterer Grenze a. Die Funktion f wird hier auch als *Integrandenfunktion* bezeichnet.

Hauptsatz der Differenzial- und Integralrechnung:
Wenn die Integrandenfunktion f stetig auf dem Intervall J ist, dann ist die Integralfunktion I_a sogar differenzierbar, und es gilt: $I_a'(x) = f(x)$
In Worten: Die Ableitung der Integralfunktion ergibt die Integrandenfunktion.

Man kann also zu jeder stetigen Funktion f eine Stammfunktion angeben – ggf. in der Form als Integralfunktion.

Folgerung aus dem Hauptsatz:
Ist die Funktion f auf einem Intervall J stetig und F eine beliebige Stammfunktion von f, so gilt für alle $a, b \in J$:

$$\int_a^b f(x)\,dx = F(b) - F(a).$$

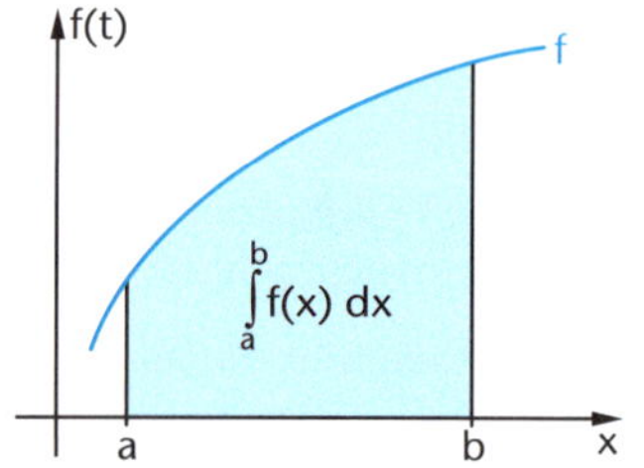

Beispiel *Nachweis einer Stammfunktion*

Zum Nachweis, dass $F(x) = (x-1) \cdot e^x$ eine Stammfunktion für $f(x) = x \cdot e^x$ ist, wird die Ableitung von F gemäß Produktregel gebildet:
$F'(x) = 1 \cdot e^x + (x-1) \cdot e^x = e^x + x \cdot e^x - e^x = x \cdot e^x = f(x)$.

Beispiele *Bestimmung von Stammfunktionen*

- Zu $f(x) = 5x^4 - 8x^3 + 3x^2 - 6x + 3$ erhält man eine Stammfunktion mit $F(x) = x^5 - 2x^4 + x^3 - 3x^2 + 3x$. Dabei wird der Exponent von x um eins erhöht und der entsprechende Summand mit dem Kehrwert des neuen Exponenten multipliziert.
- Zu $f(x) = 4 \cdot e^{2x+1}$ erhält man eine Stammfunktion mit $F(x) = 4 \cdot \frac{1}{2} \cdot e^{2x+1} = 2 \cdot e^{2x+1}$. Da beim Ableiten von F mit der inneren Ableitung multipliziert wird, muss hier im Funktionsterm der Stammfunktion der Faktor $\frac{1}{2}$ ergänzt werden.
- Eine Stammfunktion zu $f(x) = \sin\left(\frac{1}{2}x + \pi\right)$ ist $F(x) = -2 \cdot \cos\left(\frac{1}{2}x + \pi\right)$.

Allgemein gilt die folgende Regel für geschachtelte Funktionen (sog. **lineare Substitution**): Ist F eine Stammfunktion für eine Funktion f, dann ist $\frac{1}{a} \cdot F(ax + b)$ eine Stammfunktion für $f(ax + b)$.

Beispiele *Berechnung bestimmter Integrale*

Zur Berechnung bestimmter Integrale muss zunächst eine Stammfunktion zur Integrandenfunktion bestimmt werden. In diese wird dann zuerst die obere Integrationsgrenze und dann die untere Integrationsgrenze eingesetzt. Der Wert des bestimmten Integrals ist dann die Differenz der beiden Einsetzungen.

(1) $\int_1^2 (3x^2 - 1)\,dx = \left[x^3 - x\right]_1^2 = (2^3 - 2) - (1^3 - 1) = 6$

(2) $\int_{-1}^3 (2x - 1)^2\,dx = \left[\frac{1}{6}(2x - 1)^3\right]_{-1}^3 = 25\frac{1}{3}$

(3) $\int_0^1 (2 - e^{-x})\,dx = \left[2x + e^{-x}\right]_0^1 = (2 + e^{-1}) - (0 + e^{-0}) = 1 + \frac{1}{e}$

Hinweis: Die Stammfunktionen zu Beispiel (2) und (3) wurden durch Ausprobieren gefunden: Dabei überlegt man, wie der Funktionsterm entstanden sein könnte, wenn man die betreffende Ableitungsregel (hier: die Kettenregel) anwendet.

Beispiel *Bestimmen von Stammfunktionen durch Koeffizientenvergleich*

$F(x) = (ax^2 + bx + c) \cdot e^{-x}$ ist eine Stammfunktion für die Funktion $f(x) = (x^2 + 2x - 3) \cdot e^{-x}$.

Bestimmen Sie die Koeffizienten a, b, c im Funktionsterm von F(x).

Ableiten von F(x) ergibt:

$F'(x) = f(x) = (2ax + b) \cdot e^{-x} + (ax^2 + bx + c) \cdot e^{-x} \cdot (-1) = (-a\,x^2 + 2\,a\,x - b\,x + b - c) \cdot e^{-x}$

Durch Vergleich mit f(x) ergibt sich das lineare Gleichungssystem
$-a = 1 \wedge 2a - b = 2 \wedge b - c = -3$.

Durch Einsetzen erhält man nacheinander
$a = -1$, $b = -4$, $c = -1$, also
$F(x) = (-x^2 - 4x - 1) \cdot e^{-x} = -(x^2 + 4x + 1) \cdot e^{-x}$.

D2 Flächeninhalte zwischen einem Funktionsgraphen und der x-Achse und Flächeninhalte zwischen mehreren Funktionsgraphen berechnen.

Ist f in [a;b] stetig und $f(x) \neq 0$ für alle $x \in]a; b[$, dann gilt für den Inhalt der Fläche zwischen dem Graphen von f und der x-Achse über dem Intervall [a; b]:

$$A = \left| \int_a^b f(x)\,dx \right|.$$

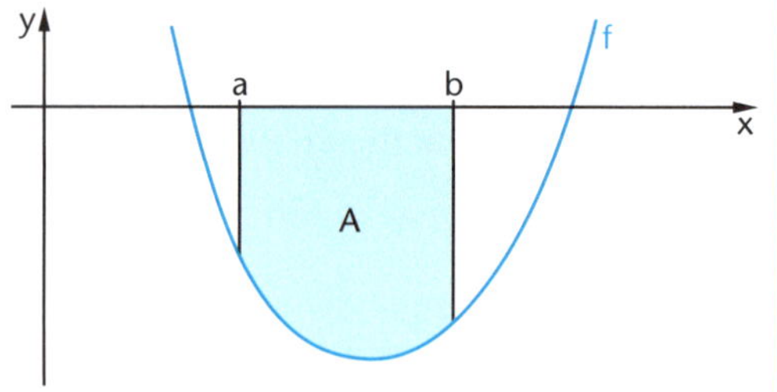

Hat f in [a; b] die Nullstellen $x_1, x_2, \ldots, x_k$ mit $x_1 < x_2 < \ldots < x_k$, dann gilt für den Inhalt der Fläche, welche der Graph von f mit der x-Achse einschließt:

$$A = \left| \int_{x_1}^{x_2} f(x)\,dx \right| + \left| \int_{x_2}^{x_3} f(x)\,dx \right| + \ldots + \left| \int_{x_{k-1}}^{x_k} f(x)\,dx \right|.$$

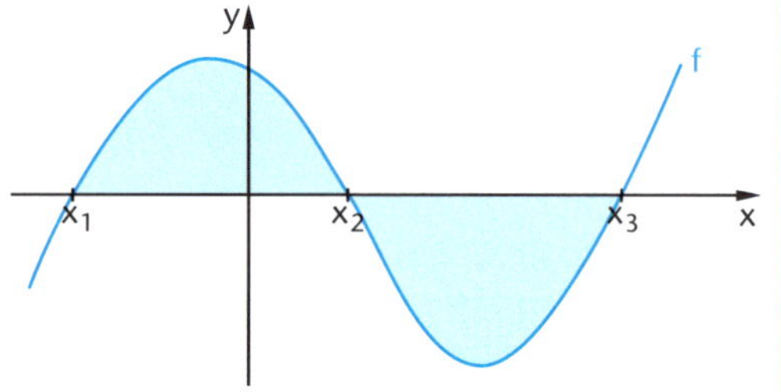

Haben die in [a;b] stetigen Funktionen f und g die Schnittstellen $x_1, x_2, \ldots, x_k$ mit $x_1 < x_2 < \ldots < x_k$, dann gilt für den Inhalt der von den Graphen eingeschlossenen Fläche:

$$A = \left| \int_{x_1}^{x_2} (f(x) - g(x))\,dx \right| + \left| \int_{x_2}^{x_3} (f(x) - g(x))\,dx \right| + \ldots + \left| \int_{x_{k-1}}^{x_k} (f(x) - g(x))\,dx \right|$$

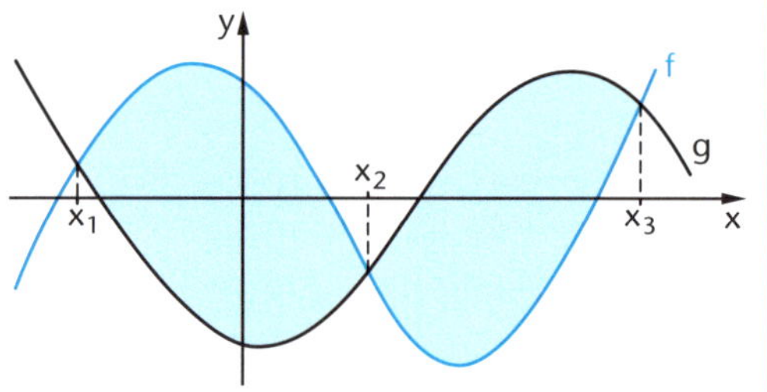

Vereinfachung bei numerischer Integration mit dem GTR
Die Unterteilung in Teilintervalle kann bei der numerischen Berechnung entfallen: Statt der Summe der Beträge der Integrale wird das Gesamtintegral über den Betrag der Integrandenfunktion betrachtet.

Beispiel 1 *Berechnung des Flächeninhalts in einer Anwendung*
Das abgebildete Grundstück steht zum Verkauf. Es wird an einer Seite durch einen Fluss begrenzt. Zur Ermittlung des Verkaufspreises soll der Flächeninhalt des Grundstücks bestimmt werden.

In dem gemäß nebenstehender Abbildung gewählten Koordinatensystem kann das südliche Ufer des Flusses durch eine quadratische Funktion f mit $f(x) = a x^2 + 35$ beschrieben werden. Dabei ist die Konstante a durch die Bedingung $f(10) = 45$ zu $a = 0{,}1$ festgelegt.
Für den Flächeninhalt des Grundstücks in m^2 folgt:

$$A = 2 \cdot \int_0^{10} (0{,}1x^2 + 35)\,dx = 2 \cdot \left[\frac{1}{30}x^3 + 35x\right]_0^{10} = 766\frac{2}{3}$$

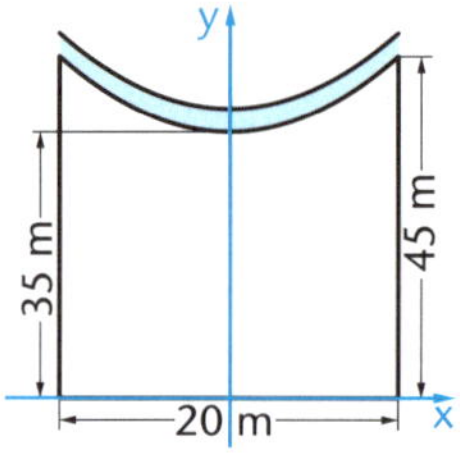

Beispiel 2 *Berechnung des Flächeninhalts eines Flächenstücks, das von einem Graphen und der x-Achse eingeschlossen ist*

Wie groß ist der Flächeninhalt des Flächenstücks, das vom Graphen von f mit $f(x) = (x-1) \cdot (x-3) \cdot (x-6)$ und der x-Achse eingeschlossen wird?
Da der Funktionsterm von f in faktorisierter Form gegeben ist, können die Nullstellen sofort abgelesen werden:
$x_{01} = 1, \quad x_{02} = 3, \quad x_{03} = 6.$

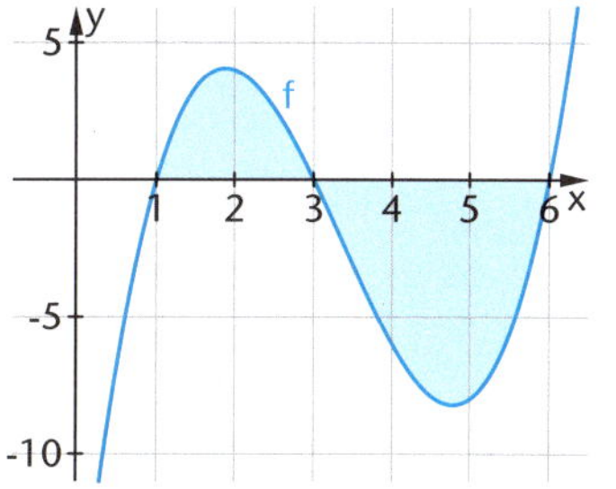

Um den gesuchten Flächeninhalt zu bestimmen, sind hier zwei Integrale zu berechnen. Da Flächeninhalte stets positiv sind, müssen die Beträge der berechneten Integrale addiert werden.

$$A = \left|\int_1^3 (x^3 - 10x^2 + 27x - 18)\,dx\right| + \left|\int_3^6 (x^3 - 10x^2 + 27x - 18)\,dx\right| = \left|5\tfrac{1}{3}\right| + \left|-15\tfrac{3}{4}\right| = 21\tfrac{1}{12}$$

Beispiel 3 *Berechnung des Flächeninhalts eines Flächenstücks, das von zwei Graphen eingeschlossen ist*

Wie groß ist der Flächeninhalt des Flächenstücks, das von den Graphen von f und g mit $f(x) = -x^2 + 2x + 2$ und $g(x) = x^2 - 2$ eingeschlossen wird?

Man berechnet die Schnittstellen der Graphen durch Lösen der Gleichung $f(x) = g(x)$: $x_{S1} = -1$, $x_{S2} = 2$. Für den Flächeninhalt erhält man:

$$A = \left|\int_{-1}^{2} ((-x^2 + 2x + 2) - (x^2 - 2))\,dx\right| = \left|\int_{-1}^{2} (-2x^2 + 2x + 4)\,dx\right| = \left|\left[-\tfrac{2}{3}x^3 + x^2 + 4x\right]_{-1}^{2}\right| = |9| = 9.$$

Beispiel 4 *Berechnung eines Flächenstücks, das vom Graphen einer Funktion und einer Tangente an den Graphen eingeschlossen ist*

Welche Fläche wird vom Graphen der ganzrationalen Funktion mit $f(x) = x^3 - 4x^2 + x + 6$ und der Tangente an den Graphen im Punkt $(3\,|\,f(3))$ eingeschlossen?

Aufstellen der Tangentengleichung:
$f(3) = 0$; $f'(x) = 3x^2 - 8x + 1$; $f'(3) = 27 - 24 + 1 = 4$
$t(x) = 4 \cdot (x - 3) + 0$

Bestimmen der Schnittstellen von Tangente und Graph, also den Nullstellen der Differenzfunktion $d(x) = f(x) - t(x) = (x^3 - 4x^2 + x + 6) - (4x - 12) = x^3 - 4x^2 - 3x + 18$:

Mithilfe des GTR kann man – neben der Berührstelle bei $x = 3$, also einer doppelten Schnittstelle – die Schnittstelle bei $x = -2$ finden.

Der Nachweis, dass dies tatsächlich eine Schnittstelle ist, erfolgt durch Einsetzen von $x = -2$ in die Funktionsgleichung der Differenzfunktion:

$d(-2) = -8 - 16 + 6 + 18 = 0$

Bestimmen des Flächeninhalts:

$$\int_{-2}^{3} d(x)\,dx = \left[\tfrac{1}{4}x^4 - \tfrac{4}{3}x^3 - \tfrac{3}{2}x^2 + 18x\right]_{-2}^{3} = \left(\tfrac{81}{4} - 36 - \tfrac{27}{2} + 54\right) - \left(4 + \tfrac{32}{3} - 6 - 36\right) \approx 52{,}1$$

D3 Gesamtänderungen aus gegebenen Änderungsraten mithilfe von bestimmten Integralen berechnen.

Ist eine stetige Funktion v für die momentane Änderungsrate (z. B. Zuflussgeschwindigkeit, Bewegungsgeschwindigkeit,...) einer Größe in Abhängigkeit von der Zeit t gegeben, so wird die Gesamtänderung (z. B. Füllmenge, zurückgelegte Wegstrecke, ...) im Zeitintervall $[t_a; t_e]$ mit dem Integral $\int_{t_a}^{t_e} v(t)\,dt$ berechnet.

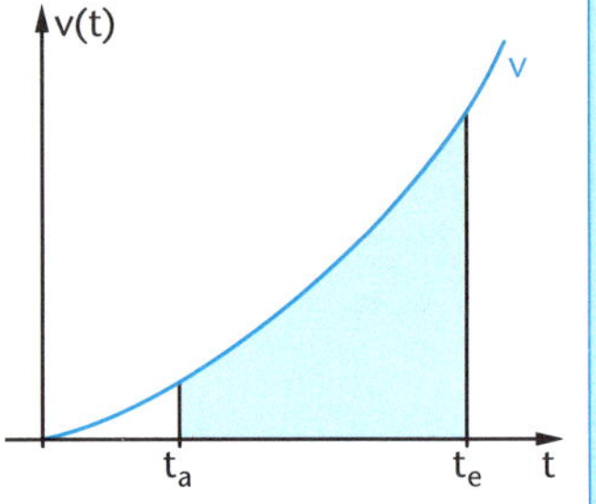

Beispiel 1 *Gegeben ist die Bewegungsgeschwindigkeit*

Die Geschwindigkeit v eines aus der Ruhe von einem Turm fallenden Steins ist gegeben durch $v(t) = 9{,}81 \cdot t$. Dabei wird die Zeit t in Sekunden und die Geschwindigkeit v in Meter pro Sekunde angegeben.

- Beobachtet man, dass der Stein nach einer Falldauer von 3,2 Sekunden auf dem Boden aufschlägt, kann man die Höhe des Turms berechnen, indem man die als momentane Änderungsrate gegebene Geschwindigkeit v (t) über dem Zeitintervall [0; 3,2] integriert:

  $$h = \int_0^{3{,}2} 9{,}81 \cdot t\,dt = \left[\frac{9{,}81}{2} t^2\right]_0^{3{,}2} \approx 50{,}23.$$

  Der Turm hat eine Höhe von etwa 50,23 m.

- Ist andererseits die Fallhöhe mit h = 100 m gegeben, so kann man auch die entsprechende Falldauer berechnen. Diesmal ist der Wert des Integrals bekannt. Zu bestimmen ist die obere Integrationsgrenze t_e.

  $$\int_0^{t_e} 9{,}81 \cdot t\,dt = 100 \iff \left[\frac{9{,}81}{2} t^2\right]_0^{t_e} = 100 \iff \frac{9{,}81}{2} t_e^2 = 100 \iff t_e = \sqrt{\frac{200}{9{,}81}} \approx 4{,}5 \vee t_e \approx -4{,}5.$$

  Hinweis: Die negative Lösung der quadratischen Gleichung entfällt hier im Sachzusammenhang.

  Der Stein trifft nach etwa 4,5 Sekunden auf dem Boden auf.

Beispiel 2 *Gegeben ist die Zulaufgeschwindigkeit (momentane Zuflussrate)*

Ein zunächst leeres Getreidesilo wird mit Weizen gefüllt. Die Zulaufgeschwindigkeit ist in den ersten 15 Minuten konstant und beträgt 45 Zentner/min. Dann nimmt sie entsprechend dem Graphen ab, bis nach insgesamt 30 Minuten der Zufluss stoppt.

Die Funktion f mit $f(x) = -\frac{1}{5}x^2 + 6x$ beschreibt den Zulauf in der Zeit zwischen der 15. und

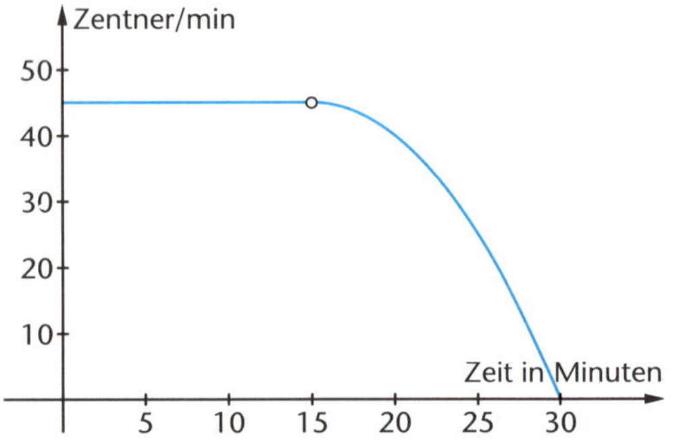

der 30. Minute, denn der Scheitelpunkt der Parabel liegt im Punkt S (15 | 45) und eine Nullstelle bei x = 30.
Um die gesamte Füllmenge des Silos zu bestimmen, bestimmt man den Flächeninhalt des Flächenstücks zwischen Graph und Zeitachse im Intervall [0; 30]:
Im Zeitintervall [0; 15] ist dies ein Rechteck; für das Zeitintervall [15; 30] muss die Integralrechnung angewendet werden:

$$15 \cdot 45 + \int_{15}^{30} \left(-\frac{1}{5}x^2 + 6x\right) dx = 675 + \left[-\frac{1}{15}x^3 + 3x^2\right]_{15}^{30} = 675 + 450 = 1125.$$

Insgesamt wurden 1125 Zentner Weizen in das Silo gefüllt.

D4 Mittelwerte von kontinuierlich veränderten Größen mithilfe der Integralrechnung berechnen.

Unter dem Mittelwert $\bar{f}$ der Funktionswerte einer stetigen Funktion f über dem Intervall [a;b] versteht man die reelle Zahl

$$\bar{f} = \frac{1}{b-a} \cdot \int_a^b f(x)\,dx.$$

Ist F eine Stammfunktion für f, dann ist der Mittelwert der Funktionswerte gegeben durch den Quotienten

$$\bar{f} = \frac{F(b) - F(a)}{b-a}.$$

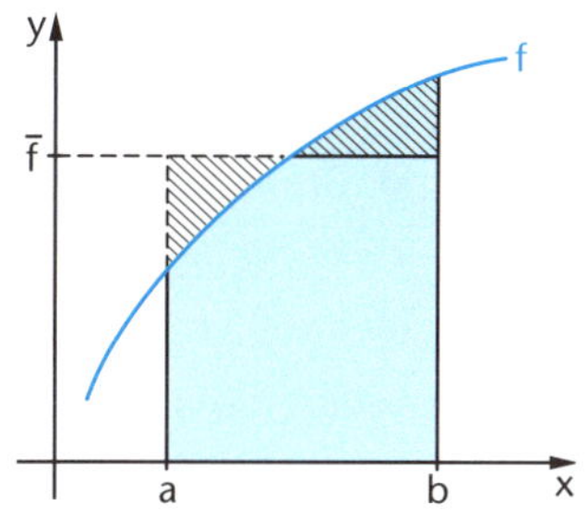

Beispiel

Die Geschwindigkeit eines ICE bei der Ausfahrt aus einem Bahnhof lässt sich in den ersten 6 Minuten mithilfe der Funktion v mit $v(t) = -0{,}0005 \cdot t^2 + 0{,}4 \cdot t$ beschreiben. Dabei wird die Zeit t in Sekunden und die Geschwindigkeit v in Meter pro Sekunde angegeben.
Wie groß ist die mittlere Geschwindigkeit des Zuges in den ersten 6 Minuten der Fahrt?

$$\bar{v} = \frac{1}{360-0} \cdot \int_0^{360} (-0{,}0005 \cdot t^2 + 0{,}4 \cdot t)\,dt = \frac{1}{360} \cdot \left[-\frac{1}{6000}t^3 + \frac{1}{5}t^2\right]_0^{360} = \frac{1}{360} \cdot 18144 = 50{,}4.$$

Die mittlere Geschwindigkeit des Zuges beträgt $50{,}4\ \frac{m}{s}$ $\left(\approx 181{,}44\ \frac{km}{h}\right)$.

D5 Inhalte ins Unendliche reichender Flächen mit uneigentlichen Integralen und den dabei erforderlichen Grenzwertbetrachtungen ermitteln.

- **Integration über unbeschränkte Intervalle:**
Falls die Funktion f auf dem Intervall $[a; +\infty[$ stetig ist und der Grenzwert $\lim\limits_{b \to +\infty} \int_a^b f(x)\,dx$ existiert, so heißt dieser Grenzwert das **Uneigentliche Integral** von f über dem Intervall $[a; +\infty[$.
Man notiert dann auch $\int_a^{+\infty} f(x)\,dx$.
(Entsprechend wird $\int_{-\infty}^{b} f(x)\,dx$ definiert.)

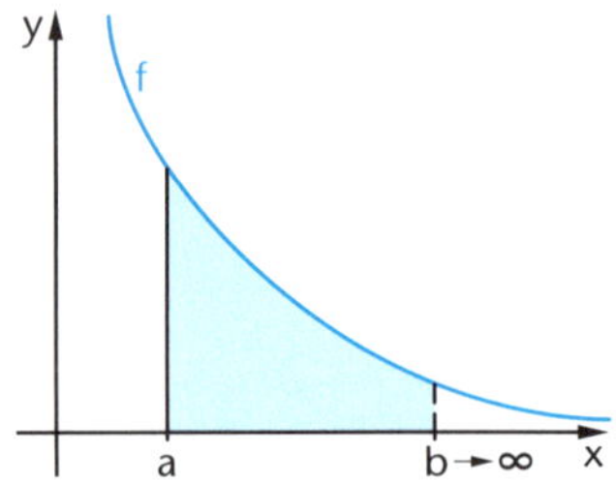

- **Integration über unbeschränkte Funktionen:**
Falls die Funktion f auf dem Intervall $]a; b]$ stetig ist und der Grenzwert $\lim\limits_{z \to a} \int_z^b f(x)\,dx$ existiert, so heißt dieser Grenzwert das Uneigentliche Integral von f über dem Intervall $]a; b]$.
Man notiert dann auch $\int_a^b f(x)\,dx$.
(Entsprechend wird $\lim\limits_{z \to b} \int_a^z f(x)\,dx$ über dem Intervall $[a; b[$ definiert.)

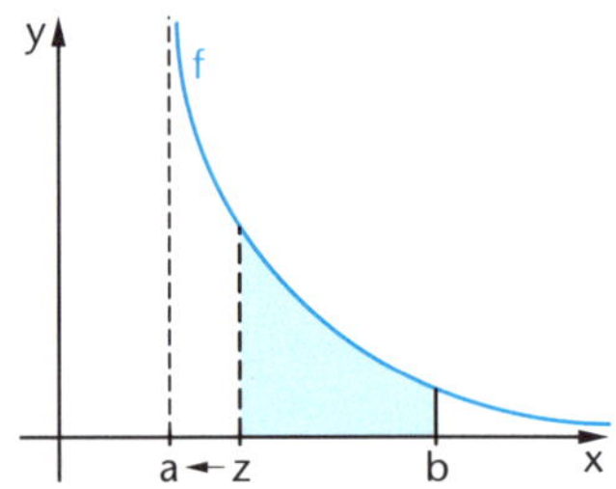

Beispiele *Uneigentliche Integrale*

- Der Graph der Funktion f mit $f(x) = \frac{4}{x^2}$ schließt über dem Intervall $[1; +\infty[$ eine Fläche mit dem Flächeninhalt 4 FE ein:
Es gilt: $\int_1^b \frac{4}{x^2}\,dx = \left[-\frac{4}{x}\right]_1^b = 4 - \frac{4}{b}$. Damit existiert der Grenzwert: $\lim\limits_{b \to +\infty} \int_1^b \frac{4}{x^2}\,dx = \lim\limits_{b \to +\infty} \left(4 - \frac{4}{b}\right) = 4$
- Dagegen ist der Flächeninhalt der Fläche zwischen x-Achse und Graph der Funktion f mit $f(x) = \frac{1}{(x-2)^2}$ über dem Intervall $]2; 4]$ nicht endlich:
Es gilt: $\int_a^4 \frac{1}{(x-2)^2}\,dx = \left[-\frac{1}{(x-2)}\right]_a^4 = \frac{1}{a-2} - \frac{1}{2}$. Da der erste Summand für $a \to 2$ über alle Grenzen wächst, existiert das Uneigentliche Integral nicht.
- Der Graph der Funktion f mit $f(x) = x \cdot e^{-x}$ schließt mit der positiven x-Achse einen endlichen Flächeninhalt ein:

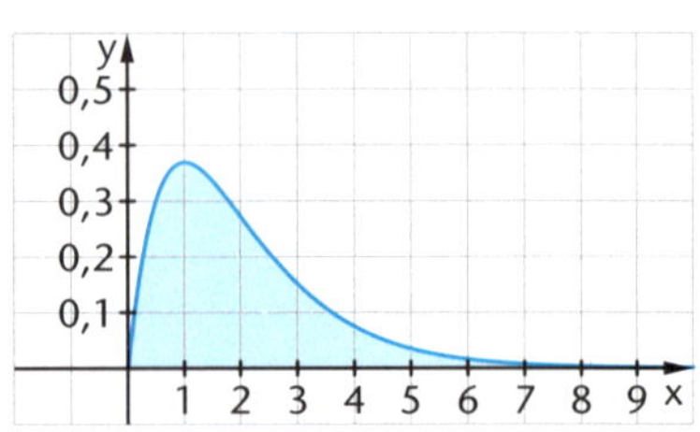

$$\int_0^a x \cdot e^{-x}\,dx = [-(x+1) \cdot e^{-x}]_0^a$$
$$= (-(a+1) \cdot e^{-a}) - (-(0+1) \cdot e^{-0})$$
$$= (-(a+1) \cdot e^{-a}) + 1$$

Da die Werte mit der Funktion $e(x) = e^{-x}$ für $x \to \infty$ schneller gegen null gehen als die Werte einer beliebigen ganzrationalen Funktion p(x) wachsen, gilt allgemein: $\lim\limits_{x \to \infty} p(x) \cdot e^{-x} = 0$. Also folgt $\int_0^{\infty} x \cdot e^{-x}\,dx = 1$.

E1 Punkte im Raum durch Ortsvektoren sowie Verschiebungen im Raum durch Vektoren beschreiben.

Vektoren im Raum sind geordnete Zahlentripel, die in Spaltenform notiert werden.

Der Vektor $\vec{u} = \begin{pmatrix} u_1 \\ u_2 \\ u_3 \end{pmatrix}$ kann interpretiert werden ...

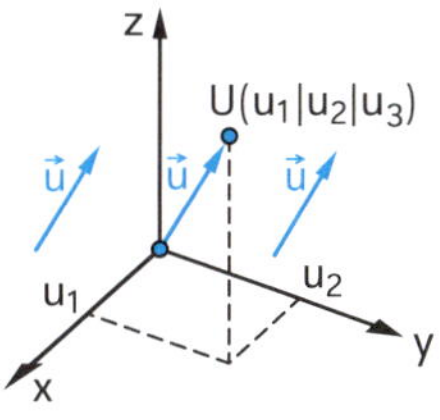

(1) ... als der **Ortsvektor** $\overrightarrow{OU}$ vom Ursprung O(0 | 0 | 0) zum Punkt U ($u_1|u_2|u_3$). Dargestellt wird der Vektor durch einen **Pfeil**.

(2) ... als **Verschiebungsvektor** $\vec{u}$ parallel zum Pfeil von $\overrightarrow{OU}$.

Beispiele

Gegeben ist der Punkt P(2 | 3 | −1).

(1) Der zugehörige Ortsvektor, also der Verbindungsvektor vom Ursprung zum Punkt P, lautet $\overrightarrow{OP} = \begin{pmatrix} 2 \\ 3 \\ -1 \end{pmatrix}$.

(2) $\vec{p} = \begin{pmatrix} 2 \\ 3 \\ -1 \end{pmatrix}$ kann auch als Verschiebungsvektor aufgefasst werden, durch den der Punkt A(4 | −5 | 8) auf A'(6 | −2 | 7) verschoben wird.

A (4 | -5 | 8)
↓+2 ↓+3 ↓+(−1)
A'(6 | -2 | 7)

E2 Untersuchen, ob ein Vektor eine Linearkombination von zwei Vektoren ist.

Eine Summe von Vielfachen von Vektoren wird als **Linearkombination** der Vektoren bezeichnet. Vektoren heißen **voneinander linear abhängig,** wenn sich wenigstens einer der Vektoren als eine Linearkombination der übrigen darstellen lässt; sie heißen **voneinander linear unabhängig,** wenn keiner der Vektoren als Linearkombination der anderen dargestellt werden kann.

Spezialfälle: Zwei Vektoren $\vec{u} \neq \vec{o}$ und $\vec{v} \neq \vec{o}$ werden auch als **kollinear** bezeichnet, wenn der Vektor $\vec{u}$ als ein Vielfaches des Vektors $\vec{v}$ dargestellt werden kann, d. h., wenn es ein $r \in \mathbb{R}\setminus\{0\}$ gibt, so dass gilt: $\vec{u} = r \cdot \vec{v}$. Drei Vektoren $\vec{u} \neq \vec{o}$, $\vec{v} \neq \vec{o}$ und $\vec{w} \neq \vec{o}$ heißen **komplanar**, wenn Vektor $\vec{u}$ als ein Linearkombination der Vektoren $\vec{v}$ und $\vec{w}$ dargestellt werden kann, d. h., wenn es ein Zahlenpaar $(r, s) \in \mathbb{R} \times \mathbb{R}\setminus\{(0|0)\}$ gibt, so dass gilt: $\vec{u} = r \cdot \vec{v} + s \cdot \vec{w}$.

Beispiele

(1) Die Vektoren $\vec{u} = \begin{pmatrix} 2 \\ -1 \\ 3 \end{pmatrix}$ und $\vec{v} = \begin{pmatrix} -3 \\ 1,5 \\ -4,5 \end{pmatrix}$ sind kollinear, denn $\vec{u} = -\frac{2}{3} \cdot \vec{v}$.

(2) Der Vektor $\vec{u} = \begin{pmatrix} -5 \\ -2 \\ 5 \end{pmatrix}$ ist eine Linearkombination der Vektoren $\vec{v} = \begin{pmatrix} 3 \\ 2 \\ -1 \end{pmatrix}$, $\vec{w} = \begin{pmatrix} -1 \\ 0 \\ 2 \end{pmatrix}$,

denn $(-1) \cdot \vec{v} + 2 \cdot \vec{w} = (-1) \cdot \begin{pmatrix} 3 \\ 2 \\ -1 \end{pmatrix} + 2 \cdot \begin{pmatrix} -1 \\ 0 \\ 2 \end{pmatrix} = \begin{pmatrix} -5 \\ -2 \\ 5 \end{pmatrix} = \vec{u}$.

Um nachzuweisen, dass $\vec{u}$ Linearkombination der Vektoren $\vec{v}$ und $\vec{w}$ ist, muss ein lineares Gleichungssystem mit drei Gleichungen und zwei Variablen gelöst werden.

(3) Für zwei ebene Vektoren $\vec{v}$ und $\vec{w}$ kann man die Vielfachen r, s grafisch mithilfe eines Kräfteparallelogramms bestimmen: Der Vektor $\vec{u}$ ist Diagonale in einem Parallelogramm, dessen Seiten Vielfache von $\vec{v}$ und $\vec{w}$ sind.

(4) Spannen drei Vektoren $\vec{u}, \vec{v}, \vec{w}$ einen Spat auf, dann sind sie voneinander linear unabhängig, z. B.

$\vec{u} = \begin{pmatrix} 1 \\ 2 \\ 0 \end{pmatrix}$, $\vec{v} = \begin{pmatrix} 0 \\ 1 \\ 1 \end{pmatrix}$, $\vec{w} = \begin{pmatrix} 1 \\ 0 \\ 2 \end{pmatrix}$.

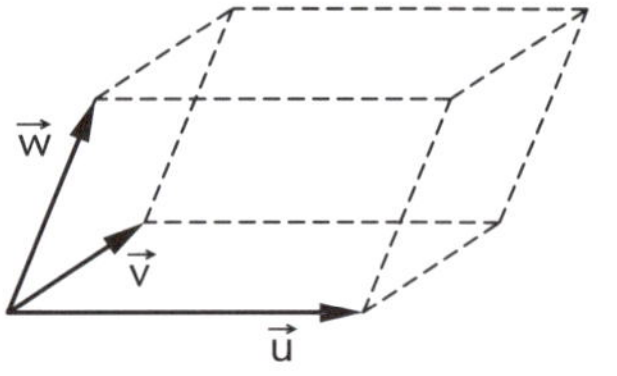

E3 Vektoren addieren und subtrahieren sowie den Mittelpunkt einer Strecke berechnen.

Bei der Addition zweier Vektoren werden zugehörige Pfeile aneinandergesetzt.

Es gilt die sogenannte **Dreiecksregel**: $\overrightarrow{XY} + \overrightarrow{YZ} = \overrightarrow{XZ}$.

Bei der Subtraktion wird der Gegenvektor addiert:

> Merkregel für Verbindungsvektoren: „Ende minus Anfang“

Der **Verbindungsvektor** $\overrightarrow{PQ}$ lässt sich als Differenzvektor der beiden Ortsvektoren schreiben:

$\overrightarrow{PQ} = \overrightarrow{PO} + \overrightarrow{OQ} = -\overrightarrow{OP} + \overrightarrow{OQ} = \overrightarrow{OQ} + (-\overrightarrow{OP}) = \overrightarrow{OQ} - \overrightarrow{OP}$.

Addiert man einen Vektor zu seinem Gegenvektor, so ergibt sich der **Nullvektor** $\vec{o} = \begin{pmatrix} 0 \\ 0 \\ 0 \end{pmatrix}$.

Der Ortsvektor $\overrightarrow{OM}$ des Mittelpunkts M einer Strecke AB wird dargestellt in der Form:

$\overrightarrow{OM} = \overrightarrow{OA} + \frac{1}{2} \cdot \overrightarrow{AB} = \overrightarrow{OA} + \frac{1}{2} \cdot (\overrightarrow{OB} - \overrightarrow{OA}) = \frac{1}{2} \cdot (\overrightarrow{OA} + \overrightarrow{OB})$.

> Merkregel: Die Koordinaten des Mittelpunkts einer Strecke sind die Mittelwerte der Koordinaten der Endpunkte der Strecke.

Dreiecksregel der Addition	Subtraktion der Ortsvektoren	Mittelpunkt einer Strecke

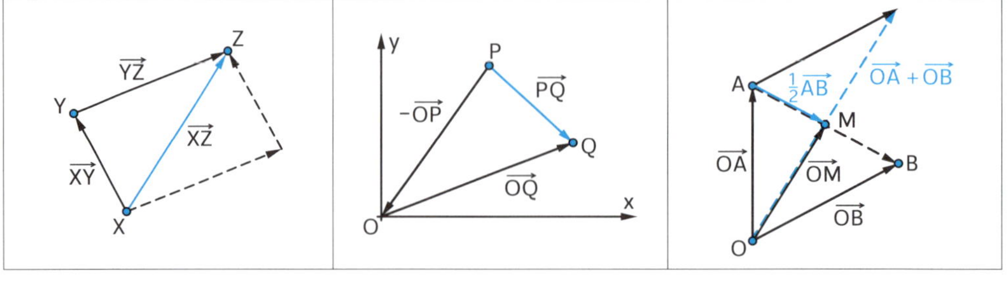

Beispiele

(1) Der Verbindungsvektor der Punkte P (2|−3|5) und Q (4|1|−2) ist: $\overrightarrow{PQ} = \begin{pmatrix} 4 \\ 1 \\ -2 \end{pmatrix} - \begin{pmatrix} 2 \\ -3 \\ 5 \end{pmatrix} = \begin{pmatrix} 2 \\ 4 \\ -7 \end{pmatrix}$.

Ortsvektor zum Mittelpunkt M der Strecke PQ ist $\overrightarrow{OM} = \frac{1}{2} \cdot \left(\begin{pmatrix} 2 \\ -3 \\ 5 \end{pmatrix} + \begin{pmatrix} 4 \\ 1 \\ -2 \end{pmatrix} \right) = \begin{pmatrix} 3 \\ -1 \\ 1{,}5 \end{pmatrix}$

Der Mittelpunkt hat damit die Koordinaten M(3|−1|1,5).

(2) Ein Spat ABCDEFGH ist gegeben durch die Eckpunkte A (1 | −2 | 3), B (3 | −1 | 3), D (4 | 0 | 3) und E (2 | −3 | 5).

Beispielsweise lassen sich die Vektoren $\overrightarrow{AB}$, $\overrightarrow{AD}$ und $\overrightarrow{AE}$ direkt berechnen (siehe Markierung).

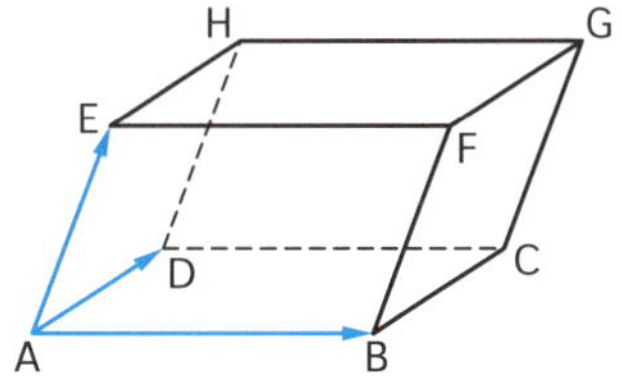

a) Die Koordinaten des Eckpunkts C lassen sich wie folgt ermitteln:

$\overrightarrow{OC} = \overrightarrow{OA} + \overrightarrow{AD} + \overrightarrow{DC} = \overrightarrow{OA} + \overrightarrow{AD} + \overrightarrow{AB}$,

denn $\overrightarrow{AB} = \overrightarrow{DC}$ (parallele Pfeile).

Mit $\overrightarrow{AD} = \begin{pmatrix} 4 \\ 0 \\ 3 \end{pmatrix} - \begin{pmatrix} 1 \\ -2 \\ 3 \end{pmatrix} = \begin{pmatrix} 3 \\ 2 \\ 0 \end{pmatrix}$ und $\overrightarrow{AB} = \begin{pmatrix} 3 \\ -1 \\ 3 \end{pmatrix} - \begin{pmatrix} 1 \\ -2 \\ 3 \end{pmatrix} = \begin{pmatrix} 2 \\ 1 \\ 0 \end{pmatrix}$ ergibt sich:

$\overrightarrow{OC} = \begin{pmatrix} 1 \\ -2 \\ 3 \end{pmatrix} + \begin{pmatrix} 3 \\ 2 \\ 0 \end{pmatrix} + \begin{pmatrix} 2 \\ 1 \\ 0 \end{pmatrix} = \begin{pmatrix} 6 \\ 1 \\ 3 \end{pmatrix}$. Der Eckpunkt C hat also die Koordinaten C(6 | 1 | 3).

b) Der Vektor $\overrightarrow{AG}$, der die Raumdiagonale von Eckpunkt A zu Eckpunkt G beschreibt, berechnet sich folgendermaßen:

$\overrightarrow{AG} = \overrightarrow{AD} + \overrightarrow{AE} + \overrightarrow{AB}$, da $\overrightarrow{AE} = \overrightarrow{DH}$ und $\overrightarrow{AB} = \overrightarrow{HG}$ gilt (Parallelverschiebungen).

Mit $\overrightarrow{AE} = \begin{pmatrix} 2 \\ -3 \\ 5 \end{pmatrix} - \begin{pmatrix} 1 \\ -2 \\ 3 \end{pmatrix} = \begin{pmatrix} 1 \\ -1 \\ 2 \end{pmatrix}$ ergibt sich: $\overrightarrow{AG} = \begin{pmatrix} 3 \\ 2 \\ 0 \end{pmatrix} + \begin{pmatrix} 1 \\ -1 \\ 2 \end{pmatrix} + \begin{pmatrix} 2 \\ 1 \\ 0 \end{pmatrix} = \begin{pmatrix} 6 \\ 2 \\ 2 \end{pmatrix}$

c) Die Koordinaten des Eckpunkts G erhält man aus:

$\overrightarrow{OG} = \overrightarrow{OA} + \overrightarrow{AG} = \begin{pmatrix} 1 \\ -2 \\ 3 \end{pmatrix} + \begin{pmatrix} 6 \\ 2 \\ 2 \end{pmatrix} = \begin{pmatrix} 7 \\ 0 \\ 5 \end{pmatrix}$, also G(7 | 0 | 5).

(3) **Spiegelung eines Punktes an einem Punkt**

Der Punkt P(1| −2 | 2) soll an einem Punkt Q (3 | 1 | −1) gespiegelt werden.

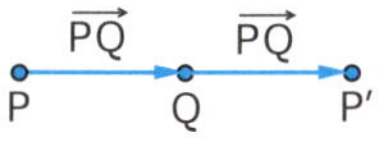

Wie aus der Zeichnung ablesbar ist, muss dazu der Vektor $\overrightarrow{PQ}$ in Q abgetragen werden, also vom Punkt P aus das Zweifache dieses Vektors:

Da $\overrightarrow{PQ} = \begin{pmatrix} 3-1 \\ 1-(-2) \\ -1-2 \end{pmatrix} = \begin{pmatrix} 2 \\ 3 \\ -3 \end{pmatrix}$, folgt $\overrightarrow{OP'} = \overrightarrow{OQ} + \overrightarrow{QP'} = \overrightarrow{OP} + 2 \cdot \overrightarrow{PQ} = \begin{pmatrix} 1 \\ -2 \\ 2 \end{pmatrix} + 2 \cdot \begin{pmatrix} 2 \\ 3 \\ -3 \end{pmatrix} = \begin{pmatrix} 5 \\ 4 \\ -4 \end{pmatrix}$.

E4 Das Skalarprodukt zweier Vektoren berechnen und damit entscheiden, ob die Vektoren zueinander orthogonal sind.

Das Skalarprodukt zweier Vektoren $\vec{u} = \begin{pmatrix} u_1 \\ u_2 \\ u_3 \end{pmatrix}$ und $\vec{v} = \begin{pmatrix} v_1 \\ v_2 \\ v_3 \end{pmatrix}$ ist definiert als die Summe der Produkte der Komponenten der beiden Vektoren, also durch

$$\vec{u} * \vec{v} = \begin{pmatrix} u_1 \\ u_2 \\ u_3 \end{pmatrix} * \begin{pmatrix} v_1 \\ v_2 \\ v_3 \end{pmatrix} = u_1 \cdot v_1 + u_2 \cdot v_2 + u_3 \cdot v_3$$

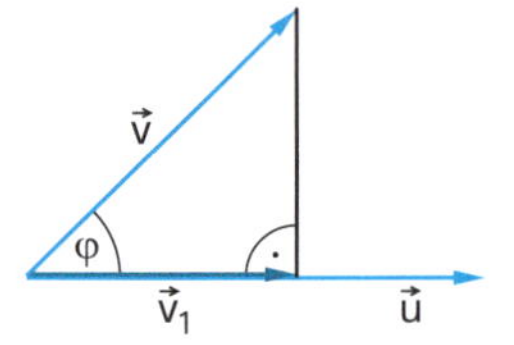

Die beiden Vektoren spannen einen Winkel φ auf.
Für diesen gilt: $\vec{u} * \vec{v} = |\vec{u}| \cdot |\vec{v}| \cdot \cos(\varphi)$.

In Worten: Das Skalarprodukt zweier Vektoren ist gleich dem Produkt aus der Länge des einen Vektors mit der Länge der orthogonalen Projektion des anderen Vektors auf diesen Vektor.

Im rechtwinkligen Dreieck gilt:
$\cos(\varphi) = \frac{|\vec{v}_1|}{|\vec{v}|} \Leftrightarrow |\vec{v}_1| = |\vec{v}| \cdot \cos(\varphi)$

Orthogonalität:
Das Skalarprodukt zweier Vektoren ist genau dann gleich null, wenn diese zueinander orthogonal sind.
Es gilt: $\vec{u}$ und $\vec{v}$ sind orthogonal $\Leftrightarrow$ $\vec{u} * \vec{v} = 0$

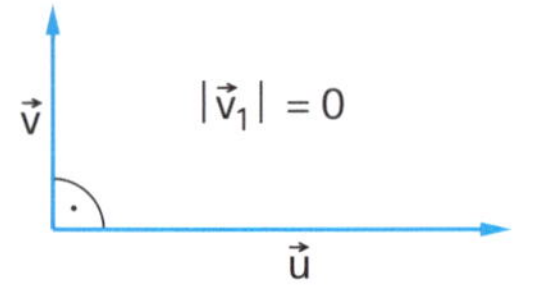

Hinweis: Das Skalarprodukt zweier Vektoren $\vec{u} * \vec{v}$ (dies ist eine reelle Zahl!) darf nicht verwechselt werden mit dem Vervielfachen eines Vektors mit einer Zahl $s \in \mathbb{R}$, also $s \cdot \vec{v}$ (dies ist ein Vektor). In diesem Buch verwenden wir konsequent die Zeichen $*$ bzw. $\cdot$, um den Unterschied zwischen den beiden Vektoroperationen hervorzuheben, auch wenn es oft üblich ist, für beide Operationen dasselbe Zeichen zu verwenden.

Beispiele

(1) Die Vektoren $\vec{u} = \begin{pmatrix} 3 \\ -1 \\ 2 \end{pmatrix}$ und $\vec{v} = \begin{pmatrix} -1 \\ -1 \\ 1 \end{pmatrix}$ sind orthogonal zueinander, denn

$$\begin{pmatrix} 3 \\ -1 \\ 2 \end{pmatrix} * \begin{pmatrix} -1 \\ -1 \\ 1 \end{pmatrix} = 3 \cdot (-1) + (-1) \cdot (-1) + 2 \cdot 1 = -3 + 1 + 2 = 0.$$

(2) Jeder Vektor der Form $\vec{n} = \begin{pmatrix} 2a \\ b \\ -a \end{pmatrix}$ ist orthogonal zu $\vec{u} = \begin{pmatrix} 1 \\ 0 \\ 2 \end{pmatrix}$, denn $2a + 0 \cdot b - 2a = 0$.

(3) Manchmal kann man durch eine einfache Überlegung sogar einen Vektor angeben, der orthogonal zu zwei gegebenen Vektoren ist:

Der Vektor $\vec{u} = \begin{pmatrix} 2 \\ 6 \\ 1 \end{pmatrix}$ ist orthogonal sowohl zum Vektor $\vec{v} = \begin{pmatrix} 1 \\ 0 \\ -2 \end{pmatrix}$ als auch zum Vektor $\vec{w} = \begin{pmatrix} 3 \\ -1 \\ 0 \end{pmatrix}$, also zu der Ebene, die von den Vektoren $\vec{v}$ und $\vec{w}$ aufgespannt wird, vgl. F3.

E5 Längen von Strecken im Raum und den Betrag von Vektoren berechnen.

Der **Betrag eines Vektors** $\vec{u} = \begin{pmatrix} x \\ y \\ z \end{pmatrix}$ ist gleich der Länge des zugehörigen Pfeils. Der Betrag berechnet sich nach dem Satz des PYTHAGORAS mithilfe von $|\vec{u}| = \sqrt{x^2 + y^2 + z^2}$.

Einen Vektor mit dem Betrag 1 nennt man **Einheitsvektor.** Zu einem Vektor $\vec{v}$ erhält man den zugehörigen Einheitsvektor $\vec{v_0}$, indem man den Vektor durch seinen Betrag dividiert: $\vec{v}_0 = \frac{\vec{v}}{|\vec{v}|} = \frac{1}{|\vec{v}|} \cdot \vec{v}$.

Hinweis:
Negative Vorzeichen von Komponenten kann man bei der Berechnung des Betrags weglassen, da sie durch das Quadrieren unter der Wurzel wegfallen.

Beispiele

(1) Der Betrag des Vektors $\vec{u} = \begin{pmatrix} -2 \\ 0 \\ 3 \end{pmatrix}$ ist $|\vec{u}| = \sqrt{(-2)^2 + 0^2 + 3^2} = \sqrt{4 + 0 + 9} = \sqrt{13}$.

(2) Zeigen Sie, dass das Dreieck ABC mit A(4|2|−5), B(6|−2|−1), C(3|1|−1) ein rechtwinklig-gleichschenkliges Dreieck ist.

$\overrightarrow{AB} = \begin{pmatrix} 6-4 \\ -2-2 \\ -1-(-5) \end{pmatrix} = \begin{pmatrix} 2 \\ -4 \\ 4 \end{pmatrix}$; $\overrightarrow{AC} = \begin{pmatrix} 3-4 \\ 1-2 \\ -1-(-5) \end{pmatrix} = \begin{pmatrix} -1 \\ -1 \\ 4 \end{pmatrix}$; $\overrightarrow{BC} = \begin{pmatrix} 3-6 \\ 1-(-2) \\ -1-(-1) \end{pmatrix} = \begin{pmatrix} -3 \\ 3 \\ 0 \end{pmatrix}$.

Es gilt: $|\overrightarrow{AB}| = \sqrt{2^2 + (-4)^2 + 4^2} = \sqrt{36} = 6$; $|\overrightarrow{AC}| = \sqrt{(-1)^2 + (-1)^2 + 4^2} = \sqrt{18}$;
$|\overrightarrow{BC}| = \sqrt{(-3)^2 + 3^2 + 0^2} = \sqrt{18}$. Die beiden Seiten AC und BC sind gleich lang.

Wenn überhaupt, können nur diese beiden Seiten einen rechten Winkel einschließen.

Tatsächlich gilt: $\overrightarrow{AC} * \overrightarrow{BC} = \begin{pmatrix} -1 \\ -1 \\ 4 \end{pmatrix} * \begin{pmatrix} -3 \\ 3 \\ 0 \end{pmatrix} = 3 - 3 + 0 = 0$, d. h.,

das Dreieck ABC ist rechtwinklig-gleichschenklig mit einem rechten Winkel bei C.

(3) Der Vektor $\vec{u} = \begin{pmatrix} 3 \\ 0 \\ -4 \end{pmatrix}$ besitzt einen Betrag von $|\vec{u}| = \sqrt{3^2 + 0^2 + (-4)^2} = \sqrt{25} = 5$.

Der zugehörige Einheitsvektor $\vec{u}_0 = \frac{1}{5} \cdot \begin{pmatrix} 3 \\ 0 \\ -4 \end{pmatrix} = \begin{pmatrix} \frac{3}{5} \\ 0 \\ -\frac{4}{5} \end{pmatrix}$ besitzt die Länge $|\vec{u}_0| = 1$.

Probe: $|\vec{u}_0| = \sqrt{\left(\frac{3}{5}\right)^2 + 0^2 + \left(-\frac{4}{5}\right)^2} = \sqrt{\frac{9}{25} + \frac{16}{25}} = \sqrt{\frac{25}{25}} = \sqrt{1} = 1$

E6 Kreise und Kugeln mithilfe von Koordinaten und Vektoren beschreiben.

Ein Punkt $P(x_1 | x_2)$ liegt genau dann auf der Umfangslinie eines Kreises mit Mittelpunkt $O(0|0)$ und Radius r, wenn gilt:
$x_1^2 + x_2^2 = r^2$;
in vektorieller Darstellung: $\vec{x} * \vec{x} = r^2$ mit $\vec{x} = \begin{pmatrix} x_1 \\ x_2 \end{pmatrix}$.

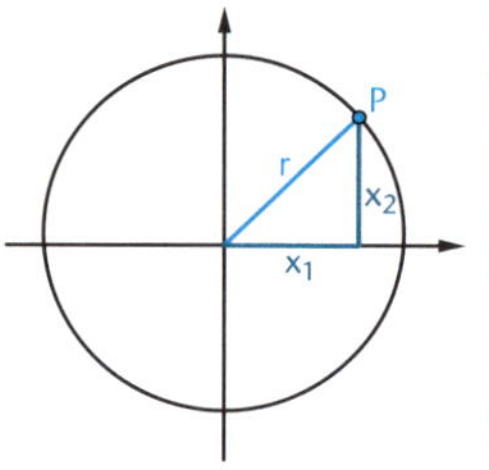

Ein Punkt $P(x_1 | x_2 | x_3)$ liegt genau dann auf der Oberfläche einer Kugel mit Mittelpunkt $O(0|0|0)$ und Radius r, wenn gilt:
$x_1^2 + x_2^2 + x_3^2 = r^2$,
in vektorieller Darstellung: $\vec{x} * \vec{x} = r^2$ mit $\vec{x} = \begin{pmatrix} x_1 \\ x_2 \\ x_3 \end{pmatrix}$.
Für Kreise bzw. Kugeln mit beliebigem Mittelpunkt M gilt:
$(\vec{x} - \overrightarrow{OM}) * (\vec{x} - \overrightarrow{OM}) = r^2$.

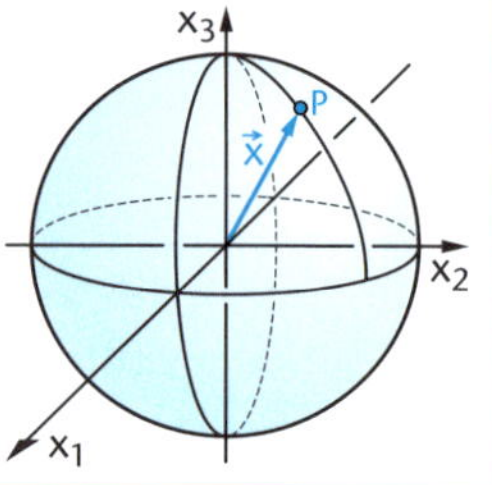

Beispiele

(1) Der Punkt $P(9|8|12)$ liegt auf einer Kugel mit Mittelpunkt O und Radius $r = \sqrt{9^2 + 8^2 + 12^2} = 17$.

(2) Die Ebene $E: 9x_1 + 8x_2 + 12x_3 = 17$ berührt die Kugel im Punkt $P(9|8|12)$, ist also eine sogenannte **Tangentialebene** an die Kugel, denn der Vektor $\vec{n} = \overrightarrow{OP} = \begin{pmatrix} 9 \\ 8 \\ 12 \end{pmatrix}$ ist Normalenvektor der Ebene und es gilt $\vec{n} * \vec{x} = \vec{n} * \vec{p} = r^2$, vgl. hierzu F4.

(3) Die Gerade g mit $\vec{x} = \begin{pmatrix} 3 \\ 0 \\ 6 \end{pmatrix} + k \cdot \begin{pmatrix} 1 \\ -1 \\ 4 \end{pmatrix}$ schneidet die Kugel K mit $\vec{x} * \vec{x} = 3^2$ in zwei Punkten. Für die gemeinsamen Punkte müssen beide Gleichungen erfüllt sein.

Einsetzen der Koordinatenbedingungen aus der Parameterdarstellung der Geraden in die Kugelgleichung ergibt:

$$\begin{pmatrix} 3+k \\ -k \\ 6+4k \end{pmatrix} * \begin{pmatrix} 3+k \\ -k \\ 6+4k \end{pmatrix} = 3^2 \Leftrightarrow (9 + 6k + k^2) + k^2 + (36 + 48k + 16k^2) = 9$$

$$\Leftrightarrow 18k^2 + 54k + 36 = 0$$

$$\Leftrightarrow k^2 + 3k + 2 = 0 \Leftrightarrow k = -1 \vee k = -2.$$

Die Schnittpunkte sind also $S_1(2|1|2)$ und $S_2(1|2|-2)$.

F1 Parameterdarstellungen für Geraden ermitteln sowie überprüfen, ob und ggf. wo ein Punkt auf einer gegebenen Gerade liegt (Punktprobe).

Auch im Raum ist eine Gerade g durch zwei Punkte A, B festgelegt.
Zu einem **beliebigen Punkt X der Geraden** gelangt man so: Vom Ursprung O geht man zu einem der beiden Punkte der Geraden, dann trägt man ein Vielfaches des Verbindungsvektors $\overrightarrow{AB}$ ab:

$$g: \vec{x} = \overrightarrow{OX} = \overrightarrow{OA} + r \cdot \overrightarrow{AB} \quad \text{mit} \quad r \in \mathbb{R}.$$

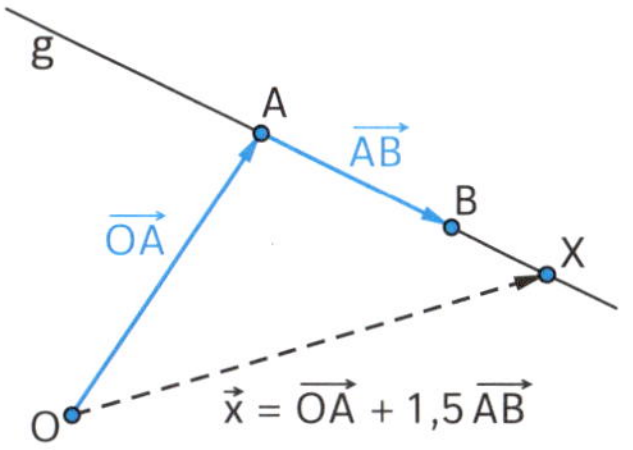

Den Ortsvektor (hier: $\overrightarrow{OA}$), der vom Ursprung auf die Gerade führt, bezeichnet man als **Stützvektor** der Geraden.
Der Vektor, der die Richtung der Geraden beschreibt, wird als **Richtungsvektor** (hier: $\overrightarrow{AB}$) der Geraden bezeichnet. Hieraus folgt, dass man die Gerade auch durch Angabe eines Punktes und eines Vektors als Richtungsvektor festlegen kann.

Punktprobe: Zur Prüfung, ob ein Punkt P auf der Geraden g liegt, setzt man die Komponenten von $\overrightarrow{OP}$ auf der linken Seite der Geradengleichung für $\vec{x}$ ein. Nur dann, wenn jede Zeile des entstehenden linearen Gleichungssystems denselben Wert für $r \in \mathbb{R}$ liefert, liegt P auf g, ansonsten nicht.

Lage eines Punktes auf der Geraden: Ist $\overrightarrow{AB}$ Richtungsvektor der Geraden, so liegt ein Punkt P (a) „links" von A, wenn $r < 0$; (b) „rechts" von B, wenn $r > 1$; (c) auf der Strecke AB, wenn $0 \le r \le 1$.

Beispiele

(1) Gegeben sind die Punkte A(2|3|−1) und B(4|−2|2). Die Gerade durch A und B wird beschrieben durch:

$$g: \vec{x} = \overrightarrow{OX} = \begin{pmatrix} 2 \\ 3 \\ -1 \end{pmatrix} + r \cdot \begin{pmatrix} 4-2 \\ -2-3 \\ 2-(-1) \end{pmatrix} = \begin{pmatrix} 2 \\ 3 \\ -1 \end{pmatrix} + r \cdot \begin{pmatrix} 2 \\ -5 \\ 3 \end{pmatrix} \quad \text{oder} \quad g: \vec{x} = \overrightarrow{OX} = \begin{pmatrix} 4 \\ -2 \\ 2 \end{pmatrix} + s \cdot \begin{pmatrix} -2 \\ 5 \\ -3 \end{pmatrix}.$$

Jeder Punkt X von g lässt sich z. B. darstellen durch $\overrightarrow{OX} = \begin{pmatrix} 2+2r \\ 3-5r \\ -1+3r \end{pmatrix}$ oder $\overrightarrow{OX} = \begin{pmatrix} 4-2s \\ -2+5s \\ 2-3s \end{pmatrix}$.

(2) Liegt der Punkt P(0|8|−4) liegt auf der Geraden g aus (1)? Einsetzen des Ortsvektors von P liefert ein lineares Gleichungssystem:

$$\begin{pmatrix} 0 \\ 8 \\ -4 \end{pmatrix} = \begin{pmatrix} 2 \\ 3 \\ -1 \end{pmatrix} + r \cdot \begin{pmatrix} 2 \\ -5 \\ 3 \end{pmatrix} \iff \begin{vmatrix} 0 = & 2+2r \\ 8 = & 3-5r \\ -4 = & -1+3r \end{vmatrix} \iff \begin{vmatrix} r = -1 \\ r = -1 \\ r = -1 \end{vmatrix}.$$

Der Punkt P liegt auf der Geraden g, aber nicht auf der Strecke AB. Da $r < 0$ gilt, liegt P „links" von Punkt A.

(3) Der Punkt Q(4|−2|5) liegt nicht auf der Geraden g, weil das lineare Gleichungssystem keine Lösung besitzt:

$$\begin{vmatrix} 2+2r = & 4 \\ 3-5r = & -2 \\ -1+3r = & 5 \end{vmatrix} \iff \begin{vmatrix} 2r = & 2 \\ -5r = & -5 \\ 3r = & 6 \end{vmatrix} \iff \begin{vmatrix} r = 1 \\ r = 1 \\ r = 2 \end{vmatrix}.$$

(4) **Spiegelung einer Geraden an einem Punkt**

Die Gerade g mit der Parameterdarstellung g: $\vec{x} = \begin{pmatrix} 1 \\ 1 \\ -2 \end{pmatrix} + r \cdot \begin{pmatrix} 2 \\ -1 \\ -1 \end{pmatrix}$ soll an einem Punkt P(1 | 3 | 1) gespiegelt werden. Wie die Zeichnung zeigt, muss dazu der Auf(hänge)punkt A(1 | 1|–2) der Geraden g an P gespiegelt werden (vgl. E3). Der Richtungsvektor $\vec{v} = \begin{pmatrix} 2 \\ -1 \\ -1 \end{pmatrix}$ der Geraden g geht bei dieser Spiegelung in seinen Gegenvektor über.

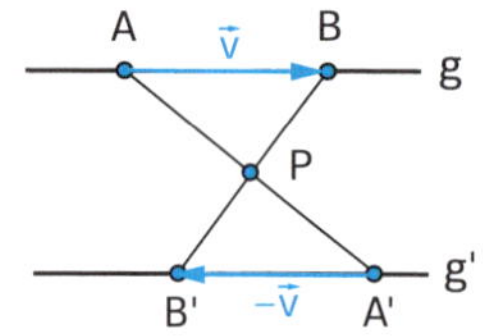

Spiegelung des Punktes A an P: $\overrightarrow{OA'} = \overrightarrow{OP} + \overrightarrow{PA'} = \overrightarrow{OA} + 2 \cdot \overrightarrow{AP} = \begin{pmatrix} 1 \\ 1 \\ -2 \end{pmatrix} + 2 \cdot \begin{pmatrix} 0 \\ 2 \\ 3 \end{pmatrix} = \begin{pmatrix} 1 \\ 5 \\ 4 \end{pmatrix}$.

Eine mögliche Parameterdarstellung der Spiegelgeraden g‘ ist daher g‘: $x = \begin{pmatrix} 1 \\ 5 \\ 4 \end{pmatrix} + s \cdot \begin{pmatrix} -2 \\ 1 \\ 1 \end{pmatrix}$.

F2 Geraden auf ihre gegenseitige Lage untersuchen.

Zwei Geraden g und h im Raum sind entweder (1) identisch, (2) liegen zueinander echt parallel, (3) verlaufen zueinander windschief oder (4) schneiden sich in genau einem gemeinsamen Punkt.

In der Grafik rechts ...

- ... sind die Geraden h und i echt parallel zueinander,
- ... besitzen die Geraden g und h genau einen Schnittpunkt,
- ... sind die Geraden g und i windschief zueinander, d. h. sie sind weder parallel noch schneiden sie sich.

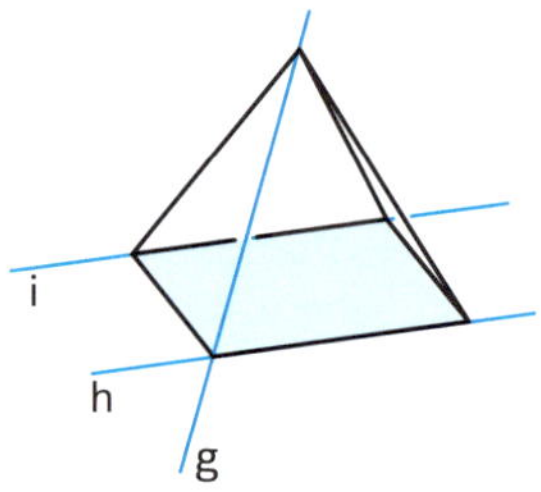

Identische Geraden liegen „übereinander“ (hier nicht dargestellt).

Vorgehensweise zur Bestimmung der gegenseitigen Lagebeziehung zweier Geraden im Raum mithilfe von entsprechenden linearen Gleichungssystemen:

Sind die Richtungsvektoren kollinear?

→ Wenn ja:
Sind die beiden Geraden parallel oder identisch?

Unterscheidung durch Punktprobe

→ positiv: g und h sind identisch.

→ negativ: g und h sind parallel.

→ Wenn nein:
Schneiden sich die beiden Geraden in genau einem Punkt oder sind sie zueinander windschief?

Entscheidung durch Gleichsetzen der Parameterdarstellungen und Lösen des zugehörigen LGS

→ Das LGS besitzt eine eindeutige Lösung:
Es existiert ein Schnittpunkt, den man durch Einsetzen der Lösungen in die Geradengleichungen berechnen kann.

→ Das LGS hat keine Lösung: Die Geraden sind zueinander windschief.

Beispiel

Für die Geraden g_1: $\vec{x} = \begin{pmatrix} 1 \\ -2 \\ 2 \end{pmatrix} + r \cdot \begin{pmatrix} 2 \\ 1 \\ -1 \end{pmatrix}$, g_2: $\vec{x} = \begin{pmatrix} 2 \\ -1 \\ 2 \end{pmatrix} + s \cdot \begin{pmatrix} -4 \\ -2 \\ 2 \end{pmatrix}$, g_3: $\vec{x} = \begin{pmatrix} 1 \\ 3 \\ -3 \end{pmatrix} + t \cdot \begin{pmatrix} -1 \\ 2 \\ -2 \end{pmatrix}$

g_4: $\vec{x} = \begin{pmatrix} 5 \\ 0 \\ 0 \end{pmatrix} + u \cdot \begin{pmatrix} 4 \\ 2 \\ -2 \end{pmatrix}$ gelten folgende Lagebeziehungen:

(1) Die Geraden g_1: $\vec{x} = \begin{pmatrix} 1 \\ -2 \\ 2 \end{pmatrix} + r \cdot \begin{pmatrix} 2 \\ 1 \\ -1 \end{pmatrix}$ und g_4: $\vec{x} = \begin{pmatrix} 5 \\ 0 \\ 0 \end{pmatrix} + u \cdot \begin{pmatrix} 4 \\ 2 \\ -2 \end{pmatrix}$ sind identisch, denn die Richtungsvektoren sind Vielfache voneinander und die Stützvektoren der Geraden lassen sich durch die jeweils andere Parameterdarstellung beschreiben:

$$\begin{pmatrix} 5 \\ 0 \\ 0 \end{pmatrix} = \begin{pmatrix} 1 \\ -2 \\ 2 \end{pmatrix} + 2 \cdot \begin{pmatrix} 2 \\ 1 \\ -1 \end{pmatrix} \text{ bzw. } \begin{pmatrix} 1 \\ -2 \\ 2 \end{pmatrix} = \begin{pmatrix} 5 \\ 0 \\ 0 \end{pmatrix} + (-1) \cdot \begin{pmatrix} 4 \\ 2 \\ -2 \end{pmatrix}.$$

(2) g_1 ist echt parallel zu g_2,
denn die beiden Richtungsvektoren sind Vielfache voneinander: $\begin{pmatrix} -4 \\ -2 \\ 2 \end{pmatrix} = (-2) \cdot \begin{pmatrix} 2 \\ 1 \\ -1 \end{pmatrix}$,

und der Stützvektor von g_1 führt nicht auf g_2, d. h., das Gleichungssystem

$$\begin{pmatrix} 1 \\ -2 \\ 2 \end{pmatrix} = \begin{pmatrix} 2 \\ -1 \\ 2 \end{pmatrix} + s \cdot \begin{pmatrix} -4 \\ -2 \\ 2 \end{pmatrix} \text{ hat keine Lösung: } \left| \begin{matrix} 1 = 2 - 4s \\ -2 = -1 - 2s \\ 2 = 2 + 2s \end{matrix} \right| \Leftrightarrow \left| \begin{matrix} -1 = -4s \\ -1 = -2s \\ 0 = s \end{matrix} \right| \Leftrightarrow \left| \begin{matrix} s = \frac{1}{4} \\ s = \frac{1}{2} \\ s = 0 \end{matrix} \right|$$

(umgekehrt könnte man auch prüfen, ob der Stützvektor von g_2 auf g_1 führt).

(3) g_2 und g_3 sind nicht parallel zueinander und haben keinen gemeinsamen Punkt, sind also windschief zueinander, denn die Richtungsvektoren sind keine Vielfachen voneinander und das lineare Gleichungssystem mit drei Gleichungen und zwei Variablen hat keine Lösung:

$$\begin{pmatrix} 2 \\ -1 \\ 2 \end{pmatrix} + s \cdot \begin{pmatrix} -4 \\ -2 \\ 2 \end{pmatrix} = \begin{pmatrix} 1 \\ 3 \\ -3 \end{pmatrix} + t \cdot \begin{pmatrix} -1 \\ 2 \\ -2 \end{pmatrix} \Leftrightarrow \left| \begin{matrix} 2 - 4s = 1 - t \\ -1 - 2s = 3 + 2t \\ 2 + 2s = -3 - 2t \end{matrix} \right| \Leftrightarrow \left| \begin{matrix} -4s + t = -1 \\ 2s + 2t = -4 \\ 2s + 2t = -5 \end{matrix} \right|.$$

An der zweiten und dritten Zeile des umgeformten Gleichungssystem liest man ab, dass das Gleichungssystem keine Lösung hat, denn die Summe $2s + 2t$ kann nicht gleichzeitig gleich -4 und gleich -5 sein.

(4) g_1 und g_3 sind nicht parallel zueinander und haben (genau) einen Schnittpunkt
Das Gleichungssystem mit drei Gleichungen und zwei Variablen ist eindeutig lösbar:

$$\begin{pmatrix} 1 \\ -2 \\ 2 \end{pmatrix} + r \cdot \begin{pmatrix} 2 \\ 1 \\ -1 \end{pmatrix} = \begin{pmatrix} 1 \\ 3 \\ -3 \end{pmatrix} + t \cdot \begin{pmatrix} -1 \\ 2 \\ -2 \end{pmatrix} \Leftrightarrow \left| \begin{matrix} 1 + 2r = 1 - t \\ -2 + r = 3 + 2t \\ 2 - r = -3 - 2t \end{matrix} \right| \Leftrightarrow \left| \begin{matrix} 2r + t = 0 \\ r - 2t = 5 \\ -r + 2t = -5 \end{matrix} \right| \Leftrightarrow \left| \begin{matrix} 2r + t = 0 \\ r - 2t = 5 \\ 0 = 0 \end{matrix} \right|$$

$$\Leftrightarrow \left| \begin{matrix} 4r + 2t = 0 \\ r - 2t = 5 \end{matrix} \right| \Leftrightarrow \left| \begin{matrix} 4r + 2t = 0 \\ 5r = 5 \end{matrix} \right| \Leftrightarrow \left| \begin{matrix} t = -2 \\ r = 1 \end{matrix} \right|.$$

Der Schnittpunkt $S(3|-1|1)$ wird bestimmt, indem man die erhaltenen Parameterwerte für t oder für r in die jeweilige Parameterdarstellung der Geraden g_1 und g_3 einsetzt:

$$\vec{x} = \begin{pmatrix} 1 \\ -2 \\ 2 \end{pmatrix} + 1 \cdot \begin{pmatrix} 2 \\ 1 \\ -1 \end{pmatrix} = \begin{pmatrix} 3 \\ -1 \\ 1 \end{pmatrix} \text{ und } \vec{x} = \begin{pmatrix} 1 \\ 3 \\ -3 \end{pmatrix} + (-2) \cdot \begin{pmatrix} -1 \\ 2 \\ -2 \end{pmatrix} = \begin{pmatrix} 3 \\ -1 \\ 1 \end{pmatrix}.$$

F3 Parameterdarstellungen für Ebenen ermitteln sowie überprüfen, ob ein Punkt auf einer gegebenen Ebene liegt (Punktprobe).

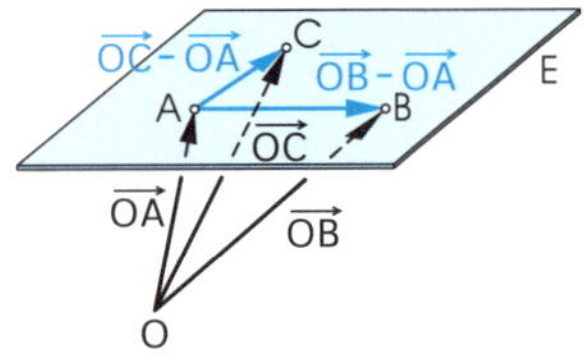

(1) Drei Punkte $A(a_1|a_2|a_3)$, $B(b_1|b_2|b_3)$, $C(c_1|c_2|c_3)$, die nicht auf einer Geraden liegen, bestimmen eindeutig eine Ebene E. Ein Punkt X der Ebene kann beispielsweise dadurch dargestellt werden, dass man irgendeinen der drei Punkte als Auf(hänge)punkt der Ebene wählt und die Verbindungsvektoren zu den beiden anderen Punkten als Richtungsvektoren der Ebene (man sagt: Diese spannen die Ebene auf).

Man erhält eine **Parameterdarstellung** der Ebene E: $\vec{x} = \overrightarrow{OA} + r \cdot \overrightarrow{AB} + s \cdot \overrightarrow{AC}$.

Eine Ebene kann auch durch folgende Angaben festgelegt werden:

(2)	(3)	(4)
eine Gerade und ein Punkt, der nicht auf der Gerade liegt	zwei zueinander parallele Geraden	zwei sich schneidende Geraden
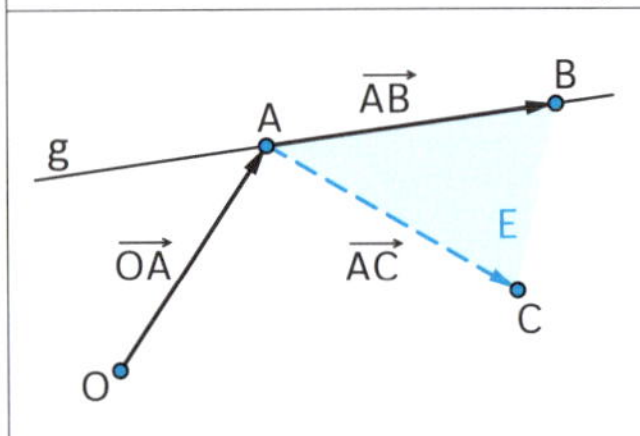	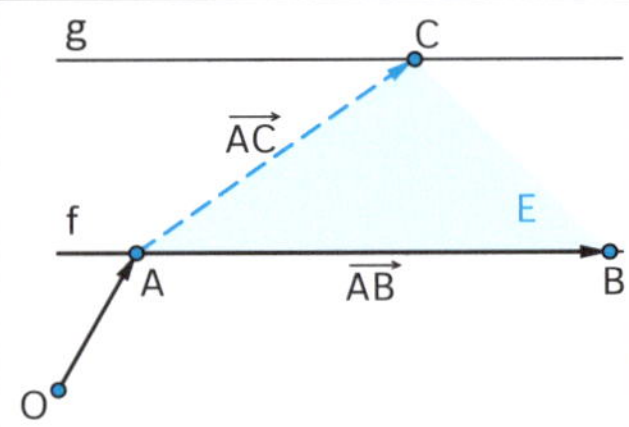	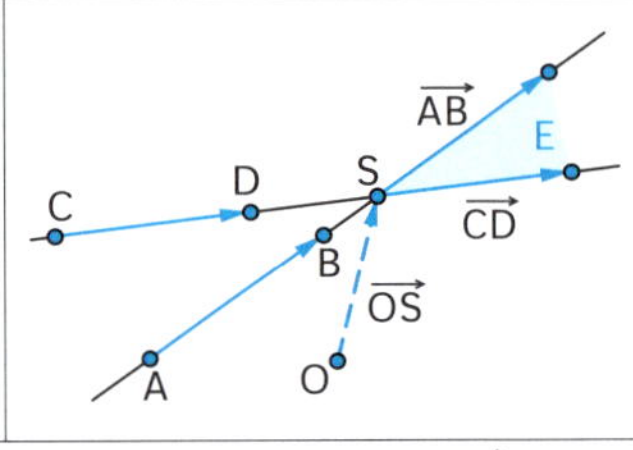

Hinweis: Zwei windschiefe Geraden spannen keine Ebene auf.
Punktprobe: Einsetzen der Koordinaten des zu prüfenden Punkts und Lösung des linearen Gleichungssystems (vgl. F1).

Lage von Punkten innerhalb von geometrischen Figuren:
Ein Punkt P liegt genau dann **innerhalb eines Parallelogramms**, das durch die Eckpunkte A, B, C bestimmt ist, wenn für die Parameter r und s (der Parameterdarstellung E: $\vec{x} = \overrightarrow{OA} + r \cdot \overrightarrow{AB} + s \cdot \overrightarrow{AC}$) gilt: $0 \le r \le 1$ und $0 \le s \le 1$.
Ein Punkt P liegt genau dann **innerhalb eines Dreiecks** ABC, wenn für die Parameter r und s (der Parameterdarstellung E: $\vec{x} = \overrightarrow{OA} + r \cdot \overrightarrow{AB} + s \cdot \overrightarrow{AC}$) gilt:
$0 \le r \le 1$ und $0 \le s \le 1$ und *zusätzlich* $0 \le r + s \le 1$.

Beispiele

(1) Aus den Koordinaten der Punkte $A(2|2|4)$, $B(-1|5|2)$, $C(1|-2|-4)$ kann man beispielsweise die folgende Parameterdarstellung gewinnen:

$$E: \vec{x} = \begin{pmatrix} 2 \\ 2 \\ 4 \end{pmatrix} + r \cdot \begin{pmatrix} -1-2 \\ 5-2 \\ 2-4 \end{pmatrix} + s \cdot \begin{pmatrix} 1-2 \\ -2-2 \\ -4-4 \end{pmatrix} = \begin{pmatrix} 2 \\ 2 \\ 4 \end{pmatrix} + r \cdot \begin{pmatrix} -3 \\ 3 \\ -2 \end{pmatrix} + s \cdot \begin{pmatrix} -1 \\ -4 \\ -8 \end{pmatrix}.$$

Der Punkt $P(3|1|-2)$ liegt nicht in der Ebene E, da das Gleichungssystem keine Lösung hat:

$$\begin{pmatrix} 3 \\ 1 \\ -2 \end{pmatrix} = \begin{pmatrix} 2 \\ 2 \\ 4 \end{pmatrix} + r \cdot \begin{pmatrix} -3 \\ 3 \\ -2 \end{pmatrix} + s \cdot \begin{pmatrix} -1 \\ -4 \\ -8 \end{pmatrix} \Leftrightarrow \left| \begin{array}{r} 3r + s = -1 \\ 3r - 4s = -1 \\ 2r + 8s = 6 \end{array} \right| \Leftrightarrow \left| \begin{array}{r} r = -\frac{1}{3} \\ s = 0 \\ r + 4s = 3 \end{array} \right|$$

Hinweis: Aus den ersten beiden Gleichungen wurde die Lösung $r = -\frac{1}{3}$ und $s = 0$ gewonnen, die aber nicht die dritte Gleichung erfüllen.

(2) Punktprobe für $P\left(-\frac{1}{2} \mid 2 \mid -\frac{4}{3}\right)$:

$$\left|\begin{array}{l} -\frac{1}{2} = 2 - 3r - s \\ 2 = 2 + 3r - 4s \\ \frac{4}{3} = 4 - 2r - 8s \end{array}\right| \Leftrightarrow \left|\begin{array}{r} -3r - s = -\frac{5}{2} \\ 3r - 4s = 0 \\ 2r + 8s = \frac{8}{3} \end{array}\right|$$

Addiert man die ersten beiden Gleichungen dieses Gleichungssystems, so ergibt sich $-5s = -\frac{5}{2}$, also $s = \frac{1}{2}$. Aus der zweiten Gleichung folgt dann $3r - 2 = 0$, also $r = \frac{2}{3}$.

Untersuchung der Lage des Punktes P bzgl. der Punkte A, B, C:

Die Richtungsvektoren $\overrightarrow{AB} = \begin{pmatrix} -3 \\ 3 \\ -2 \end{pmatrix}$ und $\overrightarrow{AC} = \begin{pmatrix} -1 \\ -4 \\ -8 \end{pmatrix}$ bestimmen ein Parallelogramm.

Der Punkt $P\left(-\frac{1}{2} \mid 2 \mid -\frac{4}{3}\right)$ liegt in dem Parallelogramm, das durch die Eckpunkte A, B, C bestimmt ist, aber nicht innerhalb des Dreiecks ABC:
Die Lösung des linearen Gleichungssystems ergibt nämlich die Parameterwerte $r = \frac{2}{3}$ und $s = \frac{1}{2}$, also $0 \leq r, s \leq 1$, aber $r + s > 1$.

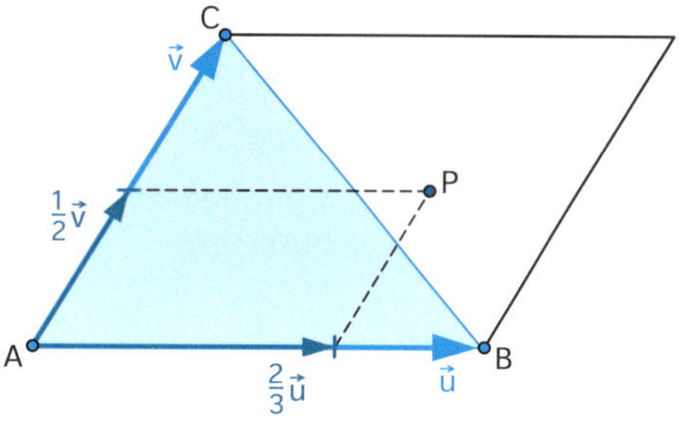

(3) Die Koordinatenebenen sind spezielle Ebenen. Sie lassen sich mithilfe folgender Parameterdarstellungen beschreiben:

x-y-Ebene: $\vec{x} = \begin{pmatrix} 0 \\ 0 \\ 0 \end{pmatrix} + r \cdot \begin{pmatrix} 1 \\ 0 \\ 0 \end{pmatrix} + s \cdot \begin{pmatrix} 0 \\ 1 \\ 0 \end{pmatrix}$; x-z-Ebene: $\vec{x} = \begin{pmatrix} 0 \\ 0 \\ 0 \end{pmatrix} + r \cdot \begin{pmatrix} 1 \\ 0 \\ 0 \end{pmatrix} + s \cdot \begin{pmatrix} 0 \\ 0 \\ 1 \end{pmatrix}$;

y-z-Ebene: $\vec{x} = \begin{pmatrix} 0 \\ 0 \\ 0 \end{pmatrix} + r \cdot \begin{pmatrix} 0 \\ 1 \\ 0 \end{pmatrix} + s \cdot \begin{pmatrix} 0 \\ 0 \\ 1 \end{pmatrix}$.

In Anwendungssituationen ist es oft einfacher, eine Bedingung für die Koordinaten zu beachten:
Punkte in der x-y-Ebene: Die z-Koordinate ist gleich null.
Punkte in der x-z-Ebene: Die y-Koordinate ist gleich null.
Punkte in der y-z-Ebene: Die x-Koordinate ist gleich null.

F4 Spurpunkte von Geraden sowie Spurpunkte und Spurgeraden von Ebenen bestimmen.

(1) Schnittpunkte einer Geraden g mit den Koordinatenebenen werden als **Spurpunkte der Geraden** bezeichnet. Spurpunkte in der x-y-Ebene besitzen die Koordinaten $S_{xy}(x|y|0)$, in der x-z-Ebene $S_{xz}(x|0|z)$ und in der y-z-Ebene $S_{yz}(0|y|z)$.

(2) Schnittpunkte einer Ebene E mit den Koordinatenachsen werden als **Spurpunkte der Ebene** bezeichnet. Spurpunkte auf den Koordinatenachsen besitzen die folgenden Koordinaten: auf der x-Achse $S_x(x|0|0)$, auf der y-Achse $S_y(0|y|0)$ und auf der z-Achse $S_z(0|0|z)$.

(3) Schnittgeraden einer Ebene E mit den Koordinatenebenen werden als **Spurgeraden der Ebene** bezeichnet. Spurgeraden sind daher Geraden durch jeweils zwei Spurpunkte einer Ebene.

Zur Ermittlung der Spurpunkte verwendet man die Methode der Punktprobe und löst die entstehenden linearen Gleichungssysteme.

Spurpunkte und Spurgeraden können dazu dienen, die zugehörigen Geraden und Ebenen in ein Schrägbild einzutragen.

Beispiele

(1) Die Gerade g hat die Parameterdarstellung g: $\vec{x} = \begin{pmatrix} 1 \\ 2 \\ 2 \end{pmatrix} + r \cdot \begin{pmatrix} 1 \\ -1 \\ -2 \end{pmatrix}$

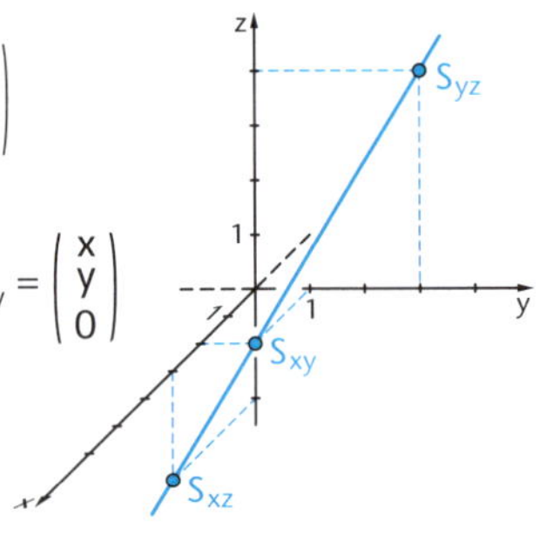

Für eine Skizze sollen die Spurpunkte bestimmt werden.

Der Ortsvektor zu einem Spurpunkt in der x-y-Ebene lautet $\overrightarrow{OS_{xy}} = \begin{pmatrix} x \\ y \\ 0 \end{pmatrix}$

Die Punktprobe liefert ein lineares Gleichungssystem:

$$\begin{pmatrix} x \\ y \\ 0 \end{pmatrix} = \begin{pmatrix} 1 \\ 2 \\ 2 \end{pmatrix} + r \cdot \begin{pmatrix} 1 \\ -1 \\ -2 \end{pmatrix} \Leftrightarrow \begin{vmatrix} x = 1 + 1r \\ y = 2 - 1r \\ 0 = 2 - 2r \end{vmatrix}$$

In der letzten Zeile des LGS ist nur eine Variable enthalten, d. h. diese Gleichung ist eindeutig lösbar. Hier ergibt sich $r = 1$. Diesen Wert $r = 1$ setzt man die in Gleichungen in der ersten und zweiten Zeile des Gleichungssystems ein und berechnet so die Werte von x und y. Es ergibt sich $x = 1 + 1 \cdot 1 = 2$ und $y = 2 - 1 \cdot 1 = 1$. Der Spurpunkt von g in der x-y-Ebene hat also die Koordinaten $S_{xy}(2|1|0)$.
Die weiteren Spurpunkte ermittelt man analog. Man erhält: $S_{xz}(3|0|-2)$ und $P_{yz}(0|3|4)$.

(2) Die Ebene E ist durch E: $\vec{x} = \begin{pmatrix} 3 \\ 0 \\ 1 \end{pmatrix} + r \cdot \begin{pmatrix} 1 \\ 2 \\ 1 \end{pmatrix} + s \cdot \begin{pmatrix} -1 \\ 1 \\ 2 \end{pmatrix}$ gegeben.

Zur Bestimmung der Spurpunkte setzt man die jeweiligen Komponenten gleich null und löst das zugehörige lineare Gleichungssystem.

Spurpunkt auf der x-Achse, also $y = z = 0$:

$$\begin{pmatrix} x \\ 0 \\ 0 \end{pmatrix} = \begin{pmatrix} 3 \\ 0 \\ 1 \end{pmatrix} + r \cdot \begin{pmatrix} 1 \\ 2 \\ 1 \end{pmatrix} + s \cdot \begin{pmatrix} -1 \\ 1 \\ 2 \end{pmatrix} \Leftrightarrow \begin{vmatrix} x = 3 + 1r - 1s \\ 0 = 0 + 2r + 1s \\ 0 = 1 + 1r + 2s \end{vmatrix}$$

Aus den letzten beiden Zeilen erhält man $r = \frac{1}{3}$ und $s = -\frac{2}{3}$.

Einsetzen dieser Parameterwerte ergibt für die x-Koordinate des Punkts auf der x-Achse:

$x = 3 + \frac{1}{3} \cdot 1 - \frac{2}{3} \cdot (-1) = 4$; d. h. der Spurpunkt der Ebene auf der x-Achse ist $S_x(4|0|0)$.

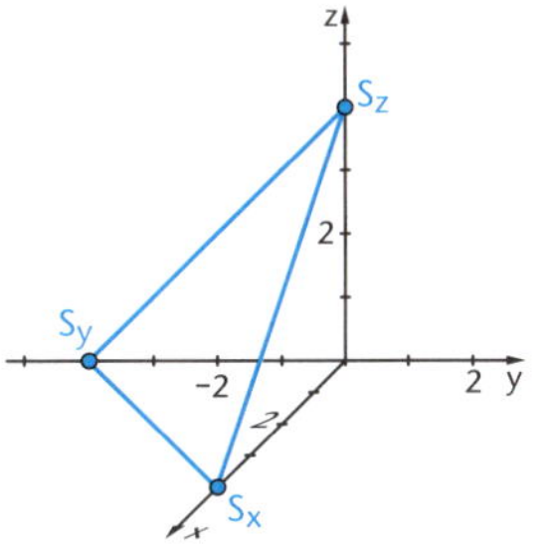

Analog bestimmt man die Spurpunkte $S_y(0|-4|0)$ und $S_z(0|0|4)$.

Die Geraden durch je zwei dieser Spurpunkte sind Spurgeraden der Koordinatenebenen; sie lassen sich mithilfe folgender Parameterdarstellungen beschreiben:

$g_{xy}: \vec{x} = \begin{pmatrix} 4 \\ 0 \\ 0 \end{pmatrix} + r \cdot \begin{pmatrix} -4 \\ -4 \\ 0 \end{pmatrix}$; $g_{xz}: \vec{x} = \begin{pmatrix} 4 \\ 0 \\ 0 \end{pmatrix} + r \cdot \begin{pmatrix} -4 \\ 0 \\ 4 \end{pmatrix}$; $g_{yz}: \vec{x} = \begin{pmatrix} 0 \\ -4 \\ 0 \end{pmatrix} + r \cdot \begin{pmatrix} 0 \\ 4 \\ 4 \end{pmatrix}$.

(3) Verläuft eine Gerade parallel zu einer Koordinatenebene, dann besitzt sie i. A. zwei Spurpunkte; ist sie parallel zu einer Koordinatenachse, gibt es nur einen Spurpunkt.

Verläuft eine Ebene parallel zu einer Koordinatenebene, dann besitzt sie nur einen Spurpunkt; verläuft sie parallel zu einer Koordinatenachse, hat sie i. A. zwei Spurpunkte.

F5 Einen Normalenvektor und den Einheitsnormalenvektor einer Ebene bestimmen.

Ein Vektor $\vec{n}$ ist **Normalenvektor** einer Ebene E, wenn er in jedem Punkt orthogonal zur Ebene steht; er steht also auch orthogonal zu den beiden bekannten Richtungsvektoren $\vec{u}$ und $\vec{v}$ der Ebene E.

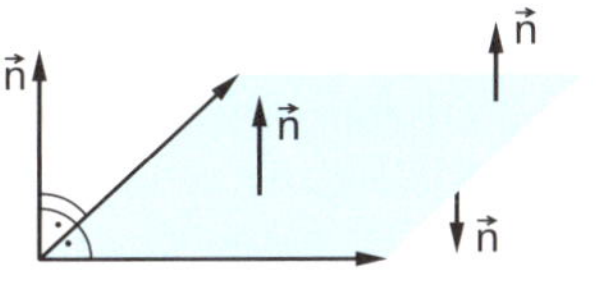

Da die einzige Bedingung an einen solchen Vektor die Orthogonalität ist, gibt es unendlich viele, zueinander kollineare Normalenvektoren unterschiedlicher Länge zu einer gegebenen Ebene E.

Man kann einen Normalenvektor einer Ebene E auf zwei Arten berechnen:

(1) über das **Orthogonalitätskriterium** (vgl. E4):
Für das Skalarprodukt aus Normalenvektor und den Richtungsvektoren der Ebene E gilt: $\vec{u} * \vec{n} = 0$ und $\vec{v} * \vec{n} = 0$. Man erhält ein unterbestimmtes LGS mit zwei Gleichungen und drei Variablen ($n_1, n_2, n_3 \in \mathbb{R}$):
$u_1 n_1 + u_2 n_2 + u_3 n_3 = 0$ und $v_1 n_1 + v_2 n_2 + v_3 n_3 = 0$.
Da die Länge des Normalenvektors für die Orthogonalität unerheblich ist, kann man für eine der Variablen eine beliebige reelle Zahl einsetzen. Die beiden anderen Variablen hängen dann von dieser gewählten Zahl ab.

(2) über das **Kreuzprodukt (Vektorprodukt)**:

$$\vec{n} = \vec{u} \times \vec{v} = \begin{pmatrix} u_1 \\ u_2 \\ u_3 \end{pmatrix} \times \begin{pmatrix} v_1 \\ v_2 \\ v_3 \end{pmatrix} = \begin{pmatrix} u_2 v_3 - u_3 v_2 \\ u_3 v_1 - u_1 v_3 \\ u_1 v_2 - u_2 v_1 \end{pmatrix}.$$

(Auf den Beweis dieser allgemeinen Berechnungsformel wird hier verzichtet.)

Ein **Einheitsnormalenvektor** $\vec{n}_0$ ist ein Normalenvektor der Länge 1. Man erhält diesen, indem man den Normalenvektor $\vec{n}$ mit dem Kehrwert seiner Länge $|\vec{n}|$ multipliziert: $\vec{n}_0 = \frac{1}{|\vec{n}|} \cdot \vec{n}$.

Einheitsnormalenvektoren werden verwendet, um Abstände im Raum zu messen.

Beispiele

(1) Für $\vec{a} = \begin{pmatrix} 1 \\ -2 \\ 1 \end{pmatrix}$, $\vec{b} = \begin{pmatrix} 3 \\ 1 \\ -2 \end{pmatrix}$ ist: $\vec{a} \times \vec{b} = \begin{pmatrix} (-2)\cdot(-2) - 1\cdot 1 \\ 1\cdot 3 - 1\cdot(-2) \\ 1\cdot 1 - (-2)\cdot 3 \end{pmatrix} = \begin{pmatrix} 3 \\ 5 \\ 7 \end{pmatrix}$.

(2) Ein Normalenvektor für E: $\vec{x} = \begin{pmatrix} 1 \\ 1 \\ 2 \end{pmatrix} + r\cdot\begin{pmatrix} 3 \\ 1 \\ 0 \end{pmatrix} + s\cdot\begin{pmatrix} 2 \\ -1 \\ 4 \end{pmatrix}$ ist

$\vec{n} = \vec{u} \times \vec{v} = \begin{pmatrix} 3 \\ 1 \\ 0 \end{pmatrix} \times \begin{pmatrix} 2 \\ -1 \\ 4 \end{pmatrix} = \begin{pmatrix} 4 \\ -12 \\ -5 \end{pmatrix}$. Der zugehörige

Einheitsnormalenvektor lautet $\vec{n}_0 = \dfrac{\begin{pmatrix} 4 \\ -12 \\ -5 \end{pmatrix}}{\left|\begin{pmatrix} 4 \\ -12 \\ -5 \end{pmatrix}\right|} = \dfrac{1}{\sqrt{185}} \cdot \begin{pmatrix} 4 \\ -12 \\ -5 \end{pmatrix}$.

(3) Einen Normalenvektor der Ebene E aus (2) kann man auch mithilfe des Orthogonalitätskriteriums bestimmen. Es gilt: $\vec{n} * \begin{pmatrix} 3 \\ 1 \\ 0 \end{pmatrix} = 0$ und $\vec{n} * \begin{pmatrix} 2 \\ -1 \\ 4 \end{pmatrix} = 0$.

Daraus ergeben sich zwei lineare Gleichungen mit drei Unbekannten, also ein unterbestimmtes Gleichungssystem: $\left| \begin{matrix} 3n_1 + n_2 = 0 \\ 2n_1 - n_2 + 4n_3 = 0 \end{matrix} \right|$.

Aus Zeile 1 erhält man den Zusammenhang: $n_2 = -3n_1$, setzt diesen in Zeile 2 ein und löst nach einer Variable auf: $2n_1 - (-3n_1) + 4n_3 = 0 \Leftrightarrow 5n_1 + 4n_3 = 0 \Leftrightarrow n_1 = -\frac{4}{5}n_3$.

Da das Gleichungssystem unterbestimmt ist und die Länge des Normalenvektors unerheblich ist, wählt man geschickt einen Wert für n_3 möglichst so, dass man ganzzahlige Lösungen erhält. Wählt man z. B. $n_3 = 5$, dann ergibt sich $n_1 = -\frac{4}{5}\cdot 5 = -4$ und $n_2 = -3\cdot(-4) = 12$.

Man erhält den Normalenvektor $\vec{n} = \begin{pmatrix} -4 \\ 12 \\ -5 \end{pmatrix}$. Dies ist der Gegenvektor zum Normalenvektor aus (2).

Das ist aber unerheblich, da auch dieser orthogonal zu E verläuft.

(4) Da eine der Komponenten des ersten Richtungsvektors gleich null ist, kann man einen Normalenvektor der Ebene auch wie folgt erhalten:

Beispielsweise ist ein Vektor $\vec{n} = \begin{pmatrix} 1 \\ -3 \\ z \end{pmatrix}$ geeignet, denn das Skalarprodukt mit dem ersten Richtungsvektor ist gleich null. Damit auch das Skalarprodukt mit dem zweiten Richtungsvektor null wird, muss als dritte Komponente des Normalenvektors der

Wert z = 1,25 gewählt werden: $\begin{pmatrix} 1 \\ -3 \\ z \end{pmatrix} * \begin{pmatrix} 2 \\ -1 \\ 4 \end{pmatrix} = -2 - 3 + 4z = 0 \Leftrightarrow 4z = 5 \Leftrightarrow z = 1{,}25$.

Der Normalenvektor aus (2) ist gleich dem 5-Fachen des durch *geschicktes Probieren* gefundenen Normalenvektors $\vec{n} = \begin{pmatrix} 1 \\ -3 \\ 1{,}25 \end{pmatrix}$.

F6 Ebenen mithilfe von Koordinatengleichungen beschreiben – auch in Normalenform oder HESSE'scher Normalenform angeben.

Eine Ebene im Raum kann auch mithilfe einer **Koordinatengleichung** beschrieben werden:
E: $a \cdot x + b \cdot y + c \cdot z = d$ mit Koeffizienten a, b, c, d $\in \mathbb{R}$.
Eine **Punktprobe** für einen Punkt P erfolgt hier durch Einsetzen der Koordinaten des Punkts in die Koordinatengleichung.
Die Spurpunkte einer Ebene lassen sich bei dieser Darstellungsform unmittelbar ablesen, da je zwei der Koordinaten der Spurpunkte gleich null sind.
Aus einer Koordinatengleichung E: $a \cdot x + b \cdot y + c \cdot z = d$ kann man unmittelbar den Normalenvektor der Ebene ablesen: $\vec{n} = \begin{pmatrix} a \\ b \\ c \end{pmatrix}$ und die **Normalenform** der Ebenengleichung entwickeln:
E: $\vec{n} * \vec{x} = \vec{n} * \vec{p}$ oder auch **E: $\vec{n} * (\vec{x} - \vec{p}) = 0$,**
wobei $\vec{p}$ der Ortsvektor eines beliebigen Punkts der Ebene ist.

Die **HESSE'sche Normalenform** ist eine besondere Form einer Koordinatengleichung der Ebene. Formt man die Gleichung $ax + by + cz = d$ um zu $ax + by + cz - d = 0$ und dividiert beide Seiten der Gleichung durch die Länge (den Betrag) des Normalenvektors $\vec{n} = \begin{pmatrix} a \\ b \\ c \end{pmatrix}$, dann erhält man die nach dem Mathematiker L. O. HESSE benannte Form:

$$\frac{ax + by + cz - d}{\sqrt{a^2 + b^2 + c^2}} = 0.$$

Diese Form der Ebenengleichung ist nützlich bei der Bestimmung des Abstands eines Punktes von einer Ebene (vgl. Basiswissen G5).

Beispiele

(1) Aus der Ebenengleichung $3x + 2y - z = 4$ kann man einen Normalenvektor $\vec{n} = \begin{pmatrix} 3 \\ 2 \\ -1 \end{pmatrix}$ direkt ablesen und erhält man nach Umformen die HESSE'sche Normalenform:
$\frac{3x + 2y - z - 4}{\sqrt{14}} = 0.$

(2) Man erhält Punkte, die in der Ebene E mit $3x + 2y - z = 4$ liegen, indem man zwei Koordinaten festlegt, in die Ebenengleichung einsetzt und die dritte Koordinate berechnet.

Punkt S(1|2|z): $3 \cdot 1 + 2 \cdot 2 - z = 4 \Leftrightarrow 7 - z = 4 \Leftrightarrow z = 3$
Damit ist S(1|2|3) ein Punkt der Ebene E.

Punkt T(x|5|−10): $3 \cdot x + 2 \cdot 5 - (-10) = 4 \Leftrightarrow 3 \cdot x + 20 = 4 \Leftrightarrow x = -\frac{16}{3}$.

Damit ist T($-\frac{16}{3}$|5|−10) ein Punkt der Ebene E.

(3) Gegeben ist die Ebene E: $2x - 4y + 1z = 8$.

a) Punktprobe für den Punkt $P(-3|-4|-2)$ durch Einsetzen liefert:
$2 \cdot (-3) - 4 \cdot (-4) + 1 \cdot (-2) = 8$, also eine wahre Aussage: P liegt in E.

b) Bestimmung der Spurpunkte:
Aus $y = 0$ und $z = 0$ folgt: $2x - 4 \cdot 0 + 1 \cdot 0 = 8$ und damit $S_x(4|0|0)$.
Aus $x = 0$ und $z = 0$ folgt: $2 \cdot 0 - 4y + 1 \cdot 0 = 8$ und damit $S_y(0|-2|0)$.
Aus $x = 0$ und $y = 0$ folgt: $2 \cdot 0 - 4 \cdot 0 + 1z = 8$ und damit $S_z(0|0|8)$.

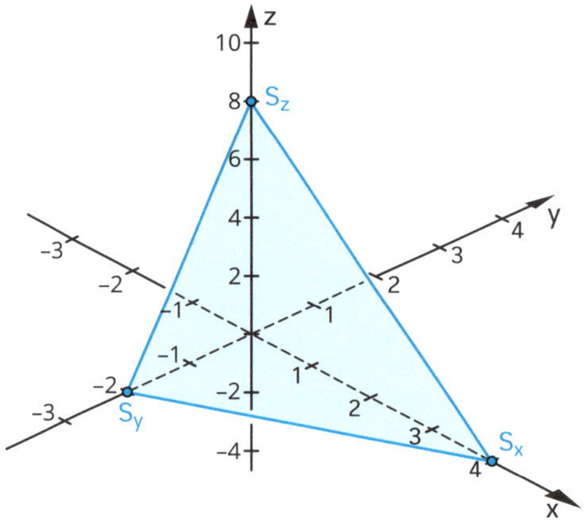

(*Hinweis*: Da die y-Koordinate des Spurpunkts S_y negativ ist, wurde das Koordinatensystem anders als sonst üblich gezeichnet.)

c) Um die Ebene in Normalenform darzustellen, benötigt man irgendeinen Punkt der Ebene, beispielsweise $S_x(4|0|0)$, und einen Normalenvektor.

Aus $\vec{n} = \begin{pmatrix} 2 \\ -4 \\ 1 \end{pmatrix}$ ergibt sich: E: $\begin{pmatrix} 2 \\ -4 \\ 1 \end{pmatrix} * \left[\vec{x} - \begin{pmatrix} 4 \\ 0 \\ 0 \end{pmatrix}\right] = 0$.

(4) Aus der Koordinatenform einer Ebene E mit $4x - 5y + 2z = 10$ liest man direkt einen Normalenvektor $\vec{n} = \begin{pmatrix} 4 \\ -5 \\ 2 \end{pmatrix}$ ab und berechnet einen Punkt der Ebene, z. B. $S_z(0|0|5)$ (siehe obiges Beispiel). Nun setzt man in die Normalenform ein:

$$\begin{pmatrix} 4 \\ -5 \\ 2 \end{pmatrix} * \vec{x} = \underbrace{\begin{pmatrix} 4 \\ -5 \\ 2 \end{pmatrix} * \begin{pmatrix} 0 \\ 0 \\ 5 \end{pmatrix}}_{d = 10} \quad \text{bzw.} \quad \begin{pmatrix} 4 \\ -5 \\ 2 \end{pmatrix} * \left[\vec{x} - \begin{pmatrix} 0 \\ 0 \\ 5 \end{pmatrix}\right] = 0.$$

(5) Die Ebene mit der Koordinatengleichung E: $2x + 3y = 6$ verläuft parallel zur z-Achse (hat also keinen Punkt mit dieser Achse gemeinsam). Sie hat die Spurpunkte $S_x(3|0|0)$ und $S_y(0|2|0)$.

F7 Darstellungsformen von Ebenen ineinander überführen.

Eine Koordinatengleichung einer Ebene in eine Parameterdarstellung überführen:
Ist eine Ebene durch eine Koordinatengleichung gegeben, dann findet man eine Parameterdarstellung für diese Ebene, indem man drei beliebige Punkte der Ebene wählt und hieraus eine Parameterdarstellung der Ebene bestimmt (vgl. Basiswissen F6).

Eine Parameterdarstellung in eine Koordinatengleichung überführen:
Ist eine Ebene durch eine Parameterdarstellung gegeben, dann findet man eine Koordinatengleichung für diese Ebene, indem man einen Normalenvektor für die Ebene sucht (vgl. Basiswissen F5) und hiermit den Koeffizienten d der Koordinatengleichung bestimmt, wobei gilt: $d = \vec{n} * \overrightarrow{OA}$ mit $\overrightarrow{OA}$ als Stützvektor der Ebene.

Beispiele

(1) *Eine Koordinatengleichung in eine Parameterdarstellung überführen*
Aus der Koordinatenform einer Ebene E mit $4x - 5y + 2z = 10$ ermittelt man drei Punkte der Ebene. Am einfachsten ermittelt man die Spurpunkte der Ebene (Basiswissen F6, Beispiel (3b)): $S_x(2{,}5\,|\,0\,|\,0)$; $S_y(0\,|\,-2\,|\,0)$ und $S_z(0\,|\,0\,|\,5)$. Man nutzt den Ortsvektor von einem der Spurpunkte als Stützvektor und berechnet dann die beiden Richtungsvektoren. Eine Parameterform der Ebene E lautet dann:

$$E: \vec{x} = \overrightarrow{OS_x} + r \cdot (\overrightarrow{S_xS_y}) + s \cdot (\overrightarrow{S_xS_z}) = \begin{pmatrix} 2{,}5 \\ 0 \\ 0 \end{pmatrix} + r \cdot \begin{pmatrix} -2{,}5 \\ -2 \\ 0 \end{pmatrix} + s \cdot \begin{pmatrix} -2{,}5 \\ 0 \\ 5 \end{pmatrix}.$$

Alternative Möglichkeit:
Man wählt einen beliebigen Punkt der Ebene und zwei beliebige (nicht zueinander kollineare) Vektoren, die orthogonal zum Normalenvektor der Ebene sind.
Aus $4x - 5y + 2z = 10$ ermittelt man einen Punkt, z. B. $S_z(0\,|\,0\,|\,5)$,

und den Normalenvektor $\vec{n} = \begin{pmatrix} 4 \\ -5 \\ 2 \end{pmatrix}$. Offensichtlich sind die Vektoren $\vec{u} = \begin{pmatrix} 1 \\ 0 \\ -2 \end{pmatrix}$ und $\vec{v} = \begin{pmatrix} 5 \\ 4 \\ 0 \end{pmatrix}$ orthogonal zu $\vec{n}$ und nicht zueinander kollinear.

Daher ist $E: \vec{x} = \begin{pmatrix} 0 \\ 0 \\ 5 \end{pmatrix} + r \cdot \begin{pmatrix} 1 \\ 0 \\ -2 \end{pmatrix} + s \cdot \begin{pmatrix} 5 \\ 4 \\ 0 \end{pmatrix}$ eine Parameterdarstellung der Ebene.

(2) *Eine Parameterdarstellung in eine Koordinatengleichung überführen*:
Aus der Parameterdarstellung $E: \vec{x} = \begin{pmatrix} 3 \\ 2 \\ -1 \end{pmatrix} + r \cdot \begin{pmatrix} 2 \\ 1 \\ 0 \end{pmatrix} + s \cdot \begin{pmatrix} 3 \\ 0 \\ 5 \end{pmatrix}$ ermittelt man mithilfe des Kreuzprodukts (vgl. Basiswissen F5) einen Normalenvektor der Ebene:

$\begin{pmatrix} 2 \\ 1 \\ 0 \end{pmatrix} \times \begin{pmatrix} 3 \\ 0 \\ 5 \end{pmatrix} = \begin{pmatrix} 5 \\ -10 \\ -3 \end{pmatrix}$. Nun bildet man das Skalarprodukt aus diesem Normalenvektor und dem Stützvektor aus der Parameterdarstellung und erhält den Wert für d in der

Koordinatenform: $d = \begin{pmatrix} 5 \\ -10 \\ -3 \end{pmatrix} * \begin{pmatrix} 3 \\ 2 \\ -1 \end{pmatrix} = -2.$

Die Ebenengleichung in Koordinatenform lautet also: $5x - 10y - 3z = -2$.

Hinweis: Da die beiden Richtungsvektoren der Ebene jeweils eine Komponente mit Wert 0 haben, kann man einen Normalenvektor durch folgende Überlegung gewinnen:

Es gilt: $\begin{pmatrix} 1 \\ -2 \\ n_3 \end{pmatrix} * \begin{pmatrix} 2 \\ 1 \\ 0 \end{pmatrix} = 0$ und $\begin{pmatrix} 5 \\ n_2 \\ -3 \end{pmatrix} * \begin{pmatrix} 3 \\ 0 \\ 5 \end{pmatrix} = 0$. Wählt man das 5-Fache des ersten Vektors,

also $\begin{pmatrix} 5 \\ -10 \\ n_3 \end{pmatrix}$, dann gilt auch $\begin{pmatrix} 5 \\ -10 \\ n_3 \end{pmatrix} * \begin{pmatrix} 2 \\ 1 \\ 0 \end{pmatrix} = 0$. Daher ist $\begin{pmatrix} 5 \\ -10 \\ -3 \end{pmatrix}$ ein möglicher Normalenvektor.

Alternative zu (2):

Gegeben ist eine Parameterdarstellung einer Ebene E: $x = \begin{pmatrix} 3 \\ 0 \\ 1 \end{pmatrix} + r \cdot \begin{pmatrix} 1 \\ 2 \\ 1 \end{pmatrix} + s \cdot \begin{pmatrix} -1 \\ 1 \\ 2 \end{pmatrix}$.

Um eine Koordinatenform der Ebenengleichung zu bestimmen, sucht man einen Normalenvektor der Ebene (vgl. Basiswissen F5). Beispielsweise ist der Vektor $\vec{n} = \begin{pmatrix} 1 \\ -1 \\ 1 \end{pmatrix}$ ein Normalenvektor der Ebene E.

Bildet man das Skalarprodukt dieses Normalenvektors mit den beiden Seiten der Parameterdarstellung, dann entfallen rechts zwei Summanden:

$$E: \begin{pmatrix} 1 \\ -1 \\ 1 \end{pmatrix} * \vec{x} = \begin{pmatrix} 1 \\ -1 \\ 1 \end{pmatrix} * \begin{pmatrix} 3 \\ 0 \\ 1 \end{pmatrix} + r \cdot \underbrace{\begin{pmatrix} 1 \\ -1 \\ 1 \end{pmatrix} * \begin{pmatrix} 1 \\ 2 \\ 1 \end{pmatrix}}_{=0} + s \cdot \underbrace{\begin{pmatrix} 1 \\ -1 \\ 1 \end{pmatrix} * \begin{pmatrix} -1 \\ 1 \\ 2 \end{pmatrix}}_{=0}.$$

und dies führt auf eine Normalenform der Ebenengleichung:

$$E: \begin{pmatrix} 1 \\ -1 \\ 1 \end{pmatrix} * \vec{x} = \begin{pmatrix} 1 \\ -1 \\ 1 \end{pmatrix} * \begin{pmatrix} 3 \\ 0 \\ 1 \end{pmatrix} \text{ bzw. } \begin{pmatrix} 1 \\ -1 \\ 1 \end{pmatrix} * \left[\vec{x} - \begin{pmatrix} 3 \\ 0 \\ 1 \end{pmatrix}\right] = 0.$$

Aus $\begin{pmatrix} 1 \\ -1 \\ 1 \end{pmatrix} * \begin{pmatrix} 3 \\ 0 \\ 1 \end{pmatrix} = 4$ ergibt sich dann die Koordinatengleichung: $1 \cdot x - 1 \cdot y + 1 \cdot z = 4$.

F8 Schnittprobleme zwischen Geraden und Ebenen in Sachzusammenhängen untersuchen.

Zwischen einer Geraden g und einer Ebene E können folgende Lagebeziehungen bestehen:
(1) die Gerade g verläuft parallel zu E oder
(2) die Gerade g verläuft innerhalb der Ebene E oder
(3) die Gerade g durchstößt die Ebene E in genau einem Punkt.

Interpretiert man diese Fragestellung als Lösen eines linearen Gleichungssystems, dann bedeuten die drei Fälle: (1) das LGS hat keine Lösung, (2) das LGS hat unendlich viele Lösungen, (3) das LGS hat genau eine Lösung.

Will man nur die Frage klären, welche Lage vorliegt, und ist an dem konkreten Schnittpunkt im Fall (3) nicht interessiert, kann man zunächst prüfen, ob der Normalenvektor der Ebene orthogonal ist zum Richtungsvektor der Geraden. Wenn dies der Fall ist, kommen nur die Fälle (1) und (2) in Frage. Um zu entscheiden, welcher dieser beiden Fälle vorliegt, prüft man noch, ob der Auf(hänge)punkt der Geraden die Koordinatengleichung der Ebene erfüllt (Punktprobe).

Beispiele

(1) Gegeben ist die Gerade $g: \vec{x} = \begin{pmatrix}1\\2\\3\end{pmatrix} + r \cdot \begin{pmatrix}1\\-1\\1\end{pmatrix}$ und die Ebene $E: \vec{x} = \begin{pmatrix}2\\0\\1\end{pmatrix} + s \cdot \begin{pmatrix}1\\1\\5\end{pmatrix} + t \cdot \begin{pmatrix}0\\1\\1\end{pmatrix}$.

Gemeinsame Punkte müssen das lineare Gleichungssystem erfüllen, d. h. es muss gelten:

$$\left|\begin{matrix}1+r=2+s\\2-r=s+t\\3+r=1+5s+t\end{matrix}\right| \Leftrightarrow \left|\begin{matrix}r-s=1\\r+s+t=2\\r-5s-t=-2\end{matrix}\right| \Leftrightarrow \left|\begin{matrix}r-s=1\\2s+t=1\\-4s-t=-3\end{matrix}\right| \Leftrightarrow \left|\begin{matrix}r-s=1\\2s+t=1\\-2s=-2\end{matrix}\right| \Leftrightarrow \left|\begin{matrix}r=2\\t=-1\\s=1\end{matrix}\right|$$

Einsetzen der Parameterwerte in die beiden Parameterdarstellungen ergibt die Koordinaten des Schnittpunkts:

$\vec{x} = \begin{pmatrix}1\\2\\3\end{pmatrix} + 2 \cdot \begin{pmatrix}1\\-1\\1\end{pmatrix} = \begin{pmatrix}3\\0\\5\end{pmatrix}$ und (zur Kontrolle): $\vec{x} = \begin{pmatrix}2\\0\\1\end{pmatrix} + 1 \cdot \begin{pmatrix}1\\1\\5\end{pmatrix} + (-1) \cdot \begin{pmatrix}0\\1\\1\end{pmatrix} = \begin{pmatrix}3\\0\\5\end{pmatrix}$.

(2) Gegeben ist die Gerade $g: \vec{x} = \begin{pmatrix}1\\-1\\-2\end{pmatrix} + r \cdot \begin{pmatrix}4\\-1\\5\end{pmatrix}$ und die Ebene E: $4x + y - 3z = 9$.

Einsetzen der Koordinatengleichungen aus der Parameterdarstellung der Geraden in die Koordinatengleichung der Ebene ergibt:

$4 \cdot (1 + 4r) + (-1 - r) - 3 \cdot (-2 + 5r) = 9 \Leftrightarrow 4 + 16r - 1 - r + 6 - 15r = 9 \Leftrightarrow 9 = 9.$

Da sich eine wahre Aussage ergibt, gibt es unendlich viele Lösungen, d. h., die Gerade verläuft innerhalb der Ebene.

(3) Die Bodenplatte eines Hauses ist in einem lokalen Koordinatensystem bestimmt durch die Eckpunkte A (3|1|0), B (11|−1|0), C (14|11|0), D (6|13|0). Die Seitenwände sind 6 m hoch; der Dachfirst hat die Eckpunkte E (7|0|10) und F (10|12|10) – Angaben in Metern. Ein Kamin ist im Punkt K(10|2|0) auf die Bodenplatte gesetzt. An welcher Stelle durchstößt der Kamin das Dach?

Die beiden Dachflächen werden aufgespannt durch den Firstvektor $\overrightarrow{EF} = \begin{pmatrix}3\\12\\0\end{pmatrix}$ und durch $\overrightarrow{EA_1} = \begin{pmatrix}3\\1\\6\end{pmatrix} - \begin{pmatrix}7\\0\\10\end{pmatrix} = \begin{pmatrix}-4\\1\\-4\end{pmatrix}$ bzw. $\overrightarrow{EB_1} = \begin{pmatrix}11\\-1\\6\end{pmatrix} - \begin{pmatrix}7\\0\\10\end{pmatrix} = \begin{pmatrix}4\\-1\\-4\end{pmatrix}$, vgl. Abbildung zu (4).

Ein Normalenvektor der einen Dachfläche ist $\vec{x} = \begin{pmatrix}16\\-4\\-17\end{pmatrix}$,

ein Normalenvektor der anderen Dachfläche ist $\vec{x} = \begin{pmatrix}16\\-4\\17\end{pmatrix}$.

Eine Koordinatengleichung der beiden Dachflächen ist (E lässt sich als Auf(hänge)punkt wählen): E_1: $16x_1 - 4x_2 - 17x_3 = \begin{pmatrix}16\\-4\\-17\end{pmatrix} * \begin{pmatrix}7\\0\\10\end{pmatrix} = -58$

bzw. E_2: $16x_1 - 4x_2 + 17x_3 = \begin{pmatrix}16\\-4\\17\end{pmatrix} * \begin{pmatrix}7\\0\\10\end{pmatrix} = 282.$

Der Kamin kann durch die Gerade $\vec{x} = \begin{pmatrix}10\\2\\0\end{pmatrix} + r \cdot \begin{pmatrix}0\\0\\1\end{pmatrix} = \begin{pmatrix}10\\2\\r\end{pmatrix}$ beschrieben werden.

Nach Lage im Grundriss wird der Kamin aus der „rechten" Dachhälfte heraustreten; man bestimmt also den Schnittpunkt mit der Ebene E_2: $16 \cdot 10 - 4 \cdot 2 + 17 \cdot r = 282$, d. h. $17r = 130$, also $r = 130/17 \approx 7{,}65$.
Der Kamin tritt „im Punkt" K′ (10|2|7,65) aus der Dachfläche heraus.

(4) Das Haus aus (3) wirft bei Sonnenschein einen Schatten; zu einem bestimmten Zeitpunkt liegt der Schatten des Firstpunktes E in E′ (20|−20|0). Bestimme den Schattenbereich des Hauses.

Sonnenstrahlen verlaufen parallel zum Vektor $\overrightarrow{EE'} = \begin{pmatrix} 20 \\ -20 \\ 0 \end{pmatrix} - \begin{pmatrix} 7 \\ 0 \\ 10 \end{pmatrix} = \begin{pmatrix} 13 \\ -20 \\ -10 \end{pmatrix}$.

Der Sonnenstrahl vom First-Eckpunkt F schneidet die Bodenebene in
F′ (10 + 13|12 − 20|10 − 10) = (23|−8|0).

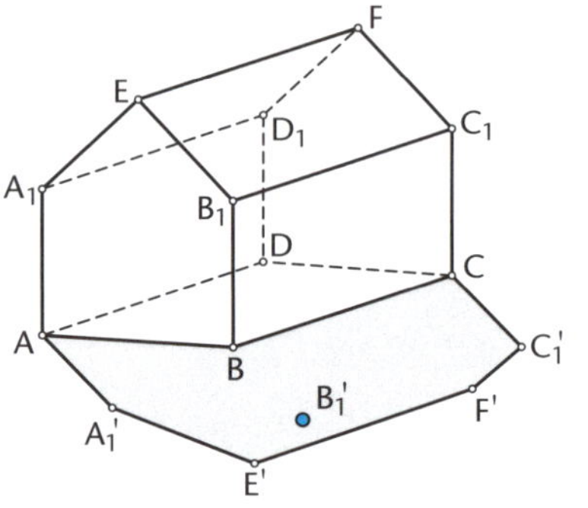

Der Sonnenstrahl vom Punkt A_1 (3|1|6) erzeugt eine Gerade mit der Parameterdarstellung:

$\vec{x} = \begin{pmatrix} 3 \\ 1 \\ 6 \end{pmatrix} + r \cdot \begin{pmatrix} 13 \\ -20 \\ -10 \end{pmatrix}$.

Diese schneidet die x-y-Ebene, wenn
$6 + r \cdot (-10) = 0$, also wenn $r = 0{,}6$.

Das Schattenbild von A_1 ist also:
A_1' (3 + 0,6 · 13|1 + 0,6 · (−20)|6 + 0,6 · (−10)) = (10,8|−11|0).

Analog ergibt sich das Schattenbild von C_1: C_1' (21,8|−1|0) bzw. von B_1: B_1' (18,8|−13|0). In der Zeichnung erkennt man, dass der Punkt B_1' im Schattenbereich des Hauses liegt.

F9 Ebenen auf ihre gegenseitige Lage untersuchenund möglicherweise vorhandene Schnittgeraden bestimmen.

Zwei Ebenen E_1 und E_2 im Raum können ...

(1) identisch sein	(2) echt parallel zueinander liegen	(3) sich in einer Gerade schneiden
		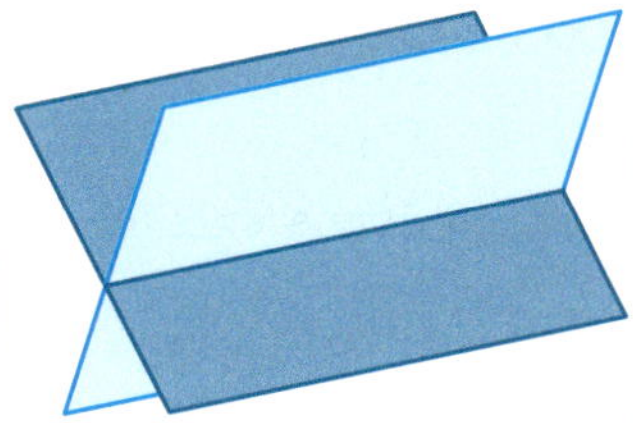

Prüfung nur auf Parallelität oder Identität
Wenn die Normalenvektoren der beiden Ebenen Vielfache voneinander sind, liegt Fall (1) oder Fall (2) vor; dann wählt man einen beliebigen Punkt der einen Ebene aus und prüft, ob dieser in der anderen Ebene liegt. Falls dies der Fall ist, sind die Ebenen identisch, sonst zueinander parallel.

Prüfung auf Parallelität, Identität, Schnitt
Aufgabentyp 1: Die beiden Ebenen sind durch Koordinatengleichungen gegeben:

$$\begin{vmatrix} a_1 x + b_1 x + c_1 x = d_1 \\ a_2 x + b_2 x + c_2 x = d_2 \end{vmatrix}$$ ist ein Gleichungssystem mit zwei Gleichungen und drei

Variablen (x, y, z), das entweder keine Lösung hat (Ebenen parallel) oder nach Umformung zu zwei identischen Gleichungen führt (beide Ebenen sind identisch) oder als Lösungsmenge eine Parameterdarstellung mit einem Parameter hat, also die Darstellung einer Geraden.

Aufgabentyp 2: Die Ebene E_1 ist durch eine Koordinatengleichung gegeben und die Ebene E_2 durch eine Parameterdarstellung:
Die Parameterdarstellung von E_2 besteht aus drei Gleichungen für die Komponenten x, y und z. Die zugehörigen Terme für x, y, z setzt man in die Koordinatengleichung E_1: $ax + by + cz = d$ ein. Nach Ausmultiplizieren und Zusammenfassen ergibt sich entweder eine falsche Aussage (Parallelität) oder eine wahre Aussage (Identität) oder eine Beziehung zwischen r und s.
Nur LF: Ersetzt man dann in der Parameterdarstellung der Ebene E_2 beispielsweise den Parameter s durch einen Term, der die Variable r enthält, dann ist r der einzige Parameter in der Gleichung. Ausmultiplizieren und Zusammenfassen liefert dann eine Parameterdarstellung der Schnittgeraden.

Beispiele

(1) Die beiden Ebenen sind durch Koordinatengleichungen gegeben; sie sind offensichtlich weder identisch noch zueinander parallel:

$$\begin{vmatrix} x + y - z = 1 \\ 4x - y - z = 3 \end{vmatrix} \Leftrightarrow \begin{vmatrix} x + y - z = 1 \\ 5x - 2z = 4 \end{vmatrix} \Leftrightarrow \begin{vmatrix} -2x - 2y + 2z = -2 \\ 5x - 2z = 4 \end{vmatrix}$$

$$\Leftrightarrow \begin{vmatrix} 3x - 2y = 2 \\ 5x - 2z = 4 \end{vmatrix} \Leftrightarrow \begin{vmatrix} y = 1{,}5x - 1 \\ z = 2{,}5x - 2 \end{vmatrix}.$$

Mit $x = r$ ergibt sich die Schnittgerade: $\vec{x} = \begin{pmatrix} x \\ y \\ z \end{pmatrix} = \begin{pmatrix} r \\ 1{,}5r - 1 \\ 2{,}5r - 2 \end{pmatrix} = \begin{pmatrix} 0 \\ -1 \\ -2 \end{pmatrix} + r \cdot \begin{pmatrix} 1 \\ 1{,}5 \\ 2{,}5 \end{pmatrix}$

(2) Die eine Ebene ist durch eine Koordinatengleichung gegeben und die andere durch eine Parameterdarstellung: E_1: $x + y + z = 5$ und E_2: $\vec{x} = \begin{pmatrix} 1 \\ 3 \\ 1 \end{pmatrix} + r \cdot \begin{pmatrix} 2 \\ 1 \\ 0 \end{pmatrix} + s \cdot \begin{pmatrix} 1 \\ -1 \\ 1 \end{pmatrix} = \begin{pmatrix} 1 + 2r + s \\ 3 + r - s \\ 1 + s \end{pmatrix}$.

Der Normalenvektor von E_1 ist nicht orthogonal zu den beiden Richtungsvektoren von E_2: $\begin{pmatrix} 1 \\ 1 \\ 1 \end{pmatrix} * \begin{pmatrix} 2 \\ 1 \\ 0 \end{pmatrix} = 3 \quad \wedge \quad \begin{pmatrix} 1 \\ 1 \\ 1 \end{pmatrix} * \begin{pmatrix} 1 \\ -1 \\ 1 \end{pmatrix} = 1$,

daher muss eine Schnittgerade vorliegen.

Einsetzen der drei Komponentengleichungen für x, y, z aus der Parameterdarstellung von E_2 in die Koordinatengleichung von E_1 ergibt:

$(1 + 2r + s) + (3 + r - s) + (1 + s) = 5 \Leftrightarrow 5 + 3r + s = 5 \Leftrightarrow s = -3r$,

und Rückeinsetzen in die Parameterdarstellung von E_2 ergibt eine Parameterdarstellung für die Schnittgerade:

$$\vec{x} = \begin{pmatrix} 1 \\ 3 \\ 1 \end{pmatrix} + r \cdot \begin{pmatrix} 2 \\ 1 \\ 0 \end{pmatrix} + (-3r) \cdot \begin{pmatrix} 1 \\ -1 \\ 1 \end{pmatrix} = \begin{pmatrix} 1 + 2r - 3r \\ 3 + r + 3r \\ 1 - 3r \end{pmatrix} = \begin{pmatrix} 1 \\ 3 \\ 1 \end{pmatrix} + r \cdot \begin{pmatrix} -1 \\ 4 \\ -3 \end{pmatrix}$$

F10 Lineare Gleichungssysteme systematisch lösen.

Lineare Gleichungssysteme (LGS) **mit n Variablen** bestehen aus zwei oder mehreren linearen Gleichungen, die gleichzeitig erfüllt sein sollen. Sofern eine Lösung existiert oder unendlich viele Lösungen existieren, lassen sich diese wie Punkte $(x_1, x_2, ..., x_n)$ im n-dimensionalen Raum notieren.
Ein lineares Gleichungssystem kann man durch **elementare Zeilenumformungen** (EZU) vereinfachen (GAUSS'sches Lösungsverfahren). Bei den Umformungen darf man nur dann eine Gleichung weglassen, wenn zwei identische Gleichungen auftreten, oder wenn in einer Zeile eine wahre Aussage (wie beispielsweise 0 = 0) entsteht.
Durch folgende elementare Zeilenumformungen wird die Lösungsmenge eines Gleichungssystems nicht verändert:
- Multiplikation einer Zeile mit einem Faktor (ungleich null)
- Addition des Vielfachen einer Zeile zu einer anderen Zeile
- Vertauschen von Zeilen

Am übersichtlichsten ist es, wenn man die Gleichungen des Systems in Form einer Tabelle (als **erweiterte Koeffizientenmatrix**) notiert. Ziel der elementaren Zeilenumformungen ist es, im linken Teil der erweiterten Koeffizientenmatrix
- eine **Dreiecksform** (ref = Row Echelon Form) zu erzeugen, so dass man die Lösungen von unten nach oben ablesen bzw. berechnen kann, oder
- eine **Diagonalform** (rref = Reduced Row Echelon Form) herzustellen, aus der sich die Lösungen unmittelbar ergeben.

Beim Lösen von Gleichungssystemen können folgende Fälle auftreten:
(1) Es existiert eine eindeutige Lösung, die man schließlich aus den Zeilen des umgeformten Gleichungssystems ablesen kann; die Anzahl der Zeilen entspricht der Anzahl der Variablen.
(2) Treten im Verlauf des Lösungsverfahrens nicht erfüllbare Bedingungen auf, z. B. 0 = 1 in einer Zeile, dann besitzt das Gleichungssystem keine Lösung.
(3) Bleiben im Verlauf des Lösungsverfahrens weniger Gleichungen als Variablen übrig und liegt nicht der Fall (2) vor, dann hat das Gleichungssystem unendlich viele Lösungen; die nach Umformungen übrig bleibenden Gleichungen zeigen die Abhängigkeit der Parameter voneinander an.

Gleichungssysteme mit weniger Gleichungen als Variablen nennt man **unterbestimmt**; hier sind nur die Fälle (2) und (3) möglich. Gleichungssysteme mit mehr Gleichungen als Variablen nennt man überbestimmt; hier sind alle drei Fälle möglich.

Beispiele zu (1)

(a) Das lineare Gleichungssystem $\left|\begin{matrix} 2x - 3y = 1 \\ 4x + 1y = 9 \end{matrix}\right|$ kann in der Matrix-Vektor-Schreibweise notiert werden als: $\begin{pmatrix} 2 & -3 \\ 4 & 1 \end{pmatrix}\begin{pmatrix} x \\ y \end{pmatrix} = \begin{pmatrix} 1 \\ 9 \end{pmatrix}$ oder als erweiterte Koeffizientenmatrix in der Form $\left|\begin{matrix} 2 & -3 \\ 4 & 1 \end{matrix}\middle|\begin{matrix} 1 \\ 9 \end{matrix}\right|$.

EZU: Multipliziert man die 1. Zeile mit 0,5, dann entsteht in der Diagonale eine Eins (Normierung der 1. Zeile); multipliziert man die 1. Zeile mit (−2) und addiert sie zur 2. Zeile, dann entsteht in der 1. Spalte eine Null.

$$\left|\begin{matrix} 2 & -3 \\ 4 & 1 \end{matrix}\middle|\begin{matrix} 1 \\ 9 \end{matrix}\right| \quad \cdot 0{,}5 \quad \cdot(-2) \oplus \quad \Leftrightarrow \quad \left|\begin{matrix} 1 & -1{,}5 \\ 0 & 7 \end{matrix}\middle|\begin{matrix} 0{,}5 \\ 7 \end{matrix}\right|$$

Da die Matrix links Dreiecksgestalt hat, kann man in der unteren Zeile ablesen $7y = 7$, also $y = 1$. Setzt man dies in die 1. Zeile ein, dann ergibt sich: $1 \cdot x - 1{,}5 \cdot 1 = 0{,}5 \Leftrightarrow x = 2$. Die Lösung ist also das Paar (2 | 1).

Man kann aber auch die EZU fortsetzen und erhält:

$$\left|\begin{matrix} 1 & -1{,}5 \\ 0 & 7 \end{matrix}\middle|\begin{matrix} 0{,}5 \\ 7 \end{matrix}\right| \quad \cdot\tfrac{1}{7} \quad \cdot\tfrac{3}{14} \oplus \quad \Leftrightarrow \quad \left|\begin{matrix} 1 & 0 \\ 0 & 1 \end{matrix}\middle|\begin{matrix} 2 \\ 1 \end{matrix}\right|$$

Aus diesem LGS, bei dem die Matrix links Diagonalgestalt hat, kann man unmittelbar das Lösungspaar (2 | 1) ablesen.

Hinweis (geometrische Interpretation):

Die beiden Gleichungen bestimmen zwei Geraden im 2-dimensionalen Koordinatensystem mit den Gleichungen
g_1: $y = \frac{2}{3}x - \frac{1}{3}$ und g_2: $y = -4x + 9$.

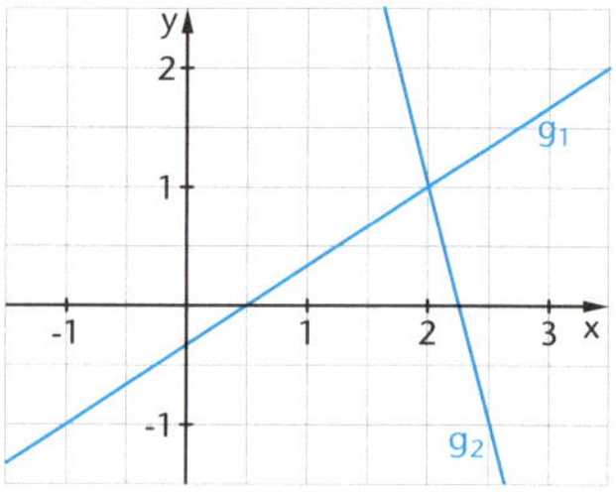

(b) $\left|\begin{matrix} 1x - 2y + z 0 \\ 3x - 1y + 2z = 7 \\ 1x + 2y - z 2 \end{matrix}\right|$

Das LGS mit drei Gleichungen und drei Variablen notiert man als erweiterte Koeffizientenmatrix in der Form

$$\left|\begin{matrix} 1 & -2 & 1 \\ 3 & -1 & 2 \\ 1 & 2 & -1 \end{matrix}\middle|\begin{matrix} 0 \\ 7 \\ 2 \end{matrix}\right| \quad \cdot(-3) \oplus \quad \cdot(-1) \oplus \quad \Leftrightarrow \quad \left|\begin{matrix} 1 & -2 & 1 \\ 0 & 5 & -1 \\ 0 & 4 & -2 \end{matrix}\middle|\begin{matrix} 0 \\ 7 \\ 2 \end{matrix}\right| \quad \cdot\tfrac{1}{5} \quad \cdot\tfrac{2}{5} \oplus \quad \cdot\left(-\tfrac{4}{5}\right) \oplus$$

$$\left|\begin{matrix} 1 & 0 & 0{,}6 \\ 0 & 1 & -0{,}2 \\ 0 & 0 & -1{,}2 \end{matrix}\middle|\begin{matrix} 2{,}8 \\ 1{,}4 \\ -3{,}6 \end{matrix}\right| \quad \cdot\left(-\tfrac{5}{6}\right) \quad \cdot\tfrac{1}{2} \oplus \quad \cdot\left(-\tfrac{1}{6}\right) \oplus \quad \Leftrightarrow \quad \left|\begin{matrix} 1 & 0 & 0 \\ 0 & 1 & 0 \\ 0 & 0 & 1 \end{matrix}\middle|\begin{matrix} 1 \\ 2 \\ 3 \end{matrix}\right|$$

Aus der umgeformten erweiterten Koeffizientenmatrix in Diagonalform liest man das eindeutig bestimmte Lösungstripel ab: (1 | 2 | 3).

Hinweis (geometrische Interpretation):

Die drei Gleichungen beschreiben drei Ebenen im 3-dimensionalen Raum; sie haben den Punkt (1 | 2 | 3) gemeinsam.

Beispiele zu (3)

(c) $\left|\begin{array}{r} 1x - 2y = -8 \\ 2x + 1y = -1 \\ -1x + 3y = 11 \end{array}\right|$

Aus dem überbestimmten Gleichungssystem mit drei Gleichungen und zwei Variablen ergibt sich nach EZU

$$\left|\begin{array}{rr|r} 1 & -2 & -8 \\ 2 & 1 & -1 \\ -1 & 3 & 11 \end{array}\right| \begin{array}{l} \cdot(-2) \\ \\ \\ \end{array} \Leftrightarrow \left|\begin{array}{rr|r} 1 & -2 & -8 \\ 0 & 5 & 15 \\ 0 & 1 & 3 \end{array}\right| \begin{array}{l} \\ \cdot\frac{1}{5} \quad \cdot\frac{2}{5} \quad \cdot\left(-\frac{1}{5}\right) \\ \\ \end{array} \Leftrightarrow \left|\begin{array}{rr|r} 1 & 0 & -2 \\ 0 & 1 & 3 \\ 0 & 0 & 0 \end{array}\right|$$

Nach drei Schritten erhält man eine Matrix in Diagonalgestalt, aus der sich das Lösungspaar $(-2\,|\,3)$ ablesen lässt, sowie eine Zeile, in der die wahre Aussage $0 = 0$ steht.

Hinweis (geometrische Interpretation):
Die drei Gleichungen bestimmen drei Geraden im 2-dimensionalen Koordinatensystem, die durch denselben Punkt verlaufen:

g_1: $y = \frac{1}{2}x + 4$,

g_2: $y = -2x - 1$ und

g_3: $y = \frac{1}{3}x + \frac{11}{3}$.

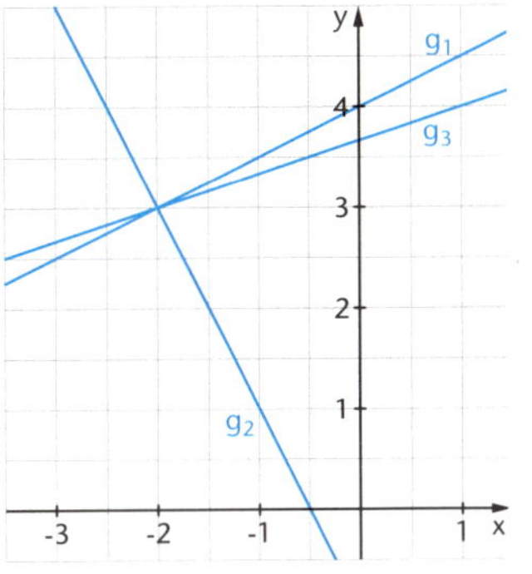

(d) $\left|\begin{array}{l} 1x - 3y + 1z = 1 \\ 2x + 0y - 2z = 3 \end{array}\right|$

Das LGS mit zwei Gleichungen und drei Variablen notiert man als erweiterte Koeffizientenmatrix in der Form

$$\left|\begin{array}{rrr|r} 1 & -3 & 1 & 1 \\ 2 & 0 & -2 & 3 \end{array}\right| \cdot(-2) \Leftrightarrow \left|\begin{array}{rrr|r} 1 & -3 & 1 & 1 \\ 0 & 6 & -4 & 1 \end{array}\right| \begin{array}{l} \\ \cdot\frac{1}{6} \quad \cdot\frac{1}{2} \end{array} \Leftrightarrow \left|\begin{array}{rrr|r} 1 & 0 & -1 & 1{,}5 \\ 0 & 1 & -\frac{2}{3} & \frac{1}{6} \end{array}\right|$$

Aus der umgeformten erweiterten Koeffizientenmatrix in Diagonalform liest man eine Parameterdarstellung für die unendlich vielen Lösungstripel ab: $(x\,|\,y\,|\,z)$ mit

$x = 1{,}5 + z$ und $y = \frac{1}{6} + \frac{2}{3}z$, wobei $z \in \mathbb{R}$ beliebig gewählt werden kann.

Hinweis (geometrische Interpretation):

Die beiden Gleichungen beschreiben zwei Ebenen im 3-dimensionalen Raum; sie schneiden sich in einer Geraden, die mithilfe einer Parameterdarstellung beschrieben werden kann.

$$\vec{x} = \begin{pmatrix} 1{,}5 \\ \frac{1}{6} \\ 0 \end{pmatrix} + t \cdot \begin{pmatrix} 1 \\ \frac{2}{3} \\ 1 \end{pmatrix}$$

(e) $\left|\begin{array}{l} 1x + 1y + 2z = 4 \\ 2x - 1y + 1z = 5 \\ 1x - 2y - z = 1 \\ 1x + 3y + 4z = 6 \end{array}\right| \Leftrightarrow \ldots \Leftrightarrow \left|\begin{array}{ccc|c} 1 & 0 & 1 & 3 \\ 0 & 1 & 1 & 1 \\ 0 & 0 & 0 & 0 \\ 0 & 0 & 0 & 0 \end{array}\right|$

Aus der erweiterten Koeffizientenmatrix in Diagonalform liest man eine Parameterdarstellung für die unendlich vielen Lösungstripel ab: $(x\,|\,y\,|\,z)$ mit $x = 3 - z$ und $y = 1 - z$, wobei $z \in \mathbb{R}$ beliebig gewählt werden kann.

Hinweis (geometrische Interpretation):

Die vier Gleichungen beschreiben vier Ebenen im 3-dimensionalen Raum; diese schneiden sich in *einer* Geraden, die mithilfe einer Parameterdarstellung beschrieben werden kann.

$$\vec{x} = \begin{pmatrix} 3 \\ 1 \\ 0 \end{pmatrix} + t \cdot \begin{pmatrix} -1 \\ -1 \\ 1 \end{pmatrix}$$

Beispiel zu (2)

Eine Änderung bei der 3. Gleichung des LGS in (c) kann folgende Wirkung haben: EZU beim LGS führen schließlich zu einem Gleichungssystem, bei dem in der 3. Zeile eine falsche Aussage steht. Daher besitzt dieses LGS keine Lösung.

$\left|\begin{array}{l|r} 1x - 2y = & -8 \\ 2x + 1y = & -1 \\ 1x + 2y = & 5 \end{array}\right| \Leftrightarrow \ldots \Leftrightarrow \left|\begin{array}{cc|r} 1 & 0 & -2 \\ 0 & 1 & 3 \\ 0 & 0 & 1 \end{array}\right|.$

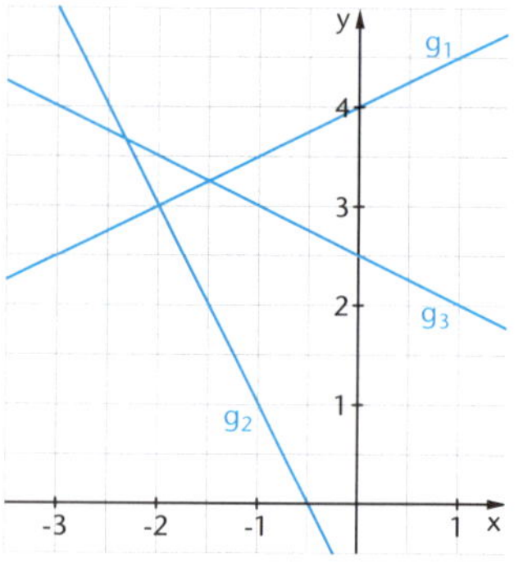

Hinweis (geometrische Interpretation):

Die drei Geraden g_1: $y = \frac{1}{2}x + 4$,

g_2: $y = -2x - 1$ und g_3: $y = -\frac{1}{2}x + \frac{5}{2}$

verlaufen nicht durch einen gemeinsamen Punkt.

G1 Winkel zwischen zwei Vektoren und Schnittwinkel zwischen zwei Geraden berechnen.

Für das Skalarprodukt zweier Vektoren $\vec{u}$, $\vec{v}$ gilt (vgl. Basiswissen E4): $\vec{u} * \vec{v} = |\vec{u}| \cdot |\vec{v}| \cdot \cos(\varphi)$, wobei φ der von den beiden Vektoren aufgespannte Winkel ist.

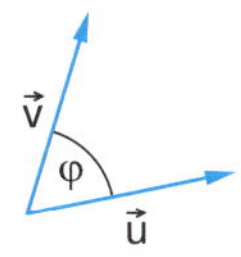

Daher lässt sich mithilfe von $\cos(\varphi) = \frac{\vec{u} * \vec{v}}{|\vec{u}| \cdot |\vec{v}|}$ die Größe dieses Richtungsunterschieds φ bestimmen, wobei $0° \leq \varphi \leq 180°$. Es können also **spitze** und **stumpfe** Winkel auftreten. Für den Winkel gilt somit:

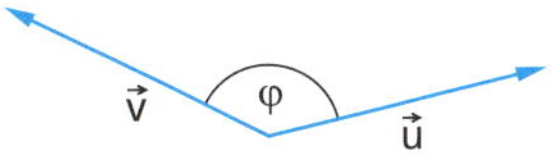

$$\varphi = \cos^{-1}\left(\frac{\vec{u} * \vec{v}}{|\vec{u}| \cdot |\vec{v}|}\right)$$

Winkel zwischen Geraden: Da die Richtung von Geraden durch ihre Richtungsvektoren $\vec{u}$, $\vec{v}$ bestimmt wird, ergibt sich der Winkel zwischen zwei sich schneidenden Geraden durch die Gleichung:

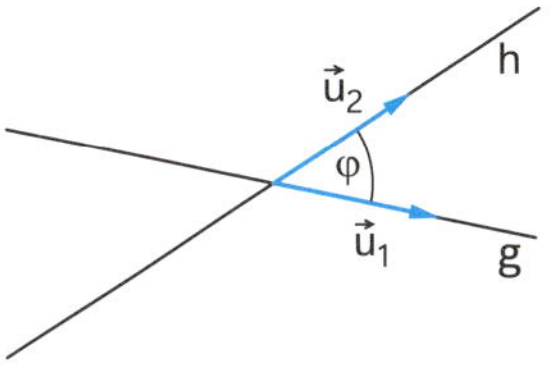

$$\cos(\varphi) = \frac{|\vec{u} * \vec{v}|}{|\vec{u}| \cdot |\vec{v}|} \quad \Leftrightarrow \quad \varphi = \cos^{-1}\left(\frac{|\vec{u} * \vec{v}|}{|\vec{u}| \cdot |\vec{v}|}\right),$$

wobei $0° \leq \varphi \leq 90°$.

Hinweis: An einer Geradenkreuzung entstehen zwei Winkel, die sich zu 180° ergänzen. Als Schnittwinkel zwischen zwei Geraden wird der kleinere (spitze) Winkel definiert. Diese Auswahl zwischen den beiden möglichen Winkeln wird durch die Betragsbildung im Zähler sichergestellt.

Man beachte: Winkel in Vielecken, z. B. in Dreiecken, werden durch die Richtungsunterschiede zwischen Verbindungsvektoren bestimmt – hier sind Winkel über 90° möglich!

Beispiel

Die Punkte A(1|1|– 1), B (– 3|5|1), C(5 |– 1|– 1) und D(– 3|1|– 4) bestimmen ein Dreieck

Welche Winkel treten im Dreieck ABC auf?

Der Winkel α im Dreieck ABC wird durch die Vektoren $\overrightarrow{AB} = \begin{pmatrix} -4 \\ 4 \\ 2 \end{pmatrix}$, $\overrightarrow{AC} = \begin{pmatrix} 4 \\ -2 \\ 0 \end{pmatrix}$ bestimmt,

der Winkel β durch die Vektoren $\overrightarrow{BC} = \begin{pmatrix} 8 \\ -6 \\ -2 \end{pmatrix}$, $\overrightarrow{BA} = \begin{pmatrix} 4 \\ -4 \\ -2 \end{pmatrix}$. Hiermit ergibt sich:

$\cos(\alpha) = \frac{-24}{6 \cdot \sqrt{20}} \quad \Leftrightarrow \alpha = 153{,}43°$ und $\cos(\beta) = \frac{60}{\sqrt{104} \cdot 6} \Leftrightarrow \beta = 11{,}31°$,

also $\gamma = 180° - 153{,}43° - 11{,}31° = 15{,}26°$.

G2 Schnittwinkel zwischen zwei Ebenen berechnen.

Da die Normalenvektoren $\vec{n}_1$, $\vec{n}_2$ der Ebenen orthogonal zu den Ebenen sind, wird der Schnittwinkel zweier Ebenen durch den Winkel zwischen den Normalenvektoren bestimmt:

$$\cos(\varphi) = \frac{|\vec{n}_1 * \vec{n}_2|}{|\vec{n}_1| \cdot |\vec{n}_2|}, \quad \text{d. h.} \quad \varphi = \cos^{-1}\left(\frac{|\vec{n}_1 * \vec{n}_2|}{|\vec{n}_1| \cdot |\vec{n}_2|}\right)$$

wobei $0° \leq \varphi \leq 90°$.

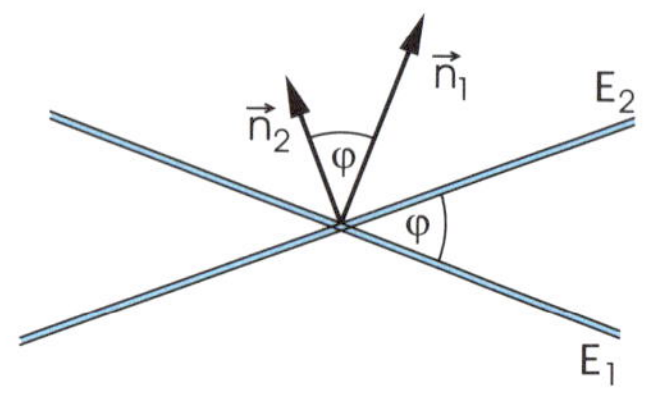

Die Skizze zeigt einen „seitlichen Blick" auf die Ebenen E_1 und E_2.

Durch die Betragsbildung im Zähler wird der kleinere der beiden Winkel zwischen den Ebenen ausgewählt.
Falls eine Ebene durch eine Parameterdarstellung gegeben ist, muss erst ein Normalenvektor dieser Ebene bestimmt werden.

Beispiel

Die Punkte A(1 | 1 | − 1), B (− 3 | 5 | 1), C(5 | − 1 | − 1) und D(− 3 | 1 | − 4) bestimmen ein unregelmäßiges Tetraeder.
Welche der Flächen ABD, BCD, CAD hat gegenüber der Grundfläche ABC die größte Neigung?

Um die Winkel zwischen den Flächen zu bestimmen, benötigen wir jeweils zunächst die Normalenvektoren der einzelnen Ebenen.
Die Normalenvektoren ergeben sich über das Kreuzprodukt oder das Orthogonalitätskriterium (vgl. Basiswissen E4 und F5).

Ebene ABC	Ebene ABD	Ebene BCD	Ebene CAD
$\overrightarrow{AB} \times \overrightarrow{AC} =$	$\overrightarrow{AB} \times \overrightarrow{AD} =$	$\overrightarrow{BC} \times \overrightarrow{BD} =$	$\overrightarrow{CA} \times \overrightarrow{CD} =$
$= \begin{pmatrix} -4 \\ 4 \\ 2 \end{pmatrix} \times \begin{pmatrix} 4 \\ -2 \\ 0 \end{pmatrix} = \begin{pmatrix} 4 \\ 8 \\ -8 \end{pmatrix}$	$= \begin{pmatrix} -4 \\ 4 \\ 2 \end{pmatrix} \cdot \begin{pmatrix} -4 \\ 0 \\ -3 \end{pmatrix} = \begin{pmatrix} -12 \\ -20 \\ 16 \end{pmatrix}$	$= \begin{pmatrix} 8 \\ -6 \\ -2 \end{pmatrix} \cdot \begin{pmatrix} 0 \\ -4 \\ -5 \end{pmatrix} = \begin{pmatrix} 22 \\ 40 \\ -32 \end{pmatrix}$	$= \begin{pmatrix} 4 \\ -2 \\ 0 \end{pmatrix} \cdot \begin{pmatrix} -8 \\ 2 \\ -3 \end{pmatrix} = \begin{pmatrix} -6 \\ -12 \\ 8 \end{pmatrix}$

Tipps:

- Für Rechnungen per Hand sollte man möglichst einfache Vielfache der berechneten Normalenvektoren verwenden,

  z. B. für die Ebene ABC den Normalenvektor $\vec{n}_{ABC} = \begin{pmatrix} 1 \\ 2 \\ -2 \end{pmatrix}$.

- Oftmals kann man einen Normalenvektor zu zwei Richtungsvektoren auch durch Kombinieren herausfinden: Durch eine geschickte Wahl von zwei Komponenten und ergänzen einer passenden dritten Komponente erhält man schnell einen Normalenvektor, vgl. auch Basiswissen F5.

Nun bestimmt man die Winkel zwischen der Grundfläche und der jeweiligen Seitenfläche mit der oben angegebenen Formel:

Winkel zwischen ABC und ABD	Winkel zwischen ABC und BCD	Winkel zwischen ABC und CAD
$\varphi = \cos^{-1}\left(\frac{\left\lvert\begin{pmatrix}4\\8\\-8\end{pmatrix} * \begin{pmatrix}-12\\-20\\16\end{pmatrix}\right\rvert}{\left\lvert\begin{pmatrix}4\\8\\-8\end{pmatrix}\right\rvert \cdot \left\lvert\begin{pmatrix}-12\\-20\\16\end{pmatrix}\right\rvert}\right)$ $\approx 8{,}13°$	$\varphi = \cos^{-1}\left(\frac{\left\lvert\begin{pmatrix}4\\8\\-8\end{pmatrix} * \begin{pmatrix}22\\40\\-32\end{pmatrix}\right\rvert}{\left\lvert\begin{pmatrix}4\\8\\-8\end{pmatrix}\right\rvert \cdot \left\lvert\begin{pmatrix}22\\40\\-32\end{pmatrix}\right\rvert}\right)$ $\approx 7{,}00°$	$\varphi = \cos^{-1}\left(\frac{\left\lvert\begin{pmatrix}4\\8\\-8\end{pmatrix} * \begin{pmatrix}-6\\-12\\8\end{pmatrix}\right\rvert}{\left\lvert\begin{pmatrix}4\\8\\-8\end{pmatrix}\right\rvert \cdot \left\lvert\begin{pmatrix}-6\\-12\\8\end{pmatrix}\right\rvert}\right)$ $\approx 11{,}00°$

Die Fläche CAD besitzt also den größten Winkel zur Grundfläche ABC.

G3 Schnittwinkel zwischen einer Gerade und einer Ebene berechnen.

Der Winkel φ' zwischen einem Normalenvektor der Ebene und dem Richtungsvektor der Gerade kann wie in G1, G2 mithilfe des Skalarprodukts der beiden Vektoren berechnet werden. Jedoch ist φ' nur der Nebenwinkel zum gesuchten Schnittwinkel φ zwischen Ebene und Richtungsvektor (siehe Abbildung).

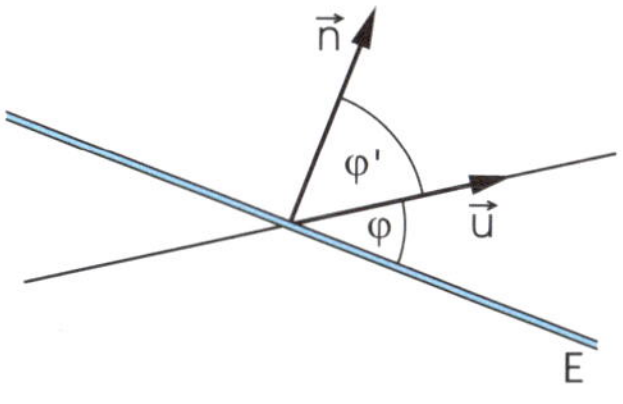

Die Skizze zeigt einen „seitlichen" Blick auf eine Ebene E.

Da $\varphi = 90° - \varphi'$ und da $\cos(\varphi') = \sin(90° - \varphi') = \sin(\varphi)$, gilt für den gesuchten Schnittwinkel φ zwischen Gerade und Ebene:

$$\sin(\varphi) = \frac{|\vec{u} * \vec{n}|}{|\vec{u}| \cdot |\vec{n}|} \Leftrightarrow \varphi = \sin^{-1}\left(\frac{|\vec{u} * \vec{n}|}{|\vec{u}| \cdot |\vec{n}|}\right).$$

Beispiel

Gegeben ist eine Ebene E durch eine Koordinatengleichung E: $3x - 4y + 2z = 1$.

Wo und unter welchem Winkel schneidet die Gerade g: $\vec{x} = \begin{pmatrix}1\\1\\-1\end{pmatrix} + r \cdot \begin{pmatrix}2\\-2\\3\end{pmatrix}$ die Ebene?

Gemeinsame Punkte von Gerade und Ebene müssen das folgende Gleichungssystem erfüllen: $3x - 4y + 2z = 1$ und $\begin{pmatrix}x\\y\\z\end{pmatrix} = \begin{pmatrix}1\\1\\-1\end{pmatrix} + r \cdot \begin{pmatrix}2\\-2\\3\end{pmatrix} = \begin{pmatrix}1+2r\\1-2r\\-1+3r\end{pmatrix}$.

Durch Einsetzen der Bedingungen für x, y, z in die Koordinatengleichung erhalten wir:
$3 \cdot (1 + 2r) - 4 \cdot (1 - 2r) + 2 \cdot (-1 + 3r) = 1$, also $20r = 4$, also $r = 0{,}2$.

Der Schnittpunkt von Gerade und Ebene hat also die Koordinaten $S(1{,}4|0{,}6|-0{,}4)$.

Der Schnittwinkel φ berechnet sich aus dem Richtungsvektor der Gerade g und einem Normalenvektor der Ebene E:

$$\sin(\varphi) = \frac{\left|\begin{pmatrix}3\\-4\\2\end{pmatrix} * \begin{pmatrix}2\\-2\\3\end{pmatrix}\right|}{\left|\begin{pmatrix}3\\-4\\2\end{pmatrix}\right| \cdot \left|\begin{pmatrix}2\\-2\\3\end{pmatrix}\right|} \quad \Leftrightarrow \quad \sin(\varphi) = \frac{|20|}{\sqrt{29}\cdot\sqrt{27}} \quad \Leftrightarrow \quad \varphi = \sin^{-1}\left(\frac{|20|}{(\sqrt{29}\cdot\sqrt{27}}\right) \approx 64{,}26°$$

G4 Den Flächeninhalt eines Dreiecks und das Volumen einer dreiseitigen Pyramide (Tetraeder) mit elementaren Methoden bestimmen.

Für den **Flächeninhalt eines Dreiecks** gilt:

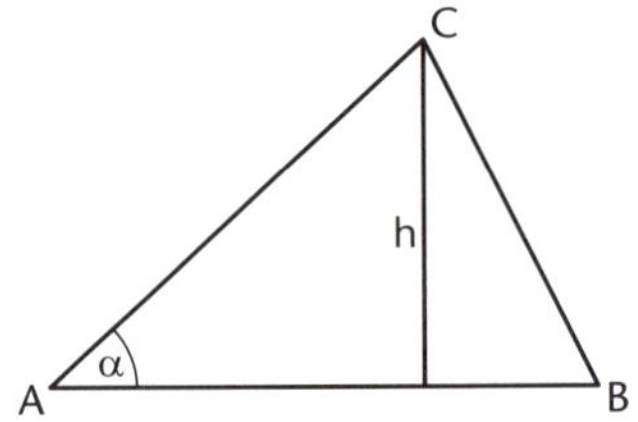

$A = \frac{1}{2} \cdot$ Grundseite · Flächenhöhe

Ein Dreieck ABC wird durch die beiden Vektoren $\overrightarrow{AB}$, $\overrightarrow{AC}$ aufgespannt. Elementargeometrisch kann die Höhe h auf AB beschrieben werden durch

$\sin(\alpha) = \frac{h}{|AC|}$, also $h = |AC| \cdot \sin(\alpha)$.

Mithilfe der Methoden der Vektorrechnung kann aber nur cos(α) bestimmt werden, vgl. G1. Um sin(α) zu bestimmen, nutzt man den allgemeingültigen Zusammenhang (sog. trigonometrischer PYTHAGORAS): $\sin^2(\alpha) + \cos^2(\alpha) = 1$.

Aus $\cos(\alpha) = \frac{\overrightarrow{AB} * \overrightarrow{AC}}{|AB| \cdot |AC|}$ ergibt sich dann durch Einsetzen und Umformen eine Formel für sin(α):

$$\sin(\alpha) = \sqrt{1 - \cos^2(\alpha)} = \sqrt{1 - \left(\frac{\overrightarrow{AB} * \overrightarrow{AC}}{|AB| \cdot |AC|}\right)^2}.$$

Dieses setzt man in die Flächeninhaltsformel des Dreiecks ABC ein:

$$A = \frac{1}{2} \cdot g \cdot h = \frac{1}{2} \cdot |\overrightarrow{AB}| \cdot h = \frac{1}{2} \cdot |\overrightarrow{AB}| \cdot |\overrightarrow{AC}| \cdot \sin(\alpha) = \frac{1}{2} \cdot |\overrightarrow{AB}| \cdot |\overrightarrow{AC}| \cdot \sqrt{1 - \left(\frac{\overrightarrow{AB} * \overrightarrow{AC}}{|\overrightarrow{AB}| \cdot |\overrightarrow{AC}|}\right)^2}.$$

Zur Vereinfachung zieht man die Beträge unter die Wurzel und kürzt

$$A_{\Delta ABC} = \frac{1}{2} \cdot \sqrt{|\overrightarrow{AB}|^2 \cdot |\overrightarrow{AC}|^2 - (\overrightarrow{AB} * \overrightarrow{AC})^2}.$$

Für das **Volumen einer Pyramide** gilt:

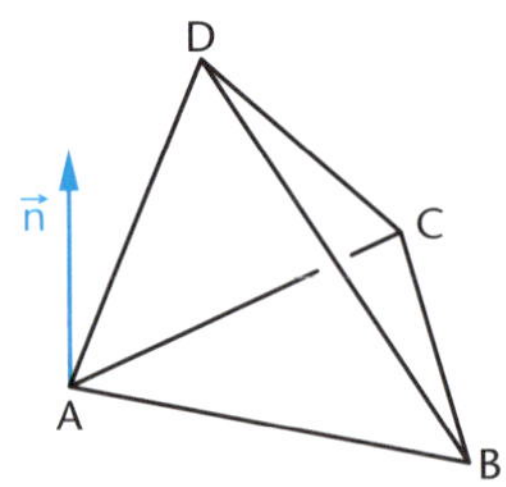

$V = \frac{1}{3} \cdot$ Grundfläche · Raumhöhe

Im Falle eines allgemeinen (nicht notwendig regelmäßigen) Tetraeders kann die Grundfläche nach der o. a. Formel berechnet werden. Um die Raumhöhe zu bestimmen, nutzt man die Projektionseigenschaft des Skalarprodukts (vgl. Basiswissen E2):

Man bestimmt einen beliebigen Vektor $\vec{n}$, der orthogonal zu $\overrightarrow{AB}$ und $\overrightarrow{AC}$ ist; dann ist die Länge der Raumhöhe gegeben durch $\frac{|\vec{n} * \overrightarrow{AD}|}{|\vec{n}|}$. Daher gilt:

$$V_{Tetraeder} = \frac{1}{6} \cdot \frac{|\vec{n} * \overrightarrow{AD}|}{|\vec{n}|} \cdot \sqrt{|AB|^2 \cdot |AC|^2 - (\overrightarrow{AB} * \overrightarrow{AC})^2}.$$

Beispiele

(1) Die Punkte A (1 | 1 | − 1), B (− 3 | 5 | 1), C (5 | − 1 | − 1) bilden ein Dreieck. Bestimmen Sie dessen Flächeninhalt:

$|\overrightarrow{AB}| = \sqrt{(-4)^2 + 4^2 + 2^2} = \sqrt{36} = 6$ und $|\overrightarrow{AC}| = \sqrt{4^2 + (-2)^2 + 0^2} = \sqrt{20}$,

$\overrightarrow{AB} * \overrightarrow{AC} = -4 \cdot 4 + 4 \cdot (-2) + 2 \cdot 0 = -24$.

Für den Flächeninhalt gilt daher: $A_{\Delta ABC} = \frac{1}{2} \cdot \sqrt{6^2 \cdot (\sqrt{20})^2 - (-24)^2} = \frac{1}{2} \cdot \sqrt{144} = 6$

(2) Durch den Punkt D(− 3 | 1 | − 4) wird das Dreieck zu einem (unregelmäßigen) Tetraeder mit der Grundfläche ABC ergänzt. Berechnen Sie das Volumen des Tetraeders.

Da der Flächeninhalt der Grundfläche bereits bekannt ist (siehe (1)), benötigt man noch die Höhe des Tetraeders. Dazu benötigt man einen Normalenvektor zur Grundfläche ABC.

An den Komponenten des Vektors $\overrightarrow{AC}$ kann man ablesen, dass ein zu $\overrightarrow{AC}$ orthogonaler Vektor $\vec{n}$ die Komponenten $\vec{n} = \begin{pmatrix} 1 \\ 2 \\ n_3 \end{pmatrix}$ (oder Vielfache hiervon) haben muss.

Aus dem Skalarprodukt mit dem Vektor $\overrightarrow{AB}$ ergibt sich:

$\overrightarrow{AB} * \vec{n} = \begin{pmatrix} -4 \\ 4 \\ 2 \end{pmatrix} * \begin{pmatrix} 1 \\ 2 \\ n_3 \end{pmatrix} = -4 + 8 + 2n_3 = 0$. Das bedeutet, dass dann $n_3 = -2$ sein muss.

Für die Länge von $\vec{n}$ gilt: $|\vec{n}| = \left|\begin{pmatrix} 1 \\ 2 \\ -2 \end{pmatrix}\right| = \sqrt{1^2 + 2^2 + (-2)^2} = 3$.

Die Höhe der Pyramide ist daher gleich $\frac{|\vec{n} * \overrightarrow{AD}|}{|\vec{n}|} = \frac{2}{3}$.

Daher gilt: $V_{Tetraeder} = \frac{1}{3} \cdot \frac{2}{3} \cdot 6 = \frac{4}{3}$.

G5 Den Abstand eines Punktes von einer Ebene berechnen.

Idee: **Lotfußpunktverfahren**

Um den Abstand eines Punktes P von einer Ebene E zu berechnen, benötigt man eine orthogonale Gerade (so genannte **Lotgerade**) von P durch E. Als Richtungsvektor dieser Lotgeraden verwendet man einen Normalenvektor der Ebene E (vgl. F5). Der Schnittpunkt der Lotgerade mit der Ebene E (vgl. F8) ist der **Fußpunkt** F des Lotes.
Die Länge dieses Vektors $\overrightarrow{PF}$ (= Betrag des Vektors $\overrightarrow{PF}$) ist dann der **Abstand** des Punktes P zur Ebene E.

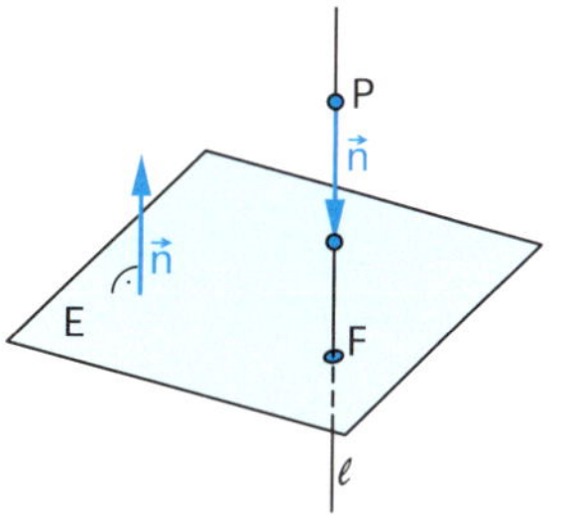

Führt man diese Schritte allgemein durch, setzt geschickt ein und fasst zusammen, erhält man die folgende Abstandsformel, wenn die Ebenengleichung in Koordinatenform (vgl. F6) gegeben ist:

$\text{Abstand}(P,E) = \frac{1}{|\vec{n}|} \cdot |\overrightarrow{OP} * \vec{n} - d|$.

(Forts. nächste Seite)

(Forts.)

Spezialfall P = O (Ursprung): Abstand (O, E) = $\frac{|d|}{|\vec{n}|}$.

Zusatz: Ist die Ebenengleichung in HESSE'scher Normalenform gegeben (vgl. Basiswissen F6), d. h. in der Form E: $\frac{1}{|\vec{n}|} \cdot (\vec{x} * \vec{n} - d) = 0$, dann erhält man den Abstand eines Punktes P unmittelbar durch Einsetzen der Koordinaten von P in die Gleichung der Ebene.

Zusatz: **Abstand einer Geraden von einer Ebene**

Aus der Untersuchung der Lage der Geraden zur Ebene (vergleiche F8) ergibt sich, ob die Gerade in der Ebene liegt oder die Ebene in einem Punkt geschnitten wird (Abstand null) oder die Gerade parallel zur Ebene liegt. Im letzten Fall wählt man einen Punkt der Geraden aus und bestimmt dessen Abstand zur Ebene.

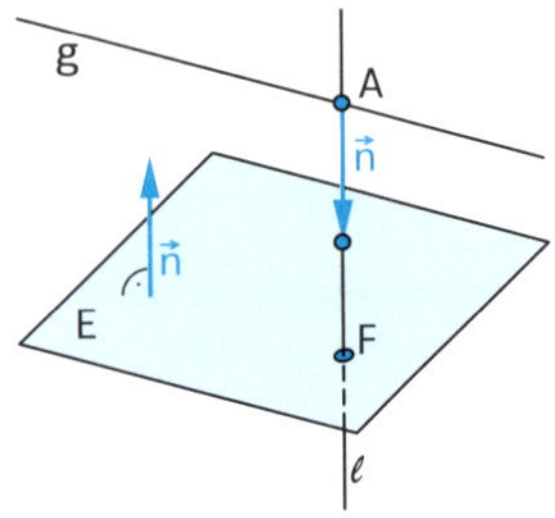

Zusatz: **Abstand zweier Ebenen**

Diese Aufgabenstellung ist nur sinnvoll, wenn es sich um zwei Ebenen handelt, die zueinander parallel sind. Den Abstand der beiden Ebenen bestimmt man, indem man irgendeinen Punkt der einen Ebene auswählt und dessen Abstand zu der anderen Ebene bestimmt.

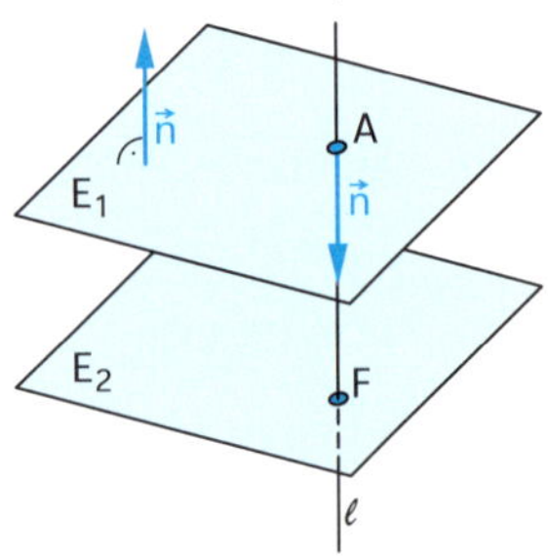

Zusatz: **Spiegelung von Punkten an Ebenen**

Das geschilderte Lotfußpunktverfahren nutzt man auch zur Ermittlung der Koordinaten von Punkten, die an einer Ebene E gespiegelt wurden. Dazu wird der Vektor $\overrightarrow{PF}$ vom Lotfußpunkt F abgetragen und der Ortsvektor des Spiegelpunkts berechnet.

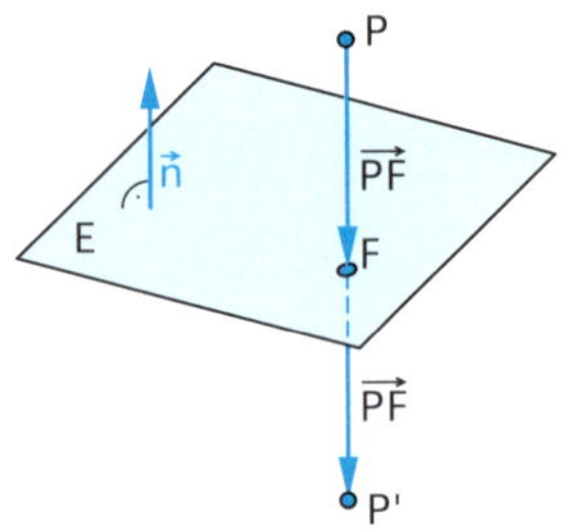

Beispiele

(1) Gegeben ist ein Punkt P (3|1|−2) und eine Ebene durch E: $x + 2y - 2z = 1$.
Die Lotgerade l durch P hat die Parameterdarstellung:

$$l\colon \vec{x} = \begin{pmatrix} 3 \\ 1 \\ -2 \end{pmatrix} + r \cdot \begin{pmatrix} 1 \\ 2 \\ -2 \end{pmatrix} = \begin{pmatrix} 3 + r \\ 1 + 2r \\ -2 - 2r \end{pmatrix}.$$

Um den Fußpunkt der Lotgeraden mit der Ebene zu bestimmen, werden die in der Parameterdarstellung enthaltenen Koordinatengleichungen in die Koordinatengleichung der Ebene eingesetzt:

$(3 + r) + 2 \cdot (1 + 2r) - 2 \cdot (-2 - 2r) = 1 \;\Leftrightarrow\; 9 + 9r = 1 \;\Leftrightarrow\; r = -\frac{8}{9}$.

Daher hat der Punkt F die Koordinaten $F\left(\frac{19}{9} \middle| -\frac{7}{9} \middle| -\frac{2}{9}\right)$ und die Länge des Vektors ist

$$|\overrightarrow{PF}| = \sqrt{\left(3 - \frac{19}{9}\right)^2 + \left(1 + \frac{7}{9}\right)^2 + \left(-2 + \frac{2}{9}\right)^2} = \sqrt{\frac{64}{81} + \frac{256}{81} + \frac{256}{81}} = \sqrt{\frac{576}{81}} = \frac{24}{9} = \frac{8}{3}.$$

Anwenden der o. a. Abstandsformel ergibt: Abstand (P, E) $= \frac{1}{|\vec{n}|} \cdot |\vec{p} * \vec{n} - d| = \frac{1}{3} \cdot |9 - 1| = \frac{8}{3}$
oder ggf. vorher Umformung der Koordinatengleichung der Ebene in die HESSE'schen Normalenform: E: $\frac{1}{|\vec{n}|} \cdot (\vec{x} * \vec{n} - d) = \frac{1}{3} \cdot \left(\begin{pmatrix} x \\ y \\ z \end{pmatrix} * \begin{pmatrix} 1 \\ 2 \\ -2 \end{pmatrix} - 1 \right) = 0.$

(2) Gegeben ist eine Ebene E: $x + y - z = 6$ und ein Punkt P $(3|-1|2)$.

Aufstellen der Parameterdarstellung der Lotgeraden: $l: \vec{x} = \begin{pmatrix} 3 \\ -1 \\ 2 \end{pmatrix} + r \cdot \begin{pmatrix} 1 \\ 1 \\ -1 \end{pmatrix}$.
Um den Fußpunkt zu erhalten:
Einsetzen in die Koordinatengleichung der Ebene: $(3 + r) + (-1 + r) - (2 - r) = 6$.
Auflösen nach r: $3r = 6 \Leftrightarrow r = 2$. Das bedeutet: Um vom Punkt P zur Ebene E zu gelangen, muss das 2-Fache des Richtungsvektors abgetragen werden, also muss das 4-Fache dieses Vektors genommen werden, um zum Spiegelpunkt zu gelangen.

Setzt man also statt $r = 2$ den Wert $r = 4$ in die Parameterdarstellung der Lotgeraden ein, so erhält man P' $(7|3|-2)$ als Spiegelpunkt.

G6 Den Abstand eines Punktes von einer Geraden berechnen.

Idee: Die kürzeste Entfernung eines Punktes P zu einer Geraden g ist durch das Lot vom Punkt auf die Gerade gegeben. Man untersucht also, bei welchem Parameterwert der Verbindungsvektor von P zu einem beliebigen Punkt X der Geraden orthogonal ist zum Richtungsvektor $\vec{u}$ der Geraden, und erhält so den Vektor $\overrightarrow{PF}$ zum Lotfußpunkt F. Die Länge der Strecke PF ist dann der gesuchte Abstand.

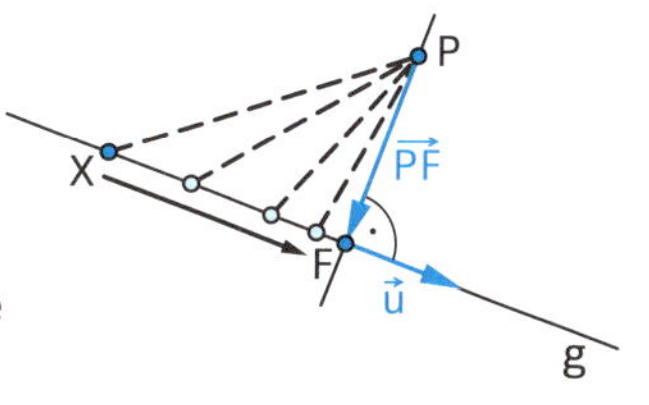

Allgemeine Darstellung des Verfahrens:

Gegeben sind P $(p_1|p_2|p_3)$ und g: $\vec{x} = \vec{a} + r \cdot \vec{u}$.
Es gilt: $(\vec{x} - \vec{p}) * \vec{u} = (\vec{a} - \vec{p} + r \cdot \vec{u}) * \vec{u} = 0 \Leftrightarrow (\vec{a} - \vec{p}) * \vec{u} + r \cdot \vec{u} * \vec{u} = 0 \Leftrightarrow r = \frac{(\vec{p} - \vec{a}) * \vec{u}}{|\vec{u}|^2}$.

Wenn man diesen Wert für r in die Parameterdarstellung von g einsetzt, erhält man die Koordinaten des Lotfußpunktes F. Um die Länge der Strecke PF zu bestimmen, bestimmt man den zugehörigen Vektor $\overrightarrow{PF} = (\vec{a} - \vec{p}) + r \cdot \vec{u}$ und berechnet dessen Länge

Beispiele

(1) P $(3|1|1)$, g: $\vec{x} = \begin{pmatrix} 0 \\ -1 \\ 1 \end{pmatrix} + r \cdot \begin{pmatrix} 2 \\ 1 \\ 0 \end{pmatrix}$; $(\vec{p} - \vec{a}) * \vec{u} = \begin{pmatrix} 3 - 0 \\ 1 - (-1) \\ 1 - 1 \end{pmatrix} * \begin{pmatrix} 2 \\ 1 \\ 0 \end{pmatrix} = 8$; $|\vec{u}|^2 = 5$; $r = 1{,}6$

also $\overrightarrow{PF} = (\vec{a} - \vec{p}) + r \cdot \vec{u} = \begin{pmatrix} -3 \\ -2 \\ 0 \end{pmatrix} + 1{,}6 \cdot \begin{pmatrix} 2 \\ 1 \\ 0 \end{pmatrix} = \begin{pmatrix} 0{,}2 \\ -0{,}4 \\ 0 \end{pmatrix}$, $|\overrightarrow{PF}| = \sqrt{0{,}2} \approx 0{,}447$.

(2) **Spiegelung des Punkts P an der Geraden g**

Wie die Zeichnung zeigt, ergibt sich der Spiegelpunkt P′, indem man im Fußpunkt F des Lotes den Vektor $\overrightarrow{PF}$ abträgt, also vom Punkt P aus das Zweifache dieses Vektors:

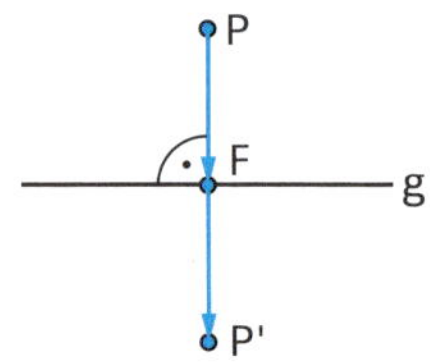

$$\overrightarrow{OP'} = \overrightarrow{OF} + \overrightarrow{FP'} = \overrightarrow{OP} + 2 \cdot \overrightarrow{PF} = \begin{pmatrix} 3 \\ 1 \\ 1 \end{pmatrix} + 2 \cdot \begin{pmatrix} 0{,}2 \\ -0{,}4 \\ 0 \end{pmatrix} = \begin{pmatrix} 3{,}4 \\ 0{,}2 \\ 1 \end{pmatrix}$$

G7 Den Abstand zweier windschiefer Geraden berechnen.

Idee: Gesucht ist ein gemeinsames Lot der beiden Geraden. Der Abstand der beiden Geraden ist dann gleich der Entfernung der beiden Fußpunkte P und Q dieses Lotes. Der Verbindungsvektor der beiden Punkte P und Q lässt sich mithilfe der beiden Parameterdarstellungen beschreiben:

g: $\vec{x} = \overrightarrow{OA} + r \cdot \vec{u}$ und h: $\vec{x} = \overrightarrow{OB} + s \cdot \vec{v}$.

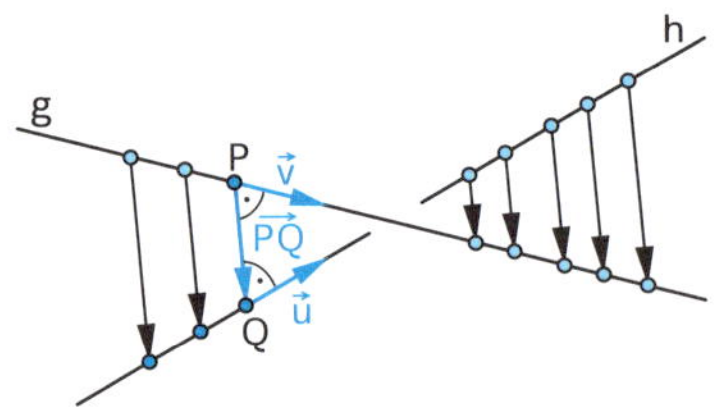

Der Verbindungsvektor der beiden Punkte P und Q , die auf den Geraden g und h liegen, ist:

$PQ = (\overrightarrow{OB} + s \cdot \vec{v}) - (\overrightarrow{OA} + r \cdot \vec{u}) = \overrightarrow{AB} + s \cdot \vec{v} - r \cdot \vec{u}$.

Die Bedingung an $\overrightarrow{PQ}$ ist, dass dieser sowohl orthogonal ist zu g als auch zu h:

$\overrightarrow{PQ} * \vec{u} = 0$ und $\overrightarrow{PQ} * \vec{v} = 0$, also

$(\overrightarrow{AB} + s \cdot \vec{v} - r \cdot \vec{u}) * \vec{u} = 0$ und $(\overrightarrow{AB} + s \cdot \vec{v} - r \cdot \vec{u}) * \vec{v} = 0$.

Dies ist ein lineares Gleichungssystem mit zwei Gleichungen sowie den Variablen r und s, das eindeutig lösbar ist (vgl. F12). Mit den so erhaltenen Werten für die Parameter r und s kann man den Vektor $\overrightarrow{PQ}$ und dann dessen Betrag berechnen.

Zusatz: Abstand zweier paralleler Geraden

Bei Parallelität geht man wie folgt vor: Man wählt den Stützvektor der einen Geraden und berechnet dann den Abstand dieses Punkts von der anderen Geraden (vgl. G6).

Beispiel

g: $\vec{x} = \begin{pmatrix} 2 \\ 1 \\ 1 \end{pmatrix} + r \cdot \begin{pmatrix} 1 \\ -1 \\ 2 \end{pmatrix}$ und h: $\vec{x} = \begin{pmatrix} 1 \\ 0 \\ 1 \end{pmatrix} + s \cdot \begin{pmatrix} -1 \\ 2 \\ 0 \end{pmatrix}$. Für $\overrightarrow{PQ}$ gilt dann: $\overrightarrow{PQ} = \begin{pmatrix} -1 \\ -1 \\ 0 \end{pmatrix} + s \cdot \begin{pmatrix} -1 \\ 2 \\ 0 \end{pmatrix} - r \cdot \begin{pmatrix} 1 \\ -1 \\ 2 \end{pmatrix}$.

Die Orthogonalitätsbedingungen sind:

$$\left(\begin{pmatrix} -1 \\ -1 \\ 0 \end{pmatrix} + s \cdot \begin{pmatrix} -1 \\ 2 \\ 0 \end{pmatrix} - r \cdot \begin{pmatrix} 1 \\ -1 \\ 2 \end{pmatrix}\right) * \begin{pmatrix} 1 \\ -1 \\ 2 \end{pmatrix} = 0 + s \cdot (-3) - r \cdot 6 = 0,$$

$$\left[\begin{pmatrix} -1 \\ -1 \\ 0 \end{pmatrix} + s \cdot \begin{pmatrix} -1 \\ 2 \\ 0 \end{pmatrix} - r \cdot \begin{pmatrix} 1 \\ -1 \\ 2 \end{pmatrix}\right] * \begin{pmatrix} -1 \\ 2 \\ 0 \end{pmatrix} = -1 + s \cdot 5 - r \cdot (-3) = 0.$$

Das Gleichungssystem $-3s - 6r = 0 \wedge 5s + 3r = 1$ hat die Lösungen $r = -\frac{1}{7} \wedge s = \frac{2}{7}$;

$$|\overrightarrow{PQ}| = \left|\begin{pmatrix} -1 \\ -1 \\ 0 \end{pmatrix} + \frac{2}{7} \cdot \begin{pmatrix} -1 \\ 2 \\ 0 \end{pmatrix} - \left(-\frac{1}{7}\right) \cdot \begin{pmatrix} 1 \\ -1 \\ 2 \end{pmatrix}\right| = \left|\begin{pmatrix} -\frac{8}{7} \\ -\frac{4}{7} \\ \frac{2}{7} \end{pmatrix}\right| = \sqrt{\frac{84}{49}} = \sqrt{\frac{12}{7}} \approx 1{,}309.$$

G8 Das Vektorprodukt zur Berechnung von Dreiecksflächen und von Spatvolumina verwenden.

Mithilfe des Vektorprodukts kann man einen zu den beiden Vektoren $\vec{a}$ und $\vec{b}$ einen orthogonalen Vektor berechnen, vgl. Basiswissen F5.

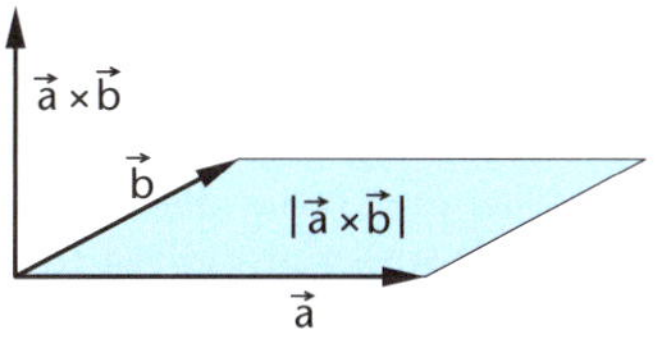

Das Vektorprodukt $\vec{a} \times \vec{b}$ hat folgende geometrische Eigenschaften:

(1) $\vec{a} \times \vec{b}$ ist orthogonal zu $\vec{a}$ und $\vec{b}$.

(2) Der Betrag des Vektorprodukts gibt den Flächeninhalt des von den Vektoren $\vec{a}$, $\vec{b}$ aufgespannten Parallelogramms an; es gilt nämlich:
$|\vec{a} \times \vec{b}| = |\vec{a}| \cdot |\vec{b}| \cdot \sin(\varphi)$, wobei φ der von $\vec{a}$, $\vec{b}$ aufgespannte Winkel ist.

(3) Folgerung: Für $\vec{a}, \vec{b} \neq \vec{o}$ gilt: $\vec{a} \times \vec{b} = \vec{o} \Leftrightarrow \vec{a}, \vec{b}$ sind Vielfache voneinander.

(4) Wegen der Eigenschaft $|\vec{a} \times \vec{b}| = |\vec{a}| \cdot |\vec{b}| \cdot \sin(\varphi)$ gibt der Betrag des Vektorprodukts den Flächeninhalt des von den Vektoren $\vec{a}$, $\vec{b}$ aufgespannten Parallelogramms an.
Für den Flächeninhalt des von den beiden Vektoren aufgespannten Dreiecks gilt daher: $A_{\text{Dreieck}} = \frac{1}{2} \cdot |\vec{a} \times \vec{b}|$.

(5) Für das Volumen eines von den Vektoren $\vec{a}$, $\vec{b}$, $\vec{c}$ aufgespannten Spats gilt:
$V = |(\vec{a} \times \vec{b}) * \vec{c}|$.
Der Vektor $\vec{a} \times \vec{b}$ steht orthogonal zu der von $\vec{a}$, $\vec{b}$ aufgespannten Grundfläche und sein Betrag ist gleich dem Flächeninhalt der Bodenfläche. Bildet man das Skalarprodukt von $\vec{a} \times \vec{b}$ mit dem Vektor $\vec{c}$, dann gilt:
$(\vec{a} \times \vec{b}) * \vec{c} = |\vec{a} \times \vec{b}| \cdot |\vec{c}| \cdot \cos(\varphi)$, wobei φ der Winkel zwischen $\vec{a} \times \vec{b}$ und $\vec{c}$ ist.
Der Betrag $|\vec{c}| \cdot \cos(\varphi)$ gibt gerade die Länge der Höhe des Spats an (orthogonale Projektion von $\vec{c}$ auf $\vec{a} \times \vec{b}$, vgl. Basiswissen G2).

Beispiele

(1) Die Vektoren $\vec{u} = \begin{pmatrix} 3 \\ 1 \\ 0 \end{pmatrix}$ und $\vec{v} = \begin{pmatrix} 2 \\ -1 \\ 4 \end{pmatrix}$ spannen ein Parallelogramm auf

mit dem Flächeninhalt: $|\vec{u} \times \vec{v}| = \left|\begin{pmatrix} 4 \\ -12 \\ -5 \end{pmatrix}\right| = \sqrt{16 + 144 + 25} = \sqrt{185} \approx 13{,}60$ FE.

Das von $\vec{u}$ und $\vec{v}$ aufgespannte Dreieck hat den Flächeninhalt $A = \frac{1}{2} \cdot |\vec{u} \times \vec{v}| \approx 6{,}80$ FE.

(2) Die Vektoren $\vec{a} = \begin{pmatrix} 1 \\ -2 \\ 1 \end{pmatrix}$, $\vec{b} = \begin{pmatrix} 3 \\ 1 \\ -2 \end{pmatrix}$ und $\vec{c} = \begin{pmatrix} 2 \\ -1 \\ 1 \end{pmatrix}$ spannen einen Spat auf.

Für das Volumen des Spats gilt:

$$V = |(\vec{a} \times \vec{b}) * c| = \left|\left(\begin{pmatrix} 1 \\ -2 \\ 1 \end{pmatrix} \times \begin{pmatrix} 3 \\ 1 \\ -2 \end{pmatrix}\right) * \begin{pmatrix} 2 \\ -1 \\ 1 \end{pmatrix}\right| = \left|\begin{pmatrix} 3 \\ 5 \\ 7 \end{pmatrix} * \begin{pmatrix} 2 \\ -1 \\ 1 \end{pmatrix}\right| = |6 - 5 + 7| = 8 \text{ VE}$$

H1 Mittelwert und Stichprobenstreuung einer Häufigkeitsverteilung bestimmen.

(1) **Häufigkeitsverteilung**

Bei Erhebungen erfasst man, mit welchen **absoluten** oder **relativen Häufigkeiten** die verschiedenen möglichen **Ausprägungen** eines **Merkmals** auftreten. Eine Tabelle, in der jeder Ausprägung eines betrachteten Merkmals die relative Häufigkeit zugeordnet wird und in der die Summe der relativen Häufigkeiten 1 beträgt, wird als **Häufigkeitsverteilung** dieses Merkmals bezeichnet.

Die Häufigkeitsverteilung eines quantitativen Merkmals, also eines Merkmals, dessen Ausprägungen Zahlen sind, lässt sich durch Lage- und Streumaße charakterisieren.

(2) **Arithmetisches Mittel**

Das **arithmetische Mittel** $\bar{x}$ von m Merkmalswerten $x_1, x_2, ..., x_m$, erhält man, indem man die m Zahlen addiert und die Summe durch m teilt:

$$\bar{x} = \frac{1}{m} \cdot (x_1 + x_2 + ... + x_m) = \frac{1}{m} \sum_{i=1}^{m} x_i$$

Wenn die verschiedenen Merkmalswerte nicht nur einmal, sondern mit den absoluten Häufigkeiten $H(x_1), H(x_2), ..., H(x_m)$ auftreten, dann berechnet man zunächst die Gesamtzahl der Werte $n = H(x_1) + H(x_2) + ... + H(x_m)$ und hiermit dann das arithmetische Mittel:

$$\bar{x} = \frac{1}{n} \cdot [H(x_1) \cdot x_1 + H(x_2) \cdot x_2 + ... + H(x_m) \cdot x_m] = \frac{1}{n} \sum_{i=1}^{m} H(x_i) \cdot x_i$$

Sind statt der absoluten Häufigkeiten $H(x_1), H(x_2), ..., H(x_m)$ die relativen Häufigkeiten $h(x_1), h(x_2), ..., h(x_m)$ gegeben, dann berechnet sich das **arithmetische Mittel $\bar{x}$ der Häufigkeitsverteilung** nach der Formel

$$\bar{x} = h(x_1) \cdot x_1 + h(x_2) \cdot x_2 + ... + h(x_m) \cdot x_m = \sum_{i=1}^{m} h(x_i) \cdot x_i$$

Man bezeichnet $\bar{x}$ auch als **gewichtetes Mittel** der Merkmalswerte $x_1, x_2, ..., x_m$.

(3) **Streuung**

Die mittlere quadratische Abweichung der Daten einer Stichprobe vom Mittelwert $\bar{x}$ wird auch als **empirische Varianz $\bar{s}^2$** bezeichnet.

Für m einzelne Daten: $\bar{s}^2 = \frac{1}{m} \cdot [(x_1 - \bar{x})^2 + (x_2 - \bar{x})^2 + ... + (x_m - \bar{x})^2] = \frac{1}{m} \sum_{i=1}^{m} (x_i - \bar{x})^2$

Für eine Häufigkeitsverteilung mit relativen Häufigkeiten $h(x_1), h(x_2), ..., h(x_m)$ gilt entsprechend:

$$\bar{s}^2 = (x_1 - \bar{x})^2 \cdot h(x_1) + (x_2 - \bar{x})^2 \cdot h(x_2) + ... + (x_m - \bar{x})^2 \cdot h(x_m) = \sum_{i=1}^{m} (x_i - \bar{x})^2 \cdot h(x_i)$$

Die Wurzel $\bar{s}$ aus der empirischen Varianz wird als **empirische Standardabweichung** oder auch als **Stichprobenstreuung** bezeichnet.

Den Term für $\bar{s}^2$ kann man umformen und erhält eine vereinfachte Berechnungsformel:

$$\bar{s}^2 = [x_1^2 \cdot h(x_1) + x_2^2 \cdot h(x_2) + x_3^2 \cdot h(x_3) + ... + x_m^2 \cdot h(x_m)] - \bar{x}^2$$

(4) **Perzentile, Quartile, Boxplots**

Man kann das Streuverhalten einer Datenmenge auch dadurch beschreiben, dass Perzentile der Datenmenge bestimmt werden: Dazu ordnet man die Werte der Datenmenge und untersucht, welche Daten kleiner oder gleich einem bestimmten Anteil P % der gesamten Datenmenge sind.

(Forts. nächste Seite)

(Forts.)

Es ist auch üblich, für eine Datenmenge den kleinsten Wert (0 %-Perzentil), das untere Quartil (25 %-Perzentil), den Median (50 %-Perzentil), das obere Quartil (75 %-Perzentil) und den größten Wert (100 %-Perzentil) anzugeben und in Form eines sogenannten Boxplots darzustellen. Dann benutzt man den Median als Lagemaß und den Quartilabstand (= oberes Quartil – unteres Quartil) als Streuungsmaß für die Häufigkeitsverteilung.

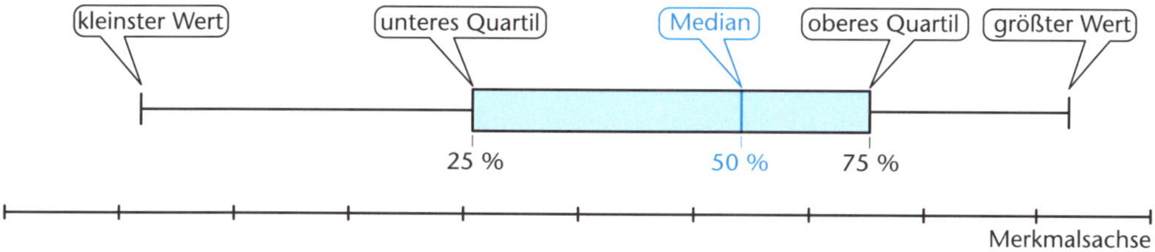

Beispiele

(1) In einem Kurs wurde erfasst, wie viele Schüler/innen Geschwister haben:

Anzahl k der Geschwister	0	1	2	3
absolute Häufigkeit H (k) der Schüler/innen mit k Geschwistern	11	9	4	1

Insgesamt sind in der Häufigkeitverteilung mit absoluten Häufigkeiten $n = 11 + 9 + 4 + 1 = 25$ Daten erfasst; das arithmetische Mittel ist daher

$\overline{x} = \frac{1}{25} \cdot (11 \cdot 0 + 9 \cdot 1 + 4 \cdot 2 + 1 \cdot 3) = \frac{20}{25} = 0{,}8.$

Im Mittel haben die Schüler/innen des Kurses also 0,8 Geschwister.

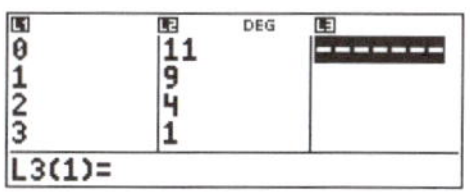

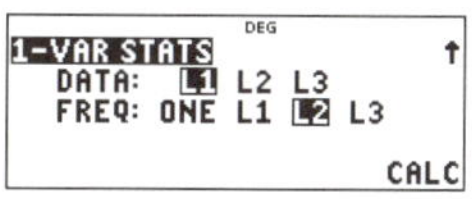

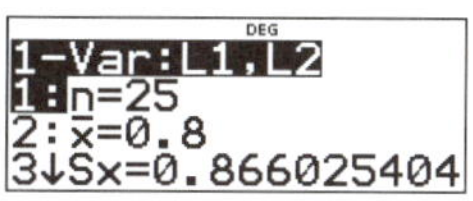

(2) In einer großen Stichprobe wurde die Anzahl der nicht-volljährigen Kinder in Haushalten erfasst:

Anzahl k der Kinder	0	1	2	3	4	5
relative Häufigkeit h (k) der Familien mit k Kindern	48,3 %	21,1 %	21,3 %	6,9 %	1,8 %	0,6 %

Wäre dies beispielsweise eine Stichprobe vom Umfang n = 1000 gewesen, dann hätte man das arithmetische Mittel wie in (1) berechnen können:

$\overline{x} = \frac{1}{1000} \cdot (483 \cdot 0 + 211 \cdot 1 + 213 \cdot 2 + 69 \cdot 3 + 18 \cdot 4 + 6 \cdot 5) = \frac{946}{1000} = 0{,}946.$

Im Mittel sind in den erfassten Haushalten etwa 0,95 Kinder. Die empirische Standardabweichung $\overline{s}$ beträgt hier ungefähr 1,1.

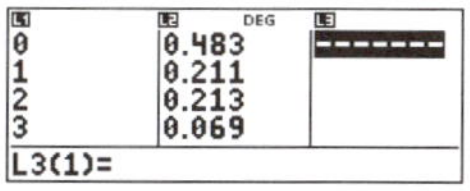

Hinweis: Die Angabe n = 1 im WTR ist so zu deuten: Die Summe der eingegebenen relativen Häufigkeiten ist 1 (= 100 %); dies ist eine wichtige Kontrollmöglichkeit für die Dateneingabe. Die empirische Standardabweichung wird im WTR als σx bezeichnet.

I1 Wahrscheinlichkeiten von Ereignissen mithilfe elementarer Regeln berechnen.

(1) **Summenregel (Additionsregel)**
Setzt sich ein Ereignis E aus den Ereignissen E_1 und E_2 zusammen, d. h. $E = E_1 \cup E_2$, dann gilt für die Wahrscheinlichkeit des *Oder-Ereignisses* E:

$P(E) = P(E_1) + P(E_2) - P(E_1 \cap E_2)$.

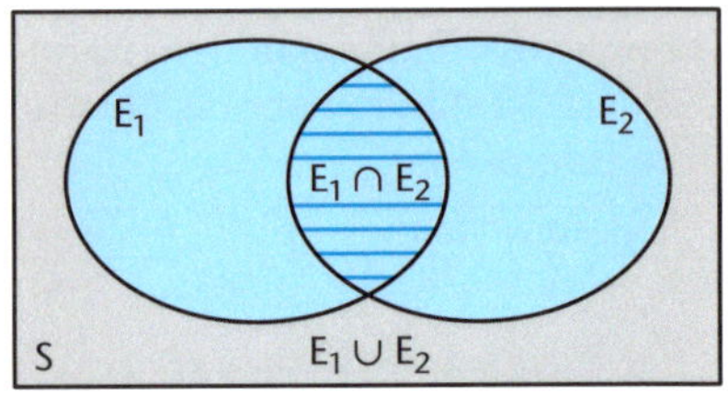

(2) **Komplementärregel**
Ein Ereignis E und das zugehörige *Gegenereignis* $\overline{E}$ ergänzen sich zur Ergebnismenge S, d. h.
$E \cup \overline{E} = S$ und $E \cap \overline{E} = \emptyset$, und es gilt:
$P(E) + P(\overline{E}) = P(S) = 1$, d. h. $P(E) = 1 - P(\overline{E})$.

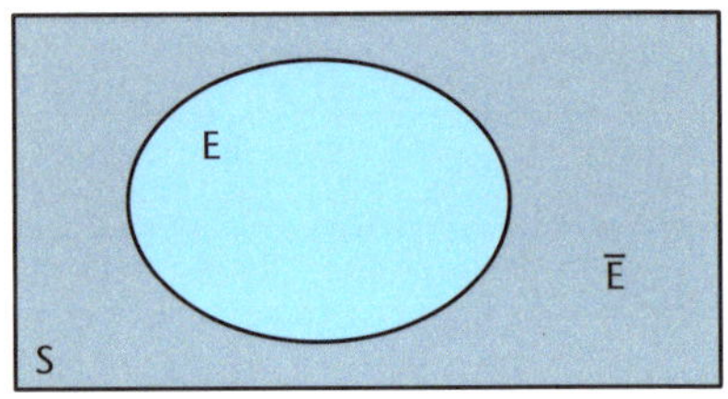

(3) **Komplementärregel für Und- bzw. Oder-Ereignisse**
Für das Oder-Ereignis $A \cup B$ bzw. für das Und-Ereignis $A \cap B$ von zwei Ereignissen A und B gilt:
$\overline{A \cup B} = \overline{A} \cap \overline{B}$ und $\overline{A \cap B} = \overline{A} \cup \overline{B}$.

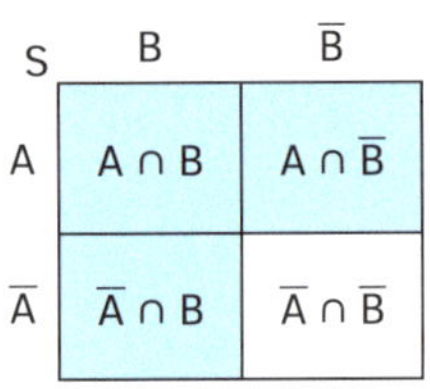

gefärbt ist $A \cup B$

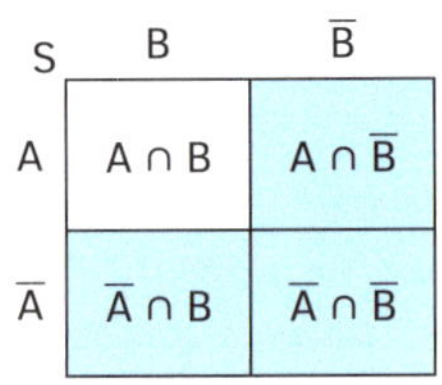

gefärbt ist $\overline{A \cap B}$

Beispiele

Zufallsversuch: Eine Zahl aus $S = \{1, 2, 3, 4, ..., 10\}$ wird zufällig ausgewählt.

T_2: *Die Zahl ist durch 2 teilbar.* T_3: *Die Zahl ist durch 3 teilbar.* T_5: *Die Zahl ist durch 5 teilbar.*

(1) $P(T_2 \cup T_3)$ = P(*Die Zahl ist durch 2* oder *durch 3 teilbar*)
= P(*Die Zahl ist durch 2 teilbar*) + P(*Die Zahl ist durch 3 teilbar*)
− P(*Die Zahl ist durch 2* und *durch 3 teilbar*)

$= P(\{2, 4, 6, 8, 10\}) + P(\{3, 6, 9\}) - P(\{6\}) = \frac{5}{10} + \frac{3}{10} - \frac{1}{10} = \frac{7}{10}$

$P(T_3 \cup T_5)$ = P(*Die Zahl ist durch 3* oder *durch 5 teilbar*)
= P(*Die Zahl ist durch 3 teilbar*) + P(*Die Zahl ist durch 5 teilbar*)
− P(*Die Zahl ist durch 3* und *durch 5 teilbar*)

$= P(\{3, 6, 9\}) + P(\{5, 10\}) - P(\{\ \}) = \frac{3}{10} + \frac{2}{10} - \frac{0}{10} = \frac{5}{10}$

(2) $P(\overline{T_3})$ = P(*Die Zahl ist nicht durch 3 teilbar*) $= 1 - P(T_3) = 1 - P(\{3, 6, 9\}) = 1 - \frac{3}{10} = \frac{7}{10}$

(3) $\overline{T_2 \cup T_3} = \overline{T}_2 \cap \overline{T}_3$: Das Gegenereignis zum Ereignis $T_2 \cup T_3$ (*Die Zahl ist durch 2* oder *durch 3 teilbar*) ist das Ereignis *Die Zahl ist nicht durch 2* und *nicht durch 3 teilbar.*

$\overline{T_2 \cap T_3} = \overline{T}_2 \cup \overline{T}_3$: Das Gegenereignis zum Ereignis $T_2 \cap T_3$ (*Die Zahl ist durch 2* und *durch 3 teilbar*) ist das Ereignis *Die Zahl ist nicht durch 2* oder *nicht durch 3 teilbar.*

	T_3	$\overline{T}_3$
T_2	$T_2 \cap T_3 = \{6\}$	$T_2 \cap \overline{T}_3 = \{2, 3, 8, 10\}$
$\overline{T}_2$	$\overline{T}_2 \cap T_3 = \{3, 9\}$	$\overline{T}_2 \cap \overline{T}_3 = \{1, 5, 7\}$

I2 Mehrstufige Zufallsversuche mithilfe von Baumdiagrammen beschreiben.

Mehrstufige Zufallsversuche lassen sich mithilfe eines Baumdiagramms darstellen. Zu jedem möglichen Ergebnis des Zufallsversuchs gehört ein **Pfad** im Baumdiagramm. Je nach Fragestellung kann es sinnvoll sein, mehrere Ergebnisse zu einem Ereignis zusammenzufassen und nur ein **reduziertes Baumdiagramm** zu zeichnen.

Beispiel *Dreifaches Würfeln*

Interessiert man sich beim dreifachen Würfeln nur dafür, ob Augenzahl 6 auftritt, so ist die Darstellung in einem reduzierten Baumdiagramm zweckmäßig, in dem die Ergebnisse Augenzahl 1, 2, 3, 4, 5 zum Ereignis *Keine 6* zusammengefasst werden.

Betrachtet man das Ereignis *Mindestens eine 6 in drei Würfen*, so kann man das zugehörige Baumdiagramm noch weiter reduzieren und die Pfade nur jeweils beim Ereignis *keine 6* weiter fortsetzen.

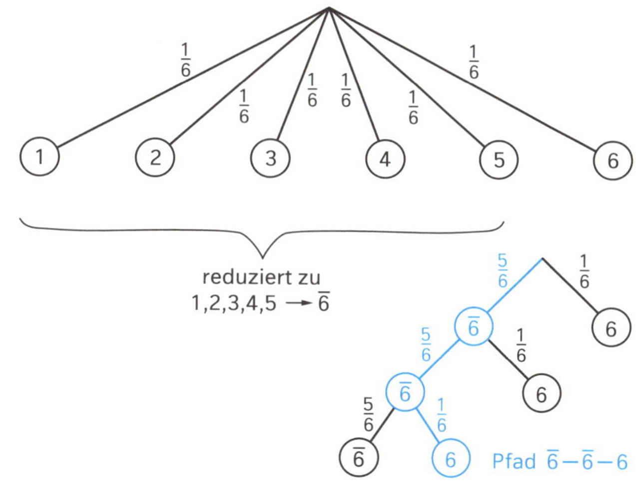

I3 Wahrscheinlichkeiten mithilfe der Pfadregeln berechnen.

Zur Berechnung von Pfadwahrscheinlichkeiten dienen die folgenden Regeln:

- **Pfadmultiplikationsregel:** Die Wahrscheinlichkeit eines Pfades ist gleich dem Produkt der Wahrscheinlichkeiten längs dieses Pfades.
- **Pfadsummenregel:** Gehören zu einem Ereignis mehrere Pfade, so ist die Wahrscheinlichkeit des Ereignisses gleich der Summe der Wahrscheinlichkeiten aller zum Ereignis gehörenden Pfade. Die Summe der Wahrscheinlichkeiten nach einer Verzweigung ist immer gleich 1.
- **Komplementärregel:** Kennt man die Wahrscheinlichkeit eines Ereignisses E, so kennt man auch die Wahrscheinlichkeit des Gegenereignisses $\overline{E}$:
  $P(\overline{E}) + P(E) = 1$, also gilt $P(\overline{E}) = 1 - P(E)$.

Beispiel *Dreifaches Würfeln (Fortsetzung)*

Komplementärregel: Das Gegenereignis zu E: *Mindestens einmal 6 in drei Würfen* ist $\overline{E}$: *Keine 6 in drei Würfen*. Damit ergibt sich für die Wahrscheinlichkeit von E:

$$P(E) = 1 - P(\overline{E}) = 1 - \left(\frac{5}{6}\right)^3 = 1 - \frac{125}{216} = \frac{91}{216}.$$

Hinweis: In Aufgabenstellungen, in denen das Wort „mindestens" vorkommt, kann man oft die Komplementärregel anwenden.

I4 Bedingte Wahrscheinlichkeiten mithilfe von Vierfeldertafeln oder umgekehrten Baumdiagrammen bestimmen.

In einer **Vierfeldertafel** wird erfasst, mit welchen absoluten oder relativen Häufigkeiten zwei Merkmalsausprägungen zweier Merkmale auftreten und in welcher Kombination dies geschieht. Besitzt ein Merkmal mehr als zwei interessierende Ausprägungen, so wird die Vierfeldertafel zu einer **Mehrfeldertafel** erweitert.
Die Daten aus der Vierfeldertafel lassen sich auf zwei Arten in einem zweistufigen Baumdiagramm wiedergeben (auf der 1. Stufe wird das eine, auf der 2. Stufe das andere Merkmal betrachtet).
Umgekehrt lassen sich mit den Daten aus einem Baumdiagramm sowohl eine Vierfeldertafel als auch das andere **(„umgekehrte") Baumdiagramm** entwickeln.

Beispiel *Wahlanalyse*

Bei einer Wahl in einer Stadt treten drei Kandidaten X, Y, Z an. Es wird in zwei Bezirken, der Oberstadt (O) und der Unterstadt (U) gewählt. Die Daten werden aufgeschlüsselt in einer Mehrfeldertafel dargestellt. Anstelle der absoluten Häufigkeiten könnten auch relative Häufigkeiten (h) angegeben werden.

Wahl	X	Y	Z	gesamt
O	$H(X \cap O) = 1400$	$H(Y \cap O) = 1100$	$H(Z \cap O) = 500$	$H(O) = 3000$
U	$H(X \cap U) = 600$	$H(Y \cap U) = 700$	$H(Z \cap U) = 700$	$H(U) = 2000$
gesamt	$H(X) = 2000$	$H(Y) = 1800$	$H(Z) = 1200$	$H(\Omega) = 5000$

Da keiner der drei Kandidaten eine absolute Mehrheit der Stimmen erreichen konnte, wird in einem weiteren Wahlgang eine Stichwahl zwischen X und Y durchgeführt

Wahl nach Bezirken

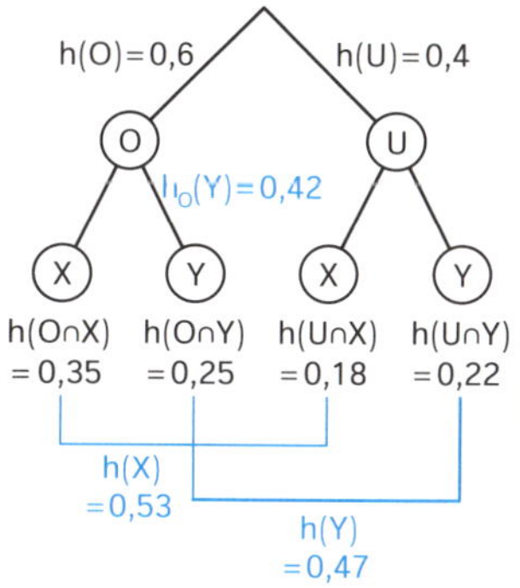

Vierfeldertafel

Wahl	X	Y	ges.
O	$h(X \cap O)$ = 35%	$h(Y \cap O)$ = 25%	h(O) = 60%
U	$h(X \cap U)$ = 18%	$h(Y \cap U)$ =22%	h(U) = 40%
ges.	h(X) = 53%	h(Y) = 47%	$h(\Omega)$ =1

Wahl nach Kandidaten

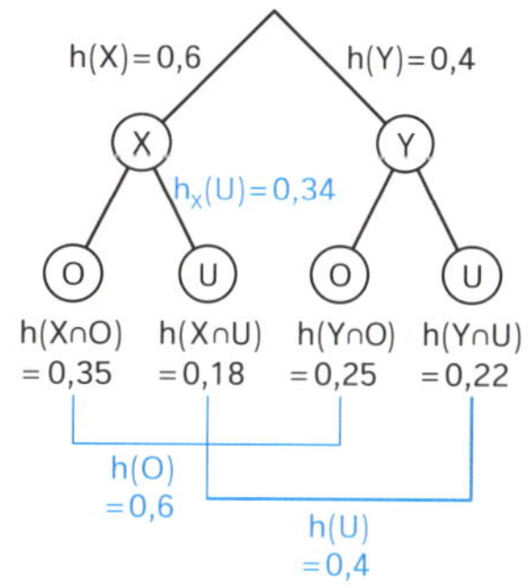

Wählt man irgendeine Person zufällig aus der betrachteten Gesamtheit aus, so lassen sich die relativen Häufigkeiten als Wahrscheinlichkeiten auffassen. Bei den Darstellungen in den Vier- oder Mehrfeldertafeln sowie den Baumdiagrammen ändert sich dann nur die Bezeichnung (P(X) statt h(X) usw.)

Hinweis: Die Wahrscheinlichkeiten auf der 2. Stufe der Baumdiagramme sind **bedingte Wahrscheinlichkeiten,** die nicht mit den Pfadwahrscheinlichkeiten verwechselt werden dürfen! Bedingte Wahrscheinlichkeiten lassen sich mithilfe der Pfadregeln aus dem Baumdiagramm ermitteln oder als Quotienten innerhalb der Zeilen oder Spalten der zugehörigen Vier- oder Mehrfeldertafeln.

Für die Wahrscheinlichkeit, dass jemand aus der Oberstadt Kandidat Y gewählt hat, gilt beispielsweise:

$P(O) \cdot P_O(Y) = P(O \cap Y)$, also $P_O(Y) = \frac{P(O \cap Y)}{P(O)} = \frac{0{,}25}{0{,}6} = 0{,}41\overline{6} \approx 42\,\%$.

Für die Wahrscheinlichkeit, dass jemand, der Kandidat X gewählt hat, in der Unterstadt lebt, gilt:

$P(X) \cdot P_X(U) = P(X \cap U)$, also $P_X(U) = \frac{P(X \cap U)}{P(X)} = \frac{0{,}18}{0{,}53} \approx 0{,}3396 \approx 34\,\%$.

I5 Bedingte Wahrscheinlichkeiten mithilfe des Satzes von BAYES bestimmen.

Ist A ein Ereignis, das von Interesse ist, und B eine Bedingung, unter der man das Ereignis A betrachtet, dann kann man die bedingte Wahrscheinlichkeit $P_B(A)$ für das **Ereignis A unter der Bedingung B** mithilfe des Satzes von BAYES unmittelbar berechnen:

$P(B) = P(A \cap B) + P(\overline{A} \cap B) = P(A) \cdot P_A(B) + P(\overline{A}) \cdot P_{\overline{A}}(B)$, also

$$P_B(A) = \frac{P(A \cap B)}{P(B)} = \frac{P(A) \cdot P_A(B)}{P(A) \cdot P_A(B) + P(\overline{A}) \cdot P_{\overline{A}}(B)}.$$

Beispiel *Wahlanalyse (Fortsetzung)*

Hinweis: Mithilfe dieser Formel des Satzes von BAYES kann man bedingte Wahrscheinlichkeiten direkt berechnen, ohne auf die in I4 verwendeten Darstellungsformen (Vierfeldertafel oder Baumdiagramm) zurückzugreifen.

Gegebene Infos: $P(O) = 0{,}6$; $P(U) = 0{,}4$; $P_O(Y) = 0{,}42$, also $P_O(X) = 0{,}58$; $P_U(X) = \frac{0{,}18}{0{,}4} = 0{,}45$, also $P_U(Y) = 0{,}55$.

Gesucht wird die bedingte Wahrscheinlichkeit, dass ein Wähler von Kandidat X aus der Unterstadt kommt.

Nach der Formel des Satzes von BAYES gilt:

$$P_X(U) = \frac{P(X \cap U)}{P(X)} = \frac{P(U) \cdot P_U(X)}{P(X \cap U) + P(X \cap O)} = \frac{P(U) \cdot P_U(X)}{(P(U) \cdot P_U(X) + P(O) \cdot P_O(X)} = \frac{0{,}4 \cdot 0{,}45}{0{,}4 \cdot 0{,}45 + 0{,}6 \cdot 0{,}58} \approx 0{,}34 = 34\,\%.$$

Die Wähler von Kandidat X kommen aus der Unterstadt und der Oberstadt. Fasst man diese Anteile zusammen, dann spricht man von der totalen Wahrscheinlichkeit für das Ereignis X:
$P(X) = P(X \cap U) + P(X \cap O) = P(U) \cdot P_U(X) + P(O) \cdot P_O(X) = 0{,}53$.

I6 Überprüfen, ob zwei Ereignisse stochastisch voneinander abhängig oder unabhängig sind.

Zwei Ereignisse A und B sind **stochastisch voneinander unabhängig**, wenn die Bedingung
$P(A) \cdot P(B) = P(A \cap B)$
erfüllt ist, andernfalls sind die beiden Ereignisse stochastisch voneinander abhängig.

Beispiel *Wahlanalyse (Fortsetzung)*

$P(X) = 0{,}6$; $P(U) = 0{,}4$; also $P(X) \cdot P(U) = 0{,}24$, aber $P(X \cap U) = 0{,}18$.

Die beiden Ereignisse sind also stochastisch voneinander abhängig (d. h., die Stimmenanteile des Kandidaten X hängen vom Wohnort der Wähler/innen ab).

J1 Wahrscheinlichkeitsverteilungen einer (diskreten) Zufallsvariablen bestimmen.

Zufallsvariablen sind Funktionen, die jedem Ergebnis eines Zufallsversuchs eine (reelle) Zahl zuordnen. Ist die Anzahl der Funktionswerte dieser Funktion endlich, z. B. k = 0, 1, 2, ..., n (oder abzählbar unendlich, z. B. k = 1, 2, 3, ...), so spricht man von einer **diskreten Zufallsvariable**.

Wahrscheinlichkeitsverteilungen sind Funktionen, durch die den möglichen Werten einer Zufallsvariablen Wahrscheinlichkeiten zugeordnet werden. Elementare Wahrscheinlichkeitsverteilungen kann man als Liste oder in Form einer Tabelle notieren.
Besondere Wahrscheinlichkeitsverteilungen (wie die Binomialverteilung in J3), die gewissen Gesetzmäßigkeiten genügen, lassen sich auch mithilfe eines Funktionsterms beschreiben.

Die Summe aller Wahrscheinlichkeiten einer Wahrscheinlichkeitsverteilung muss immer 1 ergeben.

Beispiel *Glücksrad*

Wenn das rechts abgebildete Glücksrad anhält, dann weist der Zeiger auf einen der Sektoren mit der Beschriftung 0, 1, 2 oder 3. Mögliche Werte („Realisierungen") der Zufallsvariable sind also die in den Sektoren aufgeführten Zahlenwerte k = 0, 1, 2, 3.
Im Sachkontext könnte dies etwa bedeuten: Ist X: *Ausgezahlter Betrag (in €)*, dann entspricht dies je nach Ergebnis einer Auszahlung von 0 €, 1 €, 2 € oder 3 €.

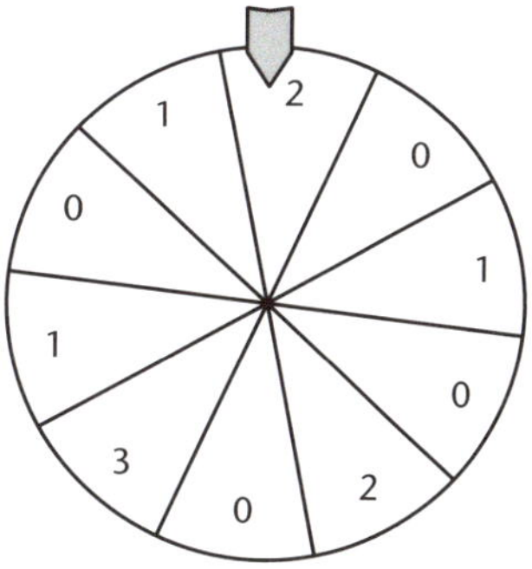

k	P(X = k)
0	$\frac{4}{10}$
1	$\frac{3}{10}$
2	$\frac{2}{10}$
3	$\frac{1}{10}$

Die in der Tabelle enthaltene Zuordnung *Werte der Zufallsvariable → zugehörige Wahrscheinlichkeit* ist eine Wahrscheinlichkeitsverteilung, denn es gilt:

$$P(X = 0) + P(X = 1) + P(X = 2) + P(X = 3) = \frac{4}{10} + \frac{3}{10} + \frac{2}{10} + \frac{1}{10} = 1.$$

Hinweis: Ein Beispiel für eine diskrete Zufallsvariable mit abzählbar unendlich vielen möglichen Werten in diesem Sachzusammenhang ist die Zufallsvariable Y: *Anzahl der Drehungen des Glücksrads bis zum ersten Anhalten beim Sektor „3"*; denn die „3" kann zum ersten Mal bei der 1., 2., 3., ... Drehung auftreten.

k	1	2	3	4	...
P(Y = k)	$\frac{1}{10}$	$\frac{9}{10} \cdot \frac{1}{10}$	$\left(\frac{9}{10}\right)^2 \cdot \frac{1}{10}$	$\left(\frac{9}{10}\right)^3 \cdot \frac{1}{10}$	...

J2 Kenngrößen (Erwartungswert, Varianz und Standardabweichung) einer (diskreten) Zufallsvariablen berechnen.

Der **Erwartungswert E(X) einer Zufallsvariablen** ist der gewichtete Mittelwert aller Werte $a_1, a_2, \ldots, a_n$, welche die Zufallsvariable annehmen kann. Statt E(X) ist auch die Bezeichnung μ üblich:

$$E(X) = \mu = a_1 \cdot P(X = a_1) + a_2 \cdot P(X = a_2) + \ldots + a_n \cdot P(X = a_n) = \sum_{i=1}^{n} a_i \cdot P(X = a_i).$$

Die **Varianz V(X) einer Zufallsvariablen** ist die mittlere quadratische Abweichung der Werte $a_1, a_2, \ldots, a_n$ der Zufallsvariable vom Erwartungswert der Zufallsvariable:

$$V(X) = (a_1 - \mu)^2 \cdot P(X = a_1) + (a_2 - \mu)^2 \cdot P(X = a_2) + \ldots + (a_n - \mu)^2 \cdot P(X = a_n)$$
$$= \sum_{i=1}^{n} (a_i - \mu)^2 \cdot P(X = a_i).$$

Dies kann auch notiert werden in der Form $\mathbf{V(X) = E((X - E(X))^2)}$ (= Erwartungswert der quadratischen Abweichungen vom Erwartungswert).

Die Quadratwurzel aus der Varianz heißt **Standardabweichung** σ der Zufallsvariable X:

$$\sigma = \sqrt{V(X)}.$$

Für besondere Wahrscheinlichkeitsverteilungen (wie beispielsweise die Binomialverteilung, vgl. J3) gibt es einfache Formeln zur Berechnung dieser Kenngrößen.

Beispiel *Glücksrad (Fortsetzung)*

$$E(X) = 0 \cdot P(X = 0) + 1 \cdot P(X = 1) + 2 \cdot P(X = 2) + 3 \cdot P(X = 3) = 0 \cdot \frac{4}{10} + 1 \cdot \frac{3}{10} + 2 \cdot \frac{2}{10} + 3 \cdot \frac{1}{10} = 1.$$

Der Erwartungswert der Zufallsvariable X: *Ausgezahlter Betrag (in €)* ist 1.

Ein Glücksspiel, bei dem die erwartete Auszahlung dem Spieleinsatz entspricht, wird als **fair** bezeichnet.

Ein fairer Einsatz für das Drehen des Glücksrads wäre also 1 €.

$$V(X) = \sum_{i=0}^{3} (i-1)^2 \cdot P(X = i) = (-1)^2 \cdot \frac{4}{10} + 0^2 \cdot \frac{3}{10} + 1^2 \cdot \frac{2}{10} + 2^2 \cdot \frac{1}{10} = 1, \quad \sigma = \sqrt{V(X)} = \sqrt{1} = 1.$$

Varianz und Standardabweichung sind bei diesem Glücksrad ebenfalls 1.

J3 Wesentliche Eigenschaften von BERNOULLI-Versuchen erläutern und Wahrscheinlichkeiten von Ereignissen mithilfe der BERNOULLI-Formel oder der Optionen eines TR bestimmen.

Ein Zufallsversuch wird als **BERNOULLI-Versuch** bezeichnet, wenn folgende Bedingungen erfüllt sind:

(1) Man entscheidet nur, ob ein bestimmtes Ergebnis („Erfolg") eintritt oder nicht („Misserfolg"), d. h., bei einem BERNOULLI-Versuch betrachtet man immer nur zwei mögliche Ausgänge.

(2) Ob auf einer Stufe ein Erfolg oder ein Misserfolg auftritt, hängt nicht von den Ergebnissen anderer Stufen ab, so dass sich bei einer Wiederholung des Versuchs die Wahrscheinlichkeit für einen Erfolg nicht verändert.

Die Erfolgswahrscheinlichkeit wird üblicherweise mit p bezeichnet; die Misserfolgswahrscheinlichkeit mit $q = 1 - p$.

Zu einem n-stufigen BERNOULLI-Versuch (BERNOULLI-Kette) gehört die Zufallsvariable X: *Anzahl der Erfolge*. Diese gibt also an, auf wie vielen Stufen des n-stufigen Zufallsversuchs ein Erfolg aufgetreten ist. Mögliche Werte der Zufallsvariable sind 0, 1, ..., n.

Das Baumdiagramm einer n-stufigen BERNOULLI-Kette enthält insgesamt 2^n Pfade, da es auf jeder der n Stufen jeweils zwei Verzweigungen gibt.

Die Wahrscheinlichkeitsverteilung der Zufallsvariable X: *Anzahl der Erfolge* wird als **Binomialverteilung** bezeichnet.

Die Wahrscheinlichkeit für genau k Erfolge in n Versuchen kann mithilfe der sog. **BERNOULLI-Formel** berechnet werden:
$P(X = k) = \binom{n}{k} \cdot p^k \cdot (1 - p)^{n-k}$.

Der Binomialkoeffizient $\binom{n}{k}$ („n über k") gibt die Anzahl der Möglichkeiten an, dass in insgesamt n Versuchen k Erfolge auftreten.

Für die Berechnung des Binomialkoeffizienten gilt:

$$\binom{n}{k} = \frac{n!}{k! \cdot (n-k)!} = \frac{n \cdot (n-1) \cdot \ldots \cdot (n-k+1)}{k \cdot (k-1) \cdot \ldots \cdot 2 \cdot 1}$$

Beispiel 1 *BERNOULLI-Ketten erkennen und berechnen*

Typische Zufallsversuche, die man als BERNOULLI-Versuche modellieren kann, sind

(1) Münzwürfe (dabei ist es egal, welche Seite man als Erfolg ansieht und ob die Münze evtl. gezinkt ist),

(2) Ziehen mit Zurücklegen aus einer Urne mit Kugeln oder einem gemischten Kartenstapel – es muss gewährleistet sein, dass vor jeder Ziehung die gleichen Voraussetzungen bestehen,

(3) mehrfaches Drehen eines Glücksrads,

(4) Werfen einer bestimmten Augenzahl mit einem Würfel.

Betrachtet man beim Würfeln z. B. das Auftreten der Augenzahl 6 als Erfolg, so gilt jedes der übrigen Würfelergebnisse als Misserfolg. Da der Würfel „kein Gedächtnis hat", geht man also davon aus, dass sich während des Würfelns die Erfolgswahrscheinlichkeit $p = \frac{1}{6}$ nicht verändert, d. h., es handelt sich also um einen BERNOULLI-Versuch.

Beim 5-fachen Würfeln ist die Zufallsvariable X: *Anzahl der Sechsen* binomialverteilt mit den Parametern $n = 5$ und $p = \frac{1}{6}$.

Die Wahrscheinlichkeit für $k = 0, 1, \ldots, 5$ Erfolge (Sechsen) ist $P(X = k) = \binom{5}{k} \cdot \left(\frac{1}{6}\right)^k \cdot \left(\frac{5}{6}\right)^{(5-k)}$.

$P(X = 0) = \binom{5}{0} \cdot \left(\frac{1}{6}\right)^0 \cdot \left(\frac{5}{6}\right)^5 - 0 = \left(\frac{5}{6}\right)^5 \approx 0{,}402$

$P(X = 1) = \binom{5}{1} \cdot \left(\frac{1}{6}\right)^1 \cdot \left(\frac{5}{6}\right)^4 = 5 \cdot \frac{1}{6} \cdot \left(\frac{5}{6}\right)^4 \approx 0{,}402$

$P(X = 2) = 10 \cdot \frac{1}{36} \cdot \left(\frac{5}{6}\right)^3 \approx 0{,}161$

$P(X = 3) = \binom{5}{3} \cdot \left(\frac{1}{6}\right)^3 \cdot \left(\frac{5}{6}\right)^2 \approx 0{,}032$

$P(X = 4) = \binom{5}{4} \cdot \left(\frac{1}{6}\right)^4 \cdot \left(\frac{5}{6}\right)^1 \approx 0{,}0032$

$P(X = 5) = \binom{5}{5} \cdot \left(\frac{1}{6}\right)^5 \cdot \left(\frac{5}{6}\right)^0 = \left(\frac{1}{6}\right)^5 \approx 0{,}00013$

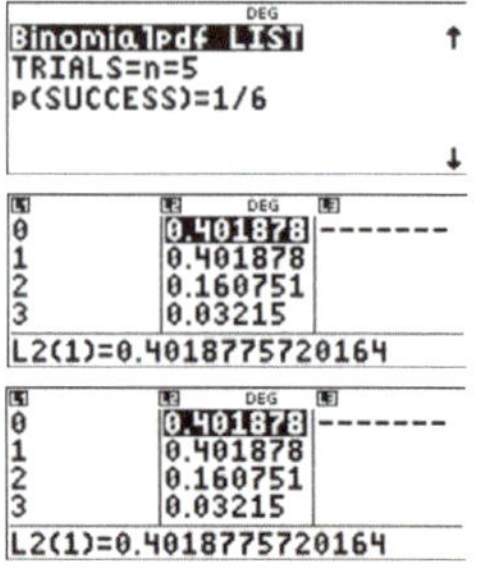

Zeichnet man ein vollständiges Baumdiagramm zu diesem 5-stufigen BERNOULLI-Versuch, dann besteht dieses aus $2^5 = 32$ Pfaden. Davon enthalten z. B. $\binom{5}{2} = 10$ der 32 Pfade genau zweimal eine „6“ (nämlich auf den Stufen (1 und 2) oder (1 und 3) oder (1 und 4) oder (1 und 5) oder (2 und 3) oder (2 und 4) oder (2 und 5) oder (3 und 4) oder (3 und 5) oder (4 und 5).

Beispiel 2 *Wahrscheinlichkeiten bei Binomialverteilungen mit dem GTR bestimmen*

Bei Menschen unterscheidet man die Blutgruppen 0, A, B sowie AB. In Deutschland haben etwa 41 % der Menschen Blutgruppe 0 und gelten damit als „Universal-Spender“.

An einem Aktionstag kommen 80 Spender in ein Blutspendezentrum, was wie folgt als 80-stufiger BERNOULLI-Versuch modelliert werden kann: Die Zufallsvariable X: *Anzahl der Blutspender mit Blutgruppe 0* kann als binomialverteilt angesehen werden mit den Parametern $n = 80$ und $p = 0{,}41$.

Die Berechnung der Wahrscheinlichkeiten verschiedener Ereignisse kann mit dem TR erfolgen:

- Genau 25 Spender haben Blutgruppe 0:
  $P(X = 25) \approx 1{,}9\,\%$

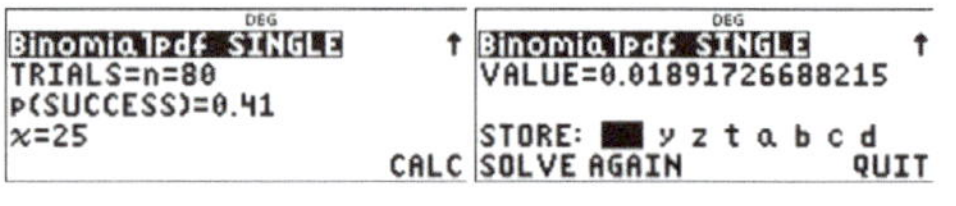

- Höchstens 20 Spender haben Blutgruppe 0:
  $P(X \leq 20) \approx 0{,}2\,\%$

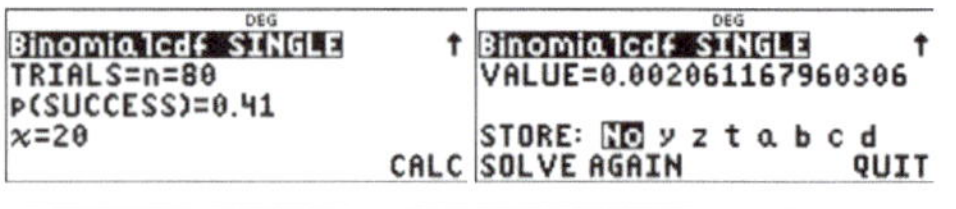

- Mindestens 30 Spender haben Blutgruppe 0:
  $P(X \geq 30) \approx 77{,}2\,\%$

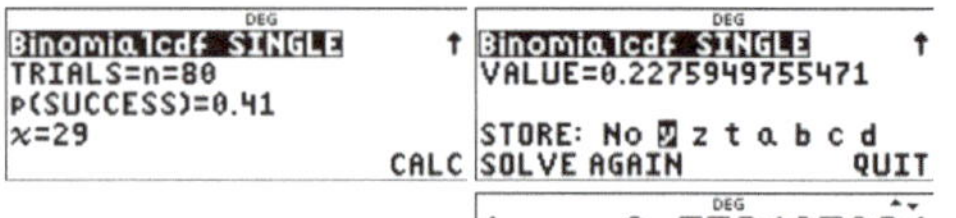

- Mehr als 31, aber weniger als 39 Spender haben Blutgruppe 0: $P(31 < X < 39) = P(32 \leq X \leq 38) \approx 51{,}6\,\%$

Hinweis: Eine Modellierung mithilfe einer Binomialverteilung könnte in diesem Beispiel problematisch sein, wenn man nicht ausschließen kann, dass unter den erfassten Personen auch miteinander verwandte Personen sind, die – nicht zufällig – gleiche Blutgruppen besitzen.

Beispiel 3 *Modellierungen unter Verwendung des Binomialmodells*

Im Sachzusammenhang muss stets geprüft werden, ob bei einem Vorgang eventuell ein *Ziehen ohne Zurücklegen* vorliegt:
Beim Ziehen aus einer Lostrommel mit n Losen, von denen k Gewinne sind, verändert sich nach jeder Ziehung die Anzahl der Lose und der Anteil der Gewinnlose. In einem Baumdiagramm wird dies dadurch deutlich, dass sich die Wahrscheinlichkeiten auf jeder Stufe ändern. Die Modellierung muss hier mithilfe der sog. **hypergeometrischen Verteilung** erfolgen (Beispiel für die Berechnung der Wahrscheinlichkeiten s. u.).
Wenn jedoch das Verhältnis Umfang der Grundgesamtheit zum Umfang der Stichprobe groß ist, können Wahrscheinlichkeiten näherungsweise mithilfe des Modells *Ziehen mit Zurücklegen*, also mit einem Binomialansatz, berechnet werden.

Man gewinnt bei einem Glücksrad mit Wahrscheinlichkeit $p = 0{,}1$. X: *Anzahl der Gewinne* (Modell: Binomialverteilung)	2 von 20 Losen sind Gewinnlose (also 10 %), $n = 3$ Lose werden gekauft X: *Anzahl der Gewinne* (Ziehen ohne Zurücklegen)	20 von 200 Losen sind Gewinnlose (also 10 %), $n = 3$ Lose werden gekauft X: *Anzahl der Gewinne* (Ziehen ohne Zurücklegen)
$P(X = 0) \approx 72{,}9\%$	$P(X = 0) \approx 71{,}6\%$ *)	$P(X = 0) \approx 72{,}8\,\%$
$P(X = 1) \approx 24{,}3\%$	$P(X = 1) \approx 26{,}8\%$ *)	$P(X = 1) \approx 24{,}5\,\%$
$P(X = 2) \approx 2{,}7\%$	$P(X = 2) \approx 1{,}6\%$ *)	$P(X = 2) \approx 2{,}6\,\%$
$P(X = 3) \approx 0{,}1\%$	$P(X = 3) = 0$	$P(X = 3) \approx 0{,}09\,\%$

*) $P(X = 0) = \frac{\binom{2}{0} \cdot \binom{18}{3}}{\binom{20}{3}} = \frac{1 \cdot 816}{1140} \approx 0{,}716;$ $\quad P(X = 1) = \frac{\binom{2}{1} \cdot \binom{18}{2}}{\binom{20}{3}} = \frac{2 \cdot 816}{1140} \approx 0{,}268;$

$P(X = 2) = \frac{\binom{2}{2} \cdot \binom{18}{1}}{\binom{20}{3}} = \frac{1 \cdot 18}{1140} \approx 0{,}016$

J4 Mindestwerte von n bzw. von p zu einer vorgegebenen Mindestwahrscheinlichkeit ermitteln.

Häufig interessiert man sich für Fragestellungen der folgenden Art:

(1) Wie oft muss ein BERNOULLI-Versuch mindestens durchgeführt werden, damit mit einer Mindestwahrscheinlichkeit M mindestens ein Erfolg eintritt?

(2) Wie groß muss die Erfolgswahrscheinlichkeit p eines BERNOULLI-Versuchs mindestens sein, damit in n Versuchen mit einer Mindestwahrscheinlichkeit M mindestens ein Erfolg eintritt?

(3) Wie oft muss ein BERNOULLI-Versuch mindestens durchgeführt werden, damit mit einer Mindestwahrscheinlichkeit M mindestens k Erfolge eintreten?

Als Ansatz für die Lösung der Fragestellungen (1) und (2) wird die Komplementärregel H1 angewandt:
Das Gegenereignis von *Mindestens ein Erfolg* ist das Ereignis *Kein Erfolg*, d. h., statt der Wahrscheinlichkeit $P(X \geq 1)$ wird $P(X = 0) = (1 - p)^n = q^n$ betrachtet.
Aus $P(X \geq 1) \geq M$, also $1 - P(X = 0) \geq M$ und somit $(1 - p)^n \leq 1 - M$ folgt

bei (1): $n \geq \frac{\log(1 - M)}{\log(1 - p)}$ und bei (2): $p \geq 1 - \sqrt[n]{1 - M}$.

Aufgaben vom Typ (3) müssen durch systematische Suche mithilfe des TR gelöst werden.

Beispiel 1 *Mindestversuchszahl n für mindestens einen Erfolg*

Eine ältere Maschine arbeitet nicht mehr ganz präzise, so dass 3% der Werkstücke mit Mängeln behaftet sind. Gesucht ist die Anzahl an Werkstücken, die mindestens geprüft werden muss, um mit mindestens M = 99%iger Wahrscheinlichkeit mindestens ein mangelhaftes Werkstück zu finden.

X: *Anzahl der mangelhaften Werkstücke* ist binomialverteilt mit $p = 0{,}03$ und es soll gelten $P(X \geq 1) \geq 0{,}99$.

Durch Anwenden der Komplementärregel wird hieraus $P(X = 0) = (1 - p)^n \leq 0{,}01 = 1 - M$, also $n \geq \frac{\log(0{,}01)}{\log(0{,}97)} \approx 151{,}2$. Dabei spielt es keine Rolle, welche Logarithmusfunktion verwendet wird.

Antwort: Es müssen also mindestens 152 Werkstücke geprüft werden, um mit mindestens 99%iger Wahrscheinlichkeit mindestens ein mangelhaftes Werkstück zu finden.
Der TR bietet als Lösungsmöglichkeiten die Berechnung mithilfe der Logarithmen oder mithilfe der Wertetabelle der Funktion $f(x) = 0{,}97^x$:

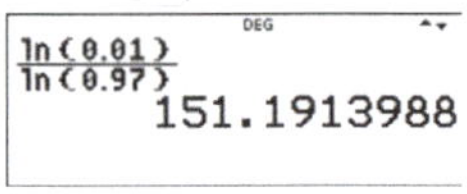

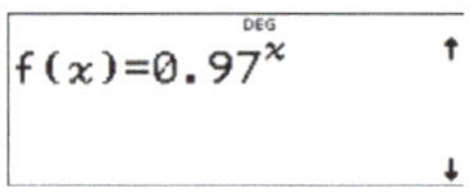

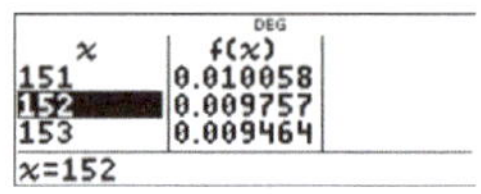

Beispiel 2 *Mindesterfolgswahrscheinlichkeit p für mindestens einen Erfolg*

Überraschungskalender mit 24 Türchen werden industriell zufällig mit Täfelchen verschiedener Schokoladensorten befüllt. Gesucht ist die Mindesterfolgswahrscheinlichkeit p, mit der eine bestimmte Sorte in dem Vorratsbehälter enthalten sein muss, damit diese Sorte mit mindestens M = 95 %iger Wahrscheinlichkeit mindestens einmal im Kalender zu finden ist.
X: *Anzahl der Schokotäfelchen einer bestimmten Sorte* ist binomialverteilt mit $n=24$, $P(X \geq 1) \geq 0{,}95$.

Mit der Komplementärregel ist $P(X = 0) = (1 - p)^n \leq 0{,}05 = 1 - M$, also $p \geq 1 - \sqrt[24]{0{,}05} \approx 11{,}73\,\%$.

In dem Vorratsbehälter, aus dem die Schokotäfelchen zufällig zum Füllen der Überraschungskalender entnommen werden, muss die bestimmte Sorte also mindestens mit einem Anteil von 11,8 % enthalten sein, damit mit mindestens 95%iger Wahrscheinlichkeit mindestens ein Schokotäfelchen der Sorte im 24er-Kalender zu finden ist.

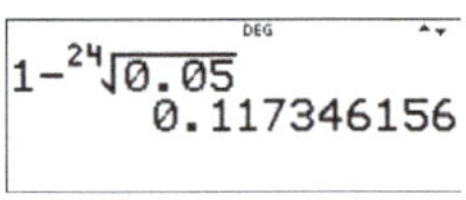

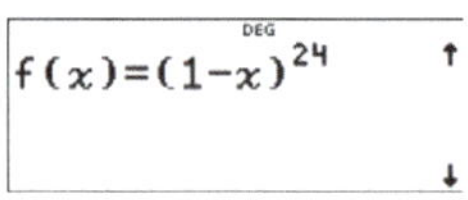

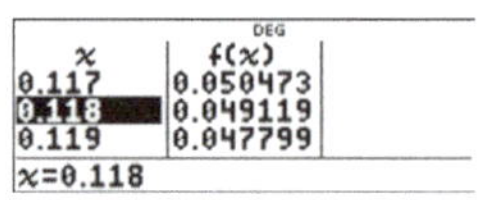

Beispiel 3 *Berechnung für mindestens k Erfolge*

Für eine Erhebung werden 500 Personen benötigt; erfahrungsgemäß sind jedoch nur 75 % der befragten Personen zu Auskünften bereit. Gesucht ist die Anzahl der Personen, die befragt werden sollte, um mit mindestens M = 95%iger Wahrscheinlichkeit mindestens 500 auskunftsbereite Personen zu finden.

X: *Anzahl auskunftsbereiter Personen* ist binomialverteilt mit
$p = 0{,}75$; $k \geq 500$; $P_n(X \geq 500) \geq 0{,}95 = M$.

Durch aufwendiges, systematisches Probieren findet man heraus:
$P_{n=691}(X \geq 500) \approx 0{,}949 < 0{,}95$ und $P_{n=692}(X \geq 500) \approx 0{,}955 > 0{,}95$.

Es müssen also mindestens 692 Personen befragt werden.

J5 Die Kenngrößen Erwartungswert, Varianz und Standardabweichung einer binomialverteilten Zufallsvariablen berechnen.

Die Verteilung einer binomialverteilten Zufallsvariable X: *Anzahl der Erfolge* wird durch die Kenngrößen Erwartungswert E(X), Varianz V(X) und Standardabweichung σ charakterisiert. Die Berechnung dieser Kenngrößen kann mithilfe einfacher Formeln erfolgen:

$E(X) = \mu = n \cdot p, \qquad V(X) = \sigma^2 = n \cdot p \cdot (1 - p)$, also $\sigma = \sqrt{n \cdot p \cdot (1 - p)}$.

Die Standardabweichung ist ein Maß für die Streuung der Werte um den Erwartungswert. Im Vergleich zur Versuchszahl n wächst σ weniger stark (nämlich mit $\sqrt{n}$) an, d. h., bei einer Vervierfachung der Versuchszahl wird die „Breite" der Streuung nur etwa doppelt so breit.

Beispiel 1 *Berechnung der Kenngrößen einer binomialverteilten Zufallsvariable*

Beim 100-fachen Münzwurf zählt die Zufallsvariable X: *Anzahl der Wappen*.
X ist also binomialverteilt mit n = 100 und p = 0,5. Es gilt also:

$E(X) = \mu = n \cdot p = 100 \cdot 0{,}5 = 50;\ \ V(X) = n \cdot p \cdot (1 - p) = 100 \cdot 0{,}5 \cdot 0{,}5 = 25;\ \ \sigma = \sqrt{25} = 5.$

Die Wahrscheinlichkeit, dass die Anzahl der Wappen um höchstens zwei Standardabweichungen vom Erwartungswert abweicht, beträgt:
$P(\mu - 2\sigma \leq X \leq \mu + 2\sigma) = P(40 \leq X \leq 60) \approx 0{,}9648.$

Hinweis: Falls σ > 3, darf nach der sog. **Laplace-Faustregel** auch die Normalverteilung zur Approximation der Binomialverteilung genutzt werden (vgl. J7).

Beispiel 2 *Bestimmung der Parameter n und p einer Binomialverteilung aus gegebenen Kenngrößen μ und σ*

Aus den Angaben über die Kenngrößen einer Binomialverteilung μ = 25,2 und σ = 17,64 kann man die zugrundeliegenden Parameter n und p erschließen:

Aus $\mu = n \cdot p$ und $\sigma = n \cdot p \cdot (1 - p) = \mu \cdot (1 - p)$ folgt $\frac{\sigma}{\mu} = \frac{17{,}64}{25{,}2} = 0{,}7 = 1 - p$, also $p = 0{,}3$,
und weiter $n = \frac{\mu}{p} = \frac{25{,}2}{0{,}3} = 84.$

K1 Prognosen im Hinblick auf zu erwartende absolute Häufigkeiten treffen und damit die Signifikanz von Abweichungen bewerten.

Beim sogenannten **Schluss von der Gesamtheit auf die Stichprobe** ist der Anteil in der Gesamtheit (d. h. die Erfolgswahrscheinlichkeit für einen auszuführenden BERNOULLI-Versuch) bekannt. Es soll eine Schätzung (Prognose) gemacht werden, welche Ergebnisse in der Stichprobe (d. h. bei wiederholter Durchführung des Zufallsversuchs) auftreten werden.

- **Punktschätzung**: Der Erwartungswerts $\mu = n \cdot p$ wird bestimmt; er gibt die zu erwartende Anzahl von Erfolgen an.
- **Intervallschätzung**: Eine symmetrische Umgebung um den Erwartungswert wird bestimmt, in der die zu erwartete Anzahl von Erfolgen mit großer Sicherheit liegen wird. Hierzu können der TR oder die Sigma-Regeln (siehe J7) genutzt werden. In der Regel wird eine Sicherheitswahrscheinlichkeit von 95 % gewählt.

Stichprobenergebnisse, die innerhalb der 95 %-Umgebung von μ liegen, bezeichnet man als **verträglich mit p**. Ergebnisse, die außerhalb der 95 %-Umgebung von μ liegen, bezeichnet man als **signifikant abweichend.** Die Komplementärwahrscheinlichkeit zur Sicherheitswahrscheinlichkeit (beispielsweise 95 %) wird als **Signifikanzniveau** (also 5 %) bezeichnet.

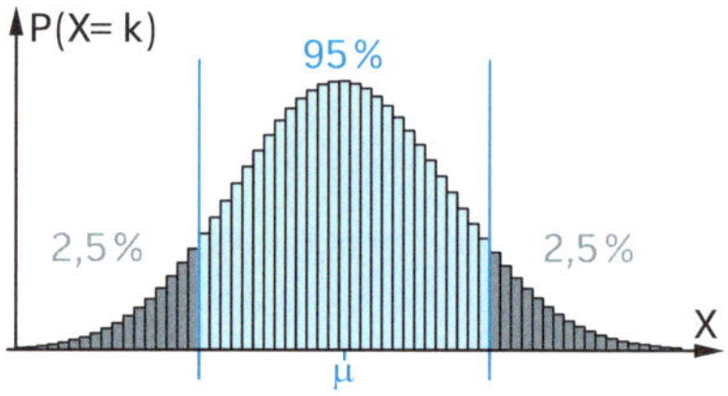

Hinweis: An späterer Stelle werden auch Stichprobenergebnisse betrachtet, die vom Erwartungswert *signifikant nach oben* bzw. signifikant nach unten abweichen. Damit sind Ergebnisse gemeint, die einem Bereich am oberen bzw. am unteren Ende der Binomialverteilung liegen, vgl. die beiden folgenden Grafiken.

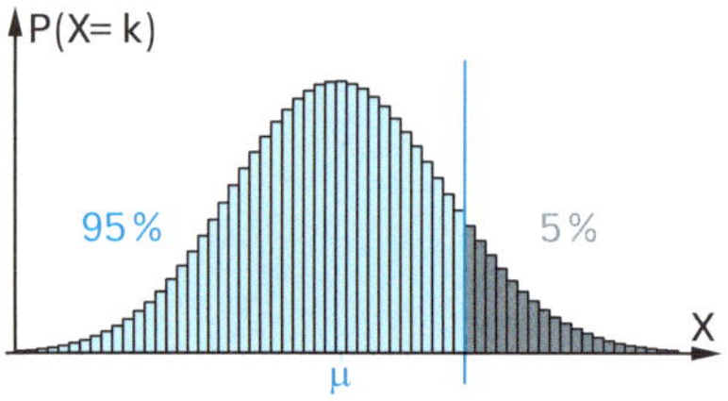

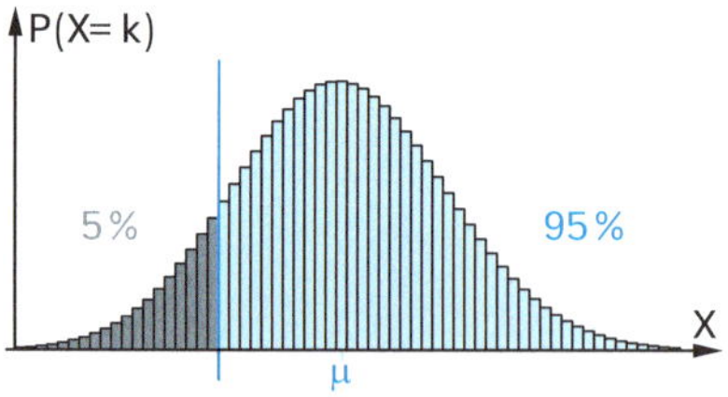

Beispiel *Schätzung absoluter Häufigkeiten*

Für den 500-fachen Münzwurf ($n = 500$, $p = 0{,}5$) gilt:

Punktschätzung: $\mu = n \cdot p = 500 \cdot 0{,}5 = 250$. Wir erwarten, dass ca. 250-mal Wappen auftritt.

Intervallschätzung: Mithilfe der Wahrscheinlichkeitsverteilung der Zufallsgröße X: *Anzahl Wappen* ermitteln wir die 95 %-Umgebung um den Erwartungswert:
Dazu suchen wir diejenigen Schwellenwerte, bei denen in der kumulierten Binomialverteilung die Wahrscheinlichkeit von 2,5 % bzw. von 97,5 % überschritten wird.

k	P(X≤k)	
227	0,022032	< 2,5 %
228	0,027185	> 2,5 %
…		
271	0,972815	< 97,5 %
272	0,97796	> 97,5 %

Damit das Schätzintervall eine Wahrscheinlichkeit von *mindestens* 95 % umfasst, muss als untere Grenze $k_u = 228$ gewählt werden und als obere Grenze $k_o = 272$. Die Bereiche unterhalb von k_u ($k = 0, 1, ..., 227$) bzw. oberhalb von k_o ($k = 273, 274, ..., 500$) haben *insgesamt* eine Wahrscheinlichkeit von *höchstens* 5 %.

Signifikante Abweichung: Wenn in 500 Münzwürfen weniger als 228-mal Wappen oder mehr als 272-mal Wappen auftritt, dann ist dieses ein signifikant abweichendes Ergebnis.

Anwendung der Sigma-Regeln:
Wenn in 500 Münzwürfen die Anzahl der Wappen kleiner ist als 228 oder größer ist als 272, dann liegt ein von *p = 0,5 signifikant abweichendes* Ergebnis vor.
Um die o. a. Schwellenwerte zu bestimmen, können auch die Sigma-Regeln verwendet werden. Es gilt:

$\sigma = \sqrt{500 \cdot 0{,}5 \cdot 0{,}5} \approx 11{,}18$; $\quad 1{,}96\,\sigma \approx 21{,}91$,
also $P(\mu - 1{,}96\,\sigma \leq X \leq \mu + 1{,}96\,\sigma) \approx P(228{,}09 \leq X \leq 271{,}91) \approx 95\,\%$.

Da es sich bei den Sigma-Regeln um Faustregeln handelt, muss man die so bestimmten Schwellenwerte noch überprüfen. Dabei ist man auf der sicheren Seite, wenn man diese Intervallgrenzen nach außen rundet, sodass mindestens 95% der Stichprobenergebnisse im Schätzintervall liegen.

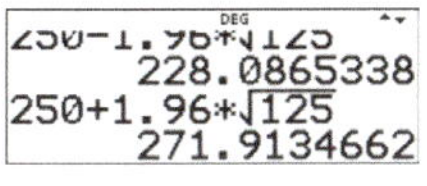

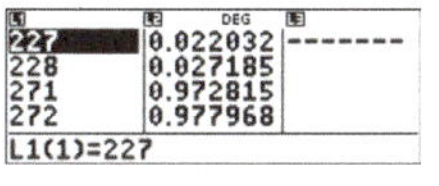

K2 Mithilfe einer Entscheidungsregel von der Stichprobe auf die Gesamtheit schließen.

Eine **Entscheidungsregel** ist eine Vorschrift, durch die angegeben wird, wie ein Stichprobenergebnis hinsichtlich der zugrundeliegenden Erfolgswahrscheinlichkeit zu bewerten ist.

Dabei unterscheidet man *zweiseitige* und *einseitige* Entscheidungsregeln; im ersten Fall werden *zwei* kritische Werte (Schwellenwerte) festgelegt, im zweiten Fall *ein* kritischer Wert.

- Weicht ein Stichprobenergebnis **signifikant** vom Erwartungswert ab, dann geht man zukünftig davon aus, dass der Anteil p in der Gesamtheit nicht so ist wie vermutet.
- Im anderen Fall hält man das Stichprobenergebnis für **mit p verträglich**, sieht sich also nicht veranlasst, an einer bestimmten Zusammensetzung der Grundgesamtheit zu zweifeln.

Mithilfe einer solchen Entscheidungsregel schließt man also vom Ergebnis einer Stichprobe auf die Gesamtheit, die dem Zufallsversuch zugrunde liegt.

Beispiel 1 *Überprüfen, ob ein Anteil sich verändert hat (zweiseitige Fragestellung)*

Im vergangenen Jahr hatte ein bestimmter Autohersteller einen Marktanteil von 24 %. Um zu überprüfen, ob in diesem Jahr eine Veränderung eingetreten ist, sollen die nächsten 500 Neuzulassungen ausgewertet werden. Eine Entscheidungsregel könnte lauten:

Wenn in der Stichprobe vom Umfang n = 500 weniger als 102 oder mehr als 139 neu zugelassene Fahrzeuge des Autoherstellers sind, dann kann man davon ausgehen, dass sich der

Marktanteil des Herstellers verändert hat; andernfalls sieht man keinen Anlass, den Marktanteil von 24 % in Frage zu stellen.

$a \le X \le b$	$P(a \le X \le b)$	
$0 \le X \le 101$	0,02473	< 0,025
$0 \le X \le 102$	0,03174	> 0,025
$0 \le X \le 138$	0,97221	< 0,975
$0 \le X \le 139$	0,97808	> 0,975
$102 \le X \le 139$	0,95335	> 0,95

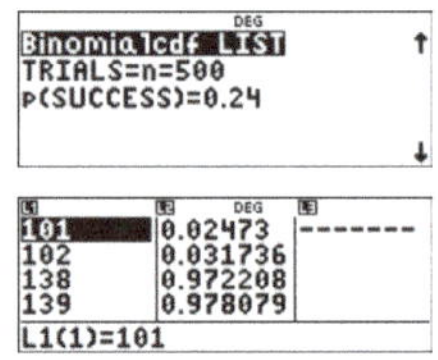

Stichprobenergebnisse innerhalb des Intervalls [102 ; 139] werden als verträglich mit $p = 0{,}24$ angesehen, Ergebnisse außerhalb des Intervalls als signifikant abweichend vom Erwartungswert $\mu = 120$.

Beispiel 2 *Überprüfen, ob eine Maßnahme notwendig ist (einseitige Fragestellung)*

Ein Unternehmen strebt für ihre Produkte einen Bekanntheitsgrad in der Bevölkerung von mindestens 50 % an. Die Firmenleitung überlegt daher, ob eine Imagekampagne durchgeführt werden soll. Als Entscheidungsregel wird festgelegt:

Wenn von 800 zufällig ausgewählten Personen weniger als 377 das Produkt kennen, soll eine besondere Imagekampagne durchgeführt werden; andernfalls hält man diese für überflüssig.

Wenn der Bekanntheitsgrad p in der Bevölkerung (genau) gleich 50 % ist, dann erwartet man, dass ca. 400 das Produkt kennen, und das Ereignis $0 \le X \le 376$ tritt nur mit einer Wahrscheinlichkeit von 4,8 % ein. Stichprobenergebnisse im Intervall [0 ; 376] sind dann also signifikant nach unten abweichend vom Erwartungswert $\mu = 400$.

Wenn der Bekanntheitsgrad p etwas größer ist, z. B. $p = 0{,}51$, dann beträgt die Wahrscheinlichkeit für das Ereignis $0 \le X \le 376$ sogar nur 1,3 %.

Es gilt: Je größer der tatsächliche Bekanntheitsgrad ist, desto geringer ist diese Wahrscheinlichkeit. Ergebnisse oberhalb von 376 gelten daher als verträglich mit $p \ge 0{,}5$.

K3 Mögliche Fehler bei der Anwendung einer Entscheidungsregel beschreiben und zugehörige Wahrscheinlichkeiten bestimmen können.

Wendet man eine (vorgegebene) Entscheidungsregel an, dann können Fehler auftreten.

Fehler 1. Art: Das Stichprobenergebnis weicht zufällig signifikant vom Erwartungswert ab, obwohl dem Zufallsversuch die angegebene Erfolgswahrscheinlichkeit p zugrunde liegt. Gemäß der Entscheidungsregel geht man im Folgenden fälschlicherweise davon aus, dass dem Zufallsversuch die angegebene Erfolgswahrscheinlichkeit p *nicht* zugrunde liegt.
Die Wahrscheinlichkeit α, dass zufällig eine solche signifikante Abweichung vorliegt, obwohl die angegebene Erfolgswahrscheinlichkeit richtig ist, ist daher höchstens so groß wie das vorgegebene Signifikanzniveau.

Fehler 2. Art: Das Stichprobenergebnis weicht zufällig nicht signifikant vom Erwartungswert ab. Dann sieht man sich gemäß der Entscheidungsregel fälschlicherweise nicht veranlasst daran zu zweifeln, dass dem Zufallsversuch die angegebene Erfolgswahrscheinlichkeit p zugrunde liegt.

Die Wahrscheinlichkeit β für einen Fehler 2. Art kann man nur berechnen, wenn die tatsächliche Erfolgswahrscheinlichkeit p bekannt ist.

Beispiel 1 *(Forts.) Überprüfen, ob ein Anteil sich verändert hat (zweiseitige Fragestellung)*

Liegt dem Zufallsversuch tatsächlich eine Erfolgswahrscheinlichkeit von $p = 0{,}24$ zugrunde, dann hat der Bereich zwischen den kritischen Werten $k_u = 102$ und $k_o = 139$ eine Wahrscheinlichkeit von $P(102 \leq X \leq 139) \approx 0{,}953$.

Aufgrund der Entscheidungsregel kann es daher mit einer Wahrscheinlichkeit von $\alpha \approx P(X < 102) + P(X > 139) \approx 0{,}0247 + 0{,}0219 \approx 4{,}7\,\% \leq 5\,\%$ zu einem Fehler 1. Art kommen: Liegt das Stichprobenergebnis im Intervall $[0; 101]$ *oder* im Intervall $[140; 500]$, dann geht man fälschlicherweise davon aus, dass der Marktanteil sich verändert hat, obwohl dies nicht der Fall ist.

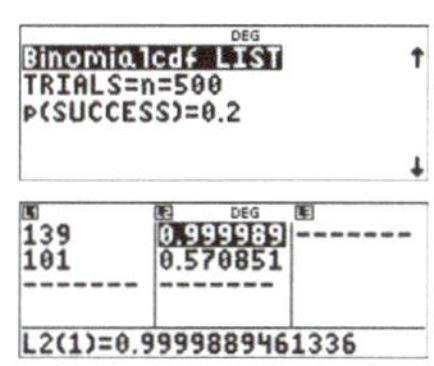

Beträgt der tatsächliche Marktanteil beispielsweise $p = 0{,}2$, dann ist die Wahrscheinlichkeit β für einen Fehler 2. Art, also dafür, dass das Stichprobenergebnis *nicht* signifikant abweicht, gleich $\beta = P_{p=0{,}2}(102 \leq X \leq 139) \approx 42{,}9\,\%$. Obwohl also der Marktanteil nicht 24 % beträgt, sieht man fälschlicherweise keinen Anlass, daran zu zweifeln.

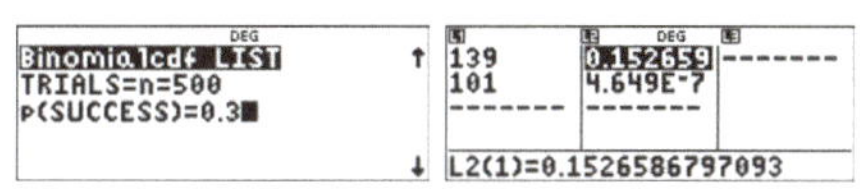

Analog ergibt sich im Fall, dass der Marktanteil beispielsweise bei $p = 0{,}3$ liegt, die Wahrscheinlichkeit $\beta = P_{p=0{,}3}(102 \leq X \leq 139) \approx 15{,}3\,\%$.

Beispiel 2 *(Forts.) Überprüfen, ob eine Maßnahme notwendig ist (einseitige Fragestellung)*

Wenn der Bekanntheitsgrad p in der Bevölkerung (genau) 50 % beträgt, dann kommt dem Bereich $0 \leq X \leq 376$ eine Wahrscheinlichkeit von $\alpha \approx 4{,}8\,\%$ zu. Wenn der Bekanntheitsgrad p größer als 50 % ist, dann ist diese Wahrscheinlichkeit sogar noch kleiner (s. o.).

Aufgrund der Entscheidungsregel kommt es daher mit einer Wahrscheinlichkeit von *höchstens* 4,8 % (also $\alpha \leq 0{,}048$) zu einem Fehler 1. Art: Wenn in der Stichprobe weniger als 377 das Produkt kennen, geht man fälschlicherweise davon aus, dass der Bekanntheitsgrad kleiner ist als 50 %, und führt eine Imagekampagne durch, obwohl diese nicht notwendig ist.

Ist der tatsächliche Bekanntheitsgrad beispielsweise $p = 0{,}45$, dann ist die Wahrscheinlichkeit β für einen Fehler 2. Art, also dafür, dass das Stichprobenergebnis zufällig im Intervall [377 ; 800] liegt, immerhin noch gleich 12,1 %. Obwohl der Bekanntheitsgrad geringer ist als 50 %, sieht man fälschlicherweise keinen Anlass für eine notwendige Imagekampagne.

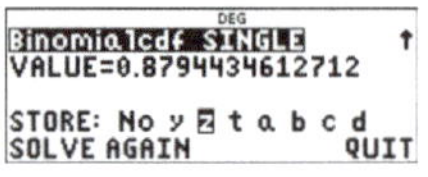

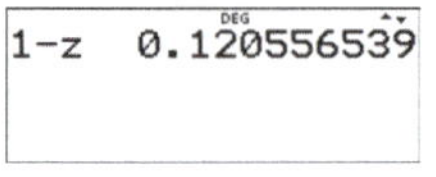

K4 Die prinzipielle Vorgehensweise bei einem einseitigen Hypothesentests erläutern (Standpunkt klären, Annahme- und Verwerfungsbereich bestimmen, Entscheidungsregeln festlegen).

Beim einseitigen Hypothesentest wird nicht gefragt, ob ein Stichprobenergebnis vom Erwartungswert nach oben *oder* nach unten signifikant abweicht (vgl. K4). Man betrachtet also nicht die Alternativen $p = p_0$ gegen $p \neq p_0$, sondern stellt als Alternativen gegeneinander:

$p < p_0$ gegen $p \geq p_0$ oder $p > p_0$ gegen $p \leq p_0$.

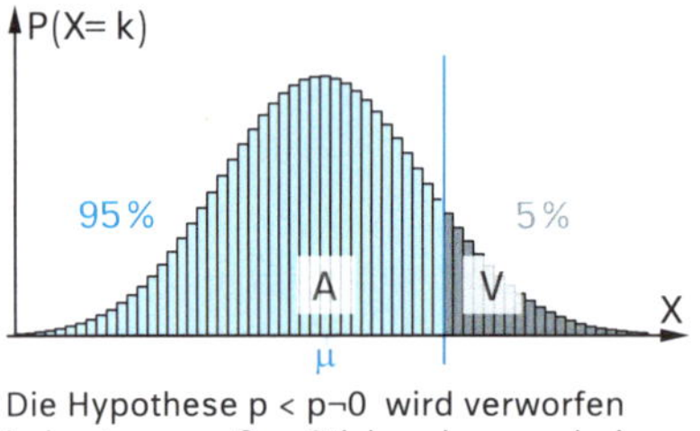

Die Hypothese p < p¬0 wird verworfen bei extrem großen Stichprobenergebnissen.

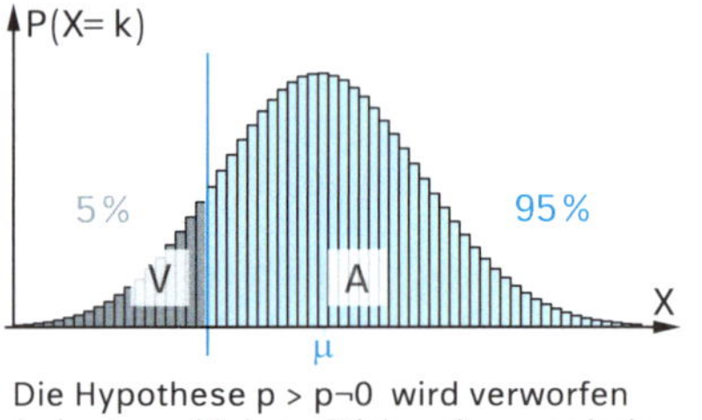

Die Hypothese p > p¬0 wird verworfen bei extrem kleinen Stichprobenergebnissen

Wenn ein Stichprobenergebnis im **Annahmebereich A** einer Hypothese liegt, dann sieht man keinen Grund, die Hypothese zu verwerfen. Liegt das Ergebnis außerhalb der Umgebung des Erwartungswerts, dem sog. **Verwerfungsbereich V** der Hypothese, dann bezweifelt man die Richtigkeit der Hypothese und verwirft sie. Ist der Verwerfungsbereich der Hypothese bestimmt, kann man entsprechend die **Entscheidungsregel** formulieren.

Grundsätzlich können zu einem Sachverhalt zwei gegensätzliche Standpunkte eingenommen werden, die zu unterschiedlichen Hypothesen gehören und somit zu unterschiedlichen Entscheidungsregeln führen. Wenn man einen Standpunkt hat, der den eigenen Interessen entspricht, ist das Vorgehen klar. Wenn man unbedingt eine bestimmte Hypothese „statistisch beweisen" will, geht man vom logischen Gegenteil dieser Hypothese aus und testet diese.

Von einem gewählten Standpunkt geht man nur ab, wenn in der Kontrollstichprobe extreme Ergebnisse auftreten. Was *extrem* ist, wird durch die (vorgegebene) Wahrscheinlichkeit α für einen Fehler 1. Art festgelegt.

Anders als beim zweiseitigen Hypothesentest bestimmt man zunächst den Verwerfungsbereich, also diejenigen Stichprobenergebnisse, die man als *extrem abweichend* ansieht. Hieraus ergibt sich dann der Annahmebereich als Restmenge und die Entscheidungsregel.

Beispiel 1

Verlernen Jugendliche die ursprünglich angeborene Linkshändigkeit? Von 6- bis 10-jährigen Kindern weiß man, dass etwa 11 % bevorzugt die linke Hand benutzen.

1. möglicher Standpunkt: $p < 0{,}11$ – man geht davon aus, dass der Anteil abgenommen hat; von diesem Standpunkt lässt man sich nur abbringen, wenn in der Kontrollstichprobe *extrem große* Anteile von Linkshändern vorkommen.
2. möglicher Standpunkt: $p \geq 0{,}11$ – man geht davon aus, dass der Anteil gleich geblieben oder sogar größer geworden ist; von diesem Standpunkt lässt man sich nur abbringen, wenn in der Kontrollstichprobe *extrem kleine* Anteile von Linkshändern vorkommen.

Test der Hypothese H_0: $p < 0{,}11$
Für eine Stichprobe vom Umfang $n = 1000$ und $p = 0{,}11$ sind bzgl. eines Signifikanzniveaus von 5 % alle Stichprobenergebnisse als extrem anzusehen, die oberhalb von $k = 126$ liegen, denn $P(X > 126) = 1 - P(X \leq 126) \approx 0{,}0499 \leq 0{,}05$.

Für kleinere Werte von p, beispielsweise für $p = 0{,}105$, ist die Wahrscheinlichkeit für den Verwerfungsbereich $V = [127\,;1000]$ kleiner als 5 %.

Die Entscheidungsregel lautet also:
Verwirf die Hypothese $p < 0{,}11$, falls in der Stichprobe mehr als 126 Jugendliche sind, die bevorzugt ihre linke Hand benutzen.

Fehler 1. Art: Das Stichprobenergebnis liegt zufällig im Verwerfungsbereich, obwohl der Anteil der Linkshänder abgenommen hat. Die Wahrscheinlichkeit α für einen Fehler 1. Art ergibt sich aus dem Signifikanzniveau: $\alpha \leq 0{,}05$.

Fehler 2. Art: Das Stichprobenergebnis liegt zufällig im Annahmebereich $A = [0\,;126]$, obwohl der Anteil der Linkshänder nicht abgenommen hat.
Wenn der tatsächliche Anteil beispielsweise $p = 0{,}12$ beträgt, dann ergibt sich für die Wahrscheinlichkeit eines Fehlers 2. Art: $\beta = P(0 \leq X \leq 126) \approx 73{,}9\,\%$.

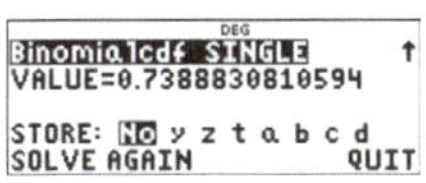

Test der Hypothese H_0: $p \geq 0{,}11$
Für eine Stichprobe vom Umfang $n = 1000$ und $p = 0{,}11$ sind bzgl. eines Signifikanzniveaus von $\alpha \leq 5\,\%$ alle Stichprobenergebnisse als extrem anzusehen, die unterhalb von $k = 94$ liegen, denn $P(X < 94) = P(0 \leq X \leq 93) \approx 0{,}0452 < 0{,}05$.

Für größere Werte von p, beispielsweise $p = 0{,}115$, ist die Wahrscheinlichkeit für den Verwerfungsbereich $V = [0\,;\,93]$ kleiner als $\alpha = 0{,}05$.

Die Entscheidungsregel lautet also:
Verwirf die Hypothese $p \geq 0{,}11$, falls in der Stichprobe weniger als 94 Jugendliche sind, die bevorzugt ihre linke Hand benutzen.

Fehler 1. Art: Das Stichprobenergebnis liegt zufällig im Verwerfungsbereich, obwohl der Anteil der Linkshänder gleichgeblieben oder sogar zugenommen hat. Die Wahrscheinlichkeit α für einen Fehler 1. Art ergibt sich aus dem Signifikanzniveau: $\alpha \leq 0{,}05$.

Fehler 2. Art: Das Stichprobenergebnis liegt zufällig im Annahmebereich $A = [94; 1000]$, obwohl der Anteil der Linkshänder abgenommen hat.

Wenn der tatsächliche Anteil beispielsweise $p = 0{,}09$ beträgt, dann ergibt sich für die Wahrscheinlichkeit eines Fehlers 2. Art: $\beta = P(94 \leq X \leq 1000) = 1 - P(X \leq 93) \approx 34{,}5\,\%$.

Beispiel 2

Ein Arzneimittelhersteller wirbt für ein neues Medikament mit dem Hinweis, dass es eine bessere Heilungschance hat als die bisher auf dem Markt befindlichen; deren Heilungschance ist 60 %.

Zum Testen der Behauptung des Herstellers nimmt man einen *skeptischen Standpunkt* ein, d. h., man testet die Hypothese $p \leq 0{,}6$ (das neue Medikament ist *höchstens* so gut wie die bisherigen).

Von seinem skeptischen Standpunkt lässt man sich nur abbringen, wenn in einer Kontrollstichprobe signifikante Abweichungen *nach oben* eintreten.

Konkretes Rechenbeispiel: Für $n = 400$ und das (sinnvollerweise niedrigere) Signifikanzniveau $\alpha \leq 0{,}01$ ergibt sich die Entscheidungsregel:
Verwirf die Hypothese $p \leq 0{,}6$, falls in der Stichprobe mehr als 263 Patienten geheilt werden.

Fehler 1. Art: Das Stichprobenergebnis liegt zufällig im Verwerfungsbereich $V = [264; 400]$, obwohl das neue Medikament nicht besser ist als die bisherigen. Die Wahrscheinlichkeit α für einen Fehler 1. Art ergibt sich aus dem Signifikanzniveau: $\alpha \leq 0{,}01$.

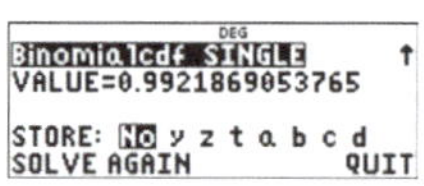

Fehler 2. Art: Das Stichprobenergebnis liegt zufällig im Annahmebereich $A = [0; 263]$, obwohl das neue Medikament besser ist als die bisherigen.

Hilfsmittelfreie Aufgaben

Aufgabe A1

Das Rechteck A(0 | 0), B(2 | 0), C(2 | 4), D(0 | 4) wird durch den Graphen der Funktion f mit $f(x) = 4 - x^2$ geteilt.

(1) Fertigen Sie eine Skizze an.
(2) Geben Sie den Funktionsterm in der Form $f(x) = k \cdot (x - a) \cdot (x - b)$ mit $a, b \in \mathbb{R}$ an.
(3) Ermitteln Sie die Flächeninhalte der beiden Teilflächen und bestimmen Sie jeweils den Anteil, den die beiden Teilflächen an der Gesamtfläche des Rechtecks ABCD besitzen. D2
(4) Bestimmen Sie die Anteile der Teilflächen des Dreiecks BCD, das durch den Graphen von f unterteilt wird.

Aufgabe A2

(1) Skizzieren Sie den Graphen der Funktion f mit $f(x) = x^3 - 4x$.
(2) Berechnen Sie $\int_0^2 f(x)\,dx$. D2
(3) Begründen Sie, dass $\int_{-2}^2 f(x)\,dx = 0$ gilt.
(4) Geben Sie einen Term an, mit dem sich der Inhalt der Fläche korrekt berechnen lässt, die vom Graphen der Funktion f und der x-Achse im Intervall $[-2; 2]$ eingeschlossen wird.

Aufgabe A3

Die Funktion f ist gegeben durch $f(x) = x^3$.

(1) Zeigen Sie, dass die Tangente t im Punkt P(1 | 1) an den Graphen der Funktion f durch die Gleichung $t(x) = 3x - 2$ beschrieben werden kann. A3
(2) Zeigen Sie, dass die Tangente t und der Graph von f auch den Punkt P(−2 | −8) gemeinsam haben.
(3) Fertigen Sie zu (1), (2) eine Skizze an.
(4) Bestimmen Sie den Flächeninhalt des Dreiecks, das durch die y-Achse, die x-Achse und die Tangente eingeschlossen wird.
(5) Bestimmen Sie den Flächeninhalt der Fläche, die von den Graphen von f und t eingeschlossen wird.

Aufgabe A4

(1) Zeigen Sie, dass die Gerade g mit $g(x) = -x$ den Graphen der Funktion f mit $f(x) = -x^3 + x$ im Ursprung senkrecht schneidet. A3
(2) Zeigen Sie, dass die Graphen von f und g auch die Punkte $P_1(-\sqrt{2} \mid \sqrt{2})$ und $P_2(\sqrt{2} \mid -\sqrt{2})$ gemeinsam haben.
(3) Fertigen Sie eine Skizze an.
(4) Begründen Sie, warum die beiden von den Graphen von f und g eingeschlossenen Flächenstücke gleich groß sind. A2
(5) Bestimmen Sie den Flächeninhalt der beiden Flächenstücke.

Aufgabe A5

(1) Die Abbildung zeigt den Graphen der Funktion f mit $f(x) = a \cdot (x - b)^2 \cdot e^x$, a, b > 0.

Ermitteln Sie die Parameterwerte a, b. Begründen Sie Ihre Ansätze. A1 A2

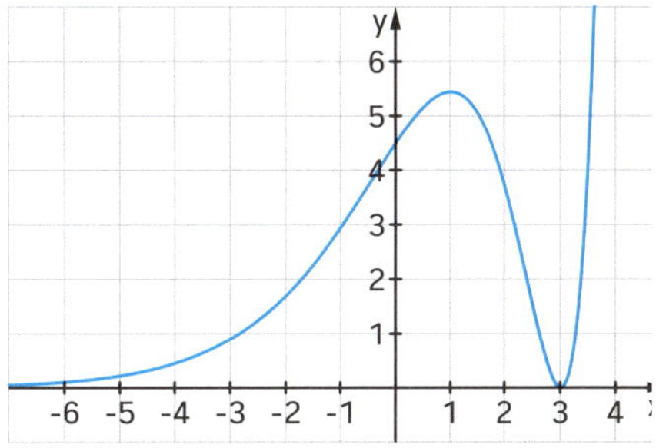

(2) Begründen Sie: Wenn man den Flächeninhalt der Fläche ermitteln will, die von dem Graphen von f und der x-Achse eingeschlossen wird, macht es wenig Sinn, das Integral $\int_{-1}^{2} (3x^2 + 2x)\,dx$ zu berechnen. D1

(3) Berechnen Sie $\int_{-1}^{2} (3x^2 + 2x)\,dx$.

Aufgabe A6

(1) Gegeben ist eine Funktion f mit $f(x) = 3x^3 + 3x^2$. Berechnen Sie die Nullstellen des Funktionsgraphen. B4

(2) Die Abbildung rechts zeigt den Verlauf des Graphen. Zeichnen Sie die Lage der y- Achse in die Abbildung ein und markieren Sie die Einheiten auf der x- Achse.

(3) Skizzieren Sie in der Abbildung den Graphen der Ableitungsfunktion von f und einer zugehörigen Stammfunktion. A5

(4) Berechnen Sie den Flächeninhalt der vom Graphen von f und der x-Achse eingeschlossenen Fläche. D2

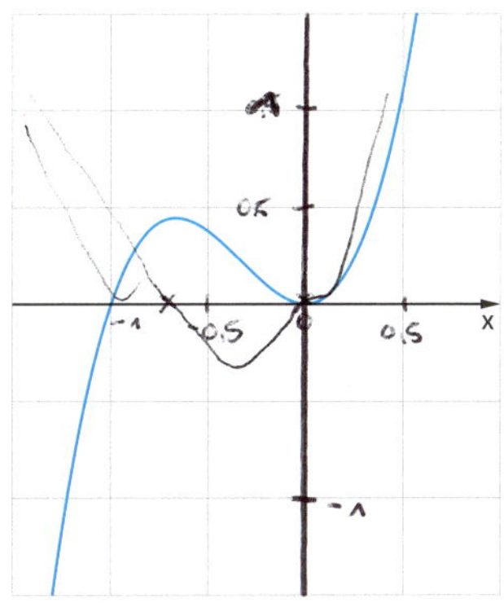

Aufgabe A7

Gegeben ist die Funktionenschar f_k mit $f_k(x) = e^{-x+k}$; $k \in \mathbb{R}$.

(1) Berechnen Sie, an der welcher Stelle die Funktion/Funktionen den Wert 1 annimmt.

(2) Zeigen Sie, dass die Tangente an der Stelle x = k die Gleichung $t_k: y = -x + 1 + k$ besitzt. A4

(3) Begründen Sie die Gültigkeit der folgenden Gleichung:

$$\int_a^b f_k(x)\,dx = f_k'(b) - f_k'(a)$$

A2 A3 D1 D2

Aufgabe A8

Betrachtet wird die Funktion f mit $f(x) = (x - 0{,}5) \cdot e^{2x}$.

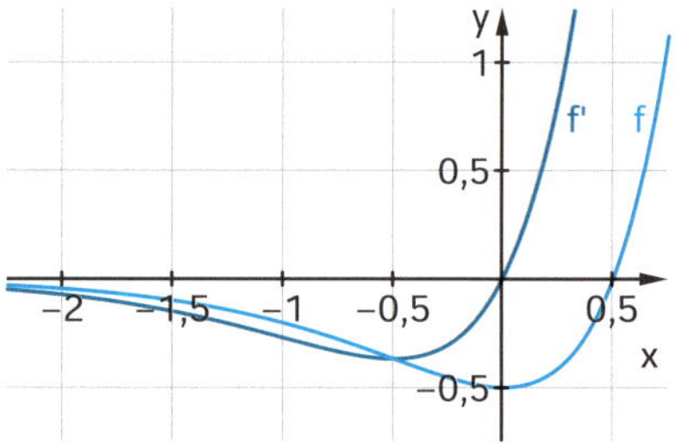

(1) Begründen Sie mithilfe des Graphen der Ableitungsfunktion, dass die Funktion f an der Stelle $x = 0$ ein lokales Minimum besitzt. B6

(2) Zeigen Sie, dass die Funktion F mit $F(x) = (0{,}5x - 0{,}5) \cdot e^{2x}$ eine Stammfunktion von f ist. D1

(3) Berechnen Sie den Flächeninhalt zwischen dem Graphen der Funktion f und der x-Achse

(i) im Intervall von 0,5 bis 1 D2 (ii) im Intervall von $-\infty$ bis 0. D5

Aufgabe A9

Ein Tankwagen wird mit Heizöl gefüllt. Der zeitliche Verlauf der Zulaufgeschwindigkeit kann im nebenstehenden Diagramm abgelesen werden.

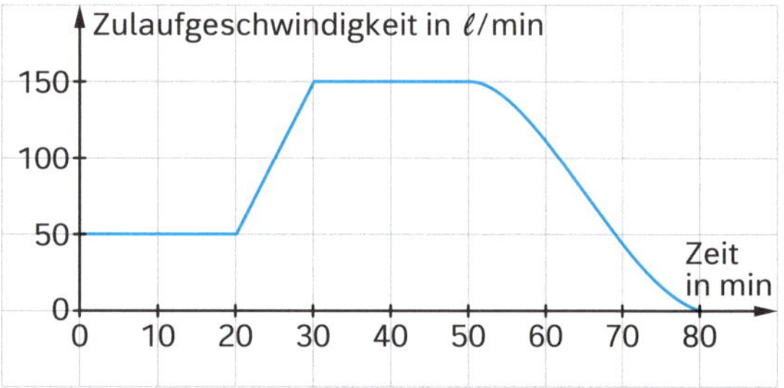

(1) Berechnen Sie, wie viel Öl in den ersten 50 Minuten näherungsweise in den Tankwagen geflossen sind. D3

(2) Beschreiben Sie eine Möglichkeit zur Berechnung der zugeflossenen Ölmenge im Zeitraum von 50 bis 80 Minuten und berechnen Sie einen Näherungswert dafür.

Aufgabe A10

Die Abbildung rechts zeigt den Graphen einer Stammfunktion einer ganzrationalen Funktion f. Welche Eigenschaften lassen sich für den Graphen der Funktion f und für den Graphen der Ableitungsfunktion f′ aus dem abgebildeten Graphen ablesen? B5 B6

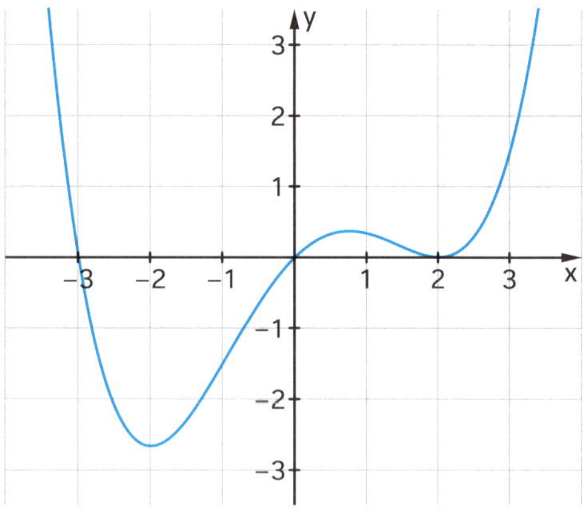

Aufgabe G1

Eine Ebene E wird aufgespannt durch die Vektoren $\vec{u} = \begin{pmatrix} 2 \\ 1 \\ 0 \end{pmatrix}$ und $\vec{v} = \begin{pmatrix} -1 \\ 0 \\ 1 \end{pmatrix}$; sie enthält den Punkt P(−1 | 2 | 1). Eine Gerade g ist gegeben durch g: $\vec{x} = \begin{pmatrix} 1 \\ -2 \\ 3 \end{pmatrix} + t \cdot \begin{pmatrix} 1 \\ -2 \\ 1 \end{pmatrix}$.

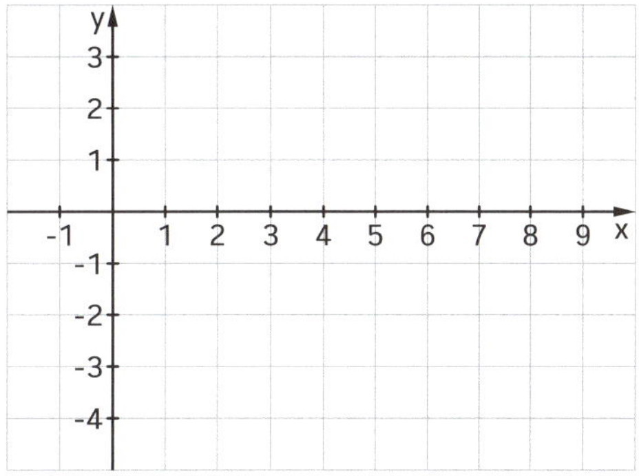

(1) Geben Sie eine Parameterdarstellung der Ebene E an. F3

(2) Zeigen Sie, dass die Gerade g die Ebene E im Punkt P senkrecht schneidet.
Geben Sie eine Koordinatengleichung der Ebene E an. F1 E4 F6

(3) Bestimmen Sie zwei Punkte auf der Geraden, die vom Schnittpunkt P die gleiche Entfernung haben. G6

Aufgabe G2

Die Punkte A(1 | 1 | 1), B(4 | 3 | −1), C(5 | 6 | −4) sowie der Punkt D bilden das Parallelogramm ABCD.

(1) Bestimmen Sie die Koordinaten des Punktes D. E1

(2) Bestimmen Sie die Seitenlängen des Parallelogramms. E3

(3) Zeigen Sie: Die Diagonalen des Parallelogramms schneiden sich nicht im rechten Winkel. E2

(4) Bestimmen Sie die Koordinaten des Schnittpunkts der Diagonalen.

Aufgabe G3

Eine Gerade g ist gegeben durch g: $\vec{x} = \begin{pmatrix} 1 \\ -2 \\ 1 \end{pmatrix} + t \cdot \begin{pmatrix} 1 \\ 2 \\ -2 \end{pmatrix}$.

(1) Bestimmen Sie die Spurpunkte S_{xy}, S_{xz}, S_{yz} der Geraden g mit den Koordinatenebenen.

(2) Bestimmen Sie die Länge der Strecke $S_{xz}S_{yz}$.

(3) Eine Gerade h besitzt nur die Spurpunkte S_{xy} und S_{yz}.
Erläutern Sie die geometrische Lage der Geraden h.
Geben Sie die Parameterdarstellung einer Geraden h an, die nur in der x-y-Ebene einen Spurpunkt besitzt. Begründen Sie ihre Lösung.

(4) Bestimmen Sie die Länge der Strecke MS_{xz}.

Aufgabe G4

Gegeben ist der Vektor $\vec{u} = \begin{pmatrix} -3 \\ 4 \\ 8 \end{pmatrix}$.

(1) Geben Sie einen Vektor $\vec{v} = \begin{pmatrix} a \\ 2 \\ 7 \end{pmatrix}$ an, der die gleiche Länge hat wie der Vektor $\vec{u}$. **E3**

(2) Geben Sie einen Vektor $\vec{w} = \begin{pmatrix} a \\ -3 \\ 6 \end{pmatrix}$ an, der orthogonal zu Vektor $\vec{u}$ ist. **E2**

Betrachten Sie drei Vektoren $\vec{u}$, $\vec{v}$ und $\vec{w}$ mit den Eigenschaften aus den Teilaufgaben (1) und (2). Erläutern Sie, um welches besonderes Viereck es sich handelt, das von

(3) $\vec{u}$ und $\vec{v}$ (4) $\vec{u}$ und $\vec{w}$

aufgespannt wird.

Aufgabe G5

(1) Geben Sie eine Parameterdarstellung einer Ebene mit den geforderten Eigenschaften an:
(i) E_1 verläuft durch den Punkt P(3|2|1) und ist parallel zur x-y-Ebene.
(ii) E_2 schneidet von den Koordinatenachsen nur die y-Achse und zwar bei y = 6. **F3**

(2) Der Punkt A (4|2|4) wird zunächst an der Ebene E_1, dann an Ebene E_2 gespiegelt. Bestimmen Sie die Koordinaten des Spiegelpunkts A″ nach der zweiten Spiegelung. **E1**

(3) Der Punkt A (4|2|4) wird an der Ebene mit der Gleichung x − y + z = 3 gespiegelt. Bestimmen Sie die Koordinaten des Spiegelpunkts A′. **G5**

Aufgabe S1

(1) Bei einem Glücksspiel gewinnt man mit Wahrscheinlichkeit p = 0,25.
Ordnen Sie den folgenden Ereignissen den richtigen Term zur Berechnung der Wahrscheinlichkeit zu: **H2** **I2**
E_1: In 5 Spielen gewinnt man mindestens 4-mal.
E_2: In 5 Spielen hat man mehr Spiele, in denen man gewinnt, als Spiele, in denen man verliert.
E_3: In 5 Spielen gewinnt man öfter als erwartet.

$P_1 = 10 \cdot 0{,}25^3 \cdot 0{,}75^2 + 5 \cdot 0{,}25^4 \cdot 0{,}75 + 0{,}25^5$

$P_2 = 1 - (0{,}75^5 + 5 \cdot 0{,}75^4 \cdot 0{,}25)$

$P_3 = 5 \cdot 0{,}75^4 \cdot 0{,}25 + 0{,}75^5$

$P_4 = 1 - (0{,}25^5 + 5 \cdot 0{,}25^4 \cdot 0{,}75)$

$P_5 = 10 \cdot 0{,}75^3 \cdot 0{,}25^2 + 5 \cdot 0{,}75^4 \cdot 0{,}25 + 0{,}75^5$

$P_6 = 5 \cdot 0{,}25^4 \cdot 0{,}75 + 0{,}25^5$

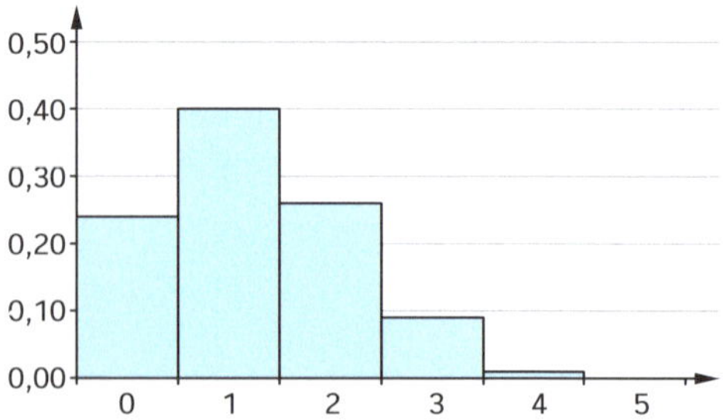

(2) Das Histogramm zeigt die Binomialverteilung mit n = 5 und p = 0,25. Ermitteln Sie mithilfe der Grafik ungefähre Werte für die Wahrscheinlichkeiten der Ereignisse E_1, E_2, E_3.

Aufgabe S2

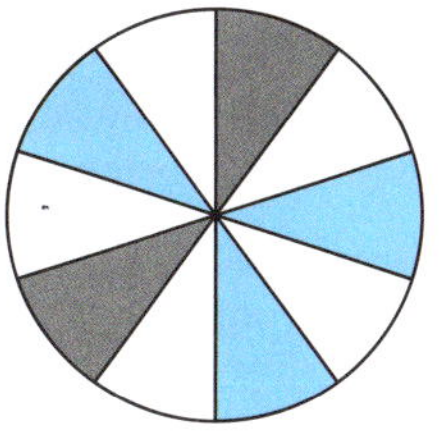

Bei einem Spiel wird das abgebildete Glücksrad zweimal gedreht. Der Zeiger kann auf einem der weiß (w), blau (b) oder grau (g) gefärbten Sektoren stehen bleiben.

(1) Stellen Sie die möglichen Abläufe des Zufallsversuchs mithilfe eines Baumdiagramms dar.

(2) Bestimmen Sie die Wahrscheinlichkeit für das Ereignis E: *Das Rad bleibt zweimal hintereinander auf einem Sektor mit gleicher Färbung stehen.* I1

(3) Der Spielveranstalter plant für das Spiel einen Einsatz von a € und es soll 2 € ausgezahlt werden, wenn das Ereignis E eintritt. Bestimmen Sie den Wert von a, bei dem das angebotene Spiel fair ist. J2

(4) Als das Interesse an dem Spiel nachlässt, verändert der Spielveranstalter die Regeln. Es bleibt bei der Regel, dass 2 € ausgezahlt werden, wenn der Zeiger zweimal auf einem Sektor gleicher Farbe stehen bleibt. Wenn dies nicht der Fall ist, darf der Spielteilnehmer das Rad noch einmal drehen, und er erhält seinen Einsatz zurück, wenn dann der Zeiger hintereinander auf drei verschieden gefärbten Sektoren stehen geblieben ist.
Überprüfen Sie, ob diese Spielregel für die Teilnehmer interessanter ist.

Aufgabe S3

(1) Die Zufallsvariable X ist binomialverteilt mit $n = 12$ und $p = 0{,}3$. Entscheiden Sie begründet, welches der folgenden drei Histogramme zu der Verteilung gehört. I2 I3

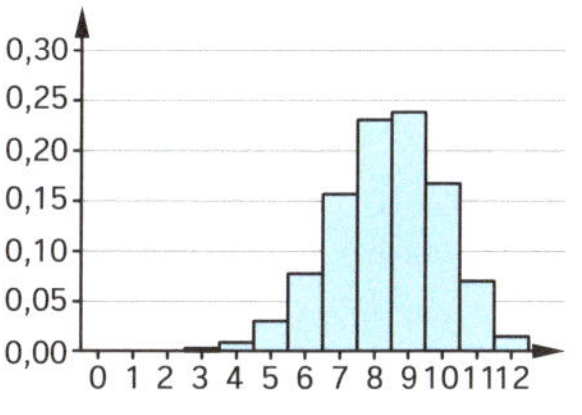

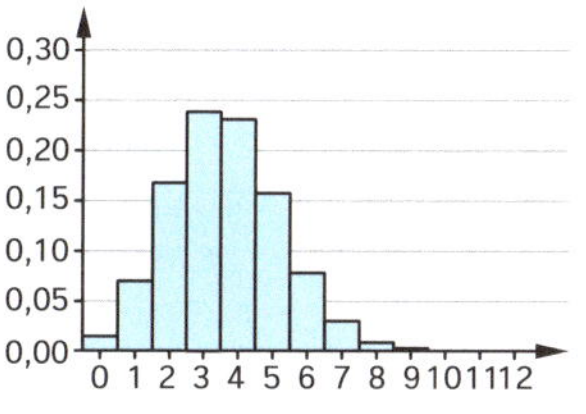

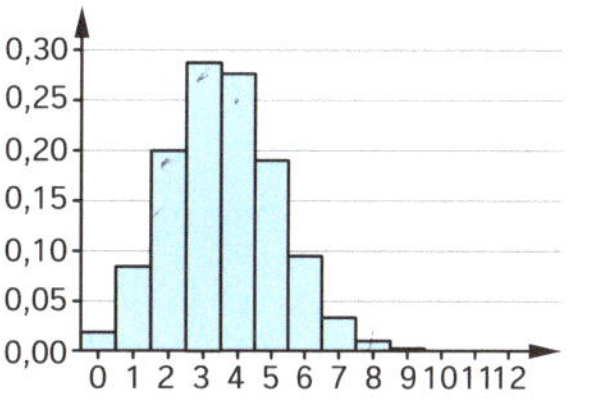

(2) Von einer Binomialverteilung sind die Parameter $\mu = 20$ und $\sigma = 2$ bekannt. Welche Stufenzahl n und welche Erfolgswahrscheinlichkeit p liegen dem Versuch zugrunde? I2

Aufgabe S4

Die n gleich großen Sektoren eines Glücksrads sind schwarz bzw. grün gefärbt. Die Wahrscheinlichkeit für grün wird mit g bezeichnet.

(1) Das Glücksrad wird zweimal gedreht. Die Wahrscheinlichkeit, dass der Zeiger genau einmal auf einem grünen Sektor und einmal auf einem schwarzen Sektor stehen bleibt, beträgt $\frac{3}{8}$.
Bestimmen Sie alle Werte von g, die diese Bedingung erfüllen. Was lässt sich über die Anzahl n der Sektoren sagen? I2

(2) Ein anderes Glücksrad – ebenfalls mit gleich großen grünen und schwarzen Sektoren – wird ebenfalls zweimal gedreht. Die Zufallsvariable X gibt an, wie oft der Zeiger auf grün stehen bleibt. Es gilt: $P(X = 0) = 4 \cdot P(X = 2)$. Ermitteln Sie eine mögliche Gesamtzahl n an Sektoren für das Glücksrad sowie den Anteil an grünen Sektoren daran. J3

Aufgabe S5

In der Tabelle rechts ist – auf zwei Dezimalstellen genau – die kumulierte Wahrscheinlichkeitsverteilung einer binomialverteilten Zufallsvariable X erfasst. J3

k	$P(X \le k)$
0	0,09
1	0,39
2	0,76
3	0,96
4	1

(1) Berechnen Sie $P(X > 3)$ und $P(2 \le X \le 4)$.
(2) Zeichnen Sie ein Histogramm der zugehörigen Binomialverteilung.
(3) Bestimmen Sie den Erwartungswert μ und die Erfolgswahrscheinlichkeit p für dieses BERNOULLI-Experiment.

Lösungen zu hilfsmittelfreien Aufgaben

Lösung A1

(1)

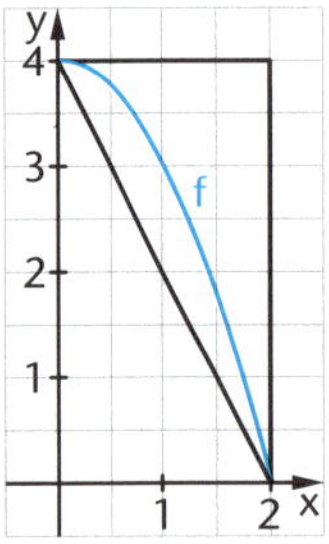

(2) $f(x) = (-1) \cdot (x-2) \cdot (x+2)$

(3) Das Rechteck ABCD hat einen Flächeninhalt von $2 \cdot 4 = 8$ FE. Der Flächeninhalt des Flächenstücks des Flächenstücks unterhalb des Graphen von f ist

$$\int_0^2 4 - x^2\,dx - 4 = \left[4x - \frac{x^3}{3}\right]_0^2 = 8 - \frac{8}{3} = \frac{16}{3}\text{ FE.}$$

Der Anteil dieses Flächenstücks unter dem Graphen von f an der Gesamtfläche des Rechtecks beträgt daher $\frac{\frac{16}{3}}{8} = \frac{16}{24} = \frac{2}{3}$; das Flächenstück oberhalb des Graphen entsprechend einen Anteil von $\frac{1}{3}$.

(4) Das Dreieck BCD hat den Flächeninhalt $\frac{1}{2} \cdot 8$ FE $= 4$ FE; das Flächenstück oberhalb des Graphen von f hat den Flächeninhalt $8 - \frac{16}{3} = \frac{8}{3}$ FE, das zwischen der Strecke BD und dem Graphen liegende Flächenstück entsprechend den Flächeninhalt $4 - \frac{8}{3} = \frac{4}{3}$. Der Anteil des zuletzt genannten Flächenstücks an der Dreiecksfläche beträgt also $\frac{\frac{4}{3}}{4} = \frac{4}{12} = \frac{1}{3}$; das Flächenstück oberhalb des Graphen entsprechend einen Anteil von $\frac{2}{3}$.

Lösung A2

(1) Der Funktionsterm kann in der Form $f(x) = x \cdot (x-2) \cdot (x+2)$ notiert werden. Mithilfe der drei Nullstellen −2, 0, +2 lässt sich eine Skizze des Graphen anfertigen.

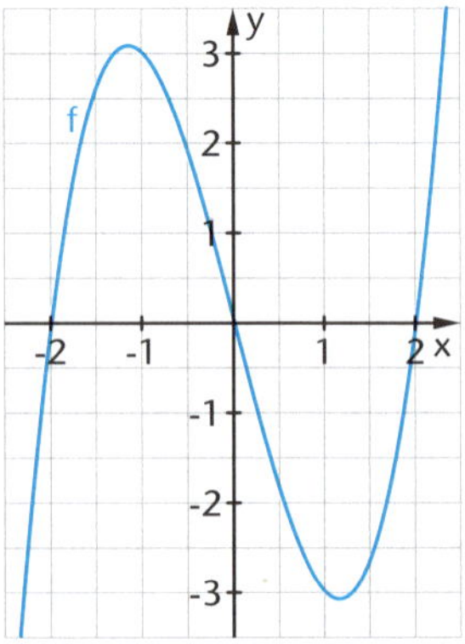

(2) $\int_{-2}^{2} (x^3 - 4x)\,dx = \left[\frac{1}{4}x^4 - 2x^2\right]_0^2 = (4-8) - (0-0) = -4.$

(3) Wenn das Integral einer Funktion über einem Intervall den Wert null ergibt, muss der Flächeninhalt des Flächenstücks oder der Flächenstücke oberhalb der x-Achse genauso groß sein wie der Flächeninhalt des Flächenstücks oder der Flächenstücke unterhalb der x-Achse. Da der Term der Integrandfunktion nur Potenzen mit ungeraden Exponenten enthält, ist der Graph punktsymmetrisch zum Ursprung. Und da das Integrationsintervall symmetrisch zum Ursprung liegt, werden zwei gleich große, aber auf verschiedenen Seiten der x-Achse liegende Flächenstücke von Graph und x-Achse eingeschlossen.

(4) Da das Integral über eine Funktion negativ ist, wenn der Graph im Integrationsbereich unterhalb der x-Achse verläuft, müssen Betragsstriche verwendet werden:

$$\int_{-2}^{2} |(x^3 - 4x)|\,dx = 8 \quad \text{oder} \quad \int_{-2}^{0} (x^3 - 4x)\,dx + \left|\int_{0}^{2} (x^3 - 4x)\,dx\right| = 4 + |-4| = 8$$

Lösung A3

(1) Die Steigung der Tangente im Punkt $(1\,|\,1)$ ist gegeben durch $f'(1) = 3 \cdot 1^2 = 3$.
Die Tangentengleichung ist daher
$t(x) = 3 \cdot (x - 1) + 1 = 3x - 3 + 1 = 3x - 2$.

(2) Die Punktproben ergeben:
$t(-2) = 3 \cdot (-2) - 2 = -8$ und
$f(-2) = (-2)^3 = -8$.

(3)

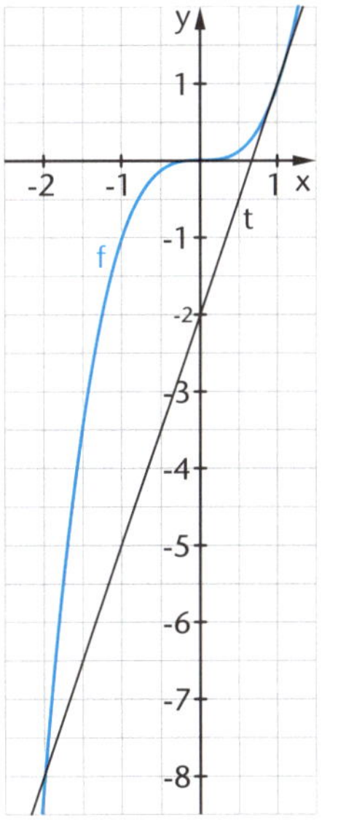

(4) Schnittstelle der Tangente mit der x-Achse:
$3x - 2 = 0 \Leftrightarrow 3x = 2 \Leftrightarrow x = \frac{2}{3}$ = Breite des Dreiecks.

Schnittpunkt der Tangente mit der y-Achse:
Aus $t(0) = -2$ ergibt sich $h = 2$ für die Höhe des Dreiecks.
Hieraus ergibt sich ein Flächeninhalt von
$A_\Delta = \frac{1}{2} \cdot \frac{2}{3} \cdot 2 = \frac{2}{3}$.

(5) Um den Flächeninhalt des Flächenstücks zu bestimmen, berechnet man das Integral über die Differenzfunktion $d(x) = f(x) - t(x)$. Da der Graph von f im Intervall $[-2;\,1]$ oberhalb der Tangente verläuft, ergibt sich ein positiver Wert für das Integral:

$$\int_{-2}^{1} (x^3 - (3x - 2))\,dx = \left[\frac{x^4}{4} - \frac{3x^2}{2} + 2x\right]_{-2}^{1}$$

$$= \left(\frac{1}{4} - \frac{3}{2} + 2\right) - (4 - 6 - 4) = 6{,}75.$$

Lösung A4

(1) Steigung m_1 des Graphen der Funktion f im Ursprung: $f'(x) = -3x^2 + 1$, also $m_1 = f'(0) = 1$. Die Steigung der Geraden g ist $m_2 = -1$, das Produkt der beiden Steigungen ist also $m_1 \cdot m_2 = -1$, d. h., die Gerade g schneidet den Graphen von f im rechten Winkel.

(3)

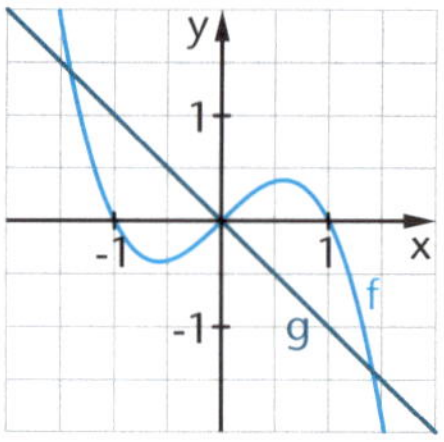

(2) Punktproben ergeben:
$f(-\sqrt{2}) = -(-\sqrt{2})^3 + (-\sqrt{2}) = 2\sqrt{2} - \sqrt{2} = \sqrt{2}$
$= g(-\sqrt{2})$,

$f(\sqrt{2}) = -\sqrt{2^3} + \sqrt{2} = -2\sqrt{2} + \sqrt{2} = -\sqrt{2} = g(\sqrt{2})$.

(4) Beide Graphen sind punktsymmetrisch zum Ursprung, da in den Funktionstermen nur Potenzen mit ungeraden Exponenten auftreten; daher kann man auch die beiden Flächenstücke durch Punktspiegelung am Ursprung jeweils ineinander überführen.

(5) Um den Flächeninhalt eines Flächenstücks zu bestimmen, berechnet man das Integral über die Differenzfunktion $d(x) = f(x) - g(x)$ für das Intervall $[0; \sqrt{2}]$:

$$\int_0^{\sqrt{2}} ((-x^3 + x) - (-x))\,dx = \int_0^{\sqrt{2}} (-x^3 + 2x)\,dx = \left[-\frac{x^4}{4} + x^2\right]_0^{\sqrt{2}} = -1 + 2 = 1.$$

Lösung A5

(1) Aus der einzigen Nullstelle mit $f(3) = 0$ ergibt sich $a \cdot (3 - b) \cdot e^3 = 0 \Leftrightarrow b = 3$ (wegen $a > 0$), und aus $f(0) = 4{,}5$ folgt $f(0) = 4{,}5 = a \cdot (0 - 3)^2 \cdot 1 = 9a \Leftrightarrow a = 0{,}5$.

(2) Der Graph der quadratischen Funktion ist eine nach oben geöffnete Parabel, welche die x-Achse an den Stellen $x = 0$ und $x = \frac{2}{3}$ schneidet:
$3x^2 + 2x = 0 \Leftrightarrow x \cdot (3x + 2) = 0 \Leftrightarrow x = 0 \vee x = -\frac{2}{3}$, d. h. ein Teil der zwischen Graph und x-Achse eingeschlossenen Fläche liegt unterhalb der x-Achse und geht negativ bei der Berechnung des Integrals ein.

(3) $\int_{-1}^{2} (3x^2 + 2x)\,dx = [x^3 + x^2]_{-1}^{2} = (8 + 4) - (-1 + 1) = 12$

Lösung A6

(1) Nullstellen: $f(x) = 0 \Leftrightarrow 3x^3 + 3x^2 = 3x^2(x+1) = 0$
$\Leftrightarrow x = 0 \vee x = -1$

(2) siehe rechts

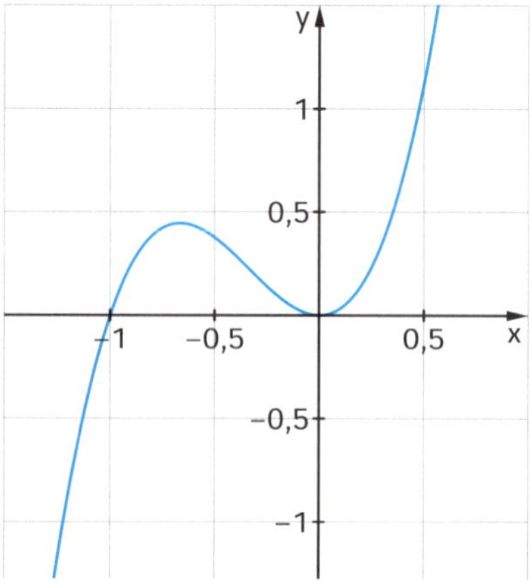

(3) Verlauf der Ableitungsfunktion

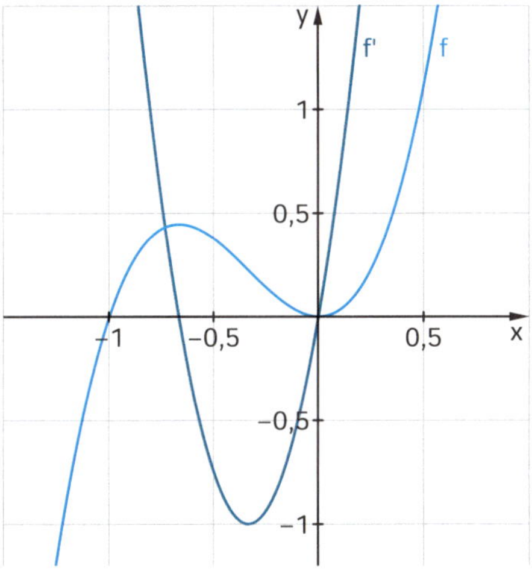

Verlauf einer Stammfunktion

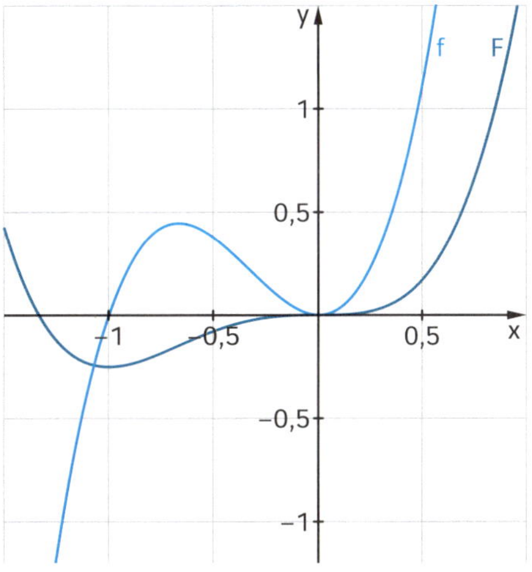

Lösungshinweise:
Ableitungsfunktion: Extremstellen von f sind Nullstellen von f′ mit Vorzeichenwechsel. Wendestellen von f sind Extrema von f‘.
Stammfunktion:Extremstellen von F sind Nullstellen von f mit Vorzeichenwechsel (ohne Vorzeichenwechsel: Stellen mit Sattelpunkt). Wendestellen von F sind Extrema von f.

(4) $\int_{-1}^{0} (3x^3 + 3x^2)\,dx = \left[\frac{3}{4}x^4 + x^3\right]_{-1}^{0} = 0 - \left(\frac{3}{4}\cdot(-1)^4 + (-1)^3\right) = 0 - \left(\frac{3}{4} - 1\right) = \frac{1}{4}$

Lösung A7

(1) $f(x) = 1 \quad \Leftrightarrow e^{-x+k} = 1 \;\Leftrightarrow\; -x + k = \ln(1) \;\Leftrightarrow -x + k = 0 \;\Leftrightarrow x = k$

(2) $f'(x) = -e^{-x+k}, \quad m = f'(k) = -e^{-x+k} = -e^0 = -1$
Einsetzen von m und der Koordinaten des Berührpunkts der Tangente $(k\,|\,1)$ zur Bestimmung des y-Achsenabschnitts: $k = -1 \cdot 1 + b \Leftrightarrow b = 1 + k$
Die Tangentengleichung lautet somit: $y = -x + 1 + k$

Alternativ genügt es, die Steigung $f'(k)$ zu berechnen und die Punktprobe mit der gegebenen Tangentengleichung durchzuführen:
$t(k) = -k + 1 + k = 1 = f(k)$

(3) Nach dem Hauptsatz der Differential- und Integralrechnung gilt: $\int_a^b f(x)\,dx = F(b) - F(a)$.

Es ist also zu zeigen, dass Stammfunktion und Ableitungsfunktion der Funktion übereinstimmen.
Allgemein gilt: $F(x) = \frac{1}{m} e^{m\cdot x+b}$ ist eine Stammfunktion für $f(x) = e^{m\cdot x+b}$, also hier:

$f(x) = e^{-x+1}$ führt zu $F(x) = -e^{-x+1}$, d. h. $F(x) = f'(x)$ gilt (vgl. b).

Entsprechendes gilt für die Schar: $F_k(x) = f_k'(x)$.

Also ist die gegebene Gleichung jeweils korrekt.

Alternativer Lösungsweg: Man bildet mehrfach die Ableitung von f und erkennt, dass das sich die Ableitungen nur durch das alternierend auftretende negative Vorzeichen unterscheiden.

Lösung A8

(1) An der Stelle $x = 0$ hat die Ableitungsfunktion f' eine Nullstelle mit Vorzeichenwechsel von – nach +, d. h. an der Stelle $x = 0$ liegt ein lokales Minimum.

(2) Nachweis der Stammfunktion durch Ableiten von $F(x)$ gemäß Produkt- und Kettenregel:

$$F(x) = (0{,}5\,x - 0{,}5)\,e^{2x}, \quad F'(x) = (0{,}5x - 0{,}5)\cdot 2\cdot e^{2x} + 0{,}5\cdot e^{2x} = (1\,x - 1)\;e^{2x} + 0{,}5\cdot e^{2x}$$
$$= (1\,x - 1 + 0{,}5)\;e^{2x} = (x - 0{,}5)\;e^{2x}$$
$$= f(x)$$

(3) (i) $\int\limits_{0,5}^{1} (x - 0{,}5)\;e^{2x}\,dx = \left[(0{,}5x - 0{,}5)\,e^{2x}\right]_{0,5}^{1} = 0 - (0{,}25 - 0{,}5)\;e^{1} = 0{,}25\,e.$

Der Flächeninhalt im Intervall von 0,5 bis 1 beträgt folglich $A = 0{,}25\,e$ FE.

(ii) $\int\limits_{a}^{0} (x - 0{,}5)\;e^{2x}\,dx = \left[(0{,}5\,x - 0{,}5)\;e^{2x}\right]_{a}^{0} = -0{,}5 - (0{,}5\,a - 0{,}5)\cdot e^{2a}$

Bildung des Grenzwert für $a \to -\infty$:
$\lim\limits_{a \to -\infty} \left(-0{,}5 - (0{,}5\,a - 0{,}5)\cdot e^{2a}\right) = -0{,}5$, da $\lim\limits_{a \to -\infty} \left((0{,}5\,a - 0{,}5)\cdot e^{2a}\right) = 0.$

Der lineare Term strebt gegen $-\infty$ und der exponentielle Term besitzt den Grenzwert 0. Da der exponentielle Term stärker gegen 0 geht als der Betrag des linearen Terms wächst, ergibt sich für das Produkt der Grenzwert 0.

Da Flächeninhalte nicht negativ sein können, gilt: $A = |-0{,}5| = 0{,}5$ FE.

Lösung A9

(1) Der dargestellte zeitliche Verlauf der Zulaufgeschwindigkeit wird abschnittweise untersucht.

In den ersten 20 Minuten fließen konstant $50\,\frac{\ell}{\text{min}}$ zu, also

$20\,\text{min}\cdot 50\,\frac{\ell}{\text{min}} = 1000\,\ell$. Im zweiten Zeitabschnitt fließen 10 Minuten lang im Mittel $100\,\frac{\ell}{\text{min}}$ in den Tank, insgesamt also $10\,\text{min}\cdot 100\,\frac{\ell}{\text{min}} = 1000\,\ell$. (Hier kann auch der Flächeninhalt des Trapezes berechnet werden.) Im dritten Zeitabschnitt kommen noch $20\,\text{min}\cdot 150\,\frac{\ell}{\text{min}} = 3000\,\ell$ hinzu. Insgesamt enthält der Tank nach 50 Minuten

$1000\,\ell + 1000\,\ell + 3000\,\ell = 5000\,\ell.$

(2) Zur Berechnung eines Wertes für die im letzten Zeitintervall zugeflossene Ölmenge kann die Bestimmung eines Funktionsterms $f(x)$ für eine ganzrationale Funktion 3. Grades dienen.

Anschließend ist dann das Integral $\int\limits_{50}^{80} f(x)\,dx$ zu berechnen.

Aufgrund der naheliegenden Symmetrie kann aber auch ein näherungsweise linearer Verlauf der Zulaufgeschwindigkeit angenommen werden. Den Flächeninhalt des sich dann ergebenden Dreiecks ist ein Maß für die zugeflossene Ölmenge:

$\frac{1}{2}\cdot 30\,\text{min}\cdot 150\,\frac{\ell}{\text{min}} = 2250\,\ell.$

Lösung A10

Der Graph von F hat ein lokales Minimum bei $x \approx -2$, ein lokales Maximum bei $x \approx 0{,}8$ und ein lokales Minimum bei $x = 2$, außerdem eine Links-rechts-Wendestelle bei $x \approx -1$ und eine Rechts-links-Wendestelle bei $x \approx 1{,}4$.

Die Funktion f ist die Ableitungsfunktion der Funktion F. Der Graph von f hat ungefähr bei $x \approx -2$ eine Nullstelle mit VZW von – nach +, ungefähr bei $x = +0{,}8$ eine Nullstelle mit VZW von + nach – und bei $x = +2$ eine Nullstelle mit VZW von – nach +, außerdem ein lokales Maximum bei $x \approx -1$ und ein lokales Minimum bei $x \approx 1{,}4$.

Die Funktion f′ ist die zweite Ableitung von F. Diese hat eine Nullstelle bei $x \approx -1$ mit VZW von + nach – sowie eine Nullstelle bei $x \approx 1{,}4$ mit VZW von – nach +.

Lösung G1

(1) $E: \vec{x} = \begin{pmatrix} -1 \\ 2 \\ 1 \end{pmatrix} + r \cdot \begin{pmatrix} 2 \\ 1 \\ 0 \end{pmatrix} + s \cdot \begin{pmatrix} -1 \\ 0 \\ 1 \end{pmatrix}$

(2) Mithilfe einer Punktprobe zeigt man, dass $P \in g$. Zu lösen ist das lineare Gleichungssystem

$$\begin{pmatrix} 1 \\ -2 \\ 3 \end{pmatrix} + t \cdot \begin{pmatrix} 1 \\ -2 \\ 1 \end{pmatrix} = \begin{pmatrix} -1 \\ 2 \\ 1 \end{pmatrix} \Leftrightarrow t \cdot \begin{pmatrix} 1 \\ -2 \\ 1 \end{pmatrix} = \begin{pmatrix} -2 \\ 4 \\ -2 \end{pmatrix} \Leftrightarrow \begin{vmatrix} t = -2 \\ -2t = 4 \\ t = -2 \end{vmatrix} \Leftrightarrow \begin{vmatrix} t = -2 \\ t = -2 \\ t = -2 \end{vmatrix} \Leftrightarrow t = -2.$$

Dann muss noch gezeigt werden, dass der Richtungsvektor von g und die Richtungsvektoren von E zueinander orthogonal sind, d. h. dass die Skalarprodukte jeweils gleich null sind:

$$\begin{pmatrix} 1 \\ -2 \\ 1 \end{pmatrix} * \begin{pmatrix} 2 \\ 1 \\ 0 \end{pmatrix} = 1 \cdot 2 + (-2) \cdot 1 + 1 \cdot 0 = 0; \quad \begin{pmatrix} 1 \\ -2 \\ 1 \end{pmatrix} * \begin{pmatrix} -1 \\ 0 \\ 1 \end{pmatrix} = 1 \cdot (-1) + (-2) \cdot 0 + 1 \cdot 1 = 0.$$

Da die Gerade g die Ebene senkrecht schneidet, ist der Richtungsvektor von g ein Normalenvektor für die Ebene. Daher gilt:

$$E: \vec{x} * \begin{pmatrix} 1 \\ -2 \\ 1 \end{pmatrix} = \begin{pmatrix} -1 \\ 2 \\ 1 \end{pmatrix} * \begin{pmatrix} 1 \\ -2 \\ 1 \end{pmatrix} = -1 - 4 + 1 = -4, \text{ also } x - 2y + z = -4.$$

(3) Da $P \in g$ gemäß (2), kann g auch durch die Parameterdarstellung

$g: \vec{x} = \begin{pmatrix} -1 \\ 2 \\ 1 \end{pmatrix} + t \cdot \begin{pmatrix} 1 \\ -2 \\ 1 \end{pmatrix}$ beschrieben werden.

Setzt man irgendeine reelle Zahl t ein und auch die Gegenzahl $-t$, dann erhält man zwei Punkte der Geraden, die zueinander Spiegelpunkte sind (Punktspiegelung an P), die also gleich weit von P entfernt sind.

Lösung G2

(1) $\overrightarrow{BC} = \begin{pmatrix} 5-4 \\ 6-3 \\ -4-(-1) \end{pmatrix} = \begin{pmatrix} 1 \\ 3 \\ -3 \end{pmatrix}$, d. h. $\overrightarrow{OD} = \overrightarrow{OA} + \overrightarrow{AD} = \overrightarrow{OA} + \overrightarrow{BC} = \begin{pmatrix} 1 \\ 1 \\ 1 \end{pmatrix} + \begin{pmatrix} 1 \\ 3 \\ -3 \end{pmatrix} = \begin{pmatrix} 2 \\ 4 \\ -2 \end{pmatrix}$, also $D(2|4|-2)$.

(2) $\overrightarrow{AB} = \begin{pmatrix} 4-1 \\ 3-1 \\ -1-1 \end{pmatrix} = \begin{pmatrix} 3 \\ 2 \\ -2 \end{pmatrix}$, also $|\overrightarrow{AB}| = |\overrightarrow{DC}| = \sqrt{\begin{pmatrix} 3 \\ 2 \\ -2 \end{pmatrix} * \begin{pmatrix} 3 \\ 2 \\ -2 \end{pmatrix}} = \sqrt{9+4+4} = \sqrt{17}$ und

$|\overrightarrow{AD}| = |\overrightarrow{BC}| = \sqrt{\begin{pmatrix} 1 \\ 3 \\ -3 \end{pmatrix} * \begin{pmatrix} 1 \\ 3 \\ -3 \end{pmatrix}} = \sqrt{1+9+9} = \sqrt{19}$.

(3) $\overrightarrow{AC} = \begin{pmatrix} 5-1 \\ 6-1 \\ -4-1 \end{pmatrix} = \begin{pmatrix} 4 \\ 5 \\ -5 \end{pmatrix}$; $\overrightarrow{DB} = \begin{pmatrix} 4-2 \\ 3-4 \\ -1-(-2) \end{pmatrix} = \begin{pmatrix} 2 \\ -1 \\ 1 \end{pmatrix}$; $\begin{pmatrix} 4 \\ 5 \\ -5 \end{pmatrix} * \begin{pmatrix} 2 \\ -1 \\ 1 \end{pmatrix} = 8-5-5 = -2 \neq 0$.

Da das Skalarprodukt der beiden Diagonalenvektoren ungleich null ist, gilt, dass sich die Diagonalen nicht im rechten Winkel schneiden.

(4) Wegen der Punktsymmetrie von Parallelogrammen ist der Schnittpunkt der Diagonalen gleich dem Mittelpunkt der beiden Diagonalen, also gleich dem Mittelpunkt M der Strecken AC und BD. Aus den Koordinaten der Punkte A und C ergibt sich $M\left(\frac{1}{2}\cdot(1+5)\,|\,\frac{1}{2}\cdot(1+6)\,|\,\frac{1}{2}\cdot(1+(-4))\right) = (3\,|\,3{,}5\,|\,-1{,}5)$.

Lösung G3

(1) Spurpunkte der Geraden mit den Koordinatenebenen sind Punkte, bei denen eine der drei Koordinaten gleich null ist. Zu lösen sind also drei Gleichungssysteme:

$\begin{pmatrix} 1 \\ -2 \\ 1 \end{pmatrix} + t \cdot \begin{pmatrix} 1 \\ 2 \\ -2 \end{pmatrix} = \begin{pmatrix} 0 \\ b \\ c \end{pmatrix} \Leftrightarrow \begin{vmatrix} t=-1 \\ b=-2+2t \\ c=1-2t \end{vmatrix} \Leftrightarrow \begin{vmatrix} t=-1 \\ b=-4 \\ c=3 \end{vmatrix}$,

d. h. die Gerade g schneidet die y-z-Ebene im Punkt $S_{yz}(0\,|\,-4\,|\,3)$.

$\begin{pmatrix} 1 \\ -2 \\ 1 \end{pmatrix} + t \cdot \begin{pmatrix} 1 \\ 2 \\ -2 \end{pmatrix} = \begin{pmatrix} a \\ 0 \\ c \end{pmatrix} \Leftrightarrow \begin{vmatrix} a=1+t \\ t=1 \\ c=1-2t \end{vmatrix} \Leftrightarrow \begin{vmatrix} a=2 \\ t=1 \\ c=-1 \end{vmatrix}$,

d. h. die Gerade g schneidet die x-z-Ebene im Punkt $S_{xz}(2\,|\,0\,|\,-1)$.

$\begin{pmatrix} 1 \\ -2 \\ 1 \end{pmatrix} + t \cdot \begin{pmatrix} 1 \\ 2 \\ -2 \end{pmatrix} = \begin{pmatrix} a \\ b \\ 0 \end{pmatrix} \Leftrightarrow \begin{vmatrix} a=1+t \\ b=2t-2 \\ t=0{,}5 \end{vmatrix} \Leftrightarrow \begin{vmatrix} a=1{,}5 \\ b=-1 \\ t=0{,}5 \end{vmatrix}$,

d. h. die Gerade g schneidet die x-y-Ebene im Punkt $S_{xy}(1{,}5\,|\,-1\,|\,0)$.

(2) $\sqrt{(0-2)^2+(-4-0)^2+(3-(-1))^2} = \sqrt{4+16+16} = 6$

(3) Wenn eine Gerade nur die x-y-Ebene und die y-z-Ebene schneidet, dann muss sie parallel zur x-z-Ebene verlaufen.

Wenn die Gerade h nur einen Spurpunkt (a | b | 0) mit der x-y-Ebene hat, dann verläuft sie parallel zur z-Achse und kann mithilfe der Parameterdarstellung

$x = \begin{pmatrix} a \\ b \\ 0 \end{pmatrix} + r \cdot \begin{pmatrix} 0 \\ 0 \\ 1 \end{pmatrix}$ beschrieben werden.

Lösung G4

(1) Der Vektor $\vec{u}$ hat die Länge $|\vec{u}| = \sqrt{(-3)^2 + 4^2 + 8^2} = \sqrt{89}$. Die Länge des Vektors $\vec{v}$ ist $|\vec{v}| = \sqrt{a^2 + 2^2 + 7^2} = \sqrt{a^2 + 53}$. Die Bedingung ist für a = 6 bzw. für a = – 6 erfüllt.

(2) $\vec{u} * \vec{w} = \begin{pmatrix} -3 \\ 4 \\ 8 \end{pmatrix} * \begin{pmatrix} a \\ -3 \\ 6 \end{pmatrix} = -3a - 12 + 48 = 0 \Leftrightarrow 3a = 36 \Leftrightarrow a = 12.$

(3) Da beide Vektoren die gleiche Länge besitzen, handelt es sich um eine Raute.

Da für das Skalarprodukt gilt: $\vec{u} * \vec{v} = \begin{pmatrix} -3 \\ 4 \\ 8 \end{pmatrix} * \begin{pmatrix} a \\ 2 \\ 7 \end{pmatrix} = -3a + 8 + 56 = \mp 18 + 8 + 56 \neq 0,$

handelt es sich nicht um ein Quadrat.

(4) Da die beiden Vektoren orthogonal zueinander sind, handelt es sich um ein Rechteck.

Da $|\vec{w}| = \left|\begin{pmatrix} 12 \\ 2 \\ 7 \end{pmatrix}\right| = \sqrt{12^2 + 2^2 + 7^2} \neq \sqrt{89}$, handelt es sich nicht um ein Quadrat.

Lösung G5

(1) (i) E_1 kann beispielsweise aufgespannt werden durch die Richtungsvektoren, die parallel zu der x-Achse bzw. y-Achse liegen:

$$E_1\colon \vec{x} = \begin{pmatrix} 3 \\ 2 \\ 1 \end{pmatrix} + r \cdot \begin{pmatrix} 1 \\ 0 \\ 0 \end{pmatrix} + s \cdot \begin{pmatrix} 0 \\ 1 \\ 0 \end{pmatrix}$$

(ii) E_2 liegt parallel zur x-z-Ebene; als Richtungsvektoren kommen daher die Vektoren in Frage, welche x-Achse bzw. die z-Achse bestimmen.

$$E_2\colon \vec{x} = \begin{pmatrix} 0 \\ 6 \\ 0 \end{pmatrix} + r \cdot \begin{pmatrix} 1 \\ 0 \\ 0 \end{pmatrix} + s \cdot \begin{pmatrix} 0 \\ 0 \\ 1 \end{pmatrix}$$

(2) Da E_1 parallel zur x-y-Ebene liegt, verändert sich durch Spiegelung nur die x_3-Koordinate. Der Abstand von A zu E_1 beträgt 3 LE und E_1 liegt in z-Richtung auf der Höhe 1, damit besitzt der Spiegelpunkt A′ die Koordinaten (4 | 2 | 1 – 3), also A′(4 | 2 |–2).

E_2 liegt parallel zur x-z-Ebene, wodurch die x- und die z-Koordinate von A′ unverändert bleiben. Da für die Punkte auf E_2 gilt, dass y = 6, beträgt der Abstand von A′ zur Ebene E_2 in y-Richtung 6 – 2 = 4 LE. Durch die Spiegelung an E_2 beträgt die y-Koordinate von A″ also 6+4 = 10. Somit ergibt sich A″(4 | 10 |–2).

(3) $\vec{n} = \begin{pmatrix} 1 \\ -1 \\ 1 \end{pmatrix}$ ist ein Normalenvektor der Ebene. Die Gerade mit g: $\vec{x} = \begin{pmatrix} 4 \\ 2 \\ 4 \end{pmatrix} + r \cdot \begin{pmatrix} 1 \\ -1 \\ 1 \end{pmatrix}$ verläuft durch A und trifft senkrecht auf die Spiegelebene. Man benötigt nun den Vektor von A auf die Ebene. Den zugehörigen Parameterwert erhält man aus dem Schnittansatz. Zeilenweises Ablesen und Einsetzen ergibt:
$(4 + 1r) - (2 - 1r) + (4 + 1r) = 3 \Leftrightarrow 6 + 3r = 3 \Leftrightarrow r = -1.$

Den Spiegelpunkt A′ hat den gleichen Abstand zur Ebene wie Punkt A, d. h., die Strecke von A zu A′ ist doppelt so lang. Daher errechnet man den Ortsvektor des Spiegelpunkts durch folgende Gleichung: $\overrightarrow{OA'} = \begin{pmatrix} 4 \\ 2 \\ 4 \end{pmatrix} + 2 \cdot (-1) \cdot \begin{pmatrix} 1 \\ -1 \\ 1 \end{pmatrix} = \begin{pmatrix} 2 \\ 4 \\ 2 \end{pmatrix}$.

Der Spiegelpunkt ist also A′(2 | 4 | 2).

Lösung S1

(1) Mithilfe der Zufallsvariable X: *Anzahl der Erfolge* ergibt sich
$P(E_1) = P(X \geq 4) = P(X = 4) + P(X = 5) = 5 \cdot 0{,}25^4 \cdot 0{,}75 + 0{,}25^5 = P_6$
$P(E_2) = P(X \geq 3) = P(X = 3) + P(X = 4) + P(X = 5)$
$= 10 \cdot 0{,}25^3 \cdot 0{,}75^2 + 5 \cdot 0{,}25^4 \cdot 0{,}75 + 0{,}25^5 = P_1$

$\mu = 5 \cdot 0{,}25 = 1{,}25$, also
$P(E_3) = P(X \geq 2) = 1 - P(X \leq 1) = 1 - (P(X = 0) + P(X = 1))$
$= 1 - (0{,}75^5 + 5 \cdot 0{,}75^4 \cdot 0{,}25) = P_2$

(2) Im Histogramm kann man ablesen: $P(X = 0) \approx 0{,}24$; $P(X = 1) \approx 0{,}40$;
$P(X = 2) \approx 0{,}26$; $P(X = 3) \approx 0{,}09$; $P(X = 4) \approx 0{,}01$; $P(X = 5) \approx 0$.

Hieraus ergibt sich:
$P(E_1) = P(X = 4) + P(X = 5) \approx 0{,}01$,
$P(E_2) = P(X = 3) + P(X = 4) + P(X = 5) \approx 0{,}10$,
$P(E_3) = 1 - (P(X = 0) + P(X = 1)) \approx 1 - 0{,}64 = 0{,}36$.

Lösung S2

(1)

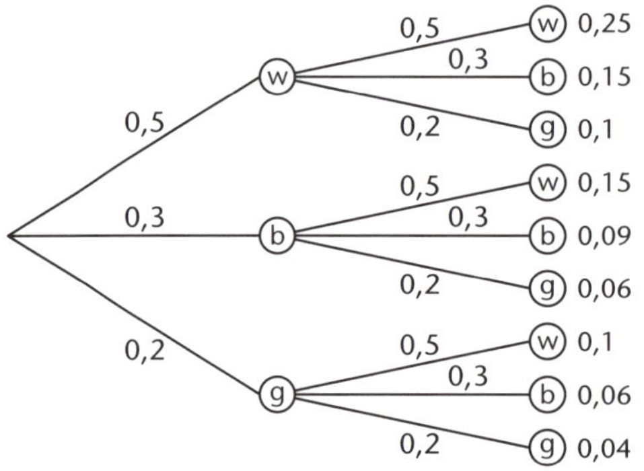

(2) $P(E) = 0{,}5^2 + 0{,}3^2 + 0{,}2^2 = 0{,}38$

(3) Zufallsvariable X: *Auszahlung in €*
$E(X) = 0{,}38 \cdot 2 + 0{,}62 \cdot 0 = 0{,}76 = a$. Das Spiel ist fair, wenn der Einsatz pro Spiel 0,76 € beträgt.

(4) Die Wahrscheinlichkeit für das Ereignis „drei verschieden gefärbte Sektoren" ist
$6 \cdot (0{,}5 \cdot 0{,}3 \cdot 0{,}2) = 0{,}18$.
Im Mittel wird dann ausgezahlt: $E(X) = 0{,}38 \cdot 2\,€ + 0{,}18 \cdot 1\,€ + 0{,}44 \cdot 0\,€ = 0{,}94\,€$
Im Mittel werden pro Spiel 0,94 € ausgezahlt, d.h. der Spielbetreiber hat im Mittel nur noch einen Gewinn von 0,06 € pro Spiel.
Da der mittlere Gewinn des Spielbetreibers deutlich geringer geworden ist, wird das Spiel für die Teilnehmer interessanter sein.

Lösung S3

(1) Infrage kommt nur das mittlere Histogramm.

Die Grafik links passt nicht zu $n = 12$ und $p = 0{,}3$, denn das Maximum der Verteilung muss bei $\mu = 12 \cdot 3 = 3{,}6$ liegen (also bei $k = 3$ oder bei $k = 4$).

Die Grafik rechts passt nicht, weil die Summe aller Wahrscheinlichkeiten gleich 1 sein muss, was hier deutlich übertroffen wird.

(2) Wegen $\mu = n \cdot p$ und $\sigma^2 = n \cdot p \cdot (1 - p)$ gilt $\frac{\sigma^2}{\mu} = 1 - p$, also hier $1 - p = \frac{2^2}{20} = 0{,}2$, also $p = 0{,}8$. Hieraus folgt dann $n = \frac{\mu}{p} = \frac{20}{0{,}8} = 25$.

Lösung S4

(1) Die Wahrscheinlichkeit für das Ereignis $E = \{sg, gs\}$ beträgt $2 \cdot g \cdot (1 - g)$. Aus der Bedingung $2 \cdot g \cdot (1 - g) = \frac{3}{8}$ ergibt sich durch Umformung $g - g^2 = \frac{3}{16}$, also $g^2 - g + \frac{1}{4} = \frac{1}{4} - \frac{3}{16}$ und weiter $\left(g - \frac{1}{2}\right)^2 = \frac{1}{16}$, d. h. $g = \frac{1}{4}$ oder $g = \frac{3}{4}$.

Ein Viertel der Sektoren muss daher grün gefärbt sein und drei Viertel schwarz oder umgekehrt. Die Anzahl der Sektoren muss ein Vielfaches von 4 betragen, also 4, 8, 12, 16, ...

(2) Für das Ereignis *0-mal grün* gilt: $P(X = 0) = (1 - g)^2$, für das Ereignis *2-mal grün* gilt: $P(X = 2) = g^2$, d. h. es gilt die Gleichung $(1 - g)^2 = 4g^2$, also $1 - 2g + g^2 = 4g^2 \Leftrightarrow 3g^2 + 2g = 1 \Leftrightarrow g^2 + \frac{2}{3}g = \frac{1}{3} \Leftrightarrow \left(g + \frac{1}{3}\right)^2 = \frac{4}{9}$, d. h. $g = \frac{1}{3}$

(die zweite Lösung der quadratischen Gleichung entfällt im Sachzusammenhang).

Ein Drittel der Sektoren muss also grün gefärbt sein, d. h. die Anzahl der Sektoren muss ein Vielfaches von 3 betragen, also 3, 6, 9, 12, ...

Lösung S5

(1) $P(X > 3) = 1 - P(X \leq 3) = 1 - 0{,}96 = 0{,}04$

$P(2 \leq X \leq 4) = P(X \leq 4) - P(X \leq 1) = 1 - 0{,}39 = 0{,}61$

(2) Für das Histogramm benötigt man die Verteilung von $P(X = k)$, die sich iterativ aus der gegebenen Tabelle errechnen lässt.

k	$P(X = k)$
0	$P(X \leq 0) = P(X = 0) \approx 0{,}09$
1	$P(X = 1) = P(X \leq 1) - P(X = 0) \approx 0{,}39 - 0{,}09 = 0{,}3$
2	$P(X = 2) = P(X \leq 2) - P(X \leq 1) \approx 0{,}76 - 0{,}39 = 0{,}37$
3	$P(X = 3) = P(X \leq 3) - P(X \leq 2) \approx 0{,}96 - 0{,}76 = 0{,}2$
4	$P(X = 4) = P(X > 3) = 0{,}04$ (siehe (1))

Hinweis: Zur Probe sollte man die errechneten Wahrscheinlichkeiten summieren.

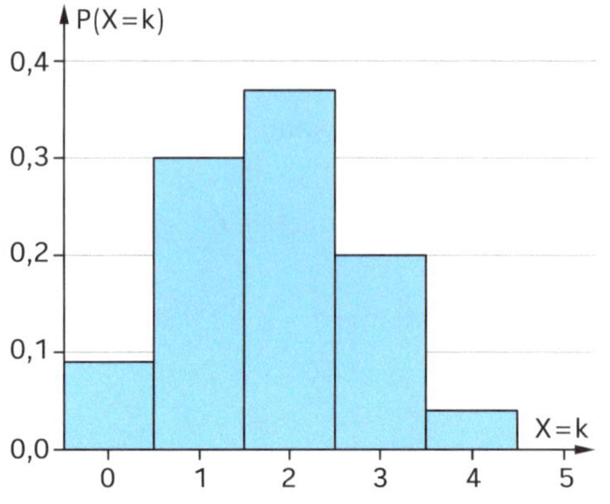

(3) Für den Erwartungswert μ gilt:

$$E(X) = 0 \cdot P(X = 0) + 1 \cdot P(X = 1) + 2 \cdot P(X = 2) + 3 \cdot P(X = 3) + 4 \cdot P(X = 4)$$
$$= 0 + 1 \cdot 0{,}3 + 2 \cdot 0{,}37 + 3 \cdot 0{,}2 + 4 \cdot 0{,}04 = 1{,}8$$

Für Binomialverteilungen gilt: $\mu = n \cdot p$, und da $n = 4$, ergibt sich:

$$1{,}8 = 4 \cdot p \quad \Leftrightarrow \quad p = \frac{9}{20} = 0{,}45$$

Hinweis: Alternativ kann der Wert von p auch aus der Beziehung $P(X = 4) = p^4 \approx 0{,}04$ bestimmt werden. Es folgt $p^2 \approx 0{,}2$ und weiter $p \approx 0{,}45$.

Eine Kontrollrechnung mit $p = 0{,}45$ ergibt die kumulierten Wahrscheinlichkeiten (auf 6 Dezimalstellen genau): 0,091506; 0,390981; 0,758519; 0,958994; 1.

Trainingsaufgaben zum Wahlteil

Aufgabe 1 *Funktionsuntersuchung*

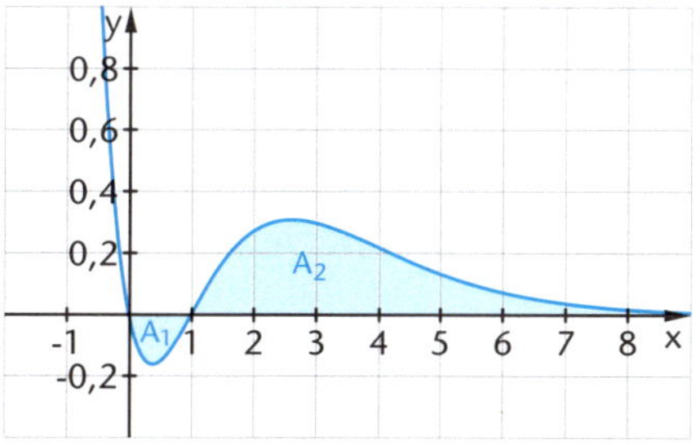

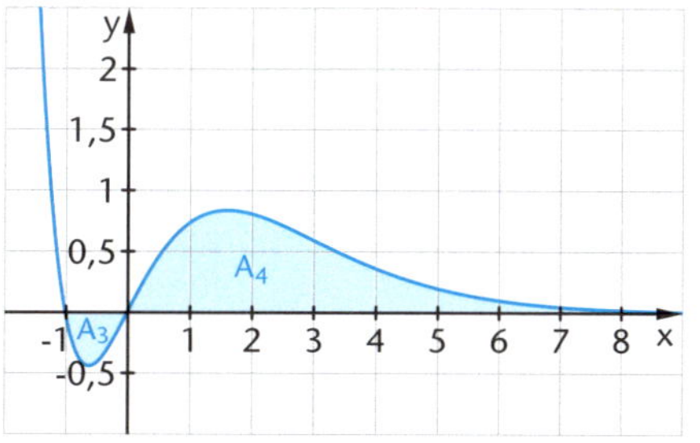

a) Die beiden Abbildungen zeigen die Graphen der Funktionen f und g mit $f(x) = x \cdot (x - 1) \cdot e^{-x}$ und $g(x) = x \cdot (x + 1) \cdot e^{-x}$.

(1) Ordnen Sie die beiden Funktionsgleichungen den Abbildungen begründet zu. Beschreiben Sie – ohne Rechnung – den Verlauf der Graphen; geben Sie Gemeinsamkeiten und Unterschiede an. **B4**

(2) Jemand behauptet: Man erhält den Graphen der einen Funktion aus dem Graphen der anderen Funktion durch eine Verschiebung in Richtung der x-Achse und gleichzeitiger Streckung in Richtung der y-Achse.

Beweisen Sie die Behauptung mithilfe geeigneter algebraischer Umformungsschritte.

(3) Beweisen Sie die Behauptung aus (2) mithilfe geeigneter algebraischer Umformungsschritte.

b) (1) Die beiden Funktionen gehören zu einer Funktionenschar f_a mit $f_a(x) = x \cdot (x - a) \cdot e^{-x}$.

Zeigen Sie, dass die Funktionen dieser Schar an den Stellen

$x = \frac{1}{2} \cdot (a + 2) \pm \frac{1}{2} \cdot \sqrt{a^2 + 4}$ eine waagerechte Tangente besitzen. **A3** **B6**

(2) Begründen Sie mithilfe des Terms $\frac{1}{2} \cdot (a + 2) \pm \frac{1}{2} \cdot \sqrt{a^2 + 4}$ aus Teilaufgabe (2), dass alle Funktionen dieser Schar einen Hoch- und einen Tiefpunkt besitzen. **B6**

(3) Ermitteln Sie konkret für $a = 1$ und für $a = -1$ die Lage der Hoch- und Tiefpunkte (vergleichen Sie zur Kontrolle Ihre Rechenergebnisse mit den o. a. Graphen). **B6**

c) (1) Weisen Sie nach, dass die Funktion F mit $F(x) = -(x^2 + x + 1) \cdot e^{-x}$ eine Stammfunktion für die Funktion ist. **A3** **D1**

(2) Um eine Stammfunktion G der Funktion g mit $g(x) = x \cdot (x + 1) \cdot e^{-x}$ zu finden, kann man den Ansatz $G(x) = -(x^2 + bx + c) \cdot e^{-x}$ machen.
Bestimmen Sie geeignete Koeffizienten b und c. **D1** **C2** **A2**

(3) **nur LF:** Stammfunktionen für die Funktion f_a sind alle vom Typ $F_a(x) = -(x^2 + bx + c) \cdot e^{-x}$.
Bestimmen Sie geeignete Koeffizienten b und c, sodass gilt $F_a' = f_a$. **C2**

d) (1) Bestimmen Sie den Flächeninhalt des Flächenstücks, das der Graph von f im Intervall $[0;1]$ mit der x-Achse einschließt. D2

(2) **(nur LF)** Bestimmen Sie den Flächeninhalt des Flächenstücks, das der Graph von $f(x) = f_1(x) = x \cdot (x-1) \cdot e^{-x}$ im Intervall $[1;+\infty[$ mit der x-Achse einschließt. B8 D5

(3) **(nur LF)** Betrachten Sie allgemein für $a > 0$ die Funktionenschar $f_a(x) = x \cdot (x-a) \cdot e^{-x}$.
In Teilaufgabe b) (3) wurde gezeigt, dass $F_a(x) = -(x^2 + (2-a)x + (2-a)) \cdot e^{-x}$ eine Stammfunktion für f_a ist.
Für welchen Parameterwert a ist das Flächenstück oberhalb der x-Achse genau so groß wie das Flächenstück unterhalb der x-Achse?
Führen Sie eine Kontrollrechnung mithilfe der numerischen Integration durch. B9

Lösung

a) (1) An den Nullstellen kann man ablesen: Die Nullstellen von $f(x) = x \cdot (x-1) \cdot e^{-x}$ liegen bei $x = 0$ und bei $x = 1$; die Nullstellen von $g(x) = x \cdot (x+1) \cdot e^{-x}$ liegen bei $x = 0$ und $x = -1$. Daher ist links der Graph von f und rechts der Graph von g abgebildet. Beide Graphen verlaufen nur zwischen den beiden Nullstellen im negativen Bereich, ansonsten oberhalb der x-Achse. Sie sind zunächst streng monoton fallend bis zu einem Tiefpunkt, der zwischen den beiden Nullstellen liegt, dann streng monoton fallend bis zu einem Hochpunkt; danach verlaufen beide Graphen streng monoton fallend mit der x-Achse als Asymptote. Beide Graphen sind zunächst linksgekrümmt bis zu einem Wendepunkt, der zwischen Tief- und Hochpunkt liegt, dann rechtsgekrümmt bis zu einem weiteren Wendepunkt, danach wieder linksgekrümmt. Bei beiden Graphen haben die Nullstellen den Abstand 1 Einheit; allerdings sind die Funktionswerte der beiden Extrempunkte bei g weiter von der x-Achse entfernt als bei f.

(2) Verschiebt man den Graphen von f um 1 Einheit nach links, dann muss im Funktionsterm die Variable x durch $(x + 1)$ ersetzt werden:
$f(x+1) = (x+1) \cdot ((x+1)-1) \cdot e^{-(x+1)} = (x+1) \cdot x \cdot e^{-x-1} = (x+1) \cdot x \cdot e^{-x} \cdot e^{-1} = e^{-1} \cdot g(x)$
d. h. $g(x) = e \cdot f(x+1)$.
Damit ist gezeigt, dass der Graph von g aus dem Graphen von f durch Verschiebung um eine Einheit nach links und Streckung mit dem Faktor $e \approx 2{,}718$ in Richtung der y-Achse hervorgeht.

b) (1) $f_a(x) = x \cdot (x-a) \cdot e^{-x} = (x^2 - ax) \cdot e^{-x}$,

$f_a'(x) = (2x - a) \cdot e^{-x} + (x^2 - ax) \cdot e^{-x} \cdot (-1) = (2x - a - x^2 + ax) \cdot e^{-x}$

$= -(x^2 - (a+2) \cdot x + a) \cdot e^{-x}$

$f_a'(x) = 0 \Leftrightarrow x^2 - (a+2) \cdot x + a = 0$

$\Leftrightarrow x^2 - (a+2) \cdot x + \frac{1}{4} \cdot (a+2)^2 = \frac{1}{4} \cdot a^2 + a + 1 - a$

$\Leftrightarrow \left(x - \frac{1}{2} \cdot (a+2)\right)^2 = \frac{1}{4} \cdot (a^2 + 4)$,

also $x = \frac{1}{2} \cdot (a+2) \pm \frac{1}{2} \cdot \sqrt{a^2 + 4}$.

(2) Da der Term $a^2 + 4$ nicht null werden kann, hat die quadratische Gleichung in (2) stets zwei Lösungen. Das Vorzeichen der Ableitungsfunktion
$f_a'(x) = -(x^2 - (a + 2) \cdot x + a) \cdot e^{-x}$ hängt nur von dem quadratischen Faktor ab, da $e^{-x} > 0$ für beliebige $x \in \mathbb{R}$. Da der Graph von $y = -(x^2 - (a + 2) \cdot x + a)$ eine nach unten geöffnete quadratische Parabel ist, liegt an der kleineren Nullstelle der Ableitungsfunktion [also bei $x = \frac{1}{2} \cdot (a + 2) - \frac{1}{2} \cdot \sqrt{a^2 + 4}$] ein VZW von – nach + vor, d. h. dort existiert ein lokales Minimum, und an der größeren Nullstelle [also bei $x = \frac{1}{2} \cdot (a + 2) + \frac{1}{2} \cdot \sqrt{a^2 + 4}$] ein VZW von + nach –, d. h. dort befindet sich ein lokales Maximum der Funktion.

(3) Beim Einsetzen von $a = +1$ ergeben sich der Tiefpunkt T (0,38 | −0,16) und der Hochpunkt H (2,62 | 0,31),

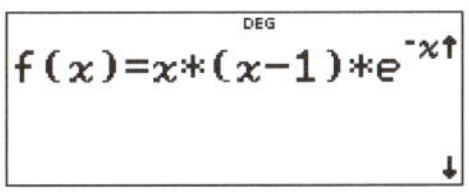

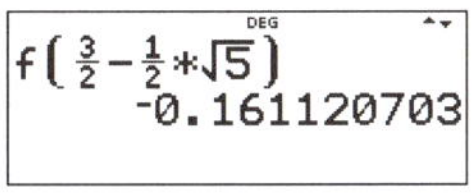

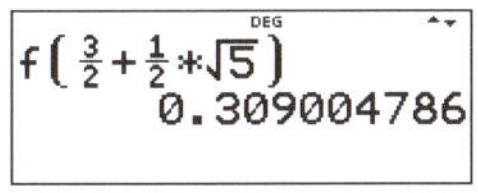

beim Einsetzen von $a = -1$ entsprechend der Tiefpunkt T (– 0,62 | – 0,44) und der Hochpunkt H (1,62 | 0,84),

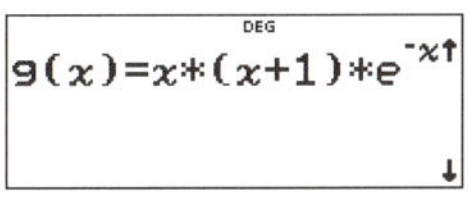

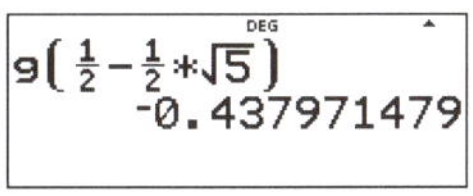

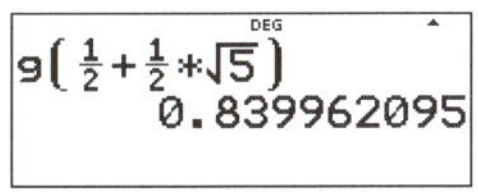

c) (1) Nachweis durch Ableiten gemäß Produkt- und Kettenregel:

$$F'(x) = -(2x + 1) \cdot e^{-x} - (x^2 + x + 1) \cdot e^{-x} \cdot (-1) = (-2x - 1 + x^2 + x + 1) \cdot e^{-x}$$
$$= (x^2 - x) \cdot e^{-x} = x \cdot (x - 1) \cdot e^{-x} = f(x)$$

(2) Bestimmen der Ableitung der Funktion $G(x) = -(x^2 + bx + c) \cdot e^{-x}$ mit Produkt- und Kettenregel:

$$G'(x) = -(2x + b) \cdot e^{-x} - (x^2 + bx + c) \cdot e^{-x} \cdot (-1) = (-2x - b + x^2 + bx + c) \cdot e^{-x}$$
$$= (x^2 + (b - 2) \cdot x + (c - b)) \cdot e^{-x}.$$

Koeffzientenvergleich mit $g(x) = (x^2 + x) \cdot e^{-x}$ ergibt $b - 2 = 1$ und $c - b = 0$, also $b = c = 3$. $G(x) = -(x^2 + 3x + 3) \cdot e^{-x}$ ist also eine Stammfunktion für g.

(3) Koeffizientenvergleich von $F_a'(x) = (x^2 + (b - 2) \cdot x + (c - b)) \cdot e^{-x}$ mit $f_k(x) = x \cdot (x - a) \cdot e^{-x} = (x^2 - ax) \cdot e^{-x}$ ergibt allgemein die Bedingungen $-a = b - 2$ und $c - b = 0$, also $b = 2 - a$ und $c = b = 2 - a$.

Folglich ist $F_a(x) = -(x^2 + (2 - a)x + (2 - a)) \cdot e^{-x}$ eine Stammfunktion für f_a.

d) (1) $\int_0^1 f(x)\,dx = [-(x^2 + x + 1) \cdot e^{-x}]_0^1 = -3e^{-1} - (-1) = 1 - \frac{3}{e} \approx -0{,}104$

Das Flächenstück hat ungefähr einen Flächeninhalt von 0,104 FE.

(2) $\int_1^{+\infty} f(x)\,dx = [-(x^2 + x + 1) \cdot e^{-x}]_1^{+\infty} = 0 - (-3e^{-1}) = \frac{3}{e} \approx 1{,}104$

$F(+\infty) = 0$ ergibt sich aus dem asymptotischen Verhalten von Funktionen vom Typ (ganzrationale Funktion) × (Exponentialfunktion).

(3) Betrachtet werden die beiden Intervalle $[0; a]$ und $[a; +\infty[$.

Für die Integrale soll gelten: $\left|\int_0^a f_a(x)\,dx\right| = -\int_0^a f_a(x)\,dx = \int_a^{+\infty} f_a(x)\,dx.$

Im Einzelnen ist

$$\int_0^a f_a(x)\,dx = -[-(x^2 + (2-a)x + (2-a)) \cdot e^{-x}]_0^a$$

$$= (a^2 + 2a - a^2 + 2 - a) \cdot e^{-a} - (2-a) = (a+2) \cdot e^{-a} - (2-a),$$

$$\int_a^{\infty} f_a(x)\,dx = [-(x^2 + (2-a) \cdot x + (2-a)) \cdot e^{-x}]_a^{\infty}$$

$$= 0 - (-(a^2 + (2-a) \cdot a + (2-a)) \cdot e^{-a}) = (a+2) \cdot e^{-a}.$$

Die beiden Integrale unterscheiden sich nur um den Summanden $(2 - a)$. Damit beide Integrale gleich sind, muss also $a = 2$ sein.

Kontrollrechnung: Für $a = 2$ ist $F_2(x) = -x^2 \cdot e^{-x}$ eine Stammfunktion für $f_2(x) = x \cdot (x-2) \cdot e^{-x} = (x^2 - 2x) \cdot e^{-x}$, denn

$F_2'(x) = (-2x) \cdot e^{-x} + (-x^2) \cdot e^{-x} \cdot (-1) = (-2x + x^2) \cdot e^{-x} = f_2(x).$

Aufgabe 2 *Kettenlinien*

Die Graphen der Funktionen vom Typ

$f_a(x) = \frac{a}{2} \cdot (e^{ax} + e^{-ax})$ mit $a > 0$ werden als Kettenlinien bezeichnet. Die Abbildung rechts zeigt den Graphen für $a = \frac{1}{2}$.

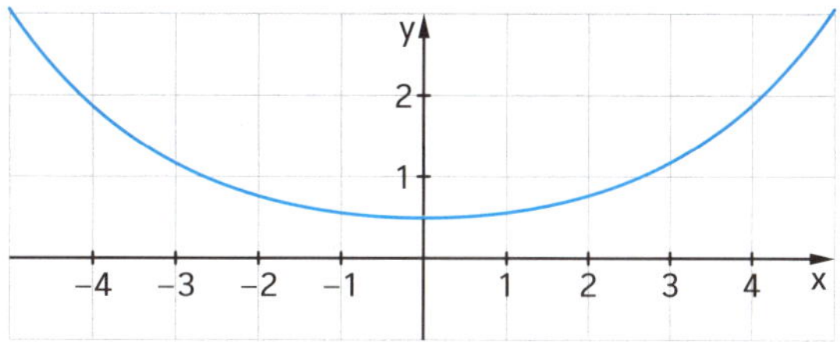

a) Zeigen Sie: Alle Graphen dieses Typs sind achsensymmetrisch zur y-Achse; sie verlaufen durch den Punkt (0 | a) als Tiefpunkt und sind linksgekrümmt. B1 B5 B6 B7

b) Im Folgenden betrachten wir den rechten Ast des Graphen der Funktion g mit

$g(x) = 2 \cdot f_{\frac{1}{2}}(x) = \frac{1}{2} \cdot \left(e^{\frac{1}{2}x} + e^{-\frac{1}{2}x}\right)$, vgl. Abb. rechts.

Eine der Tangenten an den Graphen verläuft durch den Ursprung (0 | 0).

(nur LF) Stellen Sie Bedingungen für die Koordinaten des Berührpunkts auf sowie für die Steigung der Tangenten. A4

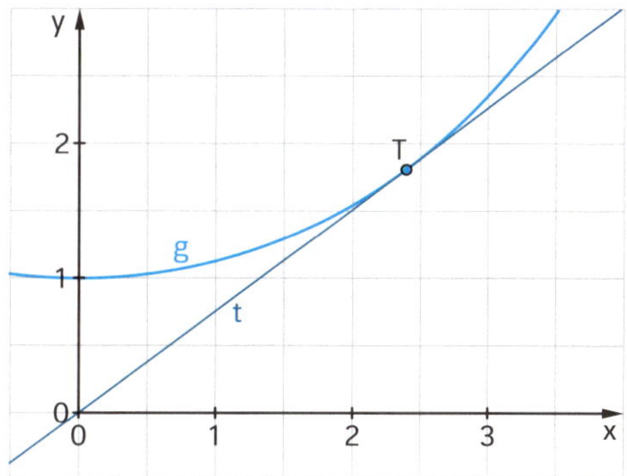

c) Überprüfen Sie: Die Tangente an den Graphen im Punkt T (2,4 | g(2,4)) verläuft ziemlich genau durch den Ursprung. Bestimmen Sie die Gleichung der Tangente.

Die Abbildung rechts zeigt den Ausschnitt aus einem Planungsentwurf (Maßstab: 1 LE = 1 km). Dargestellt sind zwei Landstraßen, die sich im Ursprung des gewählten Koordinatensystems kreuzen; die zugehörigen Modellierungsfunktionen sind

$t_1(x) = 0{,}7544\,x$ und $t_2(x) = -0{,}7544\,x$.

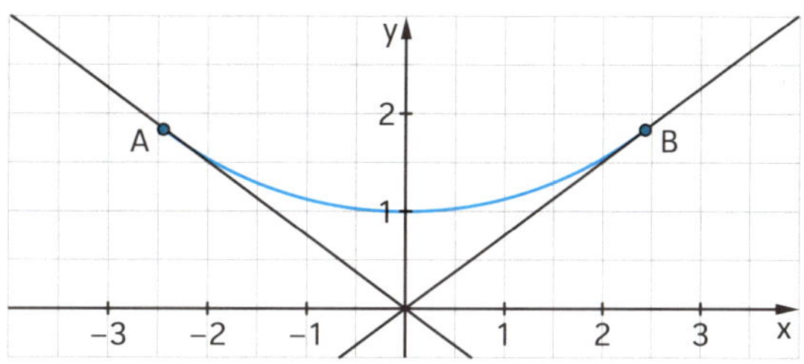

Da die meisten von A kommenden Fahrzeuge an der Kreuzung in Richtung B abbiegen und umgekehrt, soll die Straßenführung dahingehend geändert werden, dass der Straßenverlauf längs der blau eingezeichneten Linie der Modellierungsfunktion g mit

$g(x) = 2 \cdot f_{\frac{1}{2}}(x) = \frac{1}{2} \cdot \left(e^{\frac{1}{2}x} + e^{-\frac{1}{2}x}\right)$, erfolgt. Die Zufahrt zu und von der Kreuzung soll durch entsprechende Abbiegespuren längs der bisherigen Straßen weiterhin gewährleistet werden.

d) Der Bereich zwischen der alten und neuen Trasse soll gärtnerisch gestaltet werden. Welches Maß muss in der Ausschreibung für die eingeschlossene Fläche angegeben werden? D2

e) Untersuchen Sie, welche Änderungen sich bzgl. des Flächenverbrauchs ergeben, wenn man ausgehend von den bestehenden Geraden (also den Tangentenfunktionen $t_1(x) = 0{,}7544\,x$ und $t_2(x) = -0{,}7544\,x$) eine quadratische Funktion $p(x)$ als alternative Modellierungsfunktion für die Straßenverbindung betrachtet. C2 D2

Lösung

a) Achsensymmetrie: Zu zeigen ist $f_a(-x) = f_a(x)$ für alle $x \in \mathbb{R}$.

$f_a(-x) = \frac{a}{2} \cdot (e^{a \cdot (-x)} + e^{-a \cdot (-x)}) = \frac{a}{2} \cdot (e^{-ax} + e^{ax}) = f_a(x)$.

Ableitungen:

$f_a'(x) = \frac{a}{2} \cdot (e^{ax} \cdot a + e^{-ax} \cdot (-a)) = \frac{a^2}{2} \cdot (e^{ax} - e^{-ax})$

$f_a''(x) = \frac{a^2}{2} \cdot (e^{ax} \cdot a - e^{-ax} \cdot (-a)) = a^3 \cdot \frac{1}{2} \cdot (e^{ax} + e^{-ax}) = a^3 \cdot f_a(x)$

Tiefpunktbestimmung:

notwendige Bedingung: $f_a'(x) = 0 \Leftrightarrow e^{ax} = e^{-ax} \Leftrightarrow ax = -ax \Leftrightarrow 2ax = 0 \Leftrightarrow x = 0$

hinreichende Bedingung: $f_a''(0) = a^3 \cdot f_a(0) = a^3 \cdot 1 > 0$, da $a > 0$,

d. h. an der Stelle $x = 0$ liegt ein lokales Minimum vor mit $f_a(0) = a$.

Da $f_a''(x) = a^3 \cdot f_a(x) \geq a^3 \cdot f_a(0) = a^3 > 0$ folgt, dass alle Graphen dieser Funktionenschar linksgekrümmt sind.

b) Für die Tangentengleichung werden benötigt:
- ein Punkt des Graphen, der auf der Tangente liegt; hier ist $(0\,|\,0)$ vorgegeben, der Berührpunkt $B\,(b\,|\,g(b))$ ist noch zu bestimmen;
- die Steigung der Tangente an den Graphen im Berührpunkt $B\,(b\,|\,g(b))$.

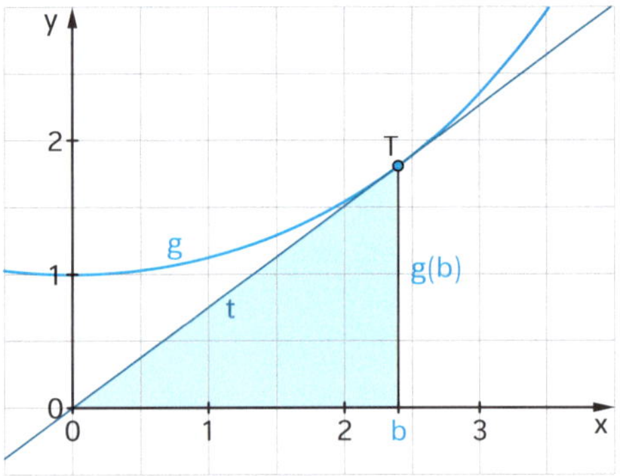

Die Steigung des Graphen ist durch den Wert der 1. Ableitung an der Stelle $x = b$ gegeben, also $g'(b) = \frac{1}{4} \cdot (e^{\frac{1}{2}b} - e^{-\frac{1}{2}b})$.

Da die Tangente durch den Ursprung verläuft, gilt für die Steigung außerdem, dass sie gleich dem Quotienten

$\frac{g(b)}{b} = \frac{\frac{1}{2} \cdot (e^{\frac{1}{2}b} + e^{-\frac{1}{2}b})}{b}$ ist, vgl. das gefärbte Steigungsdreieck in der Abbildung.

Für die gesuchte Stelle b muss also gelten:

$$\frac{\frac{1}{2} \cdot (e^{\frac{1}{2}b} + e^{-\frac{1}{2}b})}{b} = \frac{1}{4} \cdot (e^{\frac{1}{2}b} - e^{-\frac{1}{2}b}).$$

c) Bestimmung der Gleichung der Tangente an den Graphen von g im Punkt T(2,4 | 1,8107):

$g'(x) = \frac{1}{2} \cdot (e^{0,5 \cdot x} \cdot 0,5 + e^{-0,5 \cdot x} \cdot (-0,5)) = \frac{1}{4} \cdot (e^{0,5 \cdot x} - e^{-0,5 \cdot x})$ mit $g'(2,4) \approx 0,7547$, also

gilt für die Tangente mit $t(x) = 0,7547 \cdot (x - 2,4) + 1,8107$:

$t(0) = -0,7547 \cdot 2,4 + 1,8107 \approx -1,8114 + 1,8107 \approx 0,0007$

Berechnung des Funktionswerts g(2,4) mit dem WTR:

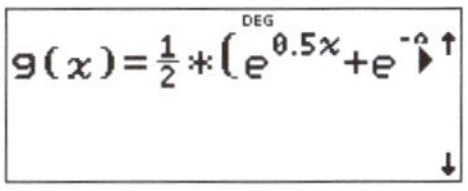

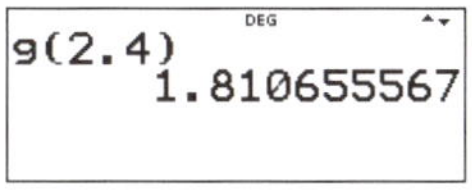

Berechnung der Steigung g′(2,4) mit dem WTR (die Ableitungsfunktion wird hier mit f bezeichnet):

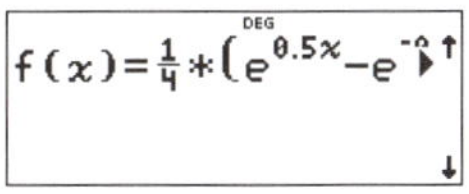

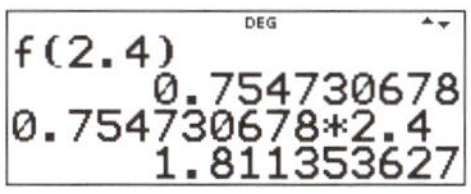

d) Zunächst muss eine Stammfunktion für die Differenzfunktion g(x) – t(x) bestimmt werden: Eine Stammfunktion für $g(x) = \frac{1}{2} \cdot (e^{\frac{1}{2}x} + e^{-\frac{1}{2}x})$ ist $G(x) = e^{\frac{1}{2}x} - e^{-\frac{1}{2}x}$, denn

$G'(x) = e^{\frac{1}{2}x} \cdot \frac{1}{2} - e^{-\frac{1}{2}x} \cdot \left(-\frac{1}{2}\right) = \frac{1}{2} \cdot \left(e^{\frac{1}{2}x} + e^{-\frac{1}{2}x}\right) = g(x)$.

Daher gilt für die zu bestimmende Fläche:

$$2 \cdot \int_0^b (g(x) - t(x))\,dx = 2 \cdot \left[e^{\frac{1}{2}x} - e^{-\frac{1}{2}x} - \frac{1}{2} \cdot 0,7544\,x^2\right]_0^{2,4} \approx 1,69 \text{ FE } (= \text{km}^2)$$

In der Ausschreibung muss eine Fläche von ca. 1,69 km² = 169 ha angegeben werden.

e) Die Funktion p mit $p(x) = r \cdot x^2 + s$ hat die Ableitung $p'(x) = 2r \cdot x$. Da die Steigung der Tangenten vorgegeben ist (Lage der bisherigen Landstraßen), muss gelten:
$2r = 0,7544$, also $r = 0,3772$.

Die quadratische Parabel mit $r = 0,3772$ hat an der Stelle $b = 1$ die Steigung $p'(1) = 0,7544$ und hat dort mit der Tangente den Punkt B(1 | 0,7544) gemeinsam.

Aus $p(1) = 0,3772 \cdot 1 + s = 0,7544$ folgt $s = 0,3772$, d. h. die quadratische Parabel hat die Gleichung $p(x) = 0,3772 \cdot x^2 + 0,3772$, vgl. Grafik.

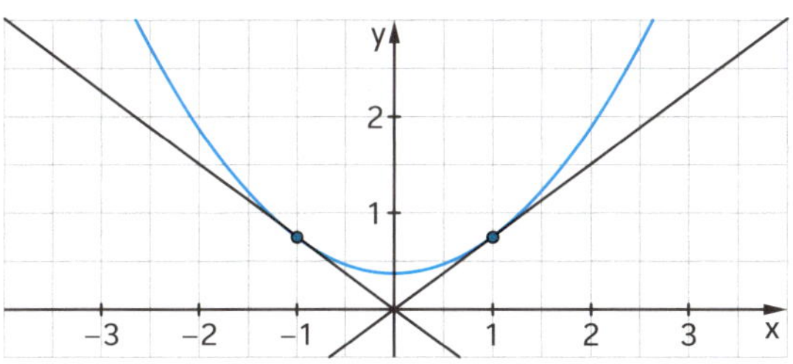

Für die zu gestaltende Fläche zwischen der alternativ geplanten Straße und den bisherigen geradlinigen Straßen ergibt sich:

$$2 \cdot \int_0^1 (p(x) - t(x))\,dx = 2 \cdot \left[\frac{1}{3} \cdot 0{,}3772\,x^3 + 0{,}3772\,x - \frac{1}{2} \cdot 0{,}7544\,x^2\right]_0^1 \approx 0{,}251.$$

Der Flächenverbrauch für die alternativ geplante Straße ist deutlich geringer, vgl. auch die folgende Grafik.

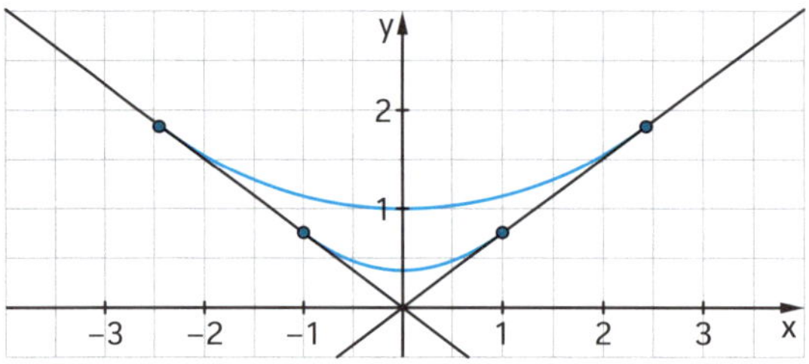

Aufgabe 3 *Deichbau*

Ein Deich ist ein Schutzwall gegen das Meer mit einer steilen Böschung zur Landseite und einer flacheren Böschung an der Seeseite, so dass die auflaufenden Wellen ihre Kraft verlieren.

Die Form eines bestimmten Deichs kann teilweise mithilfe der folgenden Funktion modelliert werden:

$f(x) = 2{,}5 \cdot x^2 \cdot e^{-0{,}5 \cdot x}$ (1 LE = 1 m).

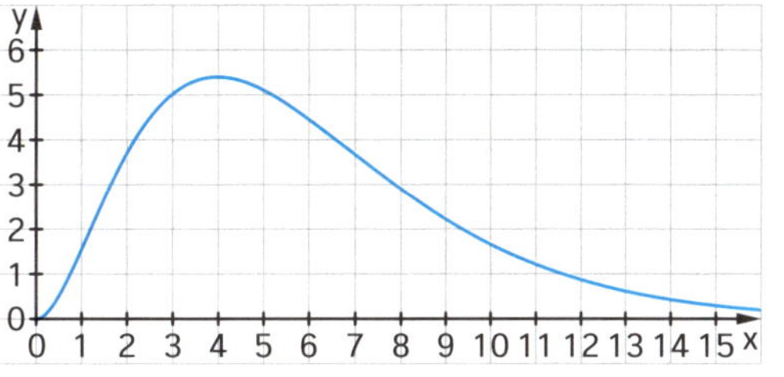

Dabei beschreibt die negative x-Achse im Koordinatensystem den Verlauf des Lands hinter dem Deich, die positive x-Achse die Deichsohle und die Meeresoberfläche.

a) Berechnen Sie die Höhe der Deichkrone über Normalnull. A3 B6

b) Bei einer Notfallübung wird von der Landseite her am Fuß des Deichs (= Ursprung des Koordinatensystems) eine genügend lange Leiter am Deich aufgestellt, die möglichst nahe an die Deichkrone herankommen soll.

Erläutern Sie, wie man herausfinden kann, an welchem Punkt der Deichlinie die Leiter angelegt wird.

Zeigen Sie, dass die Leiter im Punkt $(2 \mid f(2))$ unter einem Winkel von ca. 61,5° angelehnt werden kann. A4 A6

c) Zeigen Sie, dass an der Stelle $x = 4 + \sqrt{8} \approx 6{,}83$ das maximale Gefälle des Deichs auf der Seeseite vorliegt. Bestimmen Sie den zugehörigen Winkel dieses Gefälles. B7 A6

d) Zur Festigung des Deichs soll an der Meeresseite die obere Schicht durch Basaltsteine ersetzt werden. Im Rahmen dieser Baumaßnahme soll das Deichprofil so verändert werden, dass zur Meerseite hin eine nicht gekrümmte Ebene entsteht. Der bis zum Wendepunkt rechtsgekrümmte Graph soll nicht in eine Linkskrümmung übergehen, sondern tangential fortgesetzt werden.

Zeigen Sie, dass die Tangente näherungsweise durch die Gleichung $y = -0{,}794\,x + 9{,}26$ beschrieben werden kann. A4

Bestimmen Sie die Stelle, an der das neue Profil die Meeresoberfläche (Normalnull) schneidet.

Zeichnen Sie diese Tangente in die o. a. Grafik ein.

e) (1) Geben Sie an, wie die Querschnittsfläche des Deichs oberhalb der Meeresoberfläche bestimmt werden kann. D2

(2) Um das Integral über die Modellierungsfunktion exakt bestimmen zu können, benötigt man eine Stammfunktion für f.
Zeigen Sie allgemein: Ist f(x) das Produkt einer quadratischen Funktion mit einer Exponentialfunktion mit $y = e^{kx}$, dann findet man eine Stammfunktion F für f mithilfe des Ansatzes $F(x) = (a\,x^2 + b\,x + c) \cdot e^{kx}$. D1 A3

(3) Bestimmen Sie mithilfe von (2) eine Stammfunktion für die Modellierungsfunktion. C3

Lösung

a) Die Höhe der Deichkrone entspricht dem Hochpunkt des Graphen. Es gilt:

$$f'(x) = 2{,}5 \cdot (2x \cdot e^{-0{,}5 \cdot x} + x^2 \cdot e^{-0{,}5 \cdot x} \cdot (-0{,}5)) = 2{,}5 \cdot (2x - 0{,}5x^2) \cdot e^{-0{,}5 \cdot x}$$
$$= 2{,}5 \cdot x \cdot e^{-0{,}5 \cdot x} \cdot (2 - 0{,}5x)$$

$$f''(x) = 2{,}5 \cdot ((2 - x) \cdot e^{-0{,}5 \cdot x} + (2x - 0{,}5x^2) \cdot e^{-0{,}5 \cdot x} \cdot (-0{,}5))$$
$$= 2{,}5 \cdot e^{-0{,}5 \cdot x} \cdot (2 - 2x + 0{,}25x^2)$$

notwendige Bedingung: $f'(x) = 0 \Leftrightarrow x = 0 \vee x = 4$
hinreichende Bedingung: $f''(0) = 5 > 0$, d. h. dort liegt ein lokales Minimum vor.

$f''(4) = 2{,}5 \cdot e^{-2} \cdot (2 - 8 + 4) < 0$, d. h. dort ein lokales Maximum vor und es gilt $f(4) \approx 5{,}41$.

Die Höhe der Deichkrone beträgt ca. 5,41 m.
Kontrolle mit dem GTR:

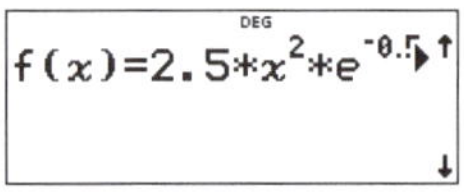

b) Gesucht ist diejenige Tangente an den Graphen der Modellierungsfunktion, die durch den Ursprung verläuft. Für die Steigung $f'(x_0)$ dieser Tangente gilt, dass sie gleich dem Quotienten aus Funktionswert $f(x_0)$ und x_0 selbst ist.

Zu lösen ist also die Gleichung $f'(x_0) = \frac{f(x_0)}{x_0}$.

Nachweis, dass $x_0 = 2$ eine Lösung ist: $f(2) = 10 \cdot e^{-1}$ und $f'(2) = 5 \cdot e^{-1}$, also $f'(2) = \frac{f(2)}{2}$.

Für den Anstellwinkel ergibt sich $\tan^{-1}(f'(2)) \approx 61{,}5°$.

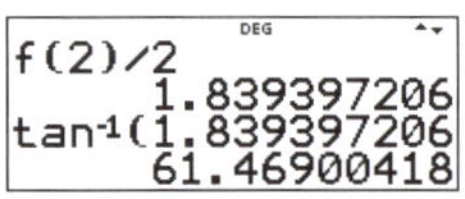

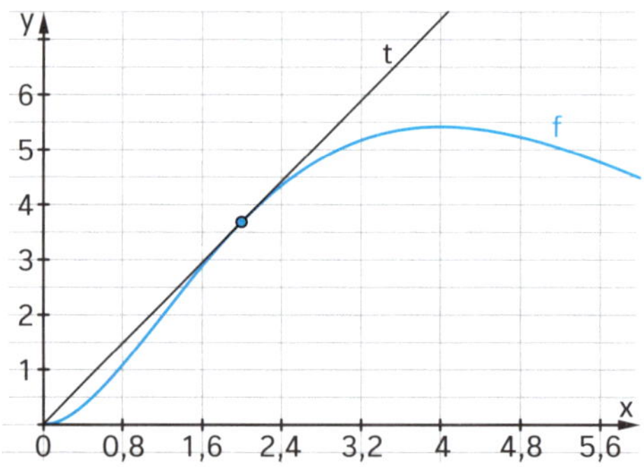

c) Das maximale Gefälle liegt an der Wendestelle des Graphen vor.

notwendige Bedingung: $f''(x) = 2{,}5 \cdot e^{-0{,}5 \cdot x} \cdot (2 - 2x + 0{,}25x^2) = 0 \Leftrightarrow 2 - 2x + 0{,}25x^2 = 0$

$$\Leftrightarrow x^2 - 8x = -8 \Leftrightarrow (x - 4)^2 = 8 \Leftrightarrow x = 4 \pm \sqrt{8}\,.$$

hinreichende Bedingung: An den beiden Nullstellen der 2. Ableitung liegt jeweils ein VZW der 2. Ableitung vor.

An der infrage kommenden Wendestelle bei $x \approx 6{,}83$ hat der Graph der Modellierungsfunktion eine Steigung von $-0{,}794$. Dies entspricht einem Winkel von $|\tan^{-1}(-0{,}794)| \approx 38{,}5°$.

Für die Bestimmung der der Steigung wird die Ableitungsfunktion im WTR mit g bezeichnet:

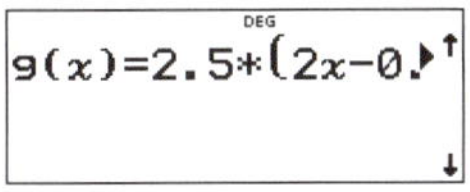

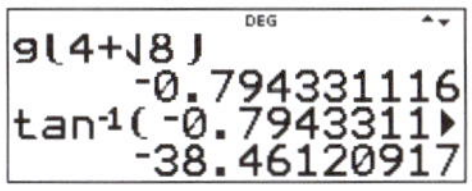

d) Um die Tangentengleichung aufzustellen, benötigen wir die Koordinaten des Wendepunkts sowie die Steigung des Graphen in diesem Punkt:

Aus W(6,83 | 3,84) und m = – 0,794, vgl. Lösung b), folgt:
$t(x) = -0{,}794 \cdot (x - 6{,}83) + 3{,}84 \approx -0{,}794\,x + 9{,}26$.

Die Nullstelle der Funktion liegt bei $x \approx \frac{9{,}26}{0{,}794} \approx 11{,}66$.

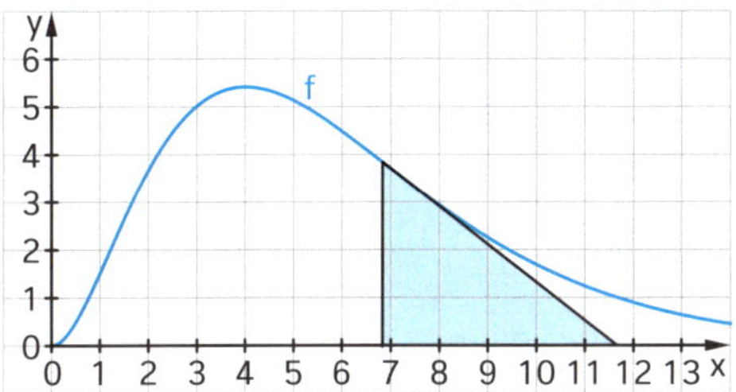

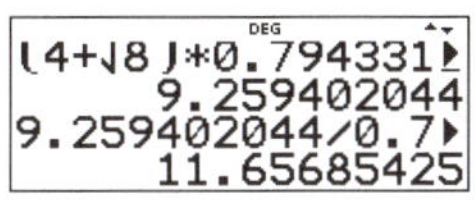

e) (1) Die Gesamtfläche ergibt sich aus der Summe der Integrale: $\int_0^{6{,}83} f(x)\,dx + \int_{6{,}83}^{11{,}66} t(x)\,dx$.

Die Berechnung des rechten Integrals kann elementar erfolgen (Berechnung eines Dreiecksflächeninhalts). Es ergibt sich somit:

$\int_0^{6{,}83} f(x)\,dx + \frac{1}{2} \cdot 3{,}84 \cdot (11{,}66 - 6{,}83) \approx 35{,}8\ (m^2)$ (Berechnung nicht verlangt).

(2) $F(x) = (a\,x^2 + bx + c) \cdot e^{k \cdot x}$

Ableiten gemäß Produkt- und Kettenregel ergibt:

$F'(x) = (2\,a\,x + b) \cdot e^{k \cdot x} + (a\,x^2 + b\,x + c) \cdot e^{k \cdot x} \cdot k$

$= (ak \cdot x^2 + (2\,a + b\,k) \cdot x + (b + k\,c)) \cdot e^{k \cdot x}$,

also wieder eine Funktion vom Typ quadratische Funktion mal Exponentialfunktion.

(3) Im Beispiel hier ist k = – 0,5. Daher ergeben sich aus dem Koeffizientenvergleich die folgenden Bedingungen:

$a \cdot k = 2{,}5$, also $a = -5$;
$2\,a + b \cdot k = 0$, also $-10 - 0{,}5\,b = 0$, folglich $b = -20$;
$b + k\,c = 0$, also $-20 - 0{,}5\,c = 0$, folglich $c = -40$.

Kontrollrechnung: $F(x) = -(5\,x^2 + 20\,x + 40) \cdot e^{-0{,}5 \cdot x}$ und

$F'(x) = -(10\,x + 20) \cdot e^{-0{,}5 \cdot x} - (5\,x^2 + 20\,x + 40) \cdot e^{-0{,}5 \cdot x} \cdot (-0{,}5)$

$= (-10\,x - 20 + 2{,}5\,x^2 + 10\,x + 20) \cdot e^{-0{,}5 \cdot x} = 2{,}5 \cdot x^2 \cdot e^{-0{,}5 \cdot x}$

Aufgabe 4 *Verkehrszählungen und Stauprognosen auf der A40*

Zur Beobachtung des Verkehrsaufkommens auf den Autobahnen gibt es sogenannte Dauerzählstellen - das sind fest installierte Geräte, die zählen, wie viele Pkw bzw. Lkw in die jeweilige Richtung vorbeifahren. Auf Basis dieser Daten wird die Verkehrsdichte in Pkw pro Stunde ermittelt.

Die untenstehende Tabelle gibt das Verkehrsaufkommen an einem Werktag von der 6. Stunde (5–6 Uhr) bis zur 19. Stunde (18–19 Uhr) an.

Stunde	6	7	8	9	10	11	12	13	14	15	16	17	18	19
Pkw	742	2153	4011	4347	3788	3540	3553	3957	4668	5259	5364	5476	5412	3999

a) (1) Bestimmen Sie, wie viele Autos im morgentlichen Berufsverkehr von 7–9 Uhr gezählt wurden.

(2) Berechnen Sie die durchschnittliche Verkehrsdichte (in Pkw/h) in der Zeit von 14–17 Uhr. H1

Im Folgenden soll das Verkehrsaufkommen in der Zeit zwischen 12 Uhr und 20 Uhr näherungsweise durch die Verkehrsdichtefunktion $f(t) = -120\,t^2 + 3840\,t - 25240$ beschrieben werden. Dabei bezeichnet t die Zeit und f(t) die Verkehrsdichte in Pkw/h.)

Hinweis: Die Verkehrszählung ist ein diskreter Prozess, der einerseits statistischen Schwankungen unterliegt, aber an vergleichbaren Wochentagen ein sehr stabiles Verhalten zeigt. Die Modellierung durch eine stetige Funktion stellt in dieser Hinsicht eine Vereinfachung dar.

b) Berechnen Sie auf Basis des Modells die Verkehrsdichte um 15 Uhr und um 18 Uhr.

c) Ermitteln Sie, zu welchem Zeitpunkt im Modell die größte Verkehrsdichte vorliegt. A1 A3 B6

Mittags kann die Strecke noch frei befahren werden, doch nachmittags entsteht auf Höhe des Zählpunkts ein Stau, wenn auf den drei Fahrspuren mehr als 4000 Pkw pro Stunde fahren (und keine Geschwindigkeitsbegrenzungen vorgenommen werden).

d) (1) Bestimmen Sie näherungsweise die Zeitpunkte t_1 und t_2, an denen die Verkehrsdichte größer ist als $4000\,\frac{\text{Pkw}}{\text{h}}$. B5

(2) Vom Zeitpunkt t_1 an wächst also der Stau. Berechnen Sie auf Basis des o. a. Modells die maximale Staulänge (= Anzahl der Pkw). D1 D2 D3

(3) Interpretieren Sie Ihr Ergebnis und geben Sie die Staulänge in km an (Modellannahmen: Länge eines Pkw: 5 m, Abstand zwischen zwei aufeinander folgender Pkw: 5 m).

Bei erhöhtem Verkehrsaufkommen (also über $4000\,\frac{\text{Pkw}}{\text{h}}$) wird die Höchstgeschwindigkeit auf $80\,\frac{\text{km}}{\text{h}}$ reduziert, dann können sogar 5000 Pkw pro Stunde fahren. Diese Verkehrsdichte wird im Modell um 13 Uhr erreicht.

e) (1) Weisen Sie nach, dass sich die Anzahl der Pkws im Stau durch die Funktion
$A(t) = -40\,t^3 + 1920\,t^2 - 30240\,t + 156800$
beschreiben lässt ($t \geq 13$). D1

(2) Skizzieren Sie den Graphen von A(t). Ermitteln Sie den Zeitpunkt, zu dem sich der Stau vollständig aufgelöst hat. Welche Bedeutung hat das lokale Maximum des Graphen? D2

Lösung

a) (1) Die Stunde 8 beginnt um 7 Uhr und endet um 8 Uhr, die Stunde 9 reicht von 8 bis 9 Uhr.

In der 8. Stunde wurden von der Dauerzählstelle 4011 Pkw gezählt, in der 9. Stunde waren es 4387 Pkw. Folglich wurden am ausgewählten Werktag zwischen 7 und 9 Uhr insgesamt $4011 + 4347 = 8358$ Pkw gezählt.

(2) Die durchschnittliche Verkehrsdichte im Zeitraum von 14 bis 17 Uhr ergibt sich über das (arithmetische) Mittel der Verkehrszählungen.

$$\frac{5259 + 5364 + 5476}{3} = \frac{16099}{3} \approx 5366 \left[\frac{\text{PkW}}{\text{h}}\right]$$

Durchschnittlich sind also 5366 Pkw pro Stunde an der Zählstelle in Essen-Kray vorbeigefahren.

b) Berechnung der Funktionswerte: $g(15) = 5360$ und $g(18) = 5000$.

Um 15.00 Uhr liegt folglich eine sehr hohe Verkehrsdichte mit $5360\ \frac{\text{Pkw}}{\text{h}}$ vor, um 18.00 Uhr liegt immer noch eine hohe Verkehrsdichte mit $5000\ \frac{\text{Pkw}}{\text{h}}$ vor.

c) Zur Bestimmung der höchsten Verkehrsdichte wird das Maximum der gegebenen Funktion berechnet. Dazu wird die Ableitungsfunktion gebildet und auf kritische Werte untersucht (d. h. Werte t_0 mit $f'(t_0) = 0$):

$$f'(t) = -240t + 3840$$
$$f'(t) = 0 \quad \Leftrightarrow \quad -240t + 3840 = 0 \quad \Leftrightarrow \quad t = 16$$

An der Stelle $t = 16$ findet ein Vorzeichenwechsel der Funktion f' von + nach – statt, also liegt an der Stelle ein lokales Maximum vor.

Alternativ: $f''(t) = -240$, also $f''(16) < 0$, d. h., an der Stelle $t = 16$ liegt ein lokales Maximum vor. Die Verkehrsdichte beträgt um 16 Uhr: $f(16) = 5480\ \frac{\text{Pkw}}{\text{h}}$.

d) (1) Um die Zeitpunkte zu berechnen, an denen die Verkehrsdichte $4000\ \frac{\text{Pkw}}{\text{h}}$ beträgt, nutzen wir die Option des TR, Funktionswerte von f zu bestimmen.

Auf diese Weise finden wir die beiden – symmetrisch zu $t = 16$ liegenden – Zeitpunkte $t_2 = 12{,}5$ und $t_2 = 19{,}5$, also 12.30 Uhr und 19.30 Uhr.

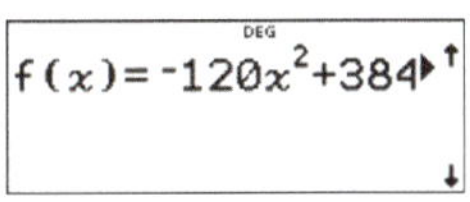

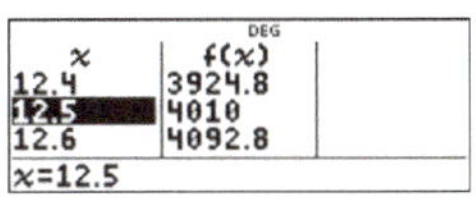

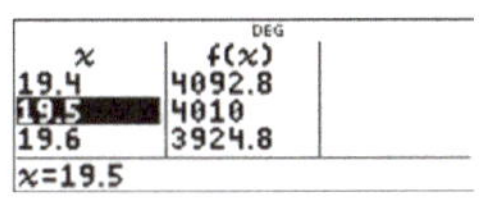

(2) Der Stau entsteht durch den sehr hohen Verkehrsfluss, der über die Autobahn nicht (ab-)fließen kann, es handelt sich also um die Differenz der Verkehrsdichte $f(t)$ zur konstanten Abflussdichte $g(t)$. Dieser Effekt kumuliert sich von 12.30 Uhr bis 19.30 Uhr, so dass unter den Modellannahmen um 19.30 Uhr der maximale Stau erreicht wird. Die maximale Staulänge berechnet sich folglich als Integral über die Differenz der Funktionen f und g mit $g(t) = 4000$:

$$\int_{t_1}^{t_2} (f(t) - g(t))\,dt = \int_{12{,}5}^{19{,}5} (-120t^2 + 3840t - 29240)\,dt$$
$$= \left[-40t^3 + 1920t^2 - 29240t\right]_{12{,}5}^{19{,}5}$$
$$= 6930\ [\text{Pkw}]$$

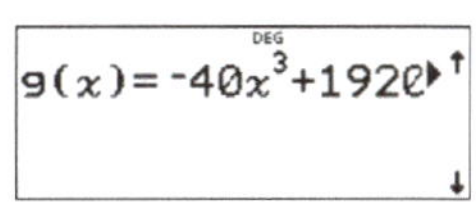

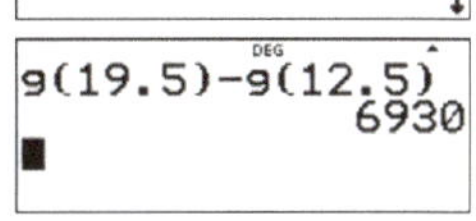

Hinweis: Die angegebene Stammfunktion wird im TR mit g bezeichnet.

(3) Ein Pkw benötigt mit seiner Länge und dem Abstand zum vorausfahrenden Fahrzeug etwa 10 m Platz, d. h., 6930 Pkw bilden eine Strecke von 69,3 km. Verteilt man diese auf 3 Fahrbahnen (und berücksichtigt in der Rechnung die Lkw nicht), so ergibt sich eine Staulänge von 23,1 km.

e) (1) Die Staulänge ergibt sich (wie in Teilaufgabe d)) über das Integral über die Differenzfunktion f − h mit
h (t) = 5000.

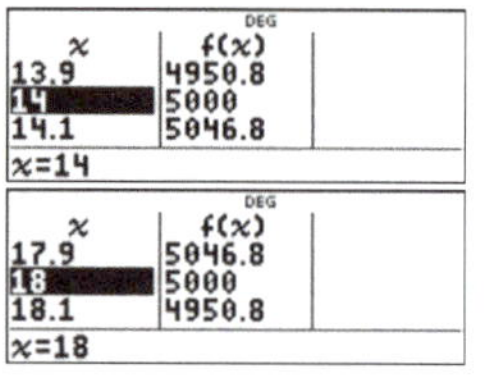

Analog zu Teilaufgabe d) werden die Schnittstellen der Funktionsgraphen von f und h bestimmt: Mithilfe des TR ergeben sich $t_1 = 14$ und $t_2 = 18$. In diesem Zeitintervall wächst also der Stau an.

Um die gesuchte Integralfunktion zu bestimmen, muss gemäß Hauptsatz der Differential- und Integralrechnung eine Stammfunktion ermittelt werden. Da eine solche hier angegeben ist, muss nur durch Ableiten nachgewiesen werden, dass die Funktion A eine Stammfunktion von f − h ist.

Es gilt: $A'(t) = -120t^2 + 3840t - 30240$. Dies ist genau der Funktionsterm der Differenzfunktion f(t) − h(t).

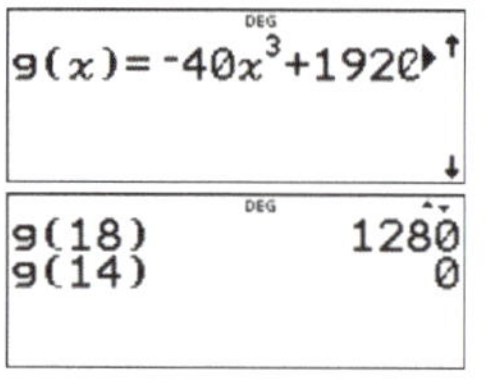

Die Staulänge L(t) zum Zeitpunkt t ist dann gleich dem Integral über die Funktion f − h im Intervall zwischen 14 Uhr und dem beliebigen Zeitpunkt t,
d. h. $L(t) = A(t) - A(14)$.

Da $A(14) = -40 \cdot 14^3 + 1920 \cdot 14^2 - 30240 \cdot 14 + 156800 = 0$, vereinfacht sich die Differenz $L(t) = A(t) - A(14)$ zu $A(t)$.

Hinweis: Für die Berechnung mit dem TR wurde die veränderte Stammfunktion unter g abgespeichert.

(2) Die Funktion A beschreibt die Staulänge. Der Stau beginnt um 14 Uhr (Nullstelle der Funktion A(t)); er ist aufgelöst, wenn die Funktion die nächste Nullstelle hat.

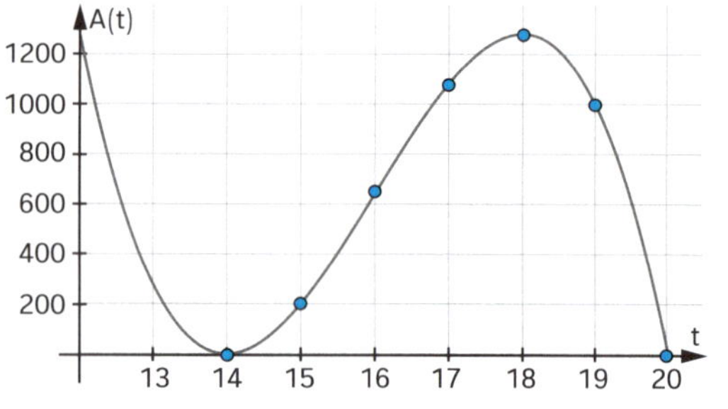

Mithilfe des TR ermittelt man einige Funktionswerte der Funktion A(t), um den Graphen zu skizzieren, vgl. rechts. Um 20 Uhr hat sich also der Stau vollständig aufgelöst.

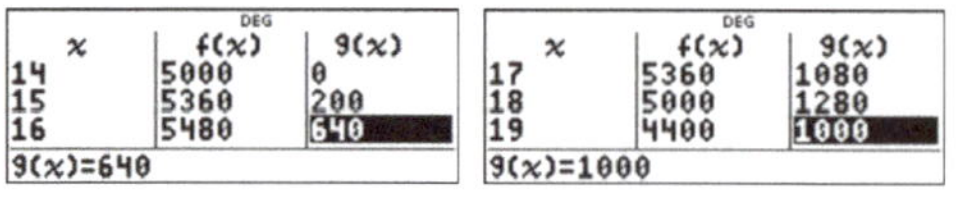

Hinweis: Das lokale Maximum von A(t) liegt beim Zeitpunkt t = 18, da die Verkehrsdichte bis zu diesem Zeitpunkt über dem Wert 5000 $\frac{\text{Pkw}}{\text{h}}$ liegt.

Aufgabe 5 *Staubecken*

Vor einigen Jahrzehnten wurde zur Wasserversorgung eines Dorfs ein kleiner See angelegt, in den ein Bach mündet. Wenn der See bis zum Rand gefüllt ist, läuft das Wasser in dem alten Bachbett weiter.

Allerdings kam es immer wieder vor, dass der See gefüllt war und der Bach nach starken Regenfällen über seine Ufer trat. Um zukünftig in solchen Situationen Schäden zu vermeiden, wird überlegt, ob ein Staubecken oberhalb des Dorfes gebaut werden soll, in das das Wasser bei Bedarf umgeleitet werden kann.

Aus Messungen während eines Zeitraums von zehn Stunden nach einem wolkenbruchartigen Regen ergab sich folgende Modellierungsfunktion für die momentane Durchflussrate an der Übergangsstelle vom See zum Bach:

$f(t) = \frac{1}{50} \cdot (t^4 - 20t^3 + 100t^2 + 200),\ 0 \leq t \leq 10$

(Angaben von t in Stunden, von f(t) in $100\,m^3/h$).

Während sonst durchschnittlich eine momentane Durchflussrate von $400\ m^3/h$ vorliegt, wuchs diese nach dem Wolkenbruch auf über $1600\ m^3/h$ an.

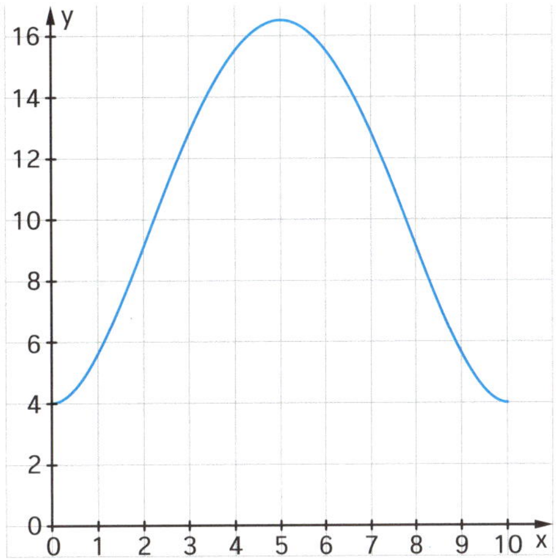

a) Der Graph der Modellierungsfunktion ist symmetrisch zu einer Parallelen zur y-Achse. Erläutern Sie, wie man dies nachweisen könnte. **B1**

b) Bestimmen Sie rechnerisch den Zeitpunkt, zu dem die Durchflussrate ihr Maximum annimmt und ermitteln Sie diesen maximalen Wert. **B6**

c) Welche Bedeutung haben die beiden Wendepunkte des Graphen im Sachzusammenhang? Bestimmen Sie deren Koordinaten. **B7**

d) (1) Zeigen Sie, dass $F(t) = \frac{1}{250} \cdot t^5 - \frac{1}{10}t^4 + \frac{2}{3}t^3 + 4t$ eine Stammfunktion für f ist. **D1**

(2) Welche zusätzliche Regenmenge müsste das geplante Staubecken in Folge des o. a. Starkregens auffangen können? **D3**

(3) Skizzieren Sie den Graphen von F(t) im Intervall $0 \leq t \leq 10$.

(4) Welche Bedeutung hat die Wendestelle des Graphen von F? **D1** **B6**

(5) Welche Bedeutung hat der Quotient $\frac{F(5) - F(0)}{5}$ im Sachzusammenhang? **D4**

e) Man plant, dass das Staubecken im Extremfall eine doppelt so große Menge Wasser aufnehmen soll wie nach dem oben modellierten Wolkenbruch. Entwickeln Sie einen Funktionsterm g(t), durch den dann die zugehörige momentane Durchflussrate modelliert werden kann.

Lösung

a) Verschiebt man den Graphen um 5 Einheiten nach links, dann ergibt sich ein Graph der achsensysmmetrisch zur y-Achse ist. Der zugehörige Funktionsterm

$f^*(t) = f(t+5) = \frac{1}{50} \cdot ((t+5)^4 - 20(t+5)^3 + 100(t+5)^2 + 200)$

enthält dann nur noch Potenzen von x mit geraden Exponenten.

Hinweis: Die Berechnung des Terms wird nicht verlangt; es ergibt sich
$f^*(t) = \frac{1}{50} \cdot (t^4 - 50t^2 + 825)$.

b) $f'(t) = \frac{1}{50} \cdot (4t^3 - 60t^2 + 200t) = \frac{4}{50} \cdot t \cdot (t^2 - 15t + 50)$
$f''(t) = \frac{1}{50} \cdot (12t^2 - 120t + 200) = \frac{6}{25} \cdot \left(t^2 - 10t + \frac{50}{3}\right)$

notwendige Bedingung: $f'(t) = 0 \Leftrightarrow t = 0 \vee t^2 - 15t + 50 = 0$
$\Leftrightarrow t = 0 \vee (t - 7{,}5)^2 = 6{,}25$
$\Leftrightarrow t = 0 \vee t = 5 \vee t = 10$

hinreichende Bedingung: $f''(0) = 4 > 0$, $f''(5) = -2 < 0$,
$f''(10) = 4 > 0$.

An der Stelle $t = 5$ liegt ein lokales (und absolutes) Maximum vor mit $f(5) = 16{,}5$, das ist eine momentane Zuflussrate von 1650 m^3/h.

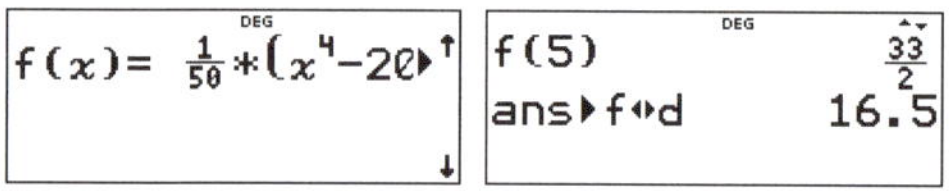

c) *notwendige Bedingung*: $f''(t) = 0 \Leftrightarrow t^2 - 10t + \frac{50}{3} = 0 \Leftrightarrow (t-5)^2 = \frac{25}{3} \Leftrightarrow t = 5 \pm \sqrt{\frac{25}{3}} \approx 5 \pm 2{,}89$

hinreichende Bedingung: Da der Graph von $f''(t)$ eine nach oben geöffnete quadratische Parabel ist, liegt an den beiden Nullstellen der 2. Ableitung ein VZW von + nach – bzw. von – nach + vor.

Die Wendepunkte von f haben die Koordinaten (2,11 | 9,56) und (7,89 | 9,56).

Zum Zeitpunkt $t_1 \approx 2{,}11 \approx 2$ Std. 7 Min. nimmt der Zufluss der Regenmenge am stärksten zu, zum Zeitpunkt $t_2 \approx 7{,}89 \approx 7$ Std. 53 Min. nimmt der Zufluss der Regenmenge am stärksten ab.

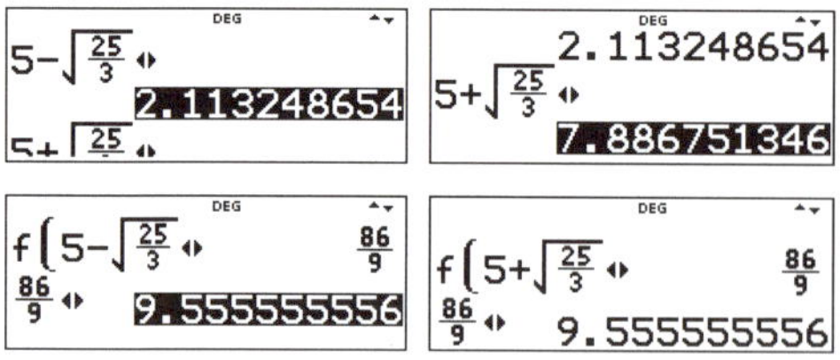

d) (1) Nachweis der Stammfunktion beispielsweise durch Ableiten von

$F(t) = \frac{1}{250} \cdot t^5 - \frac{1}{10}t^4 + \frac{2}{3}t^3 + 4t$:

$F'(t) = \frac{5}{250} \cdot t^4 - \frac{4}{10}t^3 + 2t^2 + 4 = \frac{1}{50} \cdot (t^4 - 20t^3 + 100t^2 + 200) = f(t)$.

(2) Die zusätzliche Regenmenge ergibt sich aus dem Integral der Modellierungsfunktion über dem gesamten Intervall, vermindert um die üblicherweise durchlaufende Wassermenge, also durch Integration der Differenzfunktion f(t) – 4:

$$\int_0^{10} (f(t) - 4)\,dt = \left[\frac{1}{250} \cdot t^5 - \frac{1}{10}t^4 + \frac{2}{3}t^3\right]_0^{10} = \frac{200}{3} \approx 66{,}7.$$

Im betrachteten Zeitraum fließt eine zusätzliche Regenmenge von ca. 6700 m³ in den Bach.

(3)

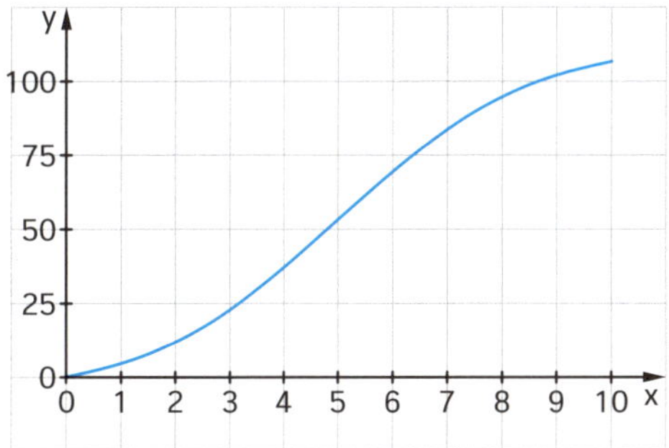

Mit dem WTR (Bezeichnung g(x) für die Stammfunktion von f(x)) erhält man nacheinander die folgenden Werte:

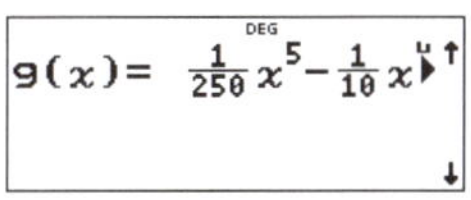

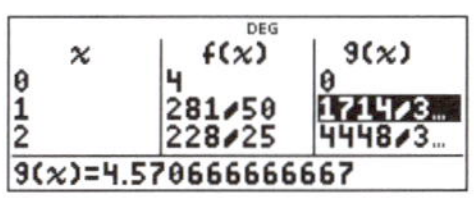

t	0	1	2	3	4	5	6	7	8	9	10
F(t)	0	4,6	11,9	22,9	37,2	53,3	69,5	83,8	94,8	102,1	106,7

(4) Die Wendestelle des Graphen von F entspricht dem lokalen Maximum des Graphen von f, d. h. dem Zeitpunkt, zu dem die Intensität des Wasserzuflusses wieder zurückgeht.

(5) Die Differenz F(5) – F(0) gibt an, welche Wassermenge insgesamt im Zeitraum der ersten fünf Stunden vom See in den Bach fließt, der Quotient $\frac{F(5) - F(0)}{5} = \frac{32}{3} \approx 10{,}7$ beschreibt daher die mittlere Zuflussmenge pro Stunde; das sind ca. 1070 $\frac{m^3}{h}$.

e) Die Verdopplung der Regenmenge bezieht sich auf die über die üblichen 400 $\frac{m^3}{h}$ hinausgehende Menge. Verdoppelt wird also die Differenz f(t) – 4, d. h.
$g(t) = 2 \cdot (f(t) - 4) + 4 = 2 \cdot f(t) - 4$,
also $g(t) = \frac{1}{25} \cdot (t^4 - 20t^3 + 100t^2 + 200) - 4 = \frac{1}{25} \cdot (t^4 - 20t^3 + 100t^2 + 100)$.

Aufgabe 6 *Gezeiten in Cuxhaven*

a) Im Gezeitenkalender für Cuxhaven-Steubenhöft findet man für einen bestimmten Zeitpunkt (Zeitpunkt: 0) die Angabe 3,40 m *Hochwasser* und 6 h 18 min = 6,3 h später die Angabe 0,70 m *Niedrigwasser*. B10

Bestimmen Sie eine geeignete Sinusfunktion, mit deren Hilfe man den Vorgang modellieren kann.

b) Der Zeitpunkt des nächsten Hochwassers ist mit 12 h 6 min = 12,1 h angegeben. Welche Sinusfunktion ergibt sich, wenn man nur die beiden Informationen bzgl. des Hochwassers und den Wasserstand des Niedrigwassers berücksichtigt? B10

c) Betrachten Sie den Graphen der Sinusfunktion mit $y = \sin(x)$. In den „ersten Bogen" des Graphen werde ein Rechteck maximaler Größe eingezeichnet; dabei liegen zwei Eckpunkte des Rechtecks auf der x-Achse und die anderen beiden auf dem Graphen der Sinusfunktion.

(1) Begründen Sie, warum der Flächeninhalt eines solchen Rechtecks beschrieben werden kann durch
$A(x) = (\pi - 2x) \cdot \sin(x)$ für $0 \le x \le \frac{\pi}{2}$.

(2) Skizzieren Sie den Graphen von $A(x)$ und bestätigen Sie mithilfe der 1. Ableitung von $A(x)$, dass für $x \approx 0{,}71$ der Flächeninhalt des Rechtecks maximal ist.

(3) Zeigen Sie, dass der Anteil der Fläche des maximalen Rechtecks an der Fläche des ersten Bogens der Sinusfunktion ca. 56 % beträgt.

(4) Betrachten Sie jetzt allgemein eine Funktionsschar von Sinusfunktionen mit $y = \sin(k \cdot x)$, $k \in \mathbb{N}$.
Auch hier soll analog zu oben ein Rechteck in den „ersten Bogen" des betreffenden Sinusgraphen eingezeichnet werden.
Geben Sie den Term an, mit dem der Flächeninhalt dieses Rechtecks berechnet werden kann.
Begründen Sie, dass auch für beliebiges k der Anteil des Flächeninhalts des maximalen Rechteck am Flächeninhalt des Bogens ca. 56 % beträgt.

Lösung

a) Wir betrachten eine allgemeine Sinusfunktion f mit $f(x) = a \cdot \sin(b \cdot (x + c)) + d$.
Wenn $H(0\,|\,3{,}4)$ ein Hochpunkt und $T(6{,}3\,|\,0{,}7)$ der folgende Tiefpunkt einer Sinusfunktion sind, dann kann man folgende Eigenschaften ablesen:
Die Mittellinie kann durch $d = \frac{1}{2} \cdot (3{,}4 + 0{,}7) = 2{,}05$ (m) beschrieben werden.
Die Auslenkung gegenüber der Mittellage beträgt $a = 3{,}4 - 2{,}05 = 2{,}05 - 0{,}7 = 1{,}35$ (m).
Die Periodenlänge beträgt $p = 2 \cdot 6{,}3 = 12{,}6$ (h); daher ist $b = \frac{2\pi}{12{,}6} \approx 0{,}499$.
Da der Hochpunkt an der Stelle $x = 0$ liegt und die Periodenlänge 12,6 beträgt, ist der Graph gegenüber der Ausgangslage um $c = \frac{12{,}6}{4} = 3{,}15$ (nach links) verschoben.
Der gesuchte Graph der Funktion f erfüllt die Funktionsgleichung
$f(x) = 1{,}35 \cdot \sin(0{,}499 \cdot (x + 3{,}15)) + 2{,}05$.

b) Gegeben sind die Hochpunkte $H_1(0\,|\,3{,}4)$ und $H_2(12{,}1\,|\,3{,}4)$ sowie die Angabe, dass der niedrigste Wasserstand y = 0,7 m beträgt.
Aus a) übernehmen wir d = 2,05 (m) und a = 1,35 (m).
Aus der Lage der Hochpunkte entnehmen wir:
Die Periodenlänge beträgt p = 12,1 (h); daher ist $b = \frac{2\pi}{12{,}1} \approx 0{,}519$.

Da der Hochpunkt an der Stelle x = 0 liegt und die Periodenlänge 12,1 beträgt, ist der Graph gegenüber der Ausgangslage um $c = \frac{12{,}1}{4} = 3{,}025$ (nach links) verschoben.
Der Graph der Funktion f mit $f(x) = 1{,}35 \cdot \sin(0{,}519 \cdot (x + 3{,}025)) + 2{,}05$ erfüllt die Bedingungen.

c) (1) Ein Rechteck, das – wie in der Aufgabenstellung beschrieben – in den ersten Bogen des Graphen von y = sin (x) hineinpasst, hat die Breite $a = \pi - 2x$ und die Höhe $b = \sin(x)$, d. h., der Flächeninhalt lässt sich berechnen mithilfe der Funktion A mit

$A(x) = (\pi - 2x) \cdot \sin(x)$ für $0 \le x \le \frac{\pi}{2}$.

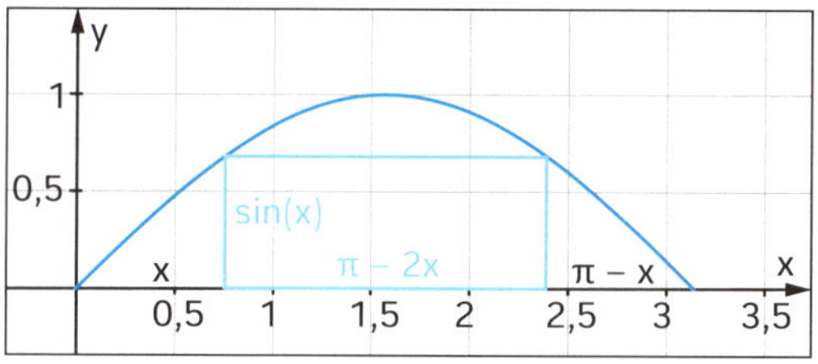

(2) Bestimmung einer Wertetabelle mit Schrittweite $\Delta x = 0{,}1$

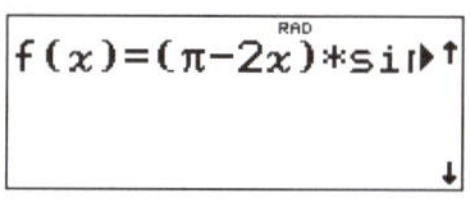

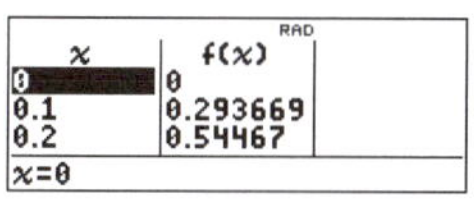

Verfeinerung der Schrittweite zur Bestimmung des Maximums:

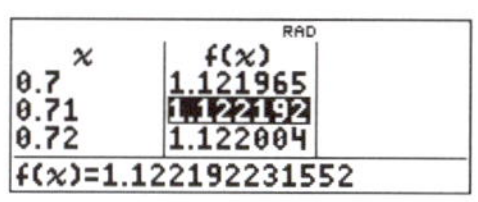

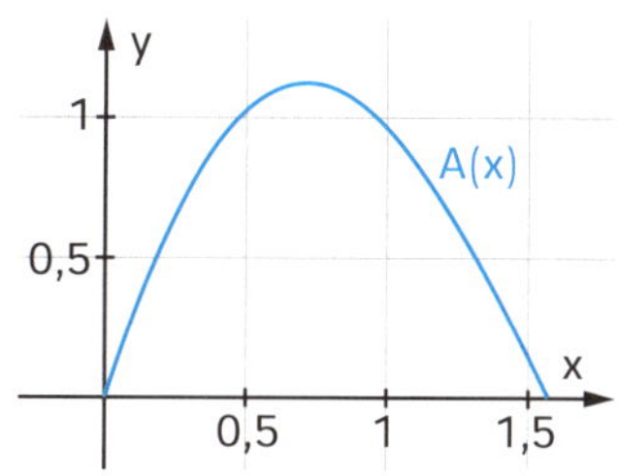

Für die 1. Ableitung gilt: $A'(x) = (-2) \cdot \sin(x) + (\pi - 2x) \cdot \cos(x)$,
$A'(0{,}71) = (-2) \cdot \sin(0{,}71) + (\pi - 1{,}42) \cdot \cos(0{,}71) \approx 0{,}002 \approx 0$

(3) $A(0{,}71) \approx 1{,}122$, vgl. Wertetabelle.
Fläche unter dem Sinus-Bogen: $\int_0^{\pi} \sin(x)\,dx = \left[-\cos(x)\right]_0^{\pi} = 1 - (-1) = 2.$
Anteil der Rechteckfläche: $\frac{1{,}122}{2} = 0{,}561 = 56{,}1\,\%$.

(4) Für beliebiges $k \in \mathbb{N}$ ergibt sich: Die Breite beträgt $a = \frac{\pi}{k} - 2x$ und die Höhe $b = \sin(kx)$, d. h., der Flächeninhalt lässt sich berechnen mit
$A(x) = \left(\frac{\pi}{k} - 2x\right) \cdot \sin(kx)$ für $0 \le x \le \frac{\pi}{2k}$.

Dass der Anteil ebenfalls ca. 56 % beträgt, ist plausibel, da der Parameter k angibt, wie stark der Graph der Funktion in Richtung der x-Achse gestaucht wird (Verkürzung des Bogens mit dem Faktor 1/k). Die maximalen Rechtecke werden dann ebenfalls mit dem Streckungsfaktor 1/k gestaucht und ihr Anteil an der Fläche bleibt gleich.

Aufgabe 7 *Getreidesilo*

Die folgende Abbildung zeigt in Blau den Füllstand f(t) eines Getreidesilos einer landwirtschaftlichen Genossenschaft im Laufe eines 12-Stunden-Tages (Zeitangaben in Stunden, Füllstand in Volumeneinheiten (VE)). Der unten in Schwarz eingezeichnete Graph gibt die jeweilige momentane Änderungsrate (in VE/h) wieder.

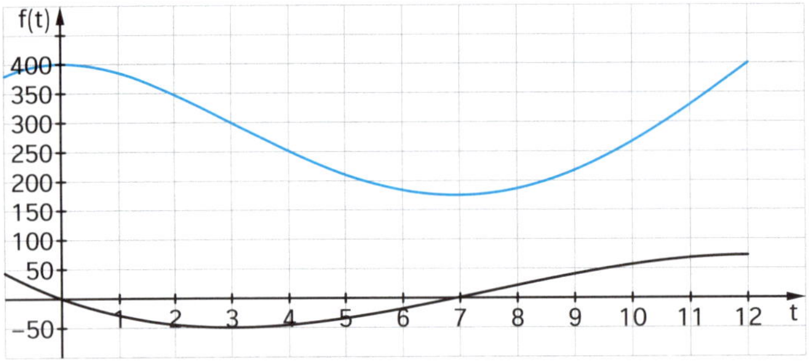

a) (1) Markieren Sie im Graphen den Zeitpunkt im Intervall $0 \le t \le 12$, zu dem sich der Füllstand am stärksten ändert. Begründen Sie Ihre Entscheidung. **B7**

(2) Ermitteln Sie die ungefähre mittlere Änderungsrate während der ersten vier Stunden. **A5**

(3) Markieren Sie den ungefähren Zeitpunkt, in dem die Bedingung $f(t_0 + 2) = f(t_0) - 50$ erfüllt ist. Beschreiben Sie mit Worten, was diese Bedingung im Sachzusammenhang bedeutet.

b) Bei einem anderen Getreidesilo kann die Änderungsrate im gleichen Zeitraum mithilfe der Funktion f mit $g(t) = -\frac{1}{3}t^3 + 9t^2 - 42t$ modelliert werden.

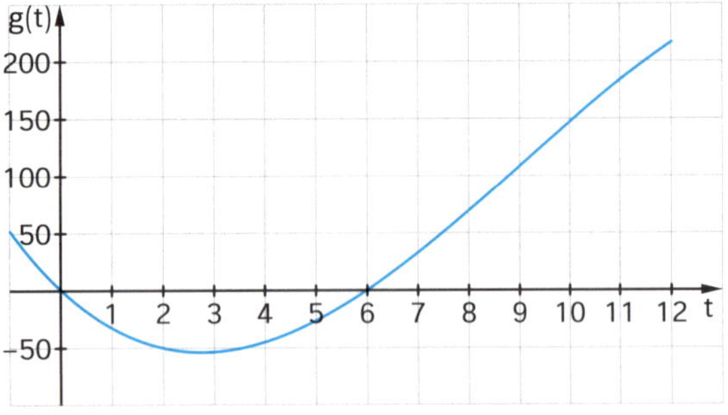

(1) Welche Aussage über den Füllstand des Silos ist richtig, welche ist falsch? Begründen Sie Ihre Antwort. **B6** **D4**

(A) Die geringste Füllmenge des Silos ist nach 6 Stunden erreicht.

(B) Nach 12 Stunden ist das Silo stärker gefüllt als zu Beginn.

(C) Nach 6 Stunden ist die Füllmenge genauso groß wie zu Beginn (also zum Zeitpunkt $t = 0$).

(D) Im Intervall $6 \le t \le 12$ nimmt die Füllmenge nahezu gleichmäßig (linear) zu.

(2) Zum Zeitpunkt $t = 0$ betrug der Füllstand des Silos 300 VE. Bestimmen Sie eine Funktion G(t), mit der der Füllstand zum Zeitpunkt t mit $0 \le t \le 12$ modelliert werden kann. **D1** **D4**

(3) Ermitteln Sie mithilfe des WTR den jeweiligen Füllstand nach $t = 1, 2, 3, \ldots, 12$ Stunden und skizzieren Sie den Graphen.

(4) Ermitteln Sie mithilfe der Skizze aus (3) den Zeitpunkt, zu dem im Silo die gleiche Füllmenge enthalten ist wie zu Beginn.

(5) Angenommen, man hätte – anders als in (2) – bzgl. der Füllmenge die Information, dass nach 6 Stunden 300 VE im Silo enthalten sind. Wie berechnet man dann die Füllmenge zu Beginn? Bestimmen Sie diese. D1 D4

Lösung

a) (1) Gesucht sind die Wendepunkte von f(t), also die Extrempunkte von f′(t); diese liegen bei $t = 3$ und bei $t = 12$. Da der Betrag des Funktionswerts f′(3) kleiner ist als der an der Stelle $t = 12$, also $|f'(3)| < |f'(12)|$, liegt die stärkste Änderung zum Zeitpunkt $t = 12$ vor.

Hinweis: Die folgende Berechnung der Nullstellen der 2. Ableitung (notwendige Bedingung) ist in der Aufgabenstellung nicht verlangt, aber zur Kontrolle möglich: $f''(t) = 0 \Leftrightarrow -x^2 + 15x - 36 = 0 \Leftrightarrow (x - 7{,}5)^2 = 20{,}25 \Leftrightarrow x = 3 \vee x = 12.$

(2) $\frac{f(4) - f(0)}{4 - 0} \approx \frac{250 - 400}{4} = -37{,}5$ (VE/h)

(3) Gesucht ist ein Zeitpunkt t_0, für den gilt, dass die Füllmenge um 50 VE größer ist als 2 Stunden danach; ein solcher Zeitpunkt liegt also in dem Bereich, in dem der Graph streng monoton fällt. Es gilt $t_0 \approx 4{,}5$, vgl. Grafik.

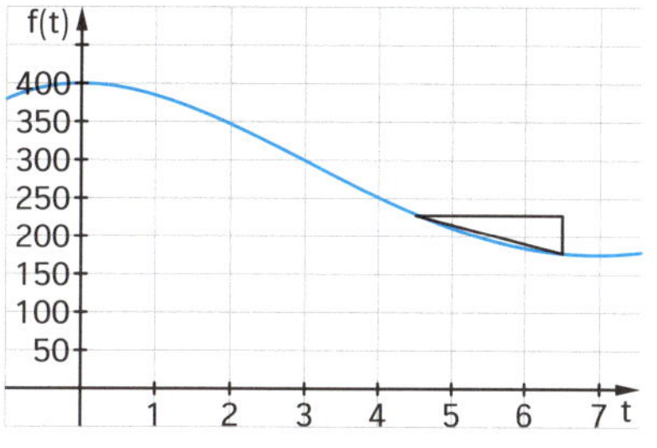

b) (1) Aussage A ist richtig, da während der ersten 6 Stunden die Änderungsrate negativ ist, die Füllmenge also ständig verringert wird.
Aussage B ist richtig, denn die Gesamtänderung ist positiv (Fläche oberhalb der t-Achse, also für $6 \le t \le 12$, ist größer als die Fläche unterhalb der t-Achse, also $0 \le t \le 6$).
Aussage C ist falsch, vgl. Aussage A.
Aussage D ist falsch, denn wenn die Änderungsrate für größer werdendes t näherungsweise linear wächst bedeutet dies, dass die Füllmenge quadratisch wächst.

(2) Gesucht ist eine Stammfunktion G von g mit $G(0) = 300$:

Aufleiten von $g(t) = -\frac{1}{3}t^3 + 9t^2 - 42t$: $G_0(t) = -\frac{1}{12}t^4 + 3t^3 - 21t^2$.

Da $G_0(0) = 0$, ist die gesuchte Stammfunktion gegeben durch

$G(t) = -\frac{1}{12}t^4 + 3t^3 - 21t^2 + 300.$

(3) Mithilfe des WTR werden die gewünschten Funktionswerte berechnet und im Koordinatensystem eingetragen, danach der Graph skizziert.

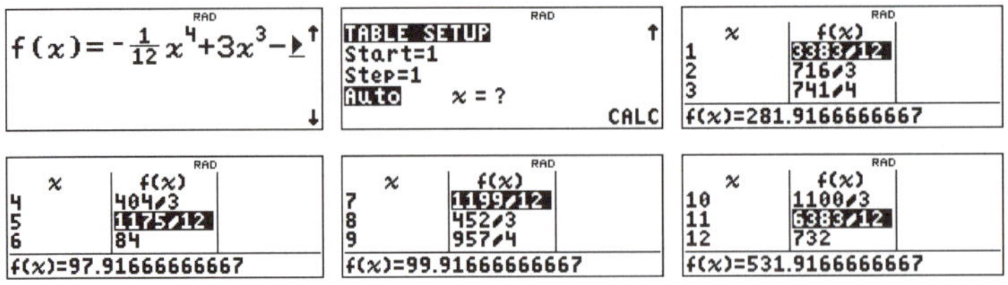

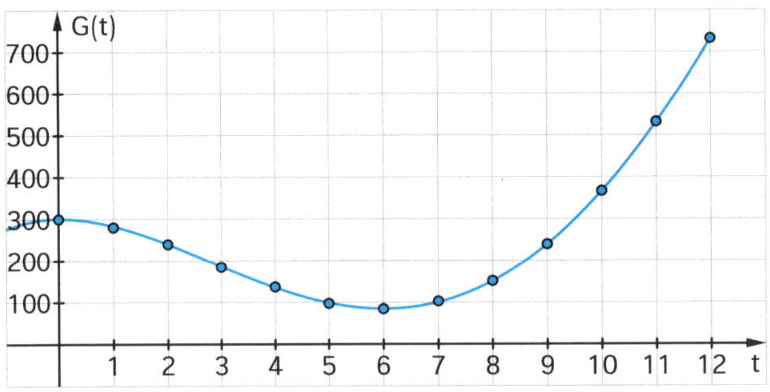

(4) Der Grafik ist zu entnehmen, dass ungefähr nach $9\frac{1}{2}$ Stunden die ursprüngliche Füllmenge wieder erreicht ist.

(5) Gesucht ist eine Stammfunktion $G(t) = -\frac{1}{12}t^4 + 3t^3 - 21t^2 + C$ mit $G(6) = 300$.

Durch Einsetzen von $t = 6$ kann die Integrationskonstante C ermittelt werden. Mithilfe des WTR erhält man $G(6) = G_0(6) + C = -216 + C$, also $C = 516$. Die Füllmenge zu Beginn betrug 516 VE.

Hinweis: Im WTR wird $G_0(t)$ als $g(x)$ definiert.

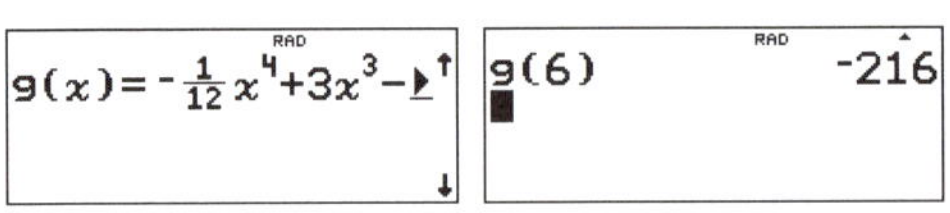

Aufgabe 8 *Marienkirche in Dortmund*

Die Turmspitze der Marienkirche in Dortmund hat eine quadratische Grundfläche ABCD (die Seitenlänge werde mit 8 m angenommen), auf der vier senkrecht gemauerte gleichseitige Dreiecke stehen; die vierteiligen Dachflächen der Turmspitze sind rautenförmig.

Ein lokales Koordinatensystem ist so festgelegt, dass die Straßenebene durch $z = 0$ bestimmt ist und die Ecken A, B, C, D folgende Koordinaten haben:
$A(-4|-4|z)$, $B(+4|-4|z)$, $C(+4|+4|z)$ und
$D(-4|+4|z)$, mit $z > 0$.

Die Turmspitze liegt 42,50 m über dem Straßenniveau.

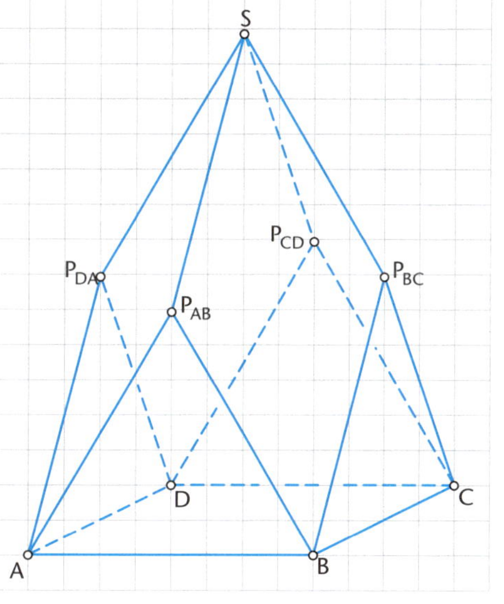

a) Bestimmen Sie die Koordinaten der oberen Eckpunkte P_{AB}, P_{BC}, P_{CD}, P_{DA} der gleichseitigen Dreiecke zunächst in Abhängigkeit von z sowie die Koordinaten der Turmspitze S (auf der das Kreuz steht). Geben Sie die Koordinaten der Eckpunkte der Grundfläche auch numerisch an. (Angaben mit 2 Dezimalstellen).
[Kontrollergebnis: $z = 28{,}64$] **E1**

Aus der Formelsammlung:
Für die Höhe h im gleichseitigen Dreieck mit Seitenlänge a gilt:

$h = \frac{a}{2} \cdot \sqrt{3}$.

b) Bestimmen Sie die Gleichung für die Dachfläche, die den Punkt A enthält, in Parameterform. **F3**

c) Das Kreuz auf der Turmspitze soll durch vier Laserstrahler so beleuchtet werden, dass der Strahl genau über die zum Kreuz führenden Dachkanten führt und diese zusätzlich beleuchtet. Die Laserstrahler sollen ebenerdig montiert werden. Berechnen Sie, in welcher Entfernung von der Turmmitte die Strahler zu montieren sind, und bestimmen Sie den Winkel α, den die Strahlen gegenüber dem Straßenniveau haben. Führen Sie Ihre Untersuchungen für *einen* der vier Laserstrahler durch. **F1** **F4** **G1**

d) Berechnen Sie die Innenwinkel β und γ der Rauten und die Neigung δ der rautenförmigen Dachflächen gegenüber dem Grundniveau. **G2**

e) Bestimmen Sie das Volumen des Dachraums der Turmspitze oberhalb des Quadrats ABCD (die Dicke der Mauern und des Dachs werden vernachlässigt). **G4**

f) Die Statik der Dachkonstruktion soll durch Stützbalken verstärkt werden. Diese verbinden die Mitten der Rauten mit dem jeweils gegenüberliegenden Eckpunkt des Grundquadrats ABCD. Bestimmen Sie die Länge dieser Balken (die sich im Innern der Kirchturmspitze gegenseitig durchdringen) sowie deren Neigungswinkel ε mithilfe der Methoden der Vektorgeometrie. **E5** **G1**

Lösung

a) Koordinaten der oberen Eckpunkte der gleichseitigen Dreiecke: Für die Höhe h im gleichseitigen Dreieck gilt: $h = \frac{a}{2} \cdot \sqrt{3}$, also hier $h = \frac{8}{2} \cdot \sqrt{3} = 4 \cdot \sqrt{3} \approx 6{,}93$ m.

Die oberen Eckpunkte der Dreiecke haben daher die Koordinaten $P_{AB}(0\,|-4\,|\,z+6{,}93)$, $P_{BC}(4\,|\,0\,|\,z+6{,}93)$, $P_{CD}(0\,|\,4\,|\,z+6{,}93)$, $P_{DA}(-4\,|\,0\,|\,z+6{,}93)$.

Die Turmspitze S liegt dann noch einmal 6,93 m höher, wie sich aus der Rautenform der Dachflächen ergibt.
Da die Turmspitze über der Mitte des Quadrats ABCD liegt, gilt für deren Koordinaten: $S(0\,|\,0\,|\,42{,}50)$.

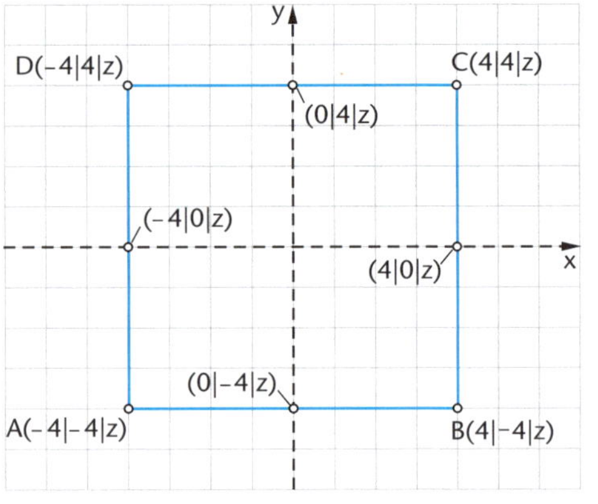

Da sich für die eigentliche Turmspitze eine Höhe von $2 \cdot 6{,}93$ m $= 13{,}86$ m ergibt, muss gelten:
$z = 42{,}50 - 13{,}86 = 28{,}64$.

Es gilt also: $A(-4\,|-4\,|\,28{,}64)$, $B(+4\,|-4\,|\,28{,}64)$, $C(+4\,|+4\,|\,28{,}64)$ und $D(-4\,|+4\,|\,28{,}64)$ sowie
$P_{AB}(0\,|-4\,|\,35{,}57)$, $P_{BC}(4\,|\,0\,|\,35{,}57)$, $P_{CD}(0\,|\,4\,|\,35{,}57)$, $P_{DA}(-4\,|\,0\,|\,35{,}57)$.

b) Die Dachflächen-Ebene wird aufgespannt durch die beiden Vektoren, die vom Eckpunkt A ausgehen und zu je zwei benachbarten Punkten P_{AB} und P_{DA} führen.
Für die Ebene, die den Punkt A enthält, gilt also:

$$E_A: \vec{x} = \overrightarrow{OA} + r \cdot \overrightarrow{AP_{DA}} + s \cdot \overrightarrow{AP_{AB}} = \begin{pmatrix} -4 \\ -4 \\ 28{,}64 \end{pmatrix} + r \cdot \begin{pmatrix} -4-(-4) \\ 0-(-4) \\ 35{,}57-28{,}64 \end{pmatrix} + s \cdot \begin{pmatrix} 0-(-4) \\ -4-(-4) \\ 35{,}57-28{,}64 \end{pmatrix} =$$

$$= \begin{pmatrix} -4 \\ -4 \\ 28{,}68 \end{pmatrix} + r \cdot \begin{pmatrix} 0 \\ 4 \\ 6{,}93 \end{pmatrix} + s \cdot \begin{pmatrix} 4 \\ 0 \\ 6{,}93 \end{pmatrix}.$$

c) Gesucht wird die Gerade, die sich aus der Verlängerung z. B. der Strecke zwischen P_{AB} und S ergibt, also:

$$g_{AB}: \vec{x} = \overrightarrow{OP_{AB}} + r \cdot \overrightarrow{P_{AB}S} = \begin{pmatrix} 0 \\ -4 \\ 35{,}57 \end{pmatrix} + r \cdot \begin{pmatrix} 0-0 \\ 0-(-4) \\ 42{,}50-35{,}57 \end{pmatrix}$$

$$= \begin{pmatrix} 0 \\ -4 \\ 35{,}57 \end{pmatrix} + r \cdot \begin{pmatrix} 0 \\ 4 \\ 6{,}93 \end{pmatrix}.$$

Diese Gerade schneidet die x_1-x_2-Ebene genau dann, wenn $x_3 = 0$, also wenn
$35{,}57 + 6{,}93 \cdot r = 0$, d. h. für $r \approx -5{,}133$.
Einsetzen dieses Parameterwerts in der Geradengleichung ergibt die Koordinaten des Montagepunkts des Laserstrahlers:

$$\vec{x} = \begin{pmatrix} 0 \\ -4 \\ 35{,}57 \end{pmatrix} + (-5{,}133) \cdot \begin{pmatrix} 0 \\ 4 \\ 6{,}93 \end{pmatrix} = \begin{pmatrix} 0 \\ -24{,}532 \\ 0 \end{pmatrix}$$

Der Laserstrahler müsste ca. 24,53 m von der Turmmitte entfernt montiert werden.

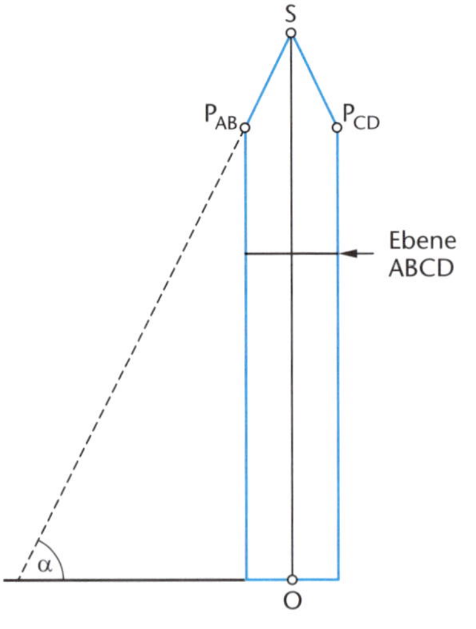

Der zu bestimmende Winkel α wird bestimmt durch den Richtungsvektor der Geraden und einen Vektor, der vom Montagepunkt des Laserstrahlers auf den Ursprung des Koordinatensystems weist:

$$\cos(\alpha) = \frac{\left|\begin{pmatrix}0\\24{,}53\\0\end{pmatrix} * \begin{pmatrix}0\\4\\6{,}93\end{pmatrix}\right|}{24{,}53 \cdot \sqrt{4^2+6{,}93^2}} \approx \frac{98{,}12}{196{,}28} \approx 0{,}500 \Rightarrow \alpha \approx 60{,}0°.$$

Alternativ ist auch eine Argumentation möglich, dass das Dreieck $P_{AB}P_{CD}S$ gleichseitig ist und daher in diesem Dreieck, also auch am Montagepunkt, ein Winkel von 60° auftritt.

d) Innenwinkel β der Rauten = Winkel zwischen den Richtungsvektoren der Ebene E_A:

$$\cos(\beta) = \frac{\left|\begin{pmatrix}0\\4\\6{,}93\end{pmatrix} * \begin{pmatrix}0\\0\\6{,}93\end{pmatrix}\right|}{\sqrt{4^2+6{,}93^2} \cdot \sqrt{4^2+6{,}93^2}} \approx \frac{48{,}0249}{64{,}0249} \approx 0{,}7501 \Rightarrow \beta \approx 41{,}4°.$$

Der Komplementärwinkel der Raute ist γ = 180° − β = 180°− 41,4° = 138,6°.

Neigungswinkel δ der Dachfläche = Winkel zwischen einem Normalenvektor der Ebene, die durch ABCD geht (parallel zur x_1-x_2-Ebene) und zu einem Normalenvektor der Ebene E_A:

$$\cos(\delta) = \frac{\left|\begin{pmatrix}0\\0\\1\end{pmatrix} * \begin{pmatrix}6{,}93\\6{,}93\\-4\end{pmatrix}\right|}{\sqrt{1^2} \cdot \sqrt{6{,}93^2+6{,}93^2+(-4^2)}} \approx \frac{4}{10{,}5854} \approx 0{,}3779 \Rightarrow \delta \approx 67{,}8°,$$

denn offensichtlich ist der Vektor $\vec{n_1} = \begin{pmatrix}6{,}93\\6{,}93\\-4\end{pmatrix}$ ein Normalenvektor zu den beiden

Richtungsvektoren der Ebene, da gilt $\begin{pmatrix}0\\4\\6{,}93\end{pmatrix} * \begin{pmatrix}6{,}93\\6{,}93\\-4\end{pmatrix} = 0$ und $\begin{pmatrix}4\\0\\6{,}93\end{pmatrix} * \begin{pmatrix}6{,}93\\6{,}93\\-4\end{pmatrix} = 0.$

e) *1. Methode:* Verlängert man die zum Turmkreuz führenden Dachkanten bis zu der Ebene, in der die Punkte A, B, C, D liegen, dann entsteht eine quadratische Pyramide mit Seitenkante $s = 8\sqrt{2} \approx 11{,}31$ m und der Höhe $h = 2 \cdot 6{,}93$ m = 13,86 m. Vom Volumen dieser Pyramide müssen die Volumina von vier kleinen Pyramiden subtrahiert werden, deren Grundfläche rechtwinklige Dreiecke sind (Kathetenlänge gemäß Satz des PYTHAGORAS $4\sqrt{2}$) und deren Höhe 6,93 m beträgt.

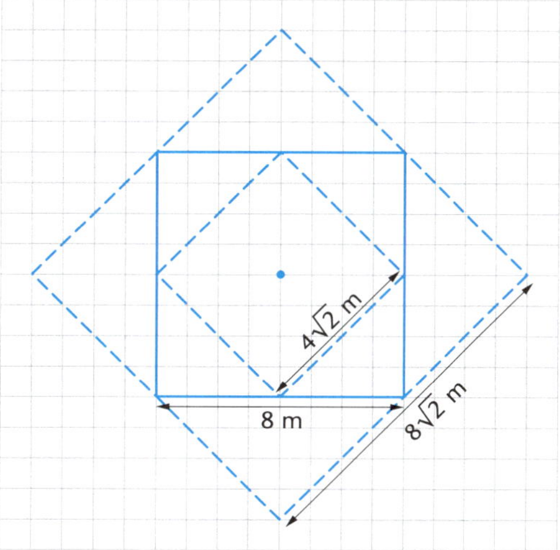

Insgesamt ergibt sich:

$$V = \frac{1}{3} \cdot (8\sqrt{2})^2 \cdot 13{,}86 - 4 \cdot \left(\frac{1}{3} \cdot \frac{1}{2} \cdot (4\sqrt{2})^2 \cdot 6{,}93\right) \approx 443{,}5 \text{ m}^3.$$

2. Methode: Man betrachtet getrennt das Volumen des Körpers bis zu den Punkten P_{AB}, P_{BC}, P_{CD}, P_{DA} und der darauf sitzenden quadratischen Pyramide mit Seitenlänge $4\sqrt{2}$ und der Höhe 6,93 m. Der untere Teilkörper ergibt sich, wenn man vom Volumen eines Quader mit quadratischer Grundfläche (Seitenlänge 8 m) und Höhe 6,93 m die Volumina von vier Pyramiden subtrahiert, deren Grundfläche rechtwinklig ist (Kathetenlänge 4 m) und deren Höhe 6,93 m.

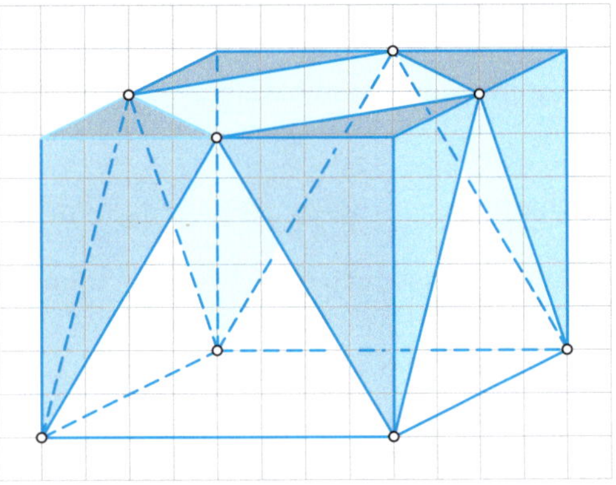

Insgesamt ergibt sich:

$$V = 8^2 \cdot 6{,}93 - 4 \cdot \left(\frac{1}{3} \cdot \frac{1}{2} \cdot 4^2 \cdot 6{,}93\right) + \frac{1}{3} \cdot (4\sqrt{2})^2 \cdot 6{,}93 \approx 443{,}5\ \text{m}^3.$$

f) Einer der Balken verbindet den Mittelpunkt $M_A(-2\,|\,-2\,|\,35{,}57)$ der Strecke $P_{DA}P_{AB}$ mit dem gegenüber liegenden Punkt $C(+4\,|\,+4\,|\,28{,}64)$. Die Länge dieses Balkens, also die

Länge des Vektors $\overrightarrow{CM_A} = \begin{pmatrix} -6 \\ -6 \\ 6{,}93 \end{pmatrix}$, ist $\sqrt{(-6)^2 + (-6)^2 + 6{,}93^2} \approx 10{,}96$ m.

Der Neigungswinkel ε des Balkens ergibt sich aus dem Winkel zwischen dem Vektor

$\overrightarrow{CM_A} = \begin{pmatrix} -6 \\ -6 \\ 6{,}93 \end{pmatrix}$ und dem Verbindungsvektor von C nach A $\overrightarrow{CA} = \begin{pmatrix} -8 \\ -8 \\ 0 \end{pmatrix}$:

$$\cos(\varepsilon) = \frac{\begin{pmatrix} -6 \\ -6 \\ 6{,}93 \end{pmatrix} * \begin{pmatrix} -8 \\ -8 \\ 0 \end{pmatrix}}{\sqrt{(-6)^2 + (-6)^2 + 6{,}93^2} \cdot \sqrt{(-8)^2 + (-8)^2 + 0^2}} \approx \frac{96}{123{,}948} \approx 0{,}7745 \Rightarrow \varepsilon \approx 39{,}2°$$

Aufgabe 9 *Die Scheune*

Die Abbildung zeigt eine Scheune mit einem Pultdach. Die Eckpunkte haben die Koordinaten A (6|0|0), B (6|10|0), C (0|10|0), F (6|0|3), G (6|10|3), H (0|10|4), K (0|0|4).

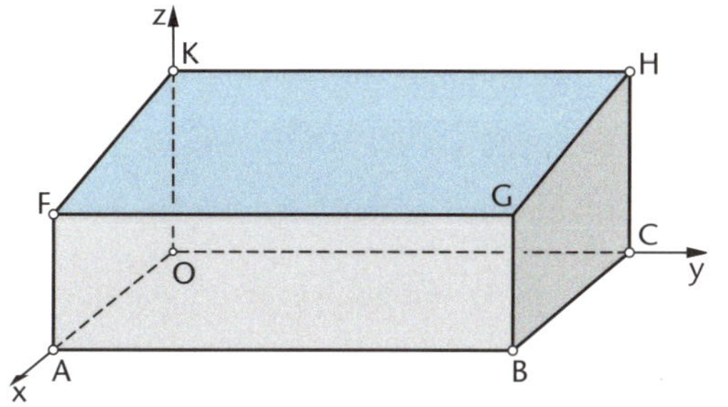

Auf dem Boden des Hauses wird ein 5 m langes, senkrecht stehendes Schornsteinrohr aufgestellt. Zur Vereinfachung betrachten wir bei der geometrischen Beschreibung dieses Schornsteinrohres nur den im Schornsteininneren verlaufenden Teil seiner Symmetrieachse. Der Fuß des Schornsteinrohres befindet sich dann im Punkt I (4|7|0). Eine Längeneinheit entspricht einem Meter.

a) Berechnen Sie den Rauminhalt der Scheune und die Größe ihrer Dachfläche. **G4**

b) Die schräg verlaufende Dachfläche liege in der Ebene E.

(1) Geben Sie für die Ebene E eine Parameter- und eine Koordinatendarstellung an. (Kontrollergebnis: $E: x_1 + 6x_3 = 24$) **F3**
(2) Untersuchen Sie, ob der Punkt P (1,5|7,5|3,75) auf E liegt. **F3**
(3) Bestimmen Sie den Neigungswinkel des Daches. **G1**
(4) Bestimmen Sie eine Koordinatengleichung für die Ebene E. **F6**
(5) **(nur LF)** Berechnen Sie den Abstand der Spitze des Schornsteinrohres vom Dach. **G5**

c) Eine Sicherheitsvorschrift besagt, dass das Schornsteinrohr mindestens 2 m aus dem Dach herausragen muss.
Bestimmen Sie den Punkt, in dem das Schornsteinrohr die Dachfläche durchstößt und begründen Sie Ihre Entscheidung, ob die Sicherheitsvorschrift eingehalten wird. Berechnen Sie, wie viel Prozent des Schornsteinrohres sich außerhalb des Daches befinden. **F8**

d) **(nur LF)** Berechnen Sie den Abstand des oberen Schornsteinendes von der hinteren Dachkante. **G6**

e) Paralleles Sonnenlicht fällt in Richtung des Vektors $\vec{v} = \begin{pmatrix} -1 \\ 2 \\ -3 \end{pmatrix}$ ein.

(1) Hierdurch entsteht in der xy-Ebene eine Schattenlinie der Kante KH und hiermit ein im Schatten liegendes Parallelogramm OCH'K'.

Bestimmen Sie die Koordinaten der Schattenpunkte K' und H' sowie den Flächeninhalt des Schattenbereichs OCH'K'.

(2) Berechnen Sie den Schattenpunkt der Spitze des Schornsteinrohres auf der Dachfläche. **F4**

Lösung

a) Wir fassen das Gebäude als Prisma auf mit Grundfläche BCHG und Höhe AB. Die Grundfläche ist ein Trapez mit den parallelen Seiten BG und CH sowie der Flächenhöhe BC. Das Volumen des Prismas beträgt

$V = \frac{1}{2} \cdot (|\overrightarrow{BG}| + |\overrightarrow{CH}|) \cdot |\overrightarrow{BC}| \cdot |\overrightarrow{AB}| = \frac{1}{2} \cdot (3\text{ m} + 4\text{ m}) \cdot 6\text{ m} \cdot 10\text{ m} = 210\text{ m}^3.$

Die fehlende Kantenlänge der Dachfläche erhält man als Länge des Vektors $\overrightarrow{GH} = \begin{pmatrix} -6 \\ 0 \\ 1 \end{pmatrix}$ zu $\sqrt{37}$ m. Damit beträgt der Flächeninhalt der Dachfläche $A = 10 \cdot \sqrt{37} \approx 60{,}83\text{ m}^2$.

b) (1) Die Ebene E wird beispielsweise aufgespannt durch die Vektoren $\overrightarrow{FG}$ und $\overrightarrow{FK}$, also

$E: \vec{x} = \begin{pmatrix} 6 \\ 0 \\ 3 \end{pmatrix} + r\begin{pmatrix} 0 \\ 1 \\ 0 \end{pmatrix} + s\begin{pmatrix} -6 \\ 0 \\ 1 \end{pmatrix}$. Der Vektor $\vec{n} = \begin{pmatrix} 1 \\ 0 \\ 6 \end{pmatrix}$ ist orthogonal zu $\overrightarrow{FG}$ und $\overrightarrow{FK}$, daher ist

$E: x_1 + 6x_3 = 24$ eine Koordinatengleichung für die Ebene

(2) Mithilfe der Parameterdarstellung: Wenn der Punkt P in der Ebene E liegt, muss es Parameterwerte r uns s geben, so dass das lineare Gleichungssystem

$\begin{vmatrix} 6 + 0r - 6s = 1{,}5 \\ 0 + 1r + 0s = 7{,}5 \\ 3 + 0r + 1s = 3{,}75 \end{vmatrix}$ erfüllt ist. Aus der 2. Gleichung des Gleichungssystems liest man unmittelbar ab, dass $r = 7{,}5$ ist, und aus der 1. und der 3. Gleichung des Gleichungssystems ergibt sich übereinstimmend: $s = 0{,}75$.

Mithilfe der Koordinatendarstellung: Da $1{,}5 + 6 \cdot 3{,}75 = 24$, ergibt die Punktprobe, dass der Punkt P in der Ebene E liegt.

(3) Der Neigungswinkel des Daches kann ermittelt werden als Winkel zwischen dem

Vektor $\overrightarrow{FK} = \begin{pmatrix} 0-6 \\ 0-0 \\ 4-3 \end{pmatrix} = \begin{pmatrix} -6 \\ 0 \\ 1 \end{pmatrix}$ und dem Vektor $\overrightarrow{AO} = \begin{pmatrix} 0-6 \\ 0-0 \\ 0-0 \end{pmatrix} = \begin{pmatrix} -6 \\ 0 \\ 0 \end{pmatrix}$:

$\cos(\alpha) = \frac{\begin{pmatrix} -6 \\ 0 \\ 1 \end{pmatrix} * \begin{pmatrix} -6 \\ 0 \\ 0 \end{pmatrix}}{\sqrt{37} \cdot 6} = \frac{36}{\sqrt{37} \cdot 6} = \frac{6}{\sqrt{37}}$, also gilt $\alpha \approx 9{,}5°$.

(4) An den Richtungsvektoren kann man direkt einen Normalenvektor der Ebene ablesen:

$\vec{n} = \begin{pmatrix} 1 \\ 0 \\ 6 \end{pmatrix}$. Hiermit ergibt sich (beispielsweise mithilfe der Koordinaten des Punkts F):

$\begin{pmatrix} 1 \\ 0 \\ 6 \end{pmatrix} * \begin{pmatrix} x \\ y \\ z \end{pmatrix} = \begin{pmatrix} 1 \\ 0 \\ 6 \end{pmatrix} * \begin{pmatrix} 6 \\ 0 \\ 3 \end{pmatrix} = 24$, also $x + 6z = 24$.

(5) Die Spitze des Schornsteins liegt im Punkt S(4 | 7 | 5).
Gesucht ist der Schnittpunkt des Lotes zur Dachfläche mit der Dachfläche.
Das Lot lässt sich durch folgende Parameterdarstellung beschreiben:

$$l: \vec{x} = \begin{pmatrix} 4 \\ 7 \\ 5 \end{pmatrix} + t \cdot \begin{pmatrix} 1 \\ 0 \\ 6 \end{pmatrix}.$$

Gemeinsame Punkte von l und E erfüllen das Gleichungssystem:

$$\begin{pmatrix} 4 \\ 7 \\ 5 \end{pmatrix} + t \cdot \begin{pmatrix} 1 \\ 0 \\ 6 \end{pmatrix} = \begin{pmatrix} 6 \\ 0 \\ 3 \end{pmatrix} + r \cdot \begin{pmatrix} 0 \\ 1 \\ 0 \end{pmatrix} + s \cdot \begin{pmatrix} -6 \\ 0 \\ 1 \end{pmatrix} \Leftrightarrow \left| \begin{array}{l} 0r - 6s - 1t = -2 \\ 1r + 0s + 0t = 7 \\ 0r + 1s - 6t = 2 \end{array} \right|$$

$$\Leftrightarrow \left| \begin{array}{c} 36s + 6t = 12 \\ r = 7 \\ 1s - 6t = 2 \end{array} \right| \Leftrightarrow \left| \begin{array}{c} 37s = 14 \\ r = 7 \\ 1s - 6t = 2 \end{array} \right| \Leftrightarrow \left| \begin{array}{c} s = \frac{14}{37} \\ r = 7 \\ t = -\frac{10}{37} \end{array} \right|$$

Einsetzen der Parameterwerte in die Parameterdarstellung der Lotgerade (und zur Kontrolle in die Parameterdarstellung der Ebene) ergibt den Punkt F (3,73 | 7 | 3,38).

Der Abstand ergibt sich daher aus der Wurzel aus
$(3{,}73 - 4)^2 + (7 - 7)^2 + (3{,}38 - 5)^2 = 2{,}6973$,
beträgt also ungefähr 1,64 m.

c) Den Schnittpunkt Q der Ebene E mit der Geraden $g: \vec{x} = \begin{pmatrix} 4 \\ 7 \\ 0 \end{pmatrix} + t \cdot \begin{pmatrix} 0 \\ 0 \\ 1 \end{pmatrix}$, welche die Symmetrieachse des Schornsteinrohrs beschreibt, erhält man durch Gleichsetzen mit der Parameterdarstellung der Ebene, also durch das lineare Gleichungssystem:

$$\begin{pmatrix} 4 \\ 7 \\ 0 \end{pmatrix} + t \cdot \begin{pmatrix} 0 \\ 0 \\ 1 \end{pmatrix} = \begin{pmatrix} 6 \\ 0 \\ 3 \end{pmatrix} + r \cdot \begin{pmatrix} 0 \\ 1 \\ 0 \end{pmatrix} + s \cdot \begin{pmatrix} -6 \\ 0 \\ 1 \end{pmatrix} \Leftrightarrow \left| \begin{array}{l} 0r - 6s + 0t = -2 \\ 1r - 0s + 0t = 7 \\ 0r + 1s - 1t = -3 \end{array} \right|.$$

Die Parameterwerte lassen sich unmittelbar ablesen: $s = \frac{1}{3}$; $r = 7$ und $t = \frac{10}{3}$.

Einsetzen der Parameterwerte in die Parameterdarstellung der Gerade (und zur Kontrolle in die Parameterdarstellung der Ebene) ergibt also:

$$\vec{q} = \begin{pmatrix} 4 \\ 7 \\ 0 \end{pmatrix} + \frac{10}{3} \cdot \begin{pmatrix} 0 \\ 0 \\ 1 \end{pmatrix} = \begin{pmatrix} 4 \\ 7 \\ \frac{10}{3} \end{pmatrix} \text{ und } Q\left(4 \middle| 7 \middle| \frac{10}{3}\right).$$

Da das Schornsteinrohr also nur 1,67 m aus dem Dach herausragt, ist die Sicherheitsvorschrift nicht erfüllt.

Es liegen $1 - \frac{\frac{10}{3}}{5} \approx 33\,\%$ des Schornsteins außerhalb des Dachs.

d) Der Lotvektor von der Schornsteinspitze S (4 | 7 | 5) auf die Gerade $h: \vec{x} = \begin{pmatrix} 0 \\ 0 \\ 4 \end{pmatrix} + t \cdot \begin{pmatrix} 0 \\ 1 \\ 0 \end{pmatrix}$ muss zu dieser orthogonal sein: $\left[\begin{pmatrix} 4 \\ 7 \\ 5 \end{pmatrix} - \begin{pmatrix} 0 \\ 0 \\ 4 \end{pmatrix} - t \cdot \begin{pmatrix} 0 \\ 1 \\ 0 \end{pmatrix}\right] * \begin{pmatrix} 0 \\ 1 \\ 0 \end{pmatrix} = 0.$

Hieraus ergibt sich t = 7 und L (0 | 7 | 4) als Fußpunkt des Lotes, also gilt für den Abstand:

$$d = \left| \begin{pmatrix} 0 \\ 7 \\ 4 \end{pmatrix} - \begin{pmatrix} 4 \\ 7 \\ 5 \end{pmatrix} \right| = \sqrt{17}.$$

Hinweis: Man kann dies auch elementargeometrisch mithilfe des Satzes von PYTHAGORAS berechnen: $d^2 = 4^2 + 1^2$

e) (1) Der Sonnenstrahl durch K kann beschrieben werden durch die Parameterdarstellung

$$\vec{x} = \begin{pmatrix} 0 \\ 0 \\ 4 \end{pmatrix} + r \cdot \begin{pmatrix} -1 \\ 2 \\ -3 \end{pmatrix}$$

Der Spurpunkt dieser Geraden mit der xy-Ebene ergibt sich aus der 3. Komponente:

$4 + r \cdot (-3) = 0 \Leftrightarrow r = \frac{4}{3}$, also $K'\left(-\frac{4}{3} \mid \frac{8}{3} \mid 0\right)$.

Analog ergibt sich $H'\left(-\frac{4}{3} \mid \frac{38}{3} \mid 0\right)$.

Das Parallelogramm hat (wie die Scheune) die Breite 10; die Höhe ist durch den Betrag der x-Koordinaten gegeben, d. h. der Flächeninhalt des Schattenbereichs beträgt $10 \cdot \frac{4}{3} \approx 13{,}3\ \text{m}^2$.

(2) Den Schattenpunkt R der Schornsteinspitze auf der Dachfläche erhält man als

Schnittpunkt der Gerade $k: \vec{x} = \begin{pmatrix} 4 \\ 7 \\ 5 \end{pmatrix} + t \cdot \begin{pmatrix} -1 \\ 2 \\ -3 \end{pmatrix}$ mit der Ebene E,

also als Lösung des linearen Gleichungssystems

$$\begin{pmatrix} 4 \\ 7 \\ 5 \end{pmatrix} + t \cdot \begin{pmatrix} -1 \\ 2 \\ -3 \end{pmatrix} = \begin{pmatrix} 6 \\ 0 \\ 3 \end{pmatrix} + r \cdot \begin{pmatrix} 0 \\ 1 \\ 0 \end{pmatrix} + s \cdot \begin{pmatrix} -6 \\ 0 \\ 1 \end{pmatrix} \Leftrightarrow \left| \begin{array}{l} 0r - 6s + 1t = -2 \\ 1r + 0s - 2t = 7 \\ 0r + 1s + 3t = 2 \end{array} \right|.$$

$$\left| \begin{array}{c} -6s + t = -2 \\ r - 2t = 7 \\ 6s + 18t = 12 \end{array} \right| \Leftrightarrow \left| \begin{array}{c} -6s + t = -2 \\ r - 2t = 7 \\ 19t = 10 \end{array} \right| \Leftrightarrow \left| \begin{array}{c} s = \frac{8}{19} \\ r = \frac{153}{19} \\ t = \frac{10}{19} \end{array} \right|$$

Einsetzen der Parameterwerte in die Parameterdarstellung der Gerade (und zur Kontrolle in die Parameterdarstellung der Ebene) ergibt

$$\vec{r} = \begin{pmatrix} 4 \\ 7 \\ 5 \end{pmatrix} + 0{,}526 \cdot \begin{pmatrix} -1 \\ 2 \\ -3 \end{pmatrix} = \begin{pmatrix} 3{,}474 \\ 8{,}052 \\ 3{,}422 \end{pmatrix}, \text{ also } R\,(3{,}47 \mid 8{,}05 \mid 3{,}42).$$

Aufgabe 10 *Atomium*

In der belgischen Hauptstadt Brüssel steht das als Wahrzeichen für die Weltausstellung 1958 gebaute *Atomium*. Es stellt eine Vergrößerung der Elementarzelle eines Eisenkristalls dar und zeigt somit die Anordnung von neun Eisenatomen zueinander. Die Eisenatome werden durch Kugeln symbolisiert, die Verbindungsstreben stellen das sogenannte Gitter dar, das die geometrische Anordnung der Atome zueinander verdeutlich. Hier handelt es sich um einen Würfel, in dessen Zentrum ein Eisenatom sitzt. Im Inneren einiger der Kugeln befinden sich ein Restaurant und mehrere Ausstellungsräume. Das Atomium ist eine der bekanntesten Sehenswürdigkeiten der Stadt.

Von den Eckpunkten des Atomiums sind die Koordinaten der Kugeln A(4 | 0 | 3), C(0 | 5 | 0), F(−3 | 0 | 4) und H(1 | 5 | 7) bekannt. Die Kugel B liegt im Ursprung eines dreidimensionalen Koordinatensystems, dessen x-y-Ebene nicht dem Erdboden entspricht. Die mit H bezeichnete Kugel befindet sich – bezogen auf den Erdboden – senkrecht über B.

a) Bestimmen Sie die Koordinaten der Eckpunkte D, E und G. **E1**

b) Geben Sie die Koordinaten der Kugel im Zentrum des Atomiums an. **E3**

c) Berechnen Sie den Winkel, den eine Außenkante des Atomiums und eine diese Außenkante schneidende Diagonale des Atomiums einschließen. **G1**

d) Die Kugeln und Verbindungsrohre des Atomiums sollen mit einem neuen Schutzanstrich versehen werden. Die Rohre haben einen Durchmesser von 3 Längeneinheiten (LE). Die Kugeln an den Eckpunkten werden zur Vereinfachung als punktförmig angenommen, dafür werden 15 % mehr Farbe als für die Rohre benötigt bestellt.

   Bestimmen Sie die benötigte Menge an Farbe, wenn man für 5 Flächeneinheiten (FE) einen Liter Farbe benötigt. **E5**

e) Wie oben angegeben, befindet sich die Kugel H – bezogen auf den Erdboden – senkrecht über der Kugel B.
   Eine Parameterdarstellung der Fläche, die den Erdboden bestimmt, kann daher dadurch ermittelt werden, dass man irgendwelche zwei (nicht kollineare) Vektoren als Richtungsvektoren für die Bodenebene sucht, die senkrecht zu BH sind.

   Geben Sie zwei solcher Vektoren an und stellen Sie damit eine mögliche Parameterdarstellung der Bodenebene auf. **E4** **F3** **F11**

f) Erläutern Sie, dass der Erdboden im gewählten Koordinatensystem durch die Ebene mit der Gleichung $E_{Erdboden}: x + 5y + 7z = 0$ beschrieben werden kann. **F6**

g) Geben Sie eine Parameterdarstellung der Ebene $E_{Erdboden}$ an. **F3** **F7**

h) Über die Kugel im Punkt H fällt paralleles Sonnenlicht mit der Richtung $\vec{u} = \begin{pmatrix} 10 \\ 7 \\ -15 \end{pmatrix}$ ein.

   Berechnen Sie die Koordinaten des Schattenpunkts auf dem Erdboden und in welchem Winkel der Lichtstrahl auf den Erdboden trifft. Bestimmen Sie zudem die Länge des Schattens auf dem Erdboden. **F1** **F8** **E5**

Anlässlich des 65. Geburtstags des Atomiums im Jahre 2023 wird eine Lasershow geplant. Als Projektionsfläche sollen die Außenflächen des Atomiums dienen, die für diesen Zweck mit Planen abgehängt werden. Einer der Laserstrahlen soll im Mittelpunkt der Außenfläche ABCD unter einem Winkel von 90° auftreffen; der zugehörige Projektor soll auf dem Erdboden montiert werden.

i) Berechnen Sie, welchen Abstand dieser Projektor zum Mittelpunkt der Außenfläche ABCD besitzt und in welchem Winkel zum Erdboden der Projektor eingestellt werden muss. F5 F8 G3 G5

Lösung

a) Da B im Ursprung liegt, sind alle von B ausgehenden Vektoren gleich den Ortvektoren der Endpunkte, d. h. $\overrightarrow{BA} = \overrightarrow{OA}$ usw.

Berechnung der Ortsvektoren der Punkte D, E, G:

$\overrightarrow{OD} = \overrightarrow{BD} = \overrightarrow{BA} + \overrightarrow{AD} = \overrightarrow{BA} + \overrightarrow{BC} = \begin{pmatrix} 4 \\ 0 \\ 3 \end{pmatrix} + \begin{pmatrix} 0 \\ 5 \\ 0 \end{pmatrix} = \begin{pmatrix} 4 \\ 5 \\ 3 \end{pmatrix}$, also D(4 | 5 | 3).

$\overrightarrow{OE} = \overrightarrow{BE} = \overrightarrow{BA} + \overrightarrow{AE} = \overrightarrow{BA} + \overrightarrow{BF} = \begin{pmatrix} 4 \\ 0 \\ 3 \end{pmatrix} + \begin{pmatrix} -3 \\ 0 \\ 4 \end{pmatrix} = \begin{pmatrix} 1 \\ 0 \\ 7 \end{pmatrix}$, also E(1 | 0 | 7).

$\overrightarrow{OG} = \overrightarrow{BG} = \overrightarrow{BC} + \overrightarrow{CG} = \overrightarrow{BC} + \overrightarrow{BF} = \begin{pmatrix} 0 \\ 5 \\ 0 \end{pmatrix} + \begin{pmatrix} -3 \\ 0 \\ 4 \end{pmatrix} = \begin{pmatrix} -3 \\ 5 \\ 4 \end{pmatrix}$, also G(−3 | 5 | 4).

b) Die Mittelkugel liegt im Mittelpunkt der Strecke BH:

$\overrightarrow{OM} = \frac{1}{2} \cdot \left(\overrightarrow{OB} + \overrightarrow{OH}\right) = \frac{1}{2} \cdot \begin{pmatrix} 1 \\ 5 \\ 7 \end{pmatrix} = \begin{pmatrix} 0{,}5 \\ 2{,}5 \\ 3{,}5 \end{pmatrix}$, also M(0,5 | 2,5 | 3,5).

c) Es stehen eine Vielzahl an Kanten und Diagonalen zur Auswahl, da durch den symmetrischen Körper an jeder Ecke der gleiche Winkel zur Diagonale entsteht. Exemplarisch wird hier der Winkel ∢HBC berechnet:

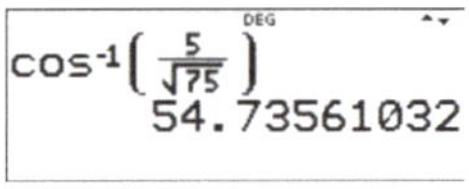

$$\cos(\alpha) = \frac{\left|\overrightarrow{BH} * \overrightarrow{BC}\right|}{\left|\overrightarrow{BH}\right| \cdot \left|\overrightarrow{BC}\right|} = \frac{\left|\begin{pmatrix} 1 \\ 5 \\ 7 \end{pmatrix} * \begin{pmatrix} 0 \\ 5 \\ 0 \end{pmatrix}\right|}{\left|\begin{pmatrix} 1 \\ 5 \\ 7 \end{pmatrix}\right| \cdot \left|\begin{pmatrix} 0 \\ 5 \\ 0 \end{pmatrix}\right|} = \frac{25}{\sqrt{75} \cdot 5} = \frac{5}{\sqrt{75}} \quad \Rightarrow \quad \alpha = \cos^{-1}\left(\frac{5}{\sqrt{75}}\right) \approx 54{,}74°.$$

Der Winkel zwischen der Raumdiagonalen und einer Seitenkante beträgt ca. 54,74°.

d) Alle Verbindungsrohre können als Zylinder modelliert werden, deren Mantelfläche gesucht ist. Es gilt: $M_{Zylinder} = 2\pi r \cdot h = \pi d \cdot h$.

Für die Seitenkanten ergibt sich: Die Länge h einer Seitenkante beträgt 5 LE, da

$\left|\overrightarrow{BC}\right| = \left|\begin{pmatrix} 0 \\ 5 \\ 0 \end{pmatrix}\right| = \sqrt{25} = 5$, und der Durchmesser ist 3 LE. Für die Oberfläche aller zwölf Verbindungsrohre, die die Außenkanten des Atomiums bilden, erhält man:

$O_{Seitenkanten} = 12 \cdot M_{Zylinder} = 12 \cdot (\pi \cdot 3 \cdot 5) = 180\,\pi$.

Für die Länge einer der vier Raumdiagonalen berechnet man: $\left|\overrightarrow{BH}\right| = \left|\begin{pmatrix} 1 \\ 5 \\ 7 \end{pmatrix}\right| = \sqrt{75}$.

Für deren Oberfläche erhält man: $O_{Raumdiagonalen} = 4 \cdot (\pi \cdot 3 \cdot \sqrt{75} = 12 \cdot \sqrt{75} \cdot \pi$.

Daraus ergibt sich: $O_{gesamt} = 180\pi + 12 \cdot \sqrt{75} \cdot \pi \approx 891{,}97$.

Die zu streichende Oberfläche beträgt also ca. 892 FE, das entspricht also

$5\,\frac{L}{FE} \cdot 892\text{ FE} = 4460\text{ L}$ Farbe zuzüglich 15 % für die Kugeln.

Insgesamt müssen also $4460\text{ L} \cdot 1{,}15 = 5129\text{ L}$ Farbe bestellt werden.

e) Da der Vektor $\overrightarrow{BH}$ senkrecht auf dem Erdboden steht, gilt für jeden Ortsvektor $\begin{pmatrix} a \\ b \\ c \end{pmatrix}$ in der Ebene des Erdbodens das Orthogonalitätskriterium: $\begin{pmatrix} 1 \\ 5 \\ 7 \end{pmatrix} * \begin{pmatrix} a \\ b \\ c \end{pmatrix} = 0$.

Es gibt unendlich viele solcher zu $\overrightarrow{BH}$ orthogonalen Vektoren – die Gleichung $1a + 5b + 7c = 0$ ist unterbestimmt. Setzt man für zwei der drei Variablen eine (möglichst geschickt gewählte) Zahl ein, so kann man die dritte Variable berechnen und erhält einen orthogonalen Vektor.

Wählt man zum Beispiel für den ersten Vektor $a = -5$ und $c = 0$, so ergibt sich $b = 1$, damit die Gleichung erfüllt ist. Der orthogonale Vektor lautet dann: $\vec{v} = \begin{pmatrix} -5 \\ 1 \\ 0 \end{pmatrix}$.

Wählt man z. B. $b = 0$ und $c = 1$, dann ist $a = -7$. Man erhält einen zweiten Vektor: $\vec{w} = \begin{pmatrix} -7 \\ 0 \\ 1 \end{pmatrix}$.

Die beiden Vektoren sind nicht kollinear zueinander und daher kann man eine Parametergleichung für den Erdboden erstellen: $E_{Erdboden}\colon \vec{x} = \overrightarrow{OB} + r \cdot \vec{v} + s \cdot \vec{w} = r \cdot \begin{pmatrix} -5 \\ 1 \\ 0 \end{pmatrix} + s \cdot \begin{pmatrix} -7 \\ 0 \\ 1 \end{pmatrix}$.

f) Die Ebenengleichung ist in der Normalenform $n_1 \cdot x + n_2 \cdot y + n_3 \cdot z = d$ gegeben. Die Komponenten eines Normalenvektors der Ebene können also direkt abgelesen werden.

Es gilt: $\vec{n} = \begin{pmatrix} 1 \\ 5 \\ 7 \end{pmatrix}$. Man erkennt sofort, dass dieses gleich dem Vektor $\overrightarrow{BH}$ ist, welcher nach Konstruktion senkrecht auf dem Erdboden (nicht der x-y-Ebene) steht. Aus der Lage des Eckpunkts B (auf dem Erdboden und außerdem im Ursprung) ergibt sich für die Koordinatengleichung $\vec{x} * \vec{n} = \overrightarrow{OB} * \vec{n} = 0 = d$.
Damit ist $x + 5y + 7z = 0$ eine gültige Ebenengleichung für den Erdboden, auf dem das Atomium steht.

g) Eine Parameterdarstellung der Ebene kann man beispielsweise dadurch finden, indem man die Spurpunkte der Ebene ermittelt

- $S_x(0\,|\,7\,|\,-5)$, da $0 \cdot 1 + 5 \cdot 7 + 7 \cdot (-5) = 0$
- $S_y(7\,|\,0\,|\,-1)$, da $7 \cdot 1 + 5 \cdot 0 + 7 \cdot (-1) = 0$
- $S_z(5\,|\,-1\,|\,0)$, da $5 \cdot 1 + 5 \cdot (-1) + 7 \cdot 0 = 0$

Hieraus folgt $E_{Erdboden}\colon \vec{x} = \overrightarrow{OS_y} + r \cdot \overrightarrow{S_yS_z} + s \cdot \overrightarrow{S_yS_x} = \begin{pmatrix} 7 \\ 0 \\ -1 \end{pmatrix} + r \cdot \begin{pmatrix} 5-7 \\ -1-0 \\ 0-(-1) \end{pmatrix} + s \cdot \begin{pmatrix} 0-7 \\ 7-0 \\ -5-(-1) \end{pmatrix}$

$$= \begin{pmatrix} 7 \\ 0 \\ -1 \end{pmatrix} + r \cdot \begin{pmatrix} -2 \\ -1 \\ 1 \end{pmatrix} + s \cdot \begin{pmatrix} -7 \\ 7 \\ -4 \end{pmatrix}$$

Alternativ kann man irgendwelche nicht kollineare Vektoren wählen, die orthogonal zu $\overrightarrow{BH}$ sind und somit als Richtungsvektoren der Bodenflächenebene geeignet sind,

beispielsweise $\vec{x} = \begin{pmatrix} 0 \\ 0 \\ 0 \end{pmatrix} + r \cdot \begin{pmatrix} 5 \\ -1 \\ 0 \end{pmatrix} + s \cdot \begin{pmatrix} 7 \\ 0 \\ -1 \end{pmatrix}$.

h) Der Lichtstrahl über die Spitze H des Atomiums zum Erdboden kann durch eine Gerade mit $\overrightarrow{BH}$ als Stützvektor und $\vec{u}$ als Richtungsvektor modelliert werden:

$$g\colon \vec{x} = \begin{pmatrix} 1 \\ 5 \\ 7 \end{pmatrix} + t \cdot \begin{pmatrix} 10 \\ 7 \\ -15 \end{pmatrix}$$

Den Schattenpunkt erhält man als Schnittpunkt dieser Geraden und der Bodenflächenebene (vgl. Teilaufgabe g).

Bestimmung mithilfe der Parameterdarstellung der Ebene:

$$E_{\text{Erdboden}}\colon \vec{x} = r \cdot \begin{pmatrix} 5 \\ -1 \\ 0 \end{pmatrix} + s \cdot \begin{pmatrix} 7 \\ 0 \\ -1 \end{pmatrix}$$

Der Schnittansatz $\begin{pmatrix} 1 \\ 5 \\ 7 \end{pmatrix} + t \cdot \begin{pmatrix} 10 \\ 7 \\ -15 \end{pmatrix} = r \cdot \begin{pmatrix} 5 \\ -1 \\ 0 \end{pmatrix} + s \cdot \begin{pmatrix} 7 \\ 0 \\ -1 \end{pmatrix}$ führt auf das lineare Gleichungssystem $\left| \begin{array}{rcl} 5r + 7s &=& 10t + 1 \\ -r &=& 7t + 5 \\ -s &=& -15t + 7 \end{array} \right|$. Die Variablen r und s kann man in der oberen Gleichung ersetzen und erhält die Lösung $r = -\frac{55}{4}$; $s = \frac{47}{4}$; $t = \frac{5}{4}$.

Bestimmung mithilfe der Koordinatengleichung der Ebene:

$E_{\text{Erdboden}}: x + 5y + 7z = 0$

Aus der Parameterdarstellung von g erhält man komponentenweise:
$x = 1 + 10t$, $y = 5 + 7t$ und $z = 7 - 15t$. Einsetzen in die Koordinatengleichung ergibt $1 \cdot (1 + 10t) + 5 \cdot (5 + 7t) + 7 \cdot (7 - 15t) = 0$, also $75 - 60t = 0$ und weiter $t = \frac{5}{4}$.

Durch Einsetzen in eine der beiden Parameterdarstellungen (oder als Probe in beide) erhält man dann für den Schattenpunkt S die Koordinaten $(13{,}5 \,|\, 13{,}75 \,|\, -11{,}75)$, denn:

$$\overrightarrow{OS} = \begin{pmatrix} 1 \\ 5 \\ 7 \end{pmatrix} + \frac{5}{4} \cdot \begin{pmatrix} 10 \\ 7 \\ -15 \end{pmatrix} = \begin{pmatrix} 13{,}50 \\ 13{,}75 \\ -11{,}75 \end{pmatrix}.$$

Die Länge des Schattens beträgt somit $|\overrightarrow{OS}| \approx 22{,}57$ LE.

Der gesuchte Winkel ist ein Winkel zwischen einer Gerade g und der Erdboden-Ebene. Es gilt:

```
DEG
sin⁻¹(60/(√374*√75))
                20.99269143
```

$$\sin(\varphi) = \frac{|\vec{u} * \vec{n}_{\text{Erdboden}}|}{|\vec{u}| \cdot |\vec{n}_{\text{Erdboden}}|} = \frac{\left| \begin{pmatrix} 10 \\ 7 \\ -15 \end{pmatrix} * \begin{pmatrix} 1 \\ 5 \\ 7 \end{pmatrix} \right|}{\left| \begin{pmatrix} 10 \\ 7 \\ -15 \end{pmatrix} \right| \cdot \left| \begin{pmatrix} 1 \\ 5 \\ 7 \end{pmatrix} \right|} = \frac{|-60|}{\sqrt{374} \cdot \sqrt{75}} \quad \Rightarrow \quad \varphi \approx 20{,}99°.$$

Das Licht trifft in einem Winkel von ungefähr 21° auf den Erdboden.

i) Die quadratische Außenfläche wird durch die Punkte A, B, C und D festgelegt. Da sich die Diagonalen im Mittelpunkt eines Quadrats schneiden und die Diagonalen dabei jeweils halbiert werden, sind der Mittelpunkt der Außenfläche und der Mittelpunkt zweier gegenüberliegender Eckpunkte identisch:

$$\overrightarrow{OM}_{\text{Außenfläche}} = \overrightarrow{OM}_{AC} = \frac{1}{2} \cdot \begin{pmatrix} 4 \\ 0 \\ 3 \end{pmatrix} + \begin{pmatrix} 0 \\ 5 \\ 0 \end{pmatrix} = \begin{pmatrix} 2 \\ 2{,}5 \\ 1{,}5 \end{pmatrix}$$

Der Laserstrahl soll in $\overrightarrow{OM}_{AC}$ in einem 90°-Winkel auftreffen, d. h., der Laserstrahl steht senkrecht auf der Ebene ABCD. Die Richtung des Laserstrahls ist also durch einen Normalenvektor der Ebene ABCD bestimmt:

$$\vec{n}_{ACE} = \overrightarrow{BA} \times \overrightarrow{BC} = \begin{pmatrix} 4 \\ 0 \\ 3 \end{pmatrix} * \begin{pmatrix} 0 \\ 5 \\ 0 \end{pmatrix} = \begin{pmatrix} -15 \\ 0 \\ 20 \end{pmatrix} = 5 \cdot \begin{pmatrix} -3 \\ 0 \\ 4 \end{pmatrix}$$

Hieraus ergibt sich die Parameterdarstellung der Gerade, durch die der Laserstrahl beschrieben wird:

$$g: \vec{x} = \begin{pmatrix} 2 \\ 2{,}5 \\ 1{,}5 \end{pmatrix} + p \cdot \begin{pmatrix} -3 \\ 0 \\ 4 \end{pmatrix} = \begin{pmatrix} 2-3p \\ 2{,}5 \\ 1{,}5+4p \end{pmatrix}$$

Der Standort des Projektors ist der Schnittpunkt P von g mit der Erdbodenebene $(x + 5y + 7z = 0)$. Einsetzen der Komponenten in die Koordinatengleichung ergibt:

$$1 \cdot (2 - 3p) + 5 \cdot (2{,}5) + 7 \cdot (1{,}5 + 4p) = 0 \quad \Leftrightarrow \quad (2 + 12{,}5 + 10{,}5) + 25p = 0 \;\Leftrightarrow\; p = -1.$$

Und damit: $\overrightarrow{OP} = \begin{pmatrix} 2 \\ 2{,}5 \\ 1{,}5 \end{pmatrix} - 1 \cdot \begin{pmatrix} -3 \\ 0 \\ 4 \end{pmatrix} = \begin{pmatrix} 5 \\ 2{,}5 \\ -2{,}5 \end{pmatrix}$

Der Abstand d des Projektors zum Mittelpunkt der Außenfläche ist dann:

$$d = \left| -\tfrac{1}{5} \cdot \left(\begin{pmatrix} -15 \\ 0 \\ 20 \end{pmatrix} \right| \right| = \sqrt{3^2 + 0^2 + (-4)^2} = 5.$$

Die Winkeleinstellung des Projektors ist durch den Winkel zwischen dem Richtungsvektor der Geraden g und des Normalenvektors der Ebene E_{Erdboden} gegeben:

$$\sin(\varphi) = \frac{\left| \begin{pmatrix} 1 \\ 5 \\ 7 \end{pmatrix} * \begin{pmatrix} -3 \\ 0 \\ 4 \end{pmatrix} \right|}{\left| \begin{pmatrix} 1 \\ 5 \\ 7 \end{pmatrix} \right| \cdot \left| \begin{pmatrix} -3 \\ 0 \\ 4 \end{pmatrix} \right|} = \frac{25}{\sqrt{75} \cdot 5} \quad \Rightarrow \quad \varphi = \sin^{-1}\left(\frac{25}{\sqrt{75} \cdot 5} \right) \approx 35{,}26° .$$

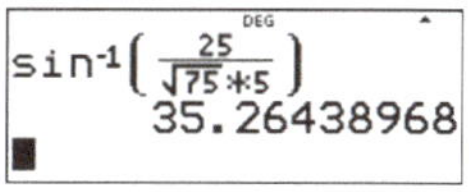

Der Projektor steht also im Punkt P(5 | 2,5 | −2,5) in einem Abstand von 5 LE zum Mittelpunkt der Außenfläche ABCD und wird auf den Winkel von 35,26° zum Erdboden eingestellt.

Aufgabe 11 *Gesundheitstests*

Für die Teilnahme am Schulunterricht muss ein Gesundheits-Schnelltest absolviert werden. Eine wichtige Rolle hinsichtlich der Qualität eines Schnelltests ist die *Spezifizität* des Tests, d. h. die Wahrscheinlichkeit, dass eine Testperson, die gesund ist, auch tatsächlich ein negatives Testergebnis erhält.

Die hier benutzten Gesundheits-Schnelltests haben eine Spezifität von 96 %, d. h., in den übrigen 4 % der Fälle erhalten Getestete ein falsch-positives Testergebnis.
Da die Kinder zur dann zur Schule gehen sollen, wenn sie sich gesund fühlen, soll in den Teilaufgaben a) und b) davon ausgegangen werden, dass alle diese Kinder gesund sind.

a) Eine Schulklasse mit 28 Kindern muss vor dem Unterricht einen solchen Gesundheitstest vornehmen. J3
   (1) Begründen Sie, warum die Zufallsvariable X: *Anzahl der negativ getesteten Kinder* als binomialverteilt angesehen werden kann.
   (2) Berechnen Sie die Wahrscheinlichkeit, dass alle 28 Kinder ein negatives Testergebnis erhalten und daher am Unterricht teilnehmen dürfen.
   (3) Ermitteln Sie die Wahrscheinlichkeit, dass mehr als drei Kinder ein positives Testergebnis erhalten.

b) Insgesamt besuchen 850 Schülerinnen und Schüler die Schule, die alle einen solchen Gesundheits-Schnelltest absolvieren müssen.

   Bestimmen Sie die Wahrscheinlichkeit dafür, dass ... J3
   (1) ... weniger als 800 Testergebnisse negativ sind.
   (2) ... mindestens 820 und höchstens 830 Testergebnisse negativ sind.
   (3) Berechnen Sie die Wahrscheinlichkeit, dass die Anzahl negativer Testergebnisse sich vom Erwartungswert um höchstens zwei Standardabweichungen unterscheidet. J5
   (4) Ermitteln Sie die Anzahl der Gesundheitstests, die durchgeführt werden müssen, bis mit einer Wahrscheinlichkeit von mindestens 99,9 % mindestens ein falsch-positives Testergebnis vorliegt. J4

c) Die sog. *Prävalenz* des Tests beträgt 0,5 %, d. h., 0,5 % der Bevölkerung sind von der Krankheit betroffen, die durch den Schnelltest nachgewiesen werden soll.
   Die *Sensitivität* eines Schnelltests gibt die Wahrscheinlichkeit dafür an, dass eine erkrankte Testperson auch ein tatsächlich positives Testergebnis erhält.

   Bei den hier verwendeten Gesundheits-Schnelltests beträgt diese Sensitivität 99 %, d. h., in 1 % der Fälle erhalten Getestete ein falsch-negatives Testergebnis. I2 I3

   (1) Stellen Sie den Zusammenhang zwischen der Qualität des Schnelltests und den möglichen Testergebnissen in einem zweistufigen Baumdiagramm dar.
   (2) Ermitteln Sie auf Grundlage der gegebenen Daten die Wahrscheinlichkeit, dass eine Testperson mit negativem Ergebnis tatsächlich erkrankt ist.
   (3) Bestimmen Sie die Wahrscheinlichkeit, dass bei der Durchführung der Schnelltests falsche Testergebnisse auftreten.
   (4) Vergleichen Sie die Wahrscheinlichkeiten für das Auftreten von falsch-positiven und von falsch-negativen Ergebnissen und beziehen Sie Stellung zu diesem Verhältnis.

d) Ein anderer Anbieter behauptet, dass die Spezifität seiner Tests größer als 96 % ist. Dies soll durch eine Stichprobe an 850 Personen werden, die nachweislich nicht infiziert sind.

(1) Bestimmen Sie eine Entscheidungsregel auf einem Signifikanzniveau von 5 % für die Nullhypothese H_0: *Die Spezifität des aktuellen Schnelltests beträgt höchstens 96 %.* K2

(2) Geben Sie Überlegungen an, die zur Wahl dieser Nullhypothese geführt haben könnten, und begründen Sie diese. K5

(3) Interpretieren Sie den Fehler 2. Art im Sachzusammenhang und bestimmen Sie die Wahrscheinlichkeit hierfür für die in (1) bestimmte Entscheidungsregel, wenn die neuen Tests tatsächlich eine Spezifität von 98 % hätten. K3

Lösung

a) (1) Da der Gesundheitstest nur die beiden Ergebnisse „positiv“ und „negativ“ hat und die Spezifität des Tests unabhängig von der getesteten Person 96 % beträgt, handelt es sich hierbei um ein BERNOULLI-Experiment. Das Testen mehrerer Personen kann demzufolge durch eine BERNOULLI-Kette modelliert werden und somit ist die Zufallsvariable X: *Anzahl der negativ getesteten Kinder* binomialverteilt mit dem Parameter p = 0,96.

(2) Für n = 28 gilt: $P(X = 28) = \binom{28}{28} \cdot 0{,}96^{28} \cdot 0{,}04^{0} = 0{,}96^{28} \approx 0{,}319$.

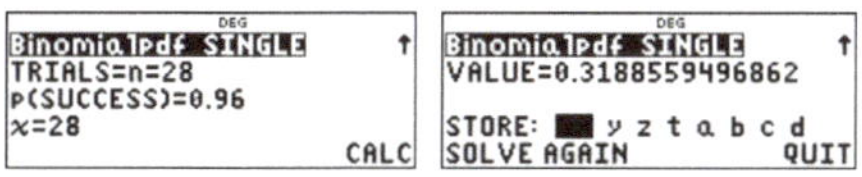

Mit einer Wahrscheinlichkeit von knapp 32 % erhalten alle 28 Kinder ein negatives Testergebnis und dürfen demzufolge am Unterricht teilnehmen.

(3) Mehr als drei Kinder mit positivem Testergebnis bedeutet weniger als 25 mit einem negativen Testergebnis: $P(X < 25) \approx 0{,}024 = 2{,}4\,\%$.

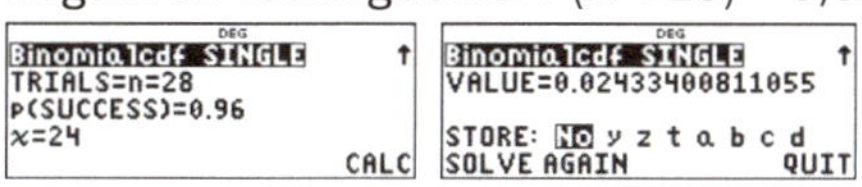

Alternativ kann man (2) und (3) auch mit der binomialverteilten Zufallsvariable Y: *Anzahl der positiv getesteten Kinder* mit den Parameterwerten n = 28 und p = 0,04 berechnen:
$P(Y = 0) \approx 0{,}319$ und $P(Y > 3) = 1 - P(Y \leq 3) \approx 0{,}024$

b) Die Anzahl der getesteten Personen beträgt nun n = 850.

(1) $P(X < 800) \approx 0{,}003$, d. h., die Wahrscheinlichkeit beträgt nur etwa 0,3 %.

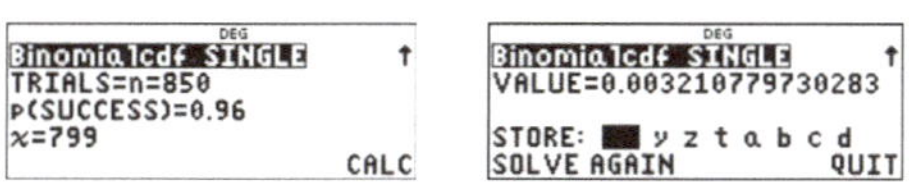

(2) $P(820 \leq X \leq 830) \approx 0{,}272 = 27{,}2\,\%$.

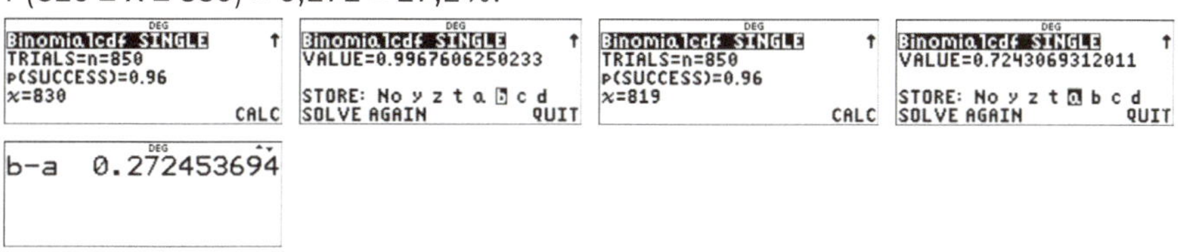

(3) Für den Erwartungswert gilt $\mu = n \cdot p = 816$, für die Standardabweichung $\sigma = \sqrt{n \cdot p \cdot (1-p)} \approx 5{,}71$. Somit ist das gesuchte Intervall der negativ Getesteten [805 ; 827] und die gesuchte Wahrscheinlichkeit

$P(\mu - 2\sigma \leq X \leq \mu + 2\sigma) = P(804{,}58 \leq X \leq 827{,}42) = P(805 \leq X \leq 827) \approx 0{,}957 = 95{,}7\,\%$.

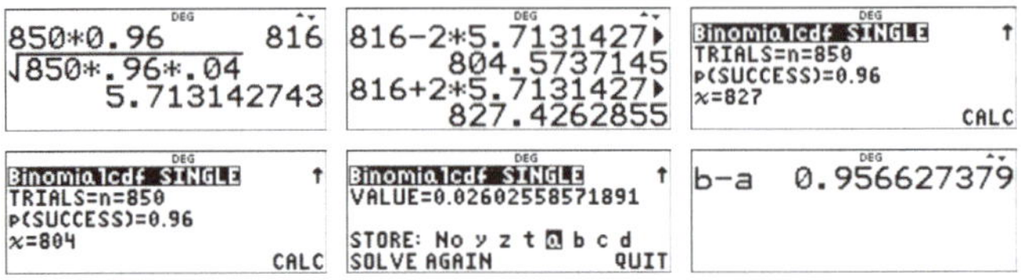

(4) Gesucht ist $P(Y \geq 1) \geq 0{,}999$ oder nach der Komplementärregel

$P(Y = 0) = 0{,}96^n \leq 0{,}001 \Leftrightarrow n \geq \frac{\ln(0{,}001)}{\ln(0{,}96)} \approx 169{,}2$.

Mit dem TR erhält also man das Ergebnis, dass $P(Y \geq 1) \leq 0{,}999$ für $n = 169$ und $P(Y \geq 1) \geq 0{,}999$ für $n = 170$ gilt. Also müssten mindestens 170 Tests durchgeführt werden, um mit einer Wahrscheinlichkeit von mindestens 99,9 % mindestens ein falsch-positives Ergebnis zu erhalten.

c) (1) Vierfeldertafel und Baumdiagramm

	Krankheit liegt vor	Krankheit liegt nicht vor	gesamt
Test positiv	0,495 %	3,98 %	4,475%
Test negativ	0,005 %	95,52 %	95,525 %
gesamt	0,5 %	99,5 %	100 %

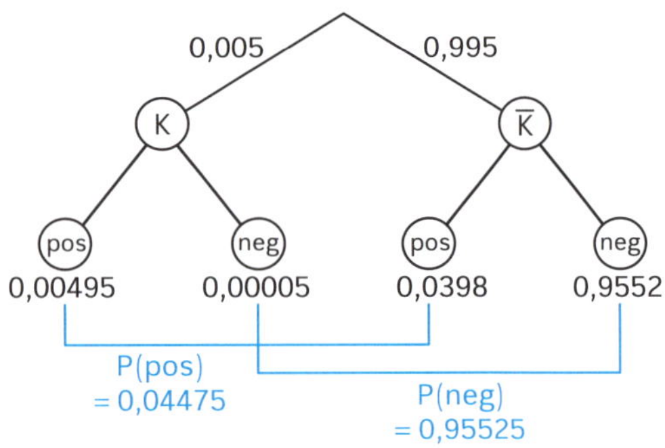

(2) $P_{neg}(K) = \frac{P(K \cap neg)}{P(neg)} = \frac{0{,}00005}{0{,}95525} \approx 0{,}000052$

Die Wahrscheinlichkeit, dass eine Person mit negativem Testergebnis tatsächlich erkrankt ist, beträgt nur 0,0052 %.

(3) Die Wahrscheinlichkeit für ein falsch-positives Testergebnis beträgt 3,98 %, die Wahrscheinlichkeit für ein falsch-negatives Testergebnis dagegen nur 0,005 %.

(4) $\frac{0{,}0398}{0{,}00005} = 796$, d. h., es ist ungefähr 800-mal so wahrscheinlich, ein falsch-positives Ergebnis zu erhalten wie ein falsch-negatives. Der – individuell ärgerliche – Fall „falsch-positiv" wird normalerweise mit einem weiteren Test mit höherer Spezifität überprüft, bevor es zu weiteren Konsequenzen wie z. B. Quarantäne-Maßnahmen kommt. Der für die Allgemeinheit viel gefährlichere Fall, dass jemand die Erkrankung unbemerkt weiterverbreiten kann, tritt dagegen beim betrachteten Gesundheitstest viel seltener ein.

d) (1) Die einseitige Hypothese H_0: *Die Spezifität des aktuellen Schnelltests beträgt höchstens 96 %* ($p \leq 0{,}96$) soll bei einem Stichprobenumfang von n = 850 auf einem Signifikanzniveau von 5 % getestet werden. Diese Hypothese kann nur verworfen werden, wenn extrem viele Personen der Testpopulation ein positives Testergebnis haben, obwohl sie nicht infiziert sind.

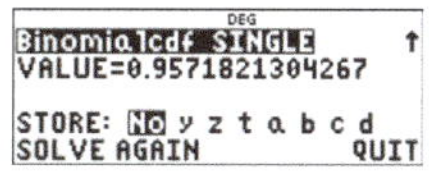

Wenn p = 0,96 ist, dann wird es mit einer Wahrscheinlichkeit von ca. 93,65 % zufällig höchstens 824 negative Testergebnisse geben und mit einer Wahrscheinlichkeit von ca. 95,72 % höchstens 825 negative Testergebnisse.

k	$P(X \leq k)$	
824	0,936513	< 95 %
825	0,957182	> 95 %

Wenn p < 0,96 ist, hat das Ereignis $X \leq 825$ eine noch größere Wahrscheinlichkeit.

Daher gilt: Annahmebereich A = [0 ; 825], Verwerfungsbereich V = [826 ; 830].

Die zugehörige Entscheidungsregel lautet also:
Verwirf die Hypothese H_0: $p \leq 0{,}96$, wenn mehr als 825 der 850 getesteten gesunden Personen ein negatives Testergebnis erhalten.

Erhalten dagegen weniger als 826 der getesteten Personen ein negatives Ergebnis, dann sieht man keinen Anlass, an der Gültigkeit der Hypothese zu zweifeln. Sie wird beibehalten.

(2) Man will den Fehler vermeiden, dass man aufgrund des Stichprobenergebnisses die Spezifität des Gesundheitstests des anderen Anbieters für höher hält (p > 0,96), als es tatsächlich der Fall ist ($p \leq 0{,}96$). Daher wird die Wahrscheinlichkeit für ein Auftreten dieses Fehlers mit dem Signifikanzniveau auf höchstens 5 % begrenzt.

(3) Der Fehler 2. Art, dass also eine falsche Hypothese irrtümlich beibehalten wird, besteht in diesem Sachzusammenhang darin, dass in der Stichprobe zufällig vergleichsweise wenige negative Ergebnisse auftreten, obwohl der Test eigentlich eine bessere Spezifität besitzt. Bei diesem Fehler würde möglicherweise ein besserer Test aufgrund des Stichprobenergebnisses nicht eingesetzt. Bei einer tatsächlichen Spezifität von 98 % der Tests kann dieser Fehler mit einer Wahrscheinlichkeit von ungefähr 3,9 % auftreten.

Aufgabe 12 *Haushaltsgrößen in Deutschland*

Die nebenstehende Grafik veranschaulicht die Entwicklung der Haushaltsgrößen in Deutschland.

Für die folgende Rechnungen sei angenommen, dass die Angaben für das Jahr 2020 auch heute noch gültig sind. Für eine Stichprobe werden n Haushalte zufällig ausgewählt.

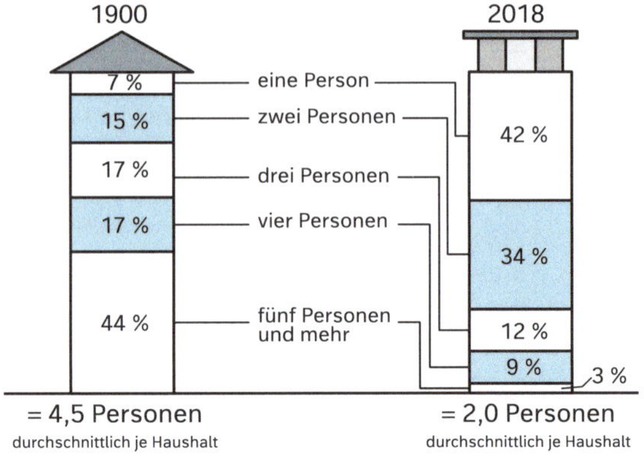

a) Bestimmen Sie die Wahrscheinlichkeit, dass bei einer Auswahl von $n = 3$ Haushalten
   (1) in allen drei ausgewählten Haushalten höchstens zwei Personen leben,
   (2) unter den drei Haushalten mindestens ein 3-Personen-Haushalt ist,
   (3) je ein Haushalt mit einer Person, mit zwei Personen und drei Personen erfasst wird. **I2**

b) Bestimmen Sie die Wahrscheinlichkeit, dass bei einer Auswahl von $n = 100$ Haushalten
   (1) genau 40
   (2) mehr als 35
   (3) mindestens 38, höchstens 45

   1-Personen-Haushalte erfasst sind. **J3**

c) Bei einer Stichprobe mit $n = 50$ Haushalten sind zufällig lauter Haushalte mit weniger als fünf Personen erfasst. Bestimmen Sie die Wahrscheinlichkeit für ein solches Ereignis. **J3**

d) Bestimmen Sie, welchen Mindestumfang eine Stichprobe haben muss, damit mit einer Wahrscheinlichkeit von mindestens 90 % unter den ausgewählten Haushalten mindestens ein Haushalt mit mindestens fünf Personen ist? **J4**

e) Für eine Verbraucher-Befragung wird eine Stichprobe vom Umfang $n = 600$ genommen. Ermitteln Sie ein symmetrisches Intervall, in dem mit einer Wahrscheinlichkeit von ca. 95 % die Anzahl der 2-Personen-Haushalte liegen wird. **J3**

f) Aufgrund von detaillierteren Untersuchungen weiß man, dass die Verteilung der Haushaltsgrößen regional sehr unterschiedlich ist. Der Bürgermeister einer Kleinstadt vermutet, dass in seiner Gemeinde der Anteil der 1-Personen-Haushalte (der bundesweit bei den kleinen und mittleren Gemeinden 35 % beträgt) signifikant größer ist als in den übrigen Gemeinden mit einer Einwohnerzahl unter 100 000. Wenn der Bürgermeister Recht hat mit seiner Vermutung, dann hat dies Auswirkungen auf die zukünftige Wohnungsbaupolitik der Gemeinde.

Da man sich hinsichtlich der tatsächlichen Situation in den Haushalten nicht allein auf die Informationen verlassen kann, die den Einwohnermeldeämtern zur Verfügung stehen, möchte er dies mithilfe eines *statistischen Beweises* belegen. Aufgrund der Haushaltssituation ist nur eine Stichprobe in n = 250 Haushalten möglich.

(1) Erläutern Sie die prinzipielle Vorgehensweise für ein solches Testverfahren. **K5**
(2) Bestimmen Sie eine Entscheidungsregel auf dem 90 %-Niveau.
(3) Beschreiben Sie die Auswirkungen eines Fehlers 1. bzw. 2. Art in dieser Sachsituation. **K4**
(4) Berechnen Sie die Wahrscheinlichkeit für einen Fehler 2. Art, wenn der tatsächliche Anteil an 1-Personen-Haushalten in der Gemeinde 45 % beträgt. **J3**

Lösung

a) (1) Die Wahrscheinlichkeit, dass in *einem* zufällig ausgewählten Haushalt höchstens zwei Personen leben, beträgt laut Grafik ca. 76 %. Daher ist die Wahrscheinlichkeit, dass in allen drei zufällig ausgewählten Haushalten eine oder zwei Personen leben, nach Pfadmultiplikationsregel gleich $0{,}76^3 \approx 0{,}439 = 43{,}9\,\%$.

(2) Das Ereignis *Unter den drei Haushalten ist mindestens ein 3-Personen-Haushalt* ist das Gegenereignis zu *Unter den drei Haushalten ist kein 3-Personen-Haushalt*. Die Wahrscheinlichkeit, dass in einem zufällig ausgewählten Haushalt drei Personen leben, beträgt laut Grafik 12 %. Die gesuchte Wahrscheinlichkeit berechnet sich also nach Komplementärregel und Pfadmultiplikationsregel zu
$1 - 0{,}88^3 \approx 1 - 0{,}681 = 0{,}319 = 31{,}9\,\%$.

(3) Nach Pfadmultiplikationsregel ergibt sich für ein Ergebnis EZD (*Haushalt mit einer Person, mit zwei Personen und drei Personen,* in dieser Reihenfolge) die Wahrscheinlichkeit $0{,}42 \cdot 0{,}34 \cdot 0{,}12$. Da aber keine Reihenfolge vorgegeben ist, handelt es sich um ein Ereignis mit sechs gleichwahrscheinlichen Ergebnissen (EZD, EDZ, ZED, ZDE, DEZ, DZE), also $6 \cdot 0{,}42 \cdot 0{,}34 \cdot 0{,}12 \approx 0{,}103 = 10{,}3\,\%$.

b) Da man sich auf die Betrachtung nur eines Ergebnisses beschränkt, liegt hier eine binomialverteilte Zufallsvariable X: *Anzahl der 1-Personen-Haushalte in einem 100-stufigen* BERNOULLI*-Versuch mit Erfolgswahrscheinlichkeit p = 0,42* vor:

(1) $P(X = 40) = 0{,}0748$

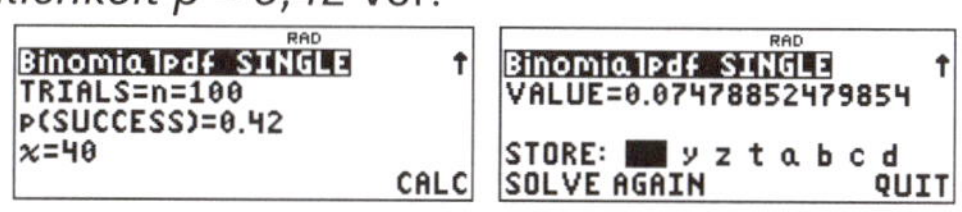

(2) $P(X > 35) = 1 - P(X \leq 35) = 0{,}907$

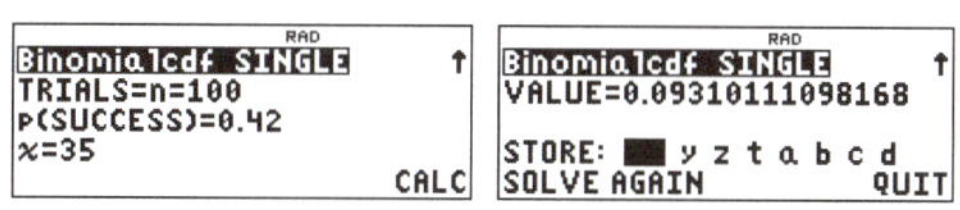

(3) $P(38 \leq X \leq 45) = 0{,}580$

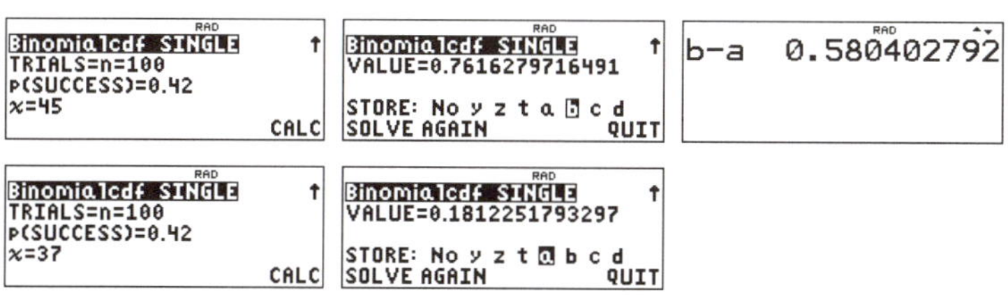

c) Hier wird die Zufallsvariable X: *Anzahl der Haushalte mit weniger als fünf Personen in einem 50-stufigen BERNOULLI-Versuch mit p = 0,97* betrachtet:
$P(X = 50) = 0{,}97^{50} = 0{,}218$.

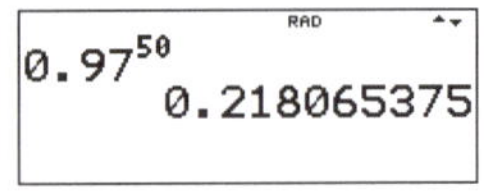

d) Hier wird die Zufallsvariable X: *Anzahl der Haushalte mit mindestens fünf Personen in einem n-stufigen BERNOULLI-Versuch mit p = 0,03* betrachtet: Das Ereignis *Mindestens ein Haushalt mit mindestens fünf Personen* hat die Wahrscheinlichkeit
$P(X \geq 1) = 1 - P(X = 0) = 1 - 0{,}97^n$.
Für diese Wahrscheinlichkeit so gelten: $P(X \geq 1) \geq 0{,}90$, also
$1 - 0{,}97^n \geq 0{,}9 \Leftrightarrow 0{,}97^n \leq 0{,}1 \Leftrightarrow n \cdot \log(0{,}97) \leq \log(0{,}1)$
$\Leftrightarrow n \geq 75{,}6 \Leftrightarrow n \geq 76$.

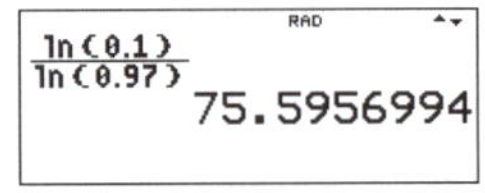

Es ist also eine Stichprobe mit mindestens einem Stichprobenumfang von n = 76 notwendig, damit man in dieser mindestens einen Haushalt findet, in dem fünf oder mehr Personen leben.

e) X: *Anzahl der 2-Personen-Haushalte in einer Stichprobe vom Umfang n = 600*

Die Symmetrie der Wahrscheinlichkeitsverteilung zum Erwartungswert μ kann dazu benutzt werden, zunächst das folgende Problem zu lösen:

Gesucht wird eine Anzahl a von Erfolgen, sodass $P(X \leq a) \approx 0{,}025$.

Durch systematisches Probieren findet man: $P(X \leq 180) \approx 0{,}021$.

Wegen der Symmetrie der Wahrscheinlichkeitsverteilung zum Erwartungswert $\mu = 600 \cdot 0{,}34 = 204$ und wegen $204 - 180 = 24$ folgt hieraus:

$P(X \geq 204 + 24) = P(X \geq 228) \approx 0{,}023$, also $P(185 \leq X \leq 223) \approx 0{,}957$.

f) (1) Bei einem statistischen Beweis wählt man das logische Gegenteil dessen, was man „beweisen" möchte, als zu testende Hypothese aus. Wenn man dann in der Stichprobe eine signifikante Abweichung findet, sieht man sich veranlasst, daran zu zweifeln, ob die getestete Erfolgswahrscheinlichkeit tatsächlich der Stichprobe zugrunde liegt, sodass man zukünftig das Gegenteil der getesteten Hypothese als richtig ansehen darf.

(2) Hier vermutet der Bürgermeister, dass der Anteil der 1-Personen-Haushalte in seiner Gemeinde größer ist als 35 %. Um dies statistisch zu beweisen, muss er die Hypothese H_0: $p \leq 0{,}35$ testen.

Gesucht ist ein kritischer Wert K derart, dass dem Bereich unterhalb von K eine Wahrscheinlichkeit von mindestens 90 % zukommt. Diesen kritischen Wert K ermittelt man durch systematisches Probieren.

Es zeigt sich, dass für $p = 0{,}35$ gilt: $P(X \leq 97) > 0{,}90$.

Kontrollrechnung:

Für Erfolgswahrscheinlichkeiten $p < 0{,}35$ würde sich eine größere Wahrscheinlichkeit für $P(X \leq 97)$ ergeben. Der Annahmebereich der Hypothese $p \leq 0{,}35$ ist also gegeben durch $A = \{0, 1, 2, \ldots, 97\}$, der Verwerfungsbereich durch $V = \{98, 99, \ldots, 250\}$.

Entscheidungsregel: *Verwirf die Hypothese $p \leq 0{,}35$, falls in der Stichprobe von $n = 250$ zufällig ausgewählten Haushalten mehr als 97 1-Personen-Haushalte sind.*

(3) Bei einem Fehler 1. Art würde die Hypothese $p \leq 0{,}35$ verworfen, obwohl sie zutrifft, d. h., der Bürgermeister fühlt sich in seiner Vermutung bestätigt, dass seine Gemeinde einen deutlich höheren Anteil an 1-Personen-Haushalten hat als es dem Bundesdurchschnitt entspricht, dies ist aber nicht zutreffend.
Bei einem Fehler 2. Art würde die Hypothese $p \leq 0{,}35$ nicht verworfen, obwohl sie falsch ist, d. h., der Bürgermeister hätte mit seiner Vermutung recht, aber dies wird durch die Stichprobe nicht bestätigt.

(4) Zu berechnen ist die Wahrscheinlichkeit für einen Fehler 2. Art, wenn das wahre p, das der Stichprobe zugrunde liegt, 45 % beträgt:
$P_{p=0{,}45}(A) = P_{p=0{,}45}(X \leq 97) = 0{,}028 = 2{,}8\,\%$.

Die Wahrscheinlichkeit für einen Fehler 2. Art ist also nur gering, falls der tatsächliche Anteil der 1-Personen-Haushalte in der Gemeinde gleich 45 % ist.

Aufgabe 13 *Überraschungen mit Pralinen*

Bei einem Weihnachtsbasar, dessen Erlös für ein Kinderdorf zur Verfügung gestellt wird, wird ein Pralinen-Glückspiel angeboten. Die Betreiber des Spiels kaufen bei einem Pralinen-Produzenten Kiloware mit einzeln eingewickelten Pralinen zum Stückpreis von 0,20 €.
Bei dem Spiel wird ein Glücksrad gedreht; an die Spielteilnehmer werden so viele Pralinen „ausgezahlt“, wie die Zahl im Sektor anzeigt, auf dem der Zeiger stehen bleibt. Der Spieleinsatz beträgt 1€.

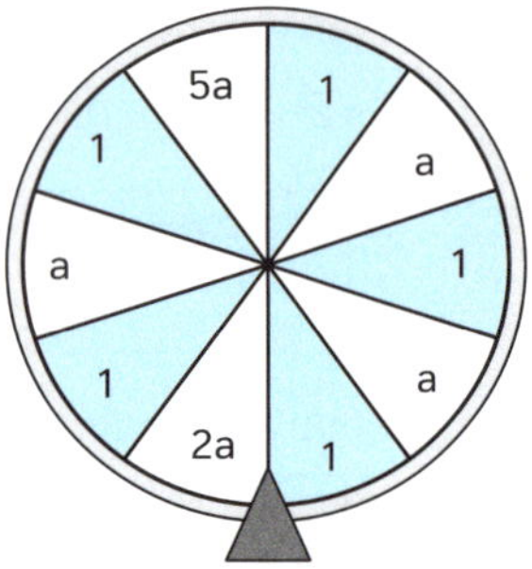

a) Ermitteln Sie den zu erwartenden Gewinn pro Spiel.
Für welche Werte von $a \in \mathbb{N}$ wird der Zweck des Spiels noch erfüllt, nämlich, dass dem Kinderdorf Geld zur Verfügung gestellt werden kann? **J2**

b) Der Pralinen-Produzent tritt im nächsten Jahr selbst als Sponsor des Weihnachtsbasars auf und mischt unter die Kiloware auch ein Drittel Marzipan-Pralinen, deren Stückpreis deutlich höher ist. Da auch diese einzeln eingepackt sind, hängt es vom Zufall ab, wie viele dieser besonderen Pralinen unter den jeweils gewonnenen Pralinen sind.

Berechnen Sie die Wahrscheinlichkeit, dass unter 20 beim Glücksspiel gewonnenen Pralinen
(1) genau 6 Marzipan-Pralinen,
(2) mehr als 4, aber weniger als 10 Marzipan-Pralinen sind. **J3**

c) Bestimmen Sie die Mindestanzahl an Pralinen, die man gewinnen muss, damit darunter mit einer Wahrscheinlichkeit von mindestens 99 % mindestens eine Marzipan-Praline ist. **J4**

d) Der Süßwarenhersteller hat in seinem Angebot auch Pralinen-Überraschungseier mit jeweils fünf Pralinen, wovon eine oder zwei Marzipan-Pralinen sind. Jedes vierte Ei ist – nach seinen Angaben – mit lauter Marzipan-Pralinen gefüllt.
Eine Verbraucherzentrale erhält Hinweise, die diese Angabe des Herstellers in Frage stellen. Um den Beschwerden nachzugehen, sollen insgesamt 120 dieser Überraschungseier in verschiedenen Supermärkten gekauft und kontrolliert werden.

(1) Erläutern Sie, warum hier die Situation eines einseitigen Hypothesentests vorliegt. Welche Hypothese wird getestet? **K5**

(2) Geben Sie für Signifikanzniveau von 10 % die zugehörige Entscheidungsregel an. **K5**

(3) Beschreiben Sie die Auswirkungen der Fehler 1. und 2. Art in dieser Sachsituation. **K3**

(4) Bestimmen Sie die Wahrscheinlichkeit für einen Fehler 2. Art, wenn der tatsächliche Anteil von Überraschungseiern mit lauter Marzipan-Pralinen nur 20 % beträgt. **J3**

Lösung

a) Die Zufallsvariable X: *Anzahl der gewonnenen Pralinen* hat die folgende Wahrscheinlichkeitsverteilung:

X = k	1	a	2a	5a
P(X = k)	0,5	0,3	0,1	0,1

Der Erwartungswert dieser Wahrscheinlichkeitsverteilung ist
$\mu = 0{,}5 \cdot 1 + 0{,}3 \cdot a + 0{,}1 \cdot 2a + 0{,}1 \cdot 5a = 0{,}5 + a$.

Da vom Spieleinsatz 1,00 € fünf Pralinen gekauft werden können, muss gelten $0{,}5 + a < 5$, also $a < 4{,}5$, d. h. $a \le 4$, damit durch das Glücksspiel ein Gewinn erzielt werden kann.
Infrage kommen also die Beschriftungen des Glücksrads mit a = 1, a = 2, a = 3 oder a = 4 (wobei die Möglichkeit a = 1 sicherlich weniger attraktiv ist).

b) Die Zufallsvariable Y: *Anzahl der Marzipan-Pralinen* ist binomialverteilt mit $p = \frac{1}{3}$.

(1) $P(X = 6) \approx 0{,}182$

(2) $P(4 < Y < 10) = P(Y \le 9) - P(Y \le 4) \approx 0{,}757$

c) Das Ereignis mindestens eine Marzipan-Praline unter n gewonnenen Pralinen $(Y \le 1)$ ist das Gegenereignis von keine Marzipan-Praline $(Y = 0)$.

$P(Y = 0) = \left(\frac{2}{3}\right)^n$, also $P(Y \ge 1) = 1 - \left(\frac{2}{3}\right)^n$.

Die Bedingung $1 - \left(\frac{2}{3}\right)^n \ge 0{,}99$ ist erfüllt, wenn $\left(\frac{2}{3}\right)^n \le 0{,}01$, also wenn $n \ge \frac{\ln(0{,}01)}{\ln\left(\frac{2}{3}\right)} \approx 11{,}36$.

Wenn man mindestens 12 Pralinen gewonnen hat, dann ist die Wahrscheinlichkeit, dass darunter mindestens eine Marzipan-Praline ist, mindestens 99 %.

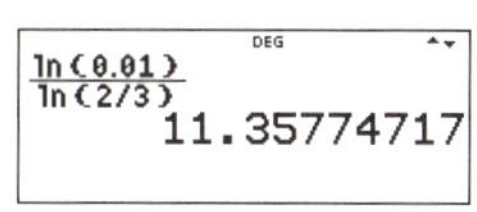

d) (1) Vermutet wird, dass der Anteil p der besonderen Überraschungseier geringer ist als 25 %. Daher wird das logische Gegenteil der Vermutung getestet, d. h. die Hypothese $p \geq 0{,}25$. Diese Hypothese kann verworfen werden, wenn in der Stichprobe signifikant wenige der besonderen Überraschungseier vorhanden sind.

(2) Für $n = 120$ und $p = 0{,}25$ wird also eine kritische Zahl K gesucht, sodass gilt $P(X < K) \leq 0{,}10$.
Durch systematisches Suchen findet man $K = 24$, da $P(X < 24) = P(X \leq 23) \approx 0{,}0825$.
Für $n = 120$ und $p > 0{,}25$ ist die Bedingung $P(X < 24) = P(X \leq 23) \approx 0{,}0825$ erst recht erfüllt.
Für den Verwerfungsbereich V und den Annahmebreich A gilt also:
$V = \{0, 1, 2, ..., 23\}$ und $A = \{24, 25, 26, ..., 120\}$.
Die Entscheidungsregel lautet also: *Verwirf die Hypothese $p \geq 0{,}25$, falls in der Stichprobe von 120 Überraschungseiern weniger als 24 Exemplare enthalten sind, die lauter Marzipan-Pralinen enthalten.*

Alternativ kann man die Sigma-Regeln anwenden:
Allgemein gilt $P(X < \mu - 1{,}28\sigma) \approx 0{,}10$.
Hier ist $\mu - 1{,}28\sigma \approx 23{,}93$. Durch eine Kontrollrechung ergibt sich wie oben der kritische Wert K.

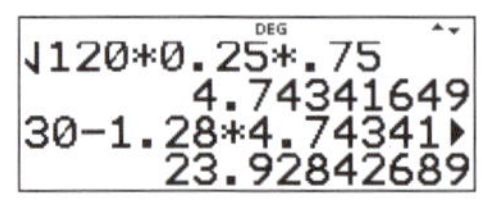

(3) *Fehler 1. Art*: Der Anteil der besonderen Überraschungseier ist mindestens 25 %, aber zufällig sind in der Stichprobe signifikant wenige enthalten. Der Hersteller wird zu unrecht einer falschen Angabe bezichtigt.
Fehler 2. Art: Der Anteil der besonderen Überraschungseier ist kleiner als 25 %, aber zufällig sind in der Stichprobe so viele enthalten, dass die Hypothese nicht verworfen werden kann. Der Vorwurf an den Hersteller kann nicht weiter verfolgt werden, obwohl dies angebracht wäre.

(4) Zu bestimmen ist die Wahrscheinlichkeit für den Annahmebreich, wenn für die zugrundeliegende Erfolgswahrscheinlichkeit gilt: $p = 0{,}2$.
Es gilt: $\beta = P_{p=0,2}(X \geq 24) = 1 - P_{p=0,2}(X \leq 23) \approx 0{,}536$.

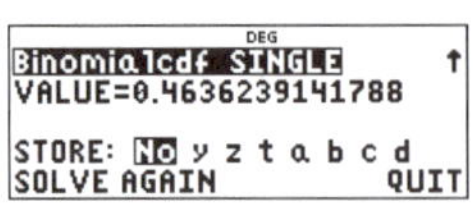

Original-Prüfungsaufgaben

Prüfungsteil A – Hilfsmittelfreie Aufgaben (2020)

Analysis – Aufgabengruppe 1

1. Gegeben ist die Funktion $h: x \mapsto x \cdot \ln(x^2)$ mit maximalem Definitionsbereich D_h.

   a) Geben Sie D_h an und zeigen Sie, dass für den Term der Ableitungsfunktion h' von h gilt: $h' = \ln(x^2) + 2$. A1 A3

   b) Bestimmen Sie die Koordinaten des im II. Quadranten liegenden Hochpunkts des Graphen von h. B6

2. Die Abbildung 1 zeigt den Graphen $G_{f'}$ der Ableitungsfunktion f' einer in $\mathbb{R}$ definierten ganzrationalen Funktion f. Nur in den Punkten $(-4\,|\,f'(4))$ und $(5\,|\,f'(5))$ hat der Graph $G_{f'}$ waagrechte Tangenten.

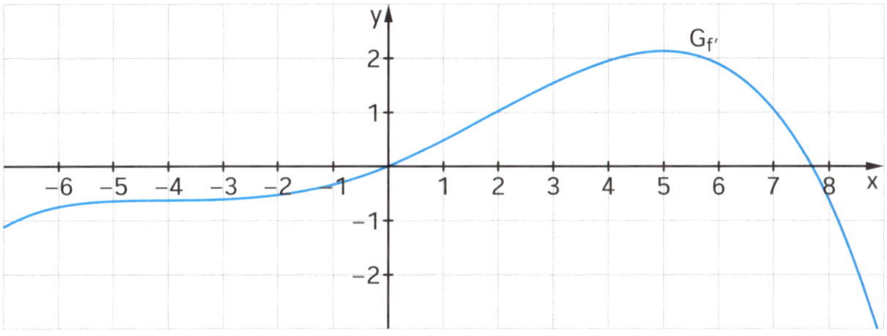

Abbildung 1

   a) Begründen Sie, dass f genau eine Wendestelle besitzt.

   b) Es gibt Tangenten an den Graphen von f, die parallel zur Winkelhalbierenden des I. und III. Quadranten sind. Ermitteln Sie anhand des Graphen $G_{f'}$ der Ableitungsfunktion f' in der Abbildung 1 Näherungswerte für die x-Koordinaten derjenigen Punkte, in denen der Graph von f jeweils eine solche Tangente hat.

3. Gegeben sind die in $\mathbb{R}$ definierten Funktionen $f: x \mapsto x^2 + 4$ und $g_m: x \mapsto m \cdot x$ mit $m \in \mathbb{R}$. Der Graph von f wird mit G_f und der Graph von g_m mit G_m bezeichnet.

   a) Skizzieren Sie G_f in einem Koordinatensystem. Berechnen Sie die Koordinaten des gemeinsamen Punkts der Graphen G_f und G_4. B5

   b) Es gibt Werte von m, für die die Graphen G_f und G_m jeweils keinen gemeinsamen Punkt haben. Geben Sie diese Werte von m an.

4. Gegeben ist die Funktion $g(x) = 0{,}7 \cdot e^{0{,}5x} - 0{,}7$ und $x \in \mathbb{R}$. Die Funktion g ist umkehrbar. Die Abbildung 2 zeigt den Graphen G_g von g sowie einen Teil des Graphen G_h der Umkehrfunktion h von g.

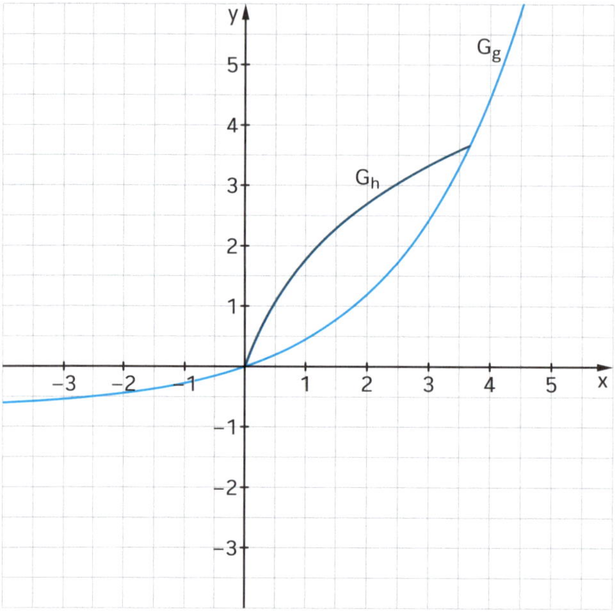

Abbildung 2

a) Zeichnen Sie in die Abbildung 2 den darin fehlenden Teil von G_h ein.

b) Betrachtet wird das von den Graphen G_g und G_h eingeschlossene Flächenstück. Schraffieren Sie den Teil dieses Flächenstücks, dessen Inhalt mit dem Term $2 \cdot \int_0^{2{,}5} (x - g(x))\,dx$ berechnet werden kann. **D2**

c) Geben Sie den Term einer Stammfunktion der in $\mathbb{R}$ definierten Funktion $k: x \mapsto x - g(x)$ an. **D1**

Lösungen

1. a) $D = \mathbb{R}^* = \mathbb{R} \setminus \{0\}$.
Nach Produkt- und Kettenregel gilt:
$h'(x) = 1 \cdot \ln(x^2) + x \cdot \frac{1}{x^2} \cdot 2x = \ln(x^2) + 2$

b) *notwendige Bedingung*: $h'(x) = 0 \Leftrightarrow \ln(x^2) = -2 \Leftrightarrow x^2 = e^{-2} \Leftrightarrow x = e^{-1} \vee x = -e^{-1}$

Nach Aufgabenstellung ist bekannt, dass es sich um einen Hochpunkt im 2. Quadranten handelt, also dass $x < 0$ ist. Ein Nachweis (hinreichende Bedingung) muss nicht erfolgen, da der Hochpunkt gemäß Aufgabenstellung dort existiert.

Berechnung der y-Koordinate:
$h(-e^{-1}) = h(-\frac{1}{e}) = -\frac{1}{e} \cdot \ln(e^{-2}) = -\frac{-2}{e} = \frac{2}{e}$.

Der Hochpunkt hat die Koordinaten $\left(-\frac{1}{e} \mid \frac{2}{e}\right)$.

2. a) Wendestellen sind lokale Extremstellen der Ableitungsfunktion. Da der abgebildete Graph nur an der Stelle $x = 5$ einen lokales Extremum besitzt, liegt nur dort eine Wendestelle vor.

   b) Gesucht sind die Stellen des Graphen von f′, an denen der Funktionswert $f'(x) = 1$ vorliegt. Durch Einzeichnen einer Parallelen zur x-Achse mit $y = 1$ findet man näherungsweise $x \approx 2$ und $x \approx 7$.

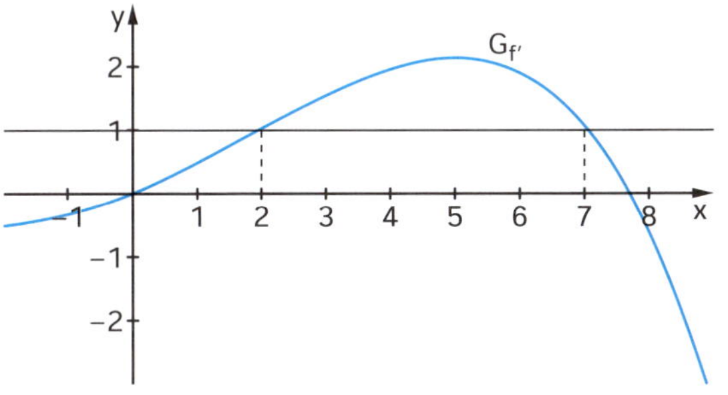

3. a) Skizze:

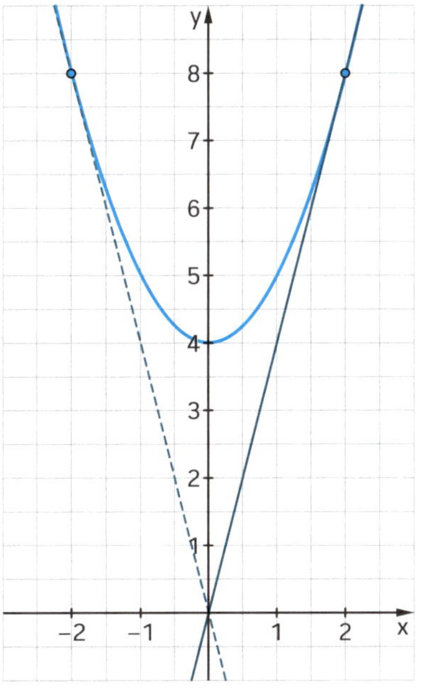

$f(x) = g_4(x) \Leftrightarrow x^2 + 4 = 4x \Leftrightarrow x^2 - 4x + 4 = 0 \Leftrightarrow (x-2)^2 = 0 \Leftrightarrow x = 2$
(doppelte Schnittstelle = Berührstelle).

y-Koordinate: $f(2) = g_4(2) = 8$

   b) Keinen gemeinsamen Punkt haben die Parabel und diejenigen Geraden, wenn diese eine Steigung haben, die zwischen $m = -4$ (Tangente links) und $m = 4$ (Tangente rechts) liegt.

4. a), b)

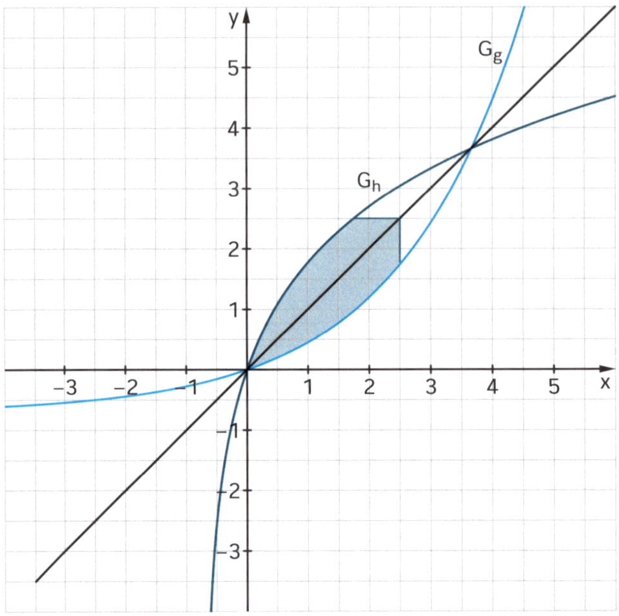

c) Stammfunktion für $k(x) = x - (0{,}7 \cdot e^{0{,}5x} - 0{,}7)$:

$K(x) = \frac{x^2}{2} - (0{,}7 \cdot e^{0{,}5x} \cdot 2 - 0{,}7x) = -1{,}4e^{0{,}5x} + 0{,}5x^2 + 0{,}7x$

Analysis – Aufgabengruppe 2

1. Gegeben ist die Funktion $g: x \mapsto \ln(2 - x^2)$ mit maximaler Definitionsmenge D_g.

   a) Skizzieren Sie die Parabel mit der Gleichung $y = 2 - x^2$ in einem Koordinatensystem und geben Sie D_g an.

   b) Ermitteln Sie den Term der Ableitungsfunktion g' von g.

2. Die Abbildung 1 zeigt einen Teil des Graphen G_h einer in $\mathbb{R}\setminus\{2\}$ definierten gebrochen-rationalen Funktion h.

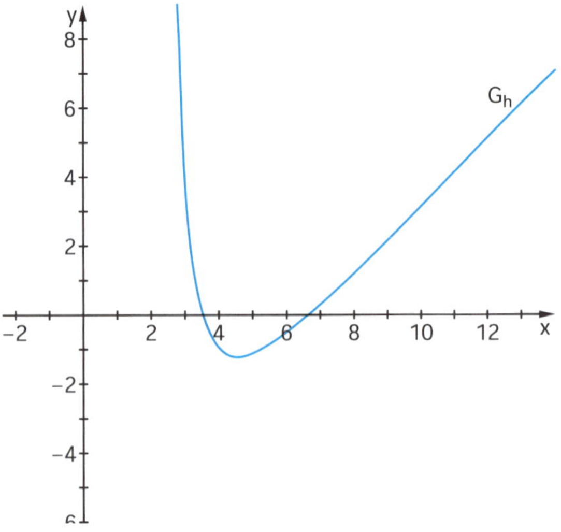

Abbildung 1

a) Zeichnen Sie in die Abbildung 1 die Asymptoten von G_h ein und skizzieren Sie im Bereich $x < 2$ einen möglichen Verlauf von G_h. B11

b) Berechnen Sie unter Berücksichtigung des asymptotischen Verhaltens von G_h einen Näherungswert für $\int_{10}^{20} h(x)\,dx$. D2 D5

3. Gegeben ist die in ℝ definierte Funktion $k\colon x \mapsto \frac{-x^2+2x}{2x^2+4}$. Ihr Graph wird mit G_k bezeichnet.

a) Geben Sie die Nullstellen von k an und begründen Sie anhand des Funktionsterms, dass G_k die Gerade mit der Gleichung $y = -0{,}5$ als waagrechte Asymptote besitzt. B11

b) Berechnen Sie die x-Koordinate des Schnittpunkts von G_k mit der waagrechten Asymptote.

4. Die Abbildung 2 zeigt den Graphen G_f einer in $[0{,}8; +\infty[$ definierten Funktion f.

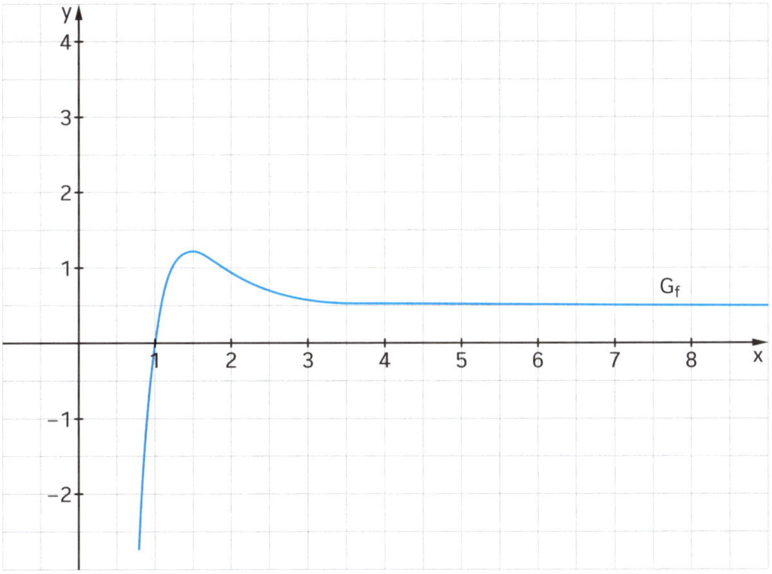

Abbildung 2

Betrachtet wird zudem die in $[0{,}8;+\infty[$ definierte Integralfunktion

$J\colon x \mapsto \int_{2}^{x} f(t)\,dt$.

(1) Begründen Sie mithilfe von Abbildung 2, dass $J(1) \approx -1$ gilt.

(2) Geben Sie einen Näherungswert für den Funktionswert $J(4{,}5)$ an.

(3) Skizzieren Sie den Graphen von J in der Abbildung 2.

Lösungen

1. a) Skizze:

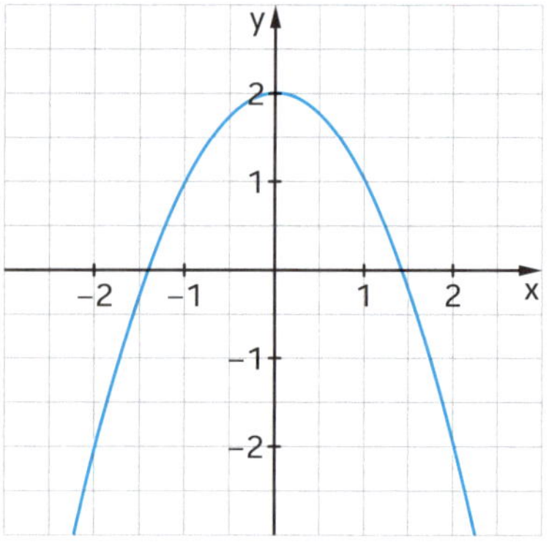

Definitionsbereich von g:

$2 - x^2 > 0 \Leftrightarrow x^2 < 2 \Leftrightarrow -\sqrt{2} < x < +\sqrt{2}$,

$D_g =]-\sqrt{2}\,;\,+\sqrt{2}\,[$.

b) Gemäß Kettenregel gilt:

$g'(x) = \frac{1}{2 - x^2} \cdot (-2x) = \frac{2x}{x^2 - 2}$

2. a) Asympoten:

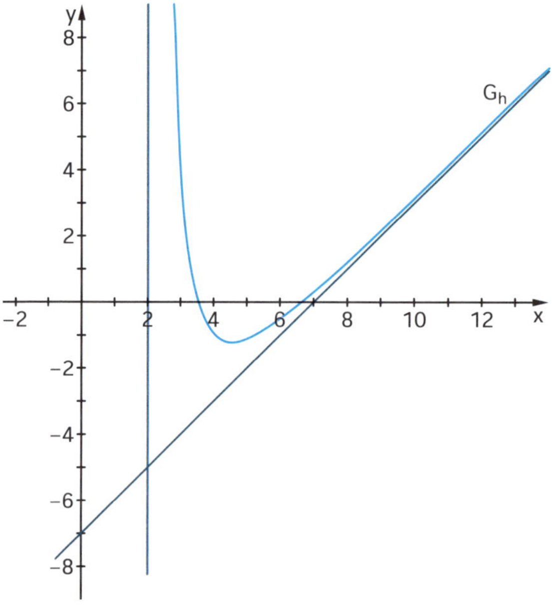

b) Statt der Fläche unter dem Graphen der Funktion h wird die Fläche unter dem Graphen der Asymptote mit y = x − 7 berechnet:

$$\int_{10}^{20} h(x)\,dx \approx \int_{10}^{20} (x-7)\,dx = \left[\frac{x^2}{2} - 7x\right]_{10}^{20} = \left[\frac{400}{2} - 140\right] - \left[\frac{100}{2} - 70\right] = 60 + 20 = 80.$$

3. a) $k(x) = 0 \Leftrightarrow -x^2 + 2x = 0 \Leftrightarrow x \cdot (-x + 2) = 0 \Leftrightarrow x = 0 \vee x = 2$,

$$\lim_{x\to\infty} k(x) = \lim_{x\to\infty} \frac{-x^2 + 2x}{2x^2 + 4} = \lim_{x\to\infty} \frac{x^2\left(-1 + \frac{2}{x}\right)}{x^2\left(2 + \frac{4}{x^2}\right)} = \lim_{x\to\infty} \frac{\left(-1 + \frac{2}{x}\right)}{\left(2 + \frac{4}{x^2}\right)} = \frac{-1 + 0}{2 + 0} = -\frac{1}{2}$$

Die waagerechte Asymptote hat die Gleichung $y = -\frac{1}{2}$.

b) $\frac{-x^2 + 2x}{2x^2 + 4} = -0{,}5 \Leftrightarrow -x^2 + 2x = -0{,}5(2x^2 + 4) \Leftrightarrow -x^2 + 2x = -x^2 - 2 \Leftrightarrow 2x = -2 \Leftrightarrow x = -1.$

4. (1) (2)

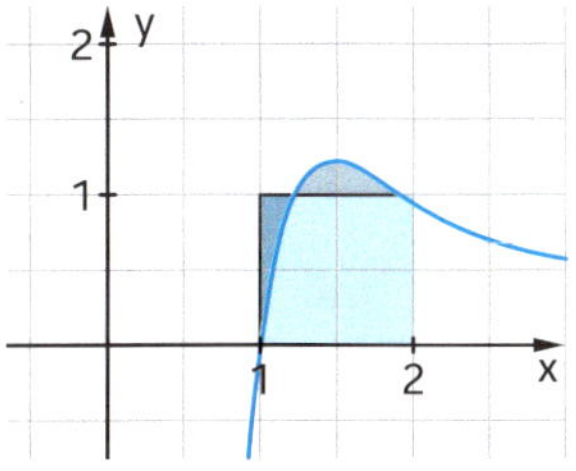

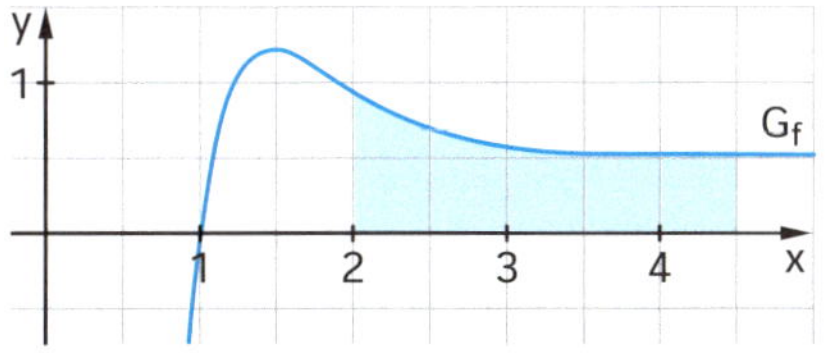

Es gilt: $A_1 \approx A_2$. Das Flächenstück, das von G_f, der x-Achse und den Geraden $x = 1$ und $x = 2$ eingeschlossen wird, ist daher ungefähr ein Quadrat mit der Fläche 1.

$J(1) = \int_2^1 f(x)\,dx$; da der Graph von f im Bereich $1 \le x \le 2$ oberhalb der x-Achse verläuft, aber von rechts nach links integriert wird, ist das Integral negativ:
$J(1) \approx -1$.

$J(4{,}5) = \int_2^{4,5} f(x)\,dx \approx 6 \cdot 0{,}25 = 1{,}5$ (Kästchen zählen).

(3) Folgende Punkte des Graphen können eingezeichnet werden:
$J(1) \approx -1$; $J(1{,}5) \approx -0{,}4$; $J(2) = 0$; $J(3) \approx 0{,}75$; $J(4) \approx 1{,}25$; $J(5) \approx 1{,}75$.

Die Nullstelle des Graphen von f an der Stelle $x = 1$ bedeutet, dass J dort einen Tiefpunkt hat. Der Hochpunkt von f an der Stelle $x = 1{,}5$ bedeutet, dass J dort eine Wendestelle hat.

Für $x \ge 4$ liegt der Graph von f asymptotisch nahe zur Geraden mit $y = 0{,}5$, d. h. der Graph von J nähert sich der Geraden mit $y = 1{,}25 + 0{,}5 \cdot x$.

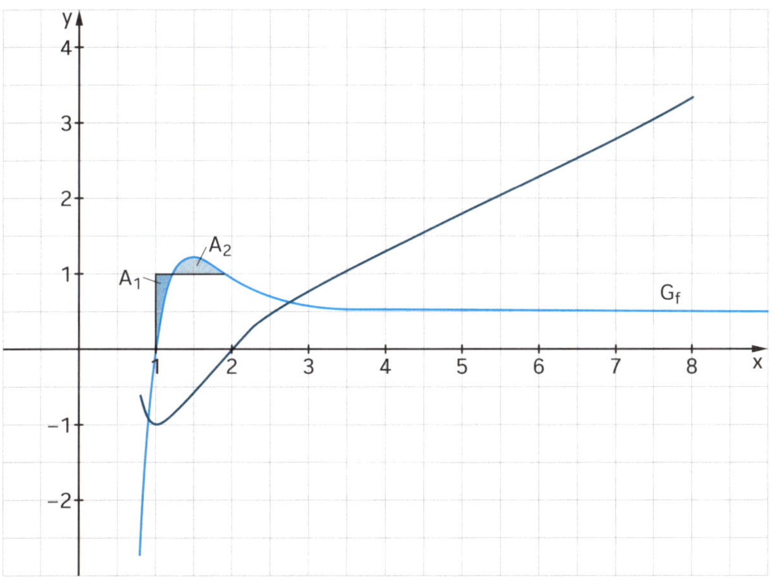

Stochastik – Aufgabengruppe 1

Gegeben sind grüne und rote Würfel, deren Seitenflächen unterschiedlich beschriftet sind und beim Werfen mit jeweils gleicher Wahrscheinlichkeit auftreten. Jeder grüne Würfel trägt auf fünf Seitenflächen die Augenzahl 1 und auf einer die Augenzahl 6. Jeder rote Würfel trägt auf jeweils zwei Seitenflächen die Augenzahlen 1, 3 bzw. 6.

a) In einer Urne befinden sich drei grüne Würfel und zwei rote Würfel. Der Urne werden mit einem Griff zwei Würfel zufällig entnommen. Geben Sie einen Term an, mit dem man die Wahrscheinlichkeit dafür bestimmen kann, dass ein roter Würfel und ein grüner Würfel entnommen werden. J3

b) Ein grüner Würfel und ein roter Würfel werden gleichzeitig geworfen. Die Zufallsgröße X beschreibt die Summe der beiden geworfenen Augenzahlen. Geben Sie alle Werte an, die die Zufallsgröße X annehmen kann, und bestimmen Sie die Wahrscheinlichkeit $P(X = 7)$. J1

Lösung

a) Von den 3 grünen Würfel wird ein Würfel ausgewählt, von den 2 roten Würfeln ebenfalls einer, insgesamt 2 von 5 Würfeln, also lautet der Term:

$$P(A) = \frac{\binom{3}{1} \cdot \binom{2}{1}}{\binom{5}{2}}$$

b)

grün / rot	1	1	1	1	1	6
1	2	2	2	2	2	7
1	2	2	2	2	2	7
3	4	4	4	4	4	9
3	4	4	4	4	4	9
6	7	7	7	7	7	12
6	7	7	7	7	7	12

Die Zufallsgröße kann die Werte 2, 4, 7, 9, 12 annehmen und es gilt $P(X = 7) = \frac{1}{3}$.

$X = k$	2	4	7	9	12
$P(X = k)$	$\frac{10}{36}$	$\frac{10}{36}$	$\frac{12}{36} = \frac{1}{3}$	$\frac{2}{36}$	$\frac{2}{36}$

Stochastik – Aufgabengruppe 2

Ein Glücksrad besteht aus zwei unterschiedlich großen Sektoren. Der größere Sektor ist mit der Zahl 1 und der kleinere mit der Zahl 3 beschriftet. Die Wahrscheinlichkeit dafür, beim einmaligen Drehen des Glücksrads die Zahl 1 zu erzielen, wird mit p bezeichnet. Das Glücksrad wird zweimal gedreht.

a) Begründen Sie, dass die Wahrscheinlichkeit dafür, dass die Summe der beiden erzielten Zahlen 4 ist, durch den Term $2p \cdot (1-p)$ angegeben wird. J3

b) Die Zufallsgröße X beschreibt die Summe der beiden erzielten Zahlen. Bestimmen Sie, für welchen Wert von p die Zufallsgröße X den Erwartungswert 3 hat. J1 J2

Lösung

a) $P(13, 31) = p \cdot (1-p) + (1-p) \cdot p = 2 \cdot p \cdot (1-p)$

b)

Ereignis	Punkte	Wahrscheinlichkeit	Produkt
(1;1)	2	p^2	$2p^2$
(1;3), (3;1)	4	$2 \cdot p \cdot (1-p)$	$8p - 8p^2$
(3;3)	6	$(1-p)^2$	$6 - 12p + 6p^2$
Summe		1	$E(X) = 6 - 4p$

Da $E(X) = 3$ sein soll, ergibt sich: $6 - 4p = 3 \Leftrightarrow 4p = 3 \Leftrightarrow p = \frac{3}{4}$.

Geometrie – Aufgabengruppe 1

Die Strecke [PQ] mit den Endpunkten $P(8|-5|1)$ und Q ist Durchmesser einer Kugel mit Mittelpunkt $M(5|-1|1)$.

a) Berechnen Sie die Koordinaten von Q und weisen Sie nach, dass der Punkt $R(9|-1|4)$ auf der Kugel liegt. E6

b) Begründen Sie ohne weitere Rechnung, dass das Dreieck PQR bei R rechtwinklig ist.

Lösung

a) $\overrightarrow{OQ} = \overrightarrow{OM} + \overrightarrow{PM} = \begin{pmatrix} 5 \\ -1 \\ 1 \end{pmatrix} + \begin{pmatrix} 5-8 \\ -1-(-5) \\ 1-1 \end{pmatrix} = \begin{pmatrix} 2 \\ 3 \\ 1 \end{pmatrix}$, also $Q(2|3|1)$.

Um die Kugelgleichung zu bestimmen, wird noch der Radius $r = |\overrightarrow{PM}|$ benötigt:

$$\left|\begin{pmatrix} 5-8 \\ -1-(-5) \\ 1-1 \end{pmatrix}\right| = \sqrt{(-3)^2 + 4^2 + 0^2} = 5.$$

Gleichung der Kugel K: $(x_1 - 5)^2 + (x_2 + 1)^2 + (x_3 - 1)^2 = 5^2$

Punktprobe für den Punkt R: $(9 - 5)^2 + ((-1) + 1)^2 + (4 - 1)^2 = 5^2 \Leftrightarrow 16 + 0 + 9 = 25.$

Die Koordinaten des Punktes R erfüllen die Kugelgleichung; daher liegt der Punkt R auf der Kugel.

b) Da PQ ein Durchmesser der Kugel ist, liegen PQ und R auf einem Kreis; also ist der Peripheriewinkel über dem Durchmesser PQ ein rechter Winkel (Sonderfall des Satzes von Thales).

Geometrie – Aufgabengruppe 2

Gegeben sind die Punkte $P(-2|3|0)$, $R(2|-1|2)$ und $Q(q|1|5)$ mit der reellen Zahl q, wobei Q von P genauso weit entfernt ist wie von R.

a) Bestimmen Sie q. **E5**
(zur Kontrolle: $q = 2$)

b) Ermitteln Sie die Koordinaten des Eckpunkts S der Raute PQRS.
Zeigen Sie, dass PQRS kein Quadrat ist. **E1** **E4**

Lösung

a) Abstand des Punktes Q von P und R:

$|PQ|^2 = (q - (-2))^2 + (1 - 3)^2 + (5 - 0)^2 = |RQ|^2 = (q - 2)^2 + (1 - (-1))^2 + (5 - 2)^2 \Leftrightarrow$

$(q + 2)^2 + 4 + 25 = (q - 2)^2 + 4 + 9 \Leftrightarrow q^2 + 4q + 33 = q^2 - 4q + 17 \Leftrightarrow 8q = -16 \Leftrightarrow q = -2$

b) $\overrightarrow{OS} = \overrightarrow{OP} + \overrightarrow{PS} = \overrightarrow{OP} + \overrightarrow{QR} = \begin{pmatrix} -2 \\ 3 \\ 0 \end{pmatrix} + \begin{pmatrix} 2-(-2) \\ -1-1 \\ 2-5 \end{pmatrix} = \begin{pmatrix} 2 \\ 1 \\ -3 \end{pmatrix}$

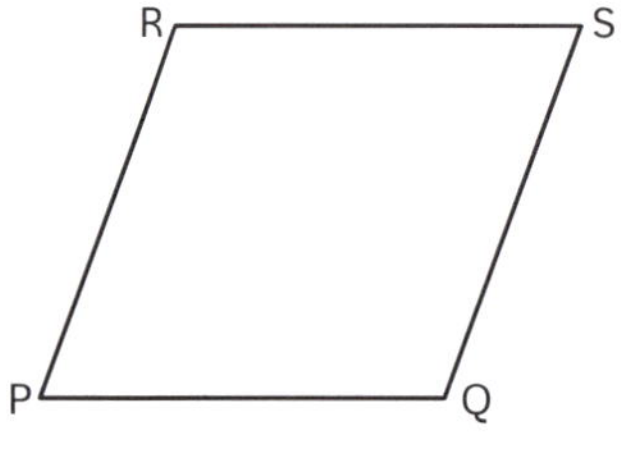

Nach Voraussetzung (Teilaufgabe a) sind alle Seiten gleich lang. Geprüft werden muss nur noch, welche Winkel auftreten. Wegen der Winkelsätze an Parallelen muss diese Prüfung nur in einer Ecke erfolgen. Für das Skalarprodukt gilt:

$\overrightarrow{PQ} * \overrightarrow{PS} = \overrightarrow{PQ} * \overrightarrow{QR} = \begin{pmatrix} 0 \\ -2 \\ 5 \end{pmatrix} * \begin{pmatrix} 4 \\ -2 \\ -3 \end{pmatrix} = 0 + 4 - 15 = -11 \neq 0.$

Es treten also keine rechten Winkel auf.

Prüfungsteil B

Prüfungsteil B Analysis – Aufgabengruppe 1

Aufgabe 1

Gegeben ist die in ℝ definierte Funktion $f: x \mapsto \frac{x^2-1}{x^2+1}$; die Abbildung 1 zeigt ihren Graphen G_f.

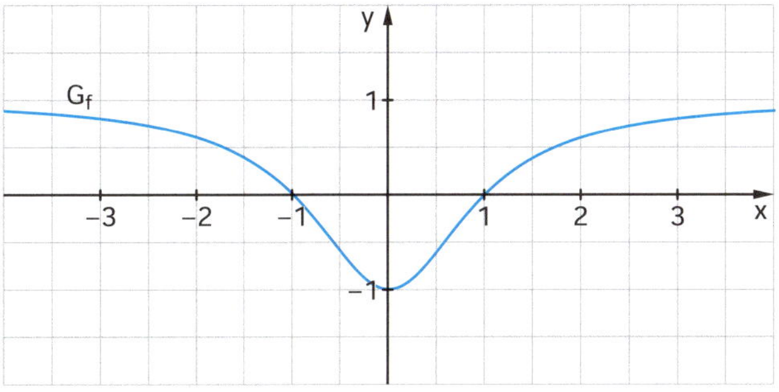

Abbildung 1

a) Bestätigen Sie rechnerisch, dass G_f symmetrisch bezüglich der y-Achse ist, und untersuchen Sie anhand des Funktionsterms das Verhalten von f für $x \to +\infty$.
Bestimmen Sie diejenigen x-Werte, für die $f(x) = 0{,}96$ gilt. B1 B11

b) Untersuchen Sie rechnerisch das Monotonieverhalten von G_f. A3 B6

(zur Kontrolle: $f'(x) = \frac{4x}{(x^2+1)^2}$)

c) Bestimmen Sie rechnerisch eine Gleichung der Tangente t an G_f im Punkt $(3|f(3))$.
Berechnen Sie die Größe des Winkels, unter dem t die x-Achse schneidet, und zeichnen Sie t in die Abbildung 1 ein. A4 A6

Lösung

a) Symmetrie:
Zu zeigen ist: Für alle $x \in \mathbb{R}$ gilt $f(-x) = f(x)$:

$$f(-x) = \frac{(-x)^2-1}{(-x)^2+1} = \frac{x^2-1}{x^2+1} = f(x)$$

Asympotisches Verhalten:

$$\lim_{x\to\infty} f(x) = \lim_{x\to\infty} \frac{x^2-1}{x^2+1} = \lim_{x\to\infty} \frac{x^2\left(1-\frac{1}{x^2}\right)}{x^2\left(1+\frac{1}{x^2}\right)} = \lim_{x\to\infty} \frac{\left(1-\frac{1}{x^2}\right)}{\left(1+\frac{1}{x^2}\right)} = \frac{1}{1} = 1.$$

x-Werte, für die $f(x) = 0{,}96$ gilt:

$$\frac{x^2-1}{x^2+1} = 0{,}96 \Leftrightarrow x^2 - 1 = 0{,}96\,(x^2+1) \Leftrightarrow x^2 - 1 = 0{,}96x^2 + 0{,}96 \Leftrightarrow 0{,}04x^2 = 1{,}96 \Leftrightarrow x^2 = 49$$

$$\Leftrightarrow x = -7 \lor x = 7$$

b) Gemäß Quotientenregel gilt:

$$f'(x) = \frac{(x^2+1)\cdot 2x - (x^2-1)\cdot 2x}{(x^2+1)^2} = \frac{2x(x^2+1-x^2+1)}{(x^2+1)^2} = \frac{2x\cdot 2}{(x^2+1)^2} = \frac{4x}{(x^2+1)^2}$$

Da der Nenner stets positiv ist, hängt das Vorzeichen von $f'(x)$ nur vom Zähler ab:
Für $x > 0$ ist der Graph von f streng monoton steigend, für $x < 0$ streng monoton fallend.

c) Für die Gleichung der Tangente durch den Punkt $(3\,|\,f(3))$ werden benötigt:

$f(3) = \frac{8}{10} = 0{,}8$ und $f'(3) = \frac{12}{100} = 0{,}12$.

Die Gleichung der Tangente ist demnach: $t(x) = 0{,}12\cdot(x-3) + 0{,}8 = 0{,}12x + 0{,}44$.

Schnittwinkel: $\tan(\varphi) = 0{,}12$, also $\varphi \approx 6{,}8°$.

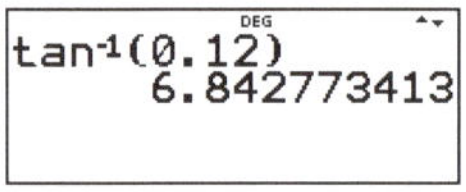

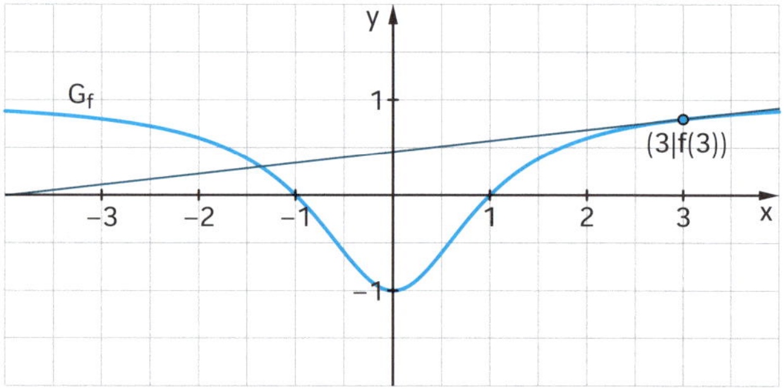

Aufgabe 2

Nun wird die in ℝ definierte Integralfunktion $F: x \mapsto \int_0^x f(t)\,dt$ betrachtet; ihr Graph wird mit G_F bezeichnet.

a) Begründen Sie, dass F in $x = 0$ eine Nullstelle hat, und machen Sie mithilfe des Verlaufs von G_f plausibel, dass im Intervall [1; 3] eine weitere Nullstelle von F liegt. D1 B6

Geben Sie an, welche besondere Eigenschaft G_F im Punkt $(-1\,|\,F(-1))$ hat, und begründen Sie Ihre Angabe.

b) Die Gerade mit der Gleichung $y = x - 1$ begrenzt gemeinsam mit den Koordinatenachsen ein Dreieck. Geben Sie den Flächeninhalt dieses Dreiecks und den sich daraus ergebenden Näherungswert für F(1) an.

c) Die Abbildung 2 zeigt den Graphen G_f sowie den Graphen G_g der in ℝ definierten Funktion $g: x \mapsto -\cos\left(\frac{\pi}{2}x\right)$.

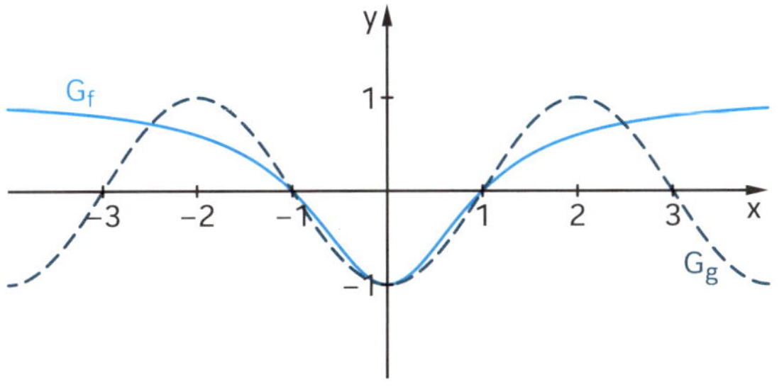

Abbildung 2

Beschreiben Sie, wie G_g aus dem Graphen der in ℝ definierten Funktion $x \mapsto \cos x$ hervorgeht, und berechnen Sie durch Integration von g einen weiteren Näherungswert für F(1). B10 D2

(zur Kontrolle: $F(1) \approx -\frac{2}{\pi}$)

d) Berechnen Sie das arithmetische Mittel der beiden in den Aufgaben 2b und 2c berechneten Näherungswerte. Skizzieren Sie den Graphen von F für $0 \leq x \leq 3$ unter Berücksichtigung der bisherigen Ergebnisse in der Abbildung 1.

Lösung

a) Jede Integralfunktion hat eine Nullstelle, wenn man die Untegrenze in die Obergrenze einsetzt, also hier bei $x = 0$.

Die Integralfunktion verläuft zunächst unterhalb der x-Achse, da das jeweilige Flächenstück unter der x-Achse liegt. Da bei $x = 1$ eine Nullstelle mit VZW von – nach + ist, hat F(x) dort einen Tiefpunkt und wächst danach streng monoton an. Da das oberhalb der x-Achse liegende Flächenstück im Intervall [1 ; 3] größer ist als das unter der x-Achse liegende Flächenstück im Intervall [0 ; 1] muss irgendwo im Intervall [2 ; 3] eine Nullstelle von F(x) vorliegen.

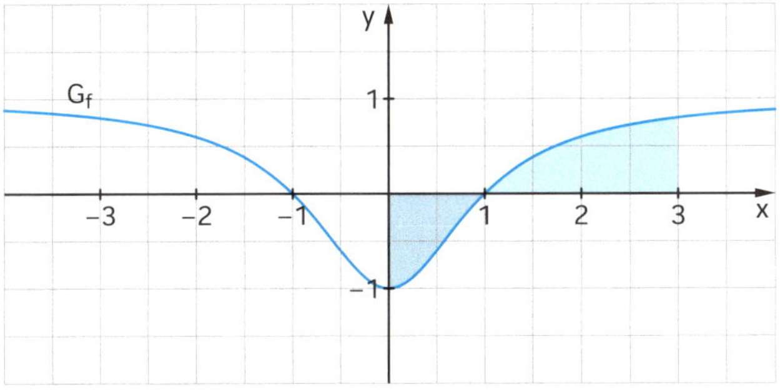

Aus der Achsensymmetrie des Graphen von f folgt, dass der Graph von F punktsymmetrisch zum Ursprung ist. Daher ergibt sich, dass an der Stelle $x = -1$ ein Hochpunkt liegt (VZW von $f = F'$ von + nach –).

b)

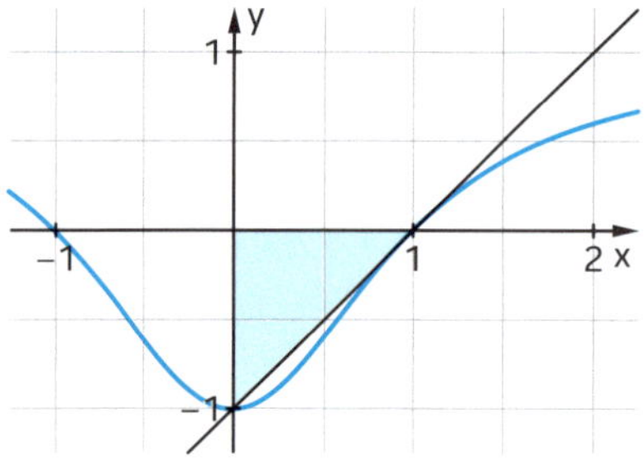

Das unter der x-Achse liegende Dreieck hat einen Flächeninhalt von 0,5 FE.
Daher gilt $F(1) \approx -0{,}5$ (der tatsächliche Wert von F(1) ist betraglich etwas größer).

c) Der Graph geht aus dem Graphen der Kosinus-Funktion durch Spiegelung an der x-Achse und durch Streckung in Richtung der x-Achse mit dem Faktor $\frac{2}{\pi}$ hervor (daher liegen die Nullstellen der Funktion g an den Stellen −3, −1, +1, +3, ... vor). Die Periodenlänge beträgt entsprechend $2\pi \cdot \frac{2}{\pi} = 4$.

Da der Graph der Funktion g etwas unterhalb des Graphen der Funktion f verläuft, kann der Funktionswert von F(1) durch das entsprechende Integral nach unten abgeschätzt werden (der tatsächliche Wert von F(1) ist betraglich etwas kleiner).

Weiterer Näherungswert für F(1) durch Integration:

$$\int_0^1 -\cos\left(\frac{\pi}{2}x\right)dx = \left[-\frac{\sin\left(\frac{\pi}{2}x\right)}{\frac{\pi}{2}}\right]_0^1 = \left[-\frac{\sin\left(\frac{\pi}{2}\right)}{\frac{\pi}{2}}\right] - \left[-\frac{\sin(0)}{\frac{\pi}{2}}\right] = -\frac{2}{\pi} \approx -0{,}633.$$

d) Arithmetisches Mittel (Mittelwert):

$$\frac{-\frac{2}{\pi} - 0{,}5}{2} \approx -0{,}57.$$

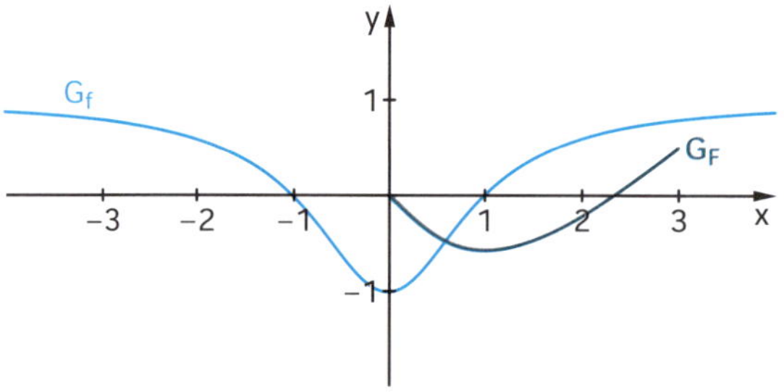

Aufgabe 3

Für jeden Wert $k > 0$ legen die auf G_f liegenden Punkte $P_k\,(-k\,|\,f(-k))$ und $Q_k\,(k\,|\,f(k))$ gemeinsam mit dem Punkt $R(0\,|\,1)$ ein gleichschenkliges Dreieck P_kQ_kR fest.

a) Berechnen Sie für $k = 2$ den Flächeninhalt des zugehörigen Dreiecks P_2Q_2R (vgl. Abbildung 3).

Zeigen Sie anschließend, dass der Flächeninhalt des Dreiecks P_kQ_kR allgemein durch den Term $A(k) = \frac{2k}{k^2+1}$ beschrieben werden kann.

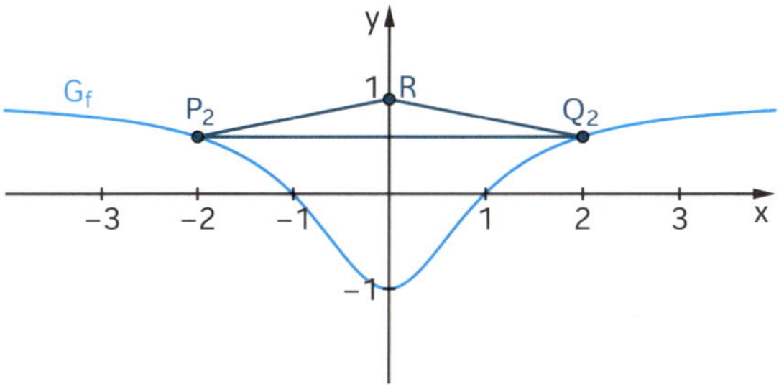

Abbildung 3

b) Zeigen Sie, dass es einen Wert von $k > 0$ gibt, für den $A(k)$ maximal ist.
Berechnen Sie diesen Wert von k sowie den Flächeninhalt des zugehörigen Dreiecks P_kQ_kR. C5 A3

Lösung

a) $P_2(-2\,|\,0{,}6)$, $Q_2(2\,|\,0{,}6)$;

Flächeninhalt des Dreiecks P_2Q_2R: $A = \frac{1}{2} \cdot 4 \cdot (1 - 0{,}6) = 0{,}8$.

Allgemein: $A = \frac{1}{2} \cdot 2k \cdot (1 - f(k)) = k \cdot (1 - f(k)) = k - k \cdot f(k)$

$$= k - \frac{k\,(k^2-1)}{k^2+1} = \frac{k\,(k^2+1) - k\,(k^2-1)}{k^2+1} = \frac{k^3 + k - k^3 + k}{k^2+1} = \frac{2k}{k^2+1}.$$

b) Ableitung der Funktion A gemäß Quotientenregel:

$$A'(k) = \frac{(k^2+1)\cdot 2 - 2k\cdot 2k}{(k^2+1)^2} = \frac{2k^2 + 2 - 4k^2}{(k^2+1)^2} = \frac{2 - 2k^2}{(k^2+1)^2}$$

notwendige Bedingung:

$A'(k) = 0 \Leftrightarrow 2 = 2k^2 \Leftrightarrow k^2 = 1 \Leftrightarrow k = 1$ (da $k > 0$ vorausgesetzt wird).

hinreichende Bedingung (Überprüfen auf VZW von A'):

$$A'(0{,}5) = \frac{2 - 2\cdot 0{,}5^2}{(0{,}5^2+1)^2} = \frac{1{,}5}{1{,}25^2} > 0; \qquad A'(1{,}5) = \frac{2 - 2\cdot 1{,}5^2}{(1{,}5^2+1)^2} = \frac{-2{,}5}{3{,}25^2} < 0.$$

An der Stelle $k = 1$ liegt ein VZW von + nach – von $A'(k)$ vor, d. h. $A(k)$ hat für $k = 1$ ein lokales Maximum mit $A(1) = 1$.

Prüfungsteil B Analysis – Aufgabengruppe 2

Gegeben ist die Funktion $f: x \mapsto 1 + 7\,e^{-0{,}2x}$ mit Definitionsbereich $\mathbb{R}_0^+$; die Abbildung 1 zeigt ihren Graphen G_f.

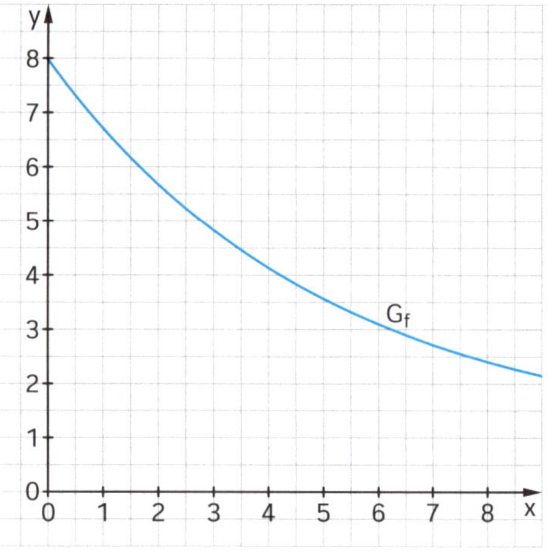

Aufgabe 1

a) Begründen Sie, dass die Gerade mit der Gleichung y = 1 waagrechte Asymptote von G_f ist. B8

Zeigen Sie rechnerisch, dass f streng monoton abnehmend ist. A3 B6 B8

Für jeden Wert s > 0 legen die Punkte (0 | 1), (s | 1), (s | f (s)) und (0 | f (s)) ein Rechteck mit dem Flächeninhalt R(s) fest.

b) Zeichnen Sie dieses Rechteck für s = 5 in die Abbildung 1 ein. Zeigen Sie, dass R(s) für einen bestimmten Wert von s maximal ist, und geben Sie diesen Wert von s an. A3 C5 B6

(zur Kontrolle: $R(s) = 7s \cdot e^{-0{,}2s}$)

c) Berechnen Sie den Inhalt des Flächenstücks, das von G_f, der y-Achse sowie den Geraden mit den Gleichungen y = 1 und x = 5 begrenzt wird. D2

Einen Teil dieses Flächenstücks nimmt das zu s = 5 gehörige Rechteck ein. Bestimmen Sie den prozentualen Anteil des Flächeninhalts dieses Rechtecks am Inhalt des Flächenstücks.

Lösung

a) Waagerechte Asymptote:

$\lim\limits_{x\to\infty} f(x) = \lim\limits_{x\to\infty} (1 + 7\,e^{-0{,}2x}) = 1$, also ist y = 1 eine Asymptote für den Graphen von f.

Monotonie: Ableitung gemäß Kettenregel:

$f'(x) = 7\,e^{-0{,}2x} \cdot (-0{,}2) = -1{,}4\,e^{-0{,}2x}$.

Da für alle x aus der Definitionsmenge die Ableitungsfunktion negativ ist, ist der Graph dort streng monoton fallend.

b) Zeichnung:

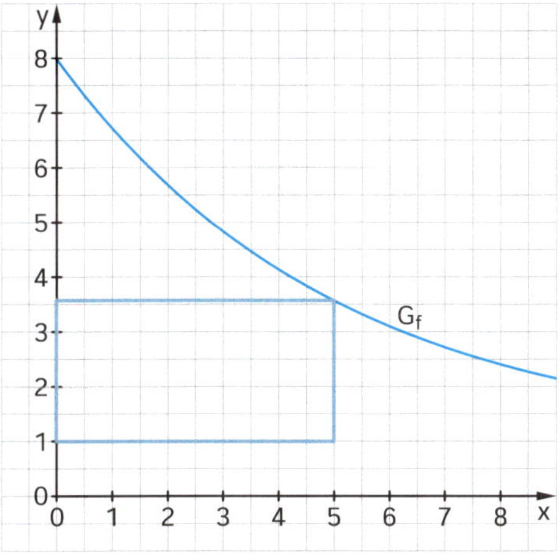

Flächeninhalt des Rechtecks:
$R(s) = (s - 0) \cdot (f(s) - 1) = s \cdot (1 + 7e^{-0,2s} - 1) = s \cdot 7e^{-0,2s} = 7s \cdot e^{-0,2s}$

Ableitung nach s gemäß Produkt- und Kettenregel:
$R'(s) = 7 \cdot e^{-0,2s} + 7s \cdot e^{-0,2s} \cdot (-0,2) = (7 - 1,4s) \cdot e^{-0,2s}$

notwendige Bedingung für ein Extremum:
$R'(s) = 0 \Leftrightarrow (7 - 1,4s) \cdot e^{-0,2s} = 0 \Leftrightarrow 7 - 1,4s = 0$ (da $e^{-0,2s} > 0$ für alle s) $\Leftrightarrow 1,4s = 7 \Leftrightarrow s = 5$

hinreichende Bedingung: Untersuche VZW von R' in der Umgebung von s = 5:
$R'(4) = (7 - 1,4 \cdot 4) \cdot e^{-0,2 \cdot 4} = 1,4 \cdot e^{-0,8} > 0$; $R'(6) = (7 - 1,4 \cdot 6) \cdot e^{-0,2 \cdot 6} = -1,4 \cdot e^{-1,2} < 0$.

Daher liegt für s = 5 ein lokales Maximum vor (VZW von + nach –). Dieser maximale Flächeninhalt beträgt

$R(5) = 7 \cdot 5 \cdot e^{-0,2 \cdot 5} = 35 \cdot e^{-1} = \frac{35}{e}$.

c) Die Grafik zeigt das Flächenstück, dessen Flächeninhalt sich auf dem Integral des Graphen zwischen 0 und 5 abzüglich des Flächeninhalts des Rechtecks mit den Eckpunkten (0|0), (5|0), (5|1) und (0|1) ergibt:

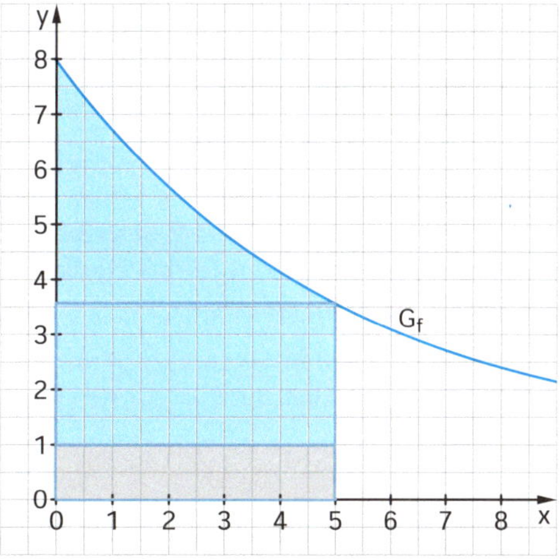

$$A = \int_0^5 f(x)\,dx - 1 \cdot 5 = \int_0^5 (1 + 7e^{-0,2x})\,dx - 5$$

$$= \left[x + \frac{7e^{-0,2x}}{-0,2}\right]_0^5 - 5 = \left(5 - \frac{7e^{-1}}{0,2}\right) - \left(-\frac{7e^0}{0,2}\right) - 5$$

$$= 5 - 35e^{-1} + 35 - 5 = 35(1 - e^{-1}) \approx 22,12\,.$$

Der Anteil des maximalen Rechtecks (vgl. Teilaufgabe b)) beträgt daher:

$$\frac{35 \cdot e^{-1}}{35(1 - e^{-1})} = \frac{e^{-1}}{1 - e^{-1}} \approx 0,582 = 58,2\,\%.$$

Aufgabe 2

Die in $\mathbb{R}_0^+$ definierte Funktion $A: x \mapsto \frac{8}{f(x)}$ beschreibt modellhaft die zeitliche Entwicklung des Flächeninhalts eines Algenteppichs am Südufer eines Sees. Dabei ist x die seit Beobachtungsbeginn vergangene Zeit in Tagen und $A(x)$ der Flächeninhalt in Quadratmetern.

a) Bestimmen Sie $A(0)$ sowie $\lim\limits_{x \to \infty} A(x)$ und geben Sie jeweils die Bedeutung des Ergebnisses im Sachzusammenhang an. Begründen Sie mithilfe des Monotonieverhaltens der Funktion f, dass der Flächeninhalt des Algenteppichs im Laufe der Zeit ständig zunimmt. C3 B8

b) Bestimmen Sie denjenigen Wert x_0, für den $A(x_0) = 4$ gilt, und interpretieren Sie Ihr Ergebnis im Sachzusammenhang.

(zur Kontrolle: $x_0 \approx 9{,}7$)

c) Bestimmen Sie die momentane Änderungsrate des Flächeninhalts des Algenteppichs zu Beobachtungsbeginn. A3 A5

d) Nur zu dem Zeitpunkt, der im Modell durch x_0 (vgl. Aufgabe 2b) beschrieben wird, nimmt die momentane Änderungsrate des Flächeninhalts des Algenteppichs ihren größten Wert an. Geben Sie eine besondere Eigenschaft des Graphen von A im Punkt $(x_0 \,|\, A(x_0))$ an, die sich daraus folgern lässt, und begründen Sie Ihre Angabe. B7

e) Skizzieren Sie den Graphen der Funktion A unter Verwendung der bisherigen Ergebnisse in der Abbildung 2.

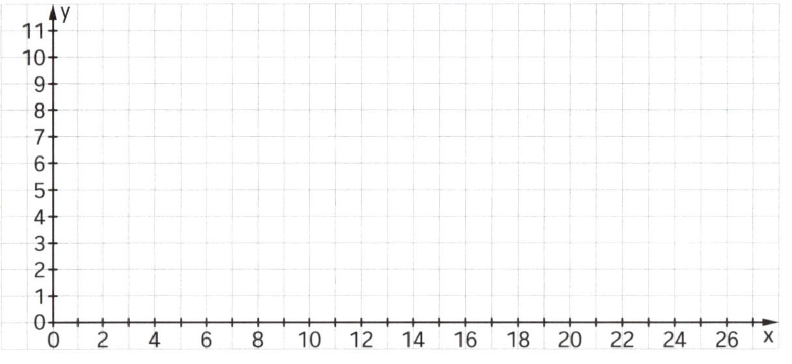

Abbildung 2

f) Um die zeitliche Entwicklung des Flächeninhalts eines Algenteppichs am Nordufer des Sees zu beschreiben, wird im Term $A(x)$ die im Exponenten zur Basis e enthaltene Zahl $-0{,}2$ durch eine kleinere Zahl ersetzt.

Vergleichen Sie den Algenteppich am Nordufer mit dem am Südufer

- hinsichtlich der durch $A(0)$ und $\lim\limits_{x \to +\infty} A(x)$ beschriebenen Eigenschaften (vgl. Aufgabe 2a).
- hinsichtlich der momentanen Änderungsrate des Flächeninhalts zu Beobachtungsbeginn (vgl. Aufgabe 2c).

Skizzieren Sie – ausgehend von diesem Vergleich – in der Abbildung 2 den Graphen einer Funktion, die eine mögliche zeitliche Entwicklung des Flächeninhalts des Algenteppichs am Nordufer beschreibt. A3 B8

Lösung

a) Für $A(x) = \frac{8}{1 + 7e^{-0,2x}}$ ergibt sich:

$A(0) = \frac{8}{1 + 7e^{0}} = 1$ und $\lim\limits_{x \to \infty} A(x) = \lim\limits_{x \to \infty} \frac{8}{1 + 7e^{-0,2x}} = \frac{8}{1} = 8.$

Zu Beginn hat der Algenteppich eine Größe von 1 m^2, im Laufe der Zeit wird er sich der Größe von 8 m^2 annähern.

Da $f'(x)$ streng monoton fallend ist mit der Asymptote $y = 1$ (vgl. Aufgabe 1), ist der Graph von $A(x)$ streng monoton steigend (mit Grenzwert 8).

b) $A(x) = 4 \Leftrightarrow \frac{8}{1 + 7e^{-0,2x}} = 4 \Leftrightarrow 8 = 4 \cdot (1 + 7e^{-0,2x}) \Leftrightarrow 2 = 1 + 7e^{-0,2x} \Leftrightarrow e^{-0,2x} = \frac{1}{7} \Leftrightarrow -0,2x = \ln\left(\frac{1}{7}\right)$

$\Leftrightarrow x = -5\ln\left(\frac{1}{7}\right) \approx 9,7.$

Nach ungefähr 10 Tagen wird der Algenteppich eine Fläche von 4 m^2 bedecken, also die Hälfte der maximalen Fläche von 8 m^2.

c) Ableitung von $A(x) = 8 \cdot (1 + 7e^{-0,2x})^{-1}$ gemäß Kettenregel:

$A'(x) = 8 \cdot (-1) \cdot (1 + 7e^{-0,2x})^{-2} \cdot 7e^{-0,2x} \cdot (-0,2) = 11,2 \cdot e^{-0,2x} \cdot (1 + 7e^{-0,2x})^{-2} = \frac{11,2 \cdot e^{-0,2x}}{(1 + 7e^{-0,2x})^2},$

$A'(0) = \frac{11,2 \cdot e^{-0,2 \cdot 0}}{(1 + 7e^{-0,2 \cdot 0})^2} = \frac{11,2}{64} = 0,175.$

Die momentane Änderungsrate des Flächeninhalts des Algenteppichs zu Beobachtungsbeginn beträgt $0,175 \frac{m^2}{\text{Tag}}$.

d) An einer Stelle, an der die momentane Änderungsrate einer Funktion ein lokales Maximum hat, liegt eine Wendestelle des Graphen

e) Über den Graphen von $A(x)$ ist bekannt:
$A(0) = 1$; $A(9,7) \approx 4$; $A'(0) = 0,175$; $\lim\limits_{x \to \infty} A(x) = \lim\limits_{x \to \infty} \frac{8}{1 + 7e^{-0,2x}} = 8$ (waagerechte Asymptote).

Weitere Werte können mithilfe des TR bestimmt werden:

DEG
$f(x) = \frac{8}{1+7e^{-0.2x}}$

x	f(x)
0	1
2	1.405422
4	1.929895

x=0

x	f(x)
6	2.573705
8	3.314996
10	4.108153

x=10

x	f(x)
12	4.89289
14	5.611395
16	6.224056

x=16

usw.

Skizze: siehe folgende Seite.

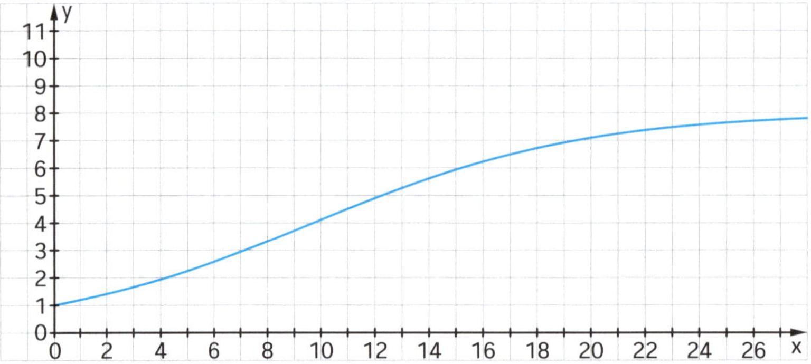

f) Wenn $A_k(x) = \frac{8}{1 + 7e^{k \cdot x}}$ mit $k < -0{,}2$, dann bleibt $A_k(0) = 1$, d. h., der Algenteppich war zu Beginn im Norden genauso groß wie im Süden.

Auch der Grenzwert bleibt gleich:

$\lim\limits_{x \to \infty} A_k(x) = \lim\limits_{x \to \infty} \frac{8}{1 + 7e^{k \cdot x}} = 8$, da $e^{k \cdot x} \to 0$ für $x \to \infty$ und $k < -0{,}2$,

d. h., auch hier wird nach längerer Zeit eine Fläche von 8 m² bedeckt sein.

Für die Ableitung von $A_k(x) = 8 \cdot (1 + 7e^{k \cdot x})^{-1}$ gilt:

$A_k'(x) = 8 \cdot (-1) \cdot (1 + 7e^{k \cdot x})^{-2} \cdot 7e^{k \cdot x} \cdot k = -56k \cdot e^{k \cdot x} \cdot (1 + 7e^{k \cdot x})^{-2}$ und somit

$A_k'(0) = -56k \cdot 1 \cdot (1 + 7)^{-2} = -\frac{56}{64} \cdot k = -\frac{7}{8} \cdot k$,

also beispielsweise für $k = -0{,}3$: $A'_{-0{,}3}(x) = 0{,}2625$ (steiler).

DEG
$g(x) = \frac{8}{1+7e^{-0.3x}}$

DEG

x	f(x)	g(x)
0	1	1
2	1.405422	1.652319
4	1.929895	2.573705

g(x)=1

DEG

x	f(x)	g(x)
6	2.573705	3.708696
8	3.314996	4.89289
10	4.108153	5.932476

g(x)=5.932475912927

usw.

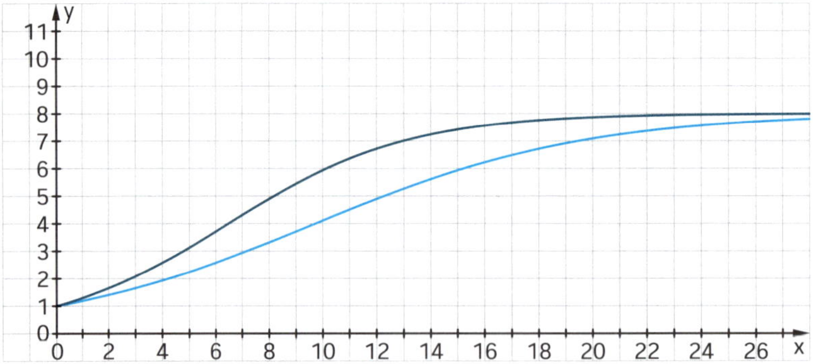

Prüfungsteil B Stochastik – Aufgabengruppe 1

Aufgabe 1

In einer Gemeinde gibt es 6250 Haushalte, von denen 2250 über einen schnellen Internetanschluss verfügen. Zwei Drittel der Haushalte, die über einen schnellen Internetanschluss verfügen, besitzen auch ein Abonnement eines Streamingdiensts. 46 % aller Haushalte verfügen weder über einen schnellen Internetanschluss noch besitzen sie ein Abonnement eines Streamingdiensts.
Betrachtet werden die folgenden Ereignisse:
A: „Ein zufällig ausgewählter Haushalt verfügt über einen schnellen Internetanschluss."
B: „Ein zufällig ausgewählter Haushalt besitzt ein Abonnement eines Streamingdiensts."

Stellen Sie zu der beschriebenen Situation eine vollständig ausgefüllte Vierfeldertafel auf und überprüfen Sie, ob die Ereignisse A und B stochastisch unabhängig sind. I3 I6

Lösung

		Streamingdienst-Abonnement		
		ja	nein	gesamt
schneller Internet-anschluss	ja	$2250 \cdot \frac{2}{3} = 1500$	750	2250
	nein	1125	$0,46 \cdot 6250 = 2875$	4000
gesamt		2625	3625	6250

Aufgrund der Informationen im Text können vier Informationen in die 4-Felder-Tafel eingetragen werden (weiße Felder). Hieraus ergeben sich durch Summen- und Differenzbildung die übrigen absoluten Häufigkeiten (blaue Felder).

Dividiert man alle Daten durch die Gesamtzahl aller Haushalte, dann erhält man die zugehörige 4-Felder-Tafel mit Wahrscheinlichkeiten für die Zufallsauswahl:

		Streamingdienst-Abonnement		
		ja	nein	gesamt
schneller Internet-anschluss	ja	0,24	0,12	0,36
	nein	0,18	0,46	0,64
gesamt		0,42	0,58	1

Hieraus ergeben sich die gesuchten Wahrscheinlichkeiten: $P(A) = 0{,}36$; $P(B) = 0{,}42$.

Stochastische Unabhängigkeit liegt vor, wenn die Zeilen bzw. Spalten der Tabelle zueinander proportional sind; dies ist offensichtlich nicht der Fall.

Alternativ kann auch beispielsweise geprüft werden, ob die Produktregel anwendbar ist:
$P(A) \cdot P(B) = 0{,}36 \cdot 0{,}42 = 0{,}1512 \neq P(A \cap B) = 0{,}24$.

Weitere Alternativen wären zu prüfen, ob A stochastisch unabhängig/abhängig ist von B, also $P(A) = P_B(A)$, und/oder, ob B stochastisch unabhängig ist von A, also

$P(B) = P_A(B)$. Dies ist ebenso nicht erfüllt: $P(A) = 0{,}36$; $P_B(A) = \frac{0{,}24}{0{,}42} \approx 0{,}57$ und

$P(B) = 0{,}42$; $P_A(B) = \frac{0{,}24}{0{,}36} \approx 0{,}67$.

Aufgabe 2

Ein Telekommunikationsunternehmen möchte neue Kunden gewinnen. Dazu schickt es an zufällig ausgewählte Haushalte Werbematerial. Im Folgenden soll davon ausgegangen werden, dass die angeschriebenen Haushalte unabhängig voneinander mit einer Wahrscheinlichkeit von jeweils 20 % noch nicht über einen schnellen Internetanschluss verfügen.

a) Ermitteln Sie jeweils die Wahrscheinlichkeit dafür, dass unter 10 angeschriebenen Haushalten
   - mindestens zwei noch nicht über einen schnellen Internetanschluss verfügen. J3
   - genau acht bereits über einen schnellen Internetanschluss verfügen. J3

b) Beschreiben Sie im Sachzusammenhang ein Ereignis, dessen Wahrscheinlichkeit durch den Term $0{,}2^{10} + (1 - 0{,}2)^{10}$ angegeben wird. J3

c) Ermitteln Sie, wie viele Haushalte das Unternehmen mindestens anschreiben müsste, damit mit einer Wahrscheinlichkeit von mehr als 99 % wenigstens ein angeschriebener Haushalt, der noch nicht über einen schnellen Internetanschluss verfügt, einen solchen einrichten lassen würde. Gehen Sie dabei davon aus, dass sich jeder hundertste angeschriebene Haushalt, der noch nicht über einen schnellen Internetanschluss verfügt, dafür entscheidet, einen solchen einrichten zu lassen. J4

Lösung

a) Zufallsgröße X: *Anzahl der Haushalte, die noch nicht über einen schnellen Internetausgang verfügen*

$P(X \geq 2) = 1 - P(X \leq 1) \approx 1 - 0{,}3758 = 0{,}6242$

$P(X = 2) \approx 0{,}3020$

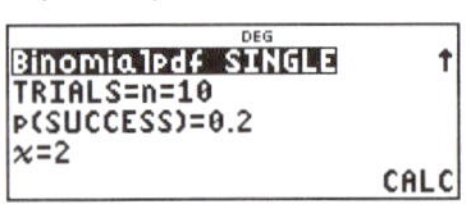

b) $0{,}2^{10} = P(X = 10)$, d. h. alle 10 ausgewählten Haushalte haben noch keinen schnellen Internetanschluss,

$(1 - 0{,}2)^{10} = P(X = 0)$, d. h. alle 10 ausgewählten Haushalte haben einen schnellen Internetanschluss.

Also: Entweder haben alle 10 Haushalte einen schnellen Internetanschluss oder alle 10 haben diesen nicht.

c) Anteil der Haushalte ohne schnellen Internetanschluss: 20 %.

Wahrscheinlichkeit, dass ein angeschriebener Haushalt sich dafür entscheidet, einen solchen Anschluss einrichten zu lassen: ein Hunderstel von 20 % = 0,002.

Y: *Anzahl der Haushalte, die noch nicht über einen schnellen Internetausgang verfügen und sich jetzt entscheiden, einen solchen einrichten zu lassen*

n Haushalte dieses Typs werden angeschrieben:
P(keiner der Haushalte wünscht einen Anschluss) = $P(Y = 0) = 0{,}998^n$; also
P(mindestens ein angeschriebener Haushalt wünscht einen Anschluss)
$= P(Y \geq 1) = 1 - 0{,}998^n$

Dieses Ereignis soll mit einer Wahrscheinlichkeit von mehr als 99 % eintreten:
$P(Y \geq 1) > 0{,}99 \Leftrightarrow 1 - 0{,}998^n > 0{,}99 \Leftrightarrow 0{,}998^n < 0{,}01 \Leftrightarrow n \cdot \log(0{,}998) < \log(0{,}01)$

$$\Leftrightarrow n > \frac{\log(0{,}01)}{\log(0{,}998)} \approx 2300.$$

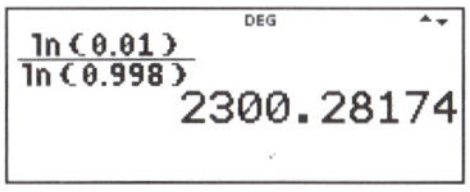

Es müssten mindestens 2300 der noch nicht versorgten Haushalte angeschrieben werden.

Aufgabe 3

Die Zufallsgröße Y kann die Werte 0, 1, 2, 3 und 4 annehmen. Die Tabelle zeigt die Wahrscheinlichkeitsverteilung von Y mit $a, b \in [0; 1]$.

k	0	1	2	3	4
$P(Y = k)$	a	b	$\frac{3}{8}$	b	a

a) Beschreiben Sie, woran man unmittelbar erkennen kann, dass der Erwartungswert von Y gleich 2 ist. J2

Die Varianz von Y ist gleich 11 .

b) Bestimmen Sie die Werte von a und b. I2

c) Die Zufallsgröße Z, die für eine Laplace-Münze die Anzahl des Auftretens von „Zahl" bei viermaligem Werfen beschreibt, hat ebenfalls den Erwartungswert 2 und es gilt analog $P(Z = 2) = 3$. Berechnen Sie die Varianz von Z, vergleichen Sie diese mit der Varianz von Y und beschreiben Sie davon ausgehend einen qualitativen Unterschied der Wahrscheinlichkeitsverteilungen von Z und Y. J2

Lösung

a) $E(Y) = 2$ folgt unmittelbar aus der symmetrischen Anordnung der Wahrscheinlichkeitsverteilung:
$P(Y = \mu - 1) = P(Y = \mu + 1) = b$ und $P(Y = \mu - 2) = P(Y = \mu + 2) = a$.

b) Die Varianz der Zufallsgröße ist wie folgt definiert:

$$V(X) = (0-2)^2 \cdot a + (1-2)^2 \cdot b + (2-2)^2 \cdot \frac{3}{8} + (3-2)^2 \cdot b + (4-2)^2 \cdot a$$
$$= 4a + b + 0 + b + 4a = \frac{11}{8}, \text{ also } 4a + b = \frac{11}{16}.$$

Außerdem gilt für die Wahrscheinlichkeiten $2a + 2b + \frac{3}{8} = 1 \Leftrightarrow a + b = \frac{5}{16}$.

Lösung des linearen Gleichungssystems (zweite Gleichung von der ersten subtrahieren):

$$\left| \begin{array}{l} 4a + b = \frac{11}{16} \\ a + b = \frac{5}{16} \end{array} \right| \Leftrightarrow \left| \begin{array}{l} 3a = \frac{6}{16} \\ a + b = \frac{5}{16} \end{array} \right| \Leftrightarrow \left| \begin{array}{l} a = \frac{2}{16} = \frac{1}{8} \\ b = \frac{3}{16} \end{array} \right|$$

c) Da der Münzwurf ein Bernoulli-Versuch ist, kann die Varianz gemäß der Formel $V(Z) = n \cdot p \cdot (1 - p)$ berechnet werden, hier also $V(Z) = 4 \cdot \frac{1}{2} \cdot \frac{1}{2} = 1$.

Da diese Varianz kleiner ist als die in Teilaufgabe b), streut die Zufallsgröße Z weniger stark um den Erwartungswert $\mu = 2$, d. h., für die Wahrscheinlichkeiten der beiden Nachbarwerte gilt:

$P(Z = 1) = P(Z = 3) = \frac{1}{4} > b = \frac{3}{16}$ (Wahrscheinlichkeit aus voriger Teilaufgabe) und weiter:

$P(Z = 0) = P(Z = 4) = \frac{1}{16} < a = \frac{1}{8}$ (Wahrscheinlichkeit aus voriger Teilaufgabe).

Prüfungsteil B Stochastik – Aufgabengruppe 2

Das Laplace-Gymnasium veranstaltet auf dem Sportplatz ein Fußballturnier für die neuen 5. Klassen.

Aufgabe 1

An dem Turnier nehmen neun Mannschaften teil. Die Mannschaften bestehen jeweils aus Jungen und Mädchen, wobei zwei Drittel aller mitspielenden Kinder männlich sind.

a) Die drei Spielführerinnen und die sechs Spielführer der Fußballmannschaften stellen sich in einer Reihe für ein Foto auf. Bestimmen Sie die Anzahl der Möglichkeiten für die Aufstellung der neun Kinder, wenn die drei Spielführerinnen nebeneinanderstehen sollen. J3

b) Im Rahmen der Begrüßung durch die Schulleiterin werden aus allen Spielerinnen und Spielern zunächst zehn Kinder ausgelost, die je einen Fußball erhalten sollen. Um die Wahrscheinlichkeit dafür zu berechnen, dass fünf Mädchen und fünf Jungen einen Ball erhalten, verwendet Max den Ansatz

$$\binom{10}{5} \cdot \left(\frac{2}{3}\right)^5 \cdot \left(\frac{1}{3}\right)^5.$$

Geben Sie an, ob Max dabei vom Modell „Ziehen mit Zurücklegen" oder vom Modell „Ziehen ohne Zurücklegen" ausgeht. Begründen Sie rechnerisch unter Zugrundelegung eines im Sachkontext realistischen Zahlenwerts für die Gesamtzahl der Spielerinnen und Spieler, dass die von Max berechnete Wahrscheinlichkeit nur geringfügig von der tatsächlichen Wahrscheinlichkeit abweicht. J3

Lösung

a) Anzahl der möglichen Aufstellungen der 6 Spielführer: $6! = 720$.

Anzahl der Möglichkeiten für die 3 Spielführerinnen: $3! = 6$.

Für die 3er-Gruppe der Spielführerinnen gibt es jeweils 7 Möglichkeiten, sich links und rechts von den 6 Spielführern aufzustellen, also insgesamt gibt es $720 \cdot 6 \cdot 7 = 30\,240$ Möglichkeiten der Anordnung.

b) Die angegebene Wahrscheinlichkeit legt ein Ziehen mit Zurücklegen zugrunde (Bernoulli-Ansatz). Die Wahrscheinlichkeit des Ereignisses beträgt ungefähr 13,66 %.

Für das Ziehen ohne Zurücklegen werde beispielsweise angenommen, dass zu jeder Mannschaft 11 Spieler + 4 Ersatzspieler = 15 Personen gehören, also im Mittel 10 Jungen und 5 Mädchen. Bei 9 Mannschaften aus insgesamt 90 Jungen und 45 Mädchen ergibt sich daher als Wahrscheinlichkeit

$$\frac{\binom{90}{5} \cdot \binom{45}{5}}{\binom{135}{10}} \approx 0{,}136.$$

Diese Wahrscheinlichkeit ändert sich kaum, wenn man bei der Rechnung von 9 Mannschaften mit jeweils nur 11 Spielern/innen ausgeht (66 Jungen, 33 Mädchen).

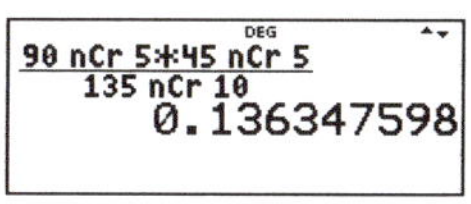

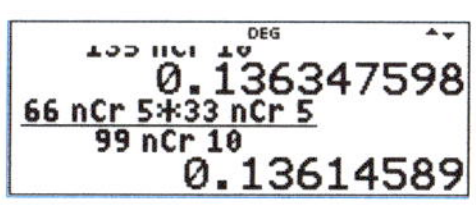

Die Abweichung der Wahrscheinlichkeiten ist also gering.

Aufgabe 2

Neben dem Fußballturnier werden für die Schülerinnen und Schüler auch ein Elfmeterschießen und ein Torwandschießen angeboten.

Dafür konnten sich die Kinder in zwei Listen eintragen. 45 % der Kinder haben sich sowohl für das Torwandschießen als auch für das Elfmeterschießen eingetragen, 15 % haben sich nur für das Elfmeterschießen eingetragen.
90 % der Kinder, die sich für das Torwandschießen eingetragen haben, haben sich auch für das Elfmeterschießen eingetragen. Aus den Kindern wird eines zufällig ausgewählt. Betrachtet werden die folgenden Ereignisse:

T: „Das Kind hat sich für das Torwandschießen eingetragen."
E: „Das Kind hat sich für das Elfmeterschießen eingetragen."

a) Untersuchen Sie die Ereignisse T und E auf stochastische Unabhängigkeit. I3 I6

b) Drücken Sie jedes der beiden folgenden Ereignisse unter Verwendung der Mengenschreibweise durch T und E aus.

A: „Das Kind hat sich in keine der Listen eingetragen."
B: „Das Kind hat sich in genau eine Liste eingetragen." I1

Lösung

a) Aus dem Aufgabentext geht hervor: $P(T \cap E) = 0{,}45$; $P(E \cap \overline{T}) = 0{,}15$ und $0{,}9 \cdot P(T) = P(T \cap E)$. Hieraus ergibt sich die folgende 4-Felder-Tafel:

		Torwandschießen		gesamt
		ja	nein	
Elfmeterschießen	ja	0,45	0,15	0,6
	nein	0,05	0,35	0,4
gesamt		0,5	0,5	**1**

Da die Zeilen und Spalten der Tabelle nicht proportional zueinander sind, sind die Ereignisse T und E nicht stochastisch unabhängig voneinander.

Alternativ genügt die Prüfung: $P(T \cap E) = P(T) \cdot P(E)$: $0{,}45 \neq 0{,}5 \cdot 0{,}6$.

b) $A = \overline{T} \cap \overline{E} = \overline{T \cup E}$; $B = (\overline{T} \cap E) \cup (T \cap \overline{E})$

Aufgabe 3

Beim Torwandschießen treten zwei Schützen gegeneinander an. Zunächst gibt der eine sechs Schüsse ab, anschließend der andere. Wer dabei mehr Treffer erzielt, hat gewonnen; andernfalls geht das Torwandschießen unentschieden aus

Joe trifft beim Torwandschießen bei jedem Schuss mit einer Wahrscheinlichkeit von 20 %, Hans mit einer Wahrscheinlichkeit von 30 %.

a) Bestimmen Sie die Wahrscheinlichkeit dafür, dass Joe beim Torwandschießen gegen Hans gewinnt, wenn Hans bei seinen sechs Schüssen genau zwei Treffer erzielt hat. Erläutern Sie anhand einer konkreten Spielsituation, dass das dieser Aufgabe zugrunde gelegte mathematische Modell im Allgemeinen nicht der Realität entspricht. J3

b) Beschreiben Sie im Sachzusammenhang ein Ereignis, dessen Wahrscheinlichkeit durch den Term $\sum_{k=0}^{6}(B(6;\,0{,}2;\,k) \cdot B(6;\,0{,}3;\,k))$ angegeben wird. J3

c) Lisa erreichte im Training in 90 % aller Fälle bei sechs Schüssen mindestens einen Treffer. Bestimmen Sie die Wahrscheinlichkeit dafür, dass ihr erster Schuss im Wettbewerb ein Treffer ist, wenn man davon ausgeht, dass sich ihre Trefferquote im Vergleich zum Training nicht ändert. Legen Sie Ihrer Berechnung als Modell eine geeignete BERNOULLI-Kette zugrunde. J3

Lösung

a) Binomialverteilte Zufallsgrößen H: *Anzahl der Treffer von Hans*, J: *Anzahl der Treffer von Joe*

$P(H = 2) \approx 0{,}324$

$P(J > 2) = 1 - P(J \leq 2) \approx 1 - 0{,}901 = 0{,}199$

Die Voraussetzung für die Anwendung eines Binomialmodells, bei dem eine konstante Erfolgswahrscheinlichkeit vorausgesetzt wird, ist in einer solchen stressbehafteten Situation nicht gegeben. Außerdem wird die Nervosität des zweiten Schützen durch die Vorleistung des ersten Schützen stark beeinflusst.

b) $B(6; 0{,}2; k)$ ist die Wahrscheinlichkeit, dass Joe in 6 Schüssen k Treffer erzielt.

$B(6; 0{,}3; k)$ ist die Wahrscheinlichkeit, dass Hans in 6 Schüssen k Treffer erzielt, also genauso viele wie Joe.

Die Summe über alle Produkte für $k = 0, \ldots, 6$ gibt daher die Wahrscheinlichkeit für ein Unentschieden an.

c) Unabhängigkeit und Konstanz der Trefferquote vorausgesetzt kann man wie folgt überlegen:

L: *Anzahl der Treffer von Lisa*
Aus dem Text entnimmt man die Information, dass $P(L \geq 1) = 0{,}9$.

Wegen $P(L \geq 1) = 1 - P(L = 0) = 1 - (1 - p)^6$ folgt:

$1 - (1 - p)^6 = 0{,}9 \Leftrightarrow (1 - p)^6 = 0{,}1 \Leftrightarrow 1 - p \approx 0{,}681 \Leftrightarrow p \approx 0{,}319.$

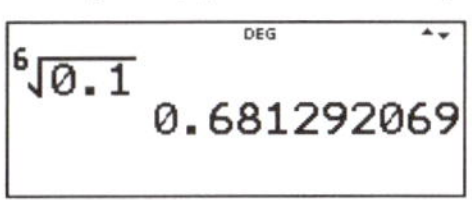

Lisa trifft demnach mit einer Erfolgswahrscheinlichkeit von ca. 32 %.

Prüfungsteil B Geometrie – Aufgabengruppe 1

Die Abbildung 1 zeigt modellhaft eine Mehrzweckhalle, die auf einer horizontalen Fläche steht und die Form eines geraden Prismas hat.
Die Punkte $A_1(0|0|0)$, $A_2(20|0|0)$, A_3 und $A_4(0|10|0)$ stellen im Modell die Eckpunkte der Grundfläche der Mehrzweckhalle dar, die Punkte B_1, B_2, B_3 und B_4 die Eckpunkte der Dachfläche.

Diejenige Seitenwand, die im Modell in der x_1x_3-Ebene liegt, ist 6 m hoch, die ihr gegenüberliegende Wand nur 4 m.

Eine Längeneinheit im Koordinatensystem entspricht 1 m, d. h. die Mehrzweckhalle ist 20 m lang.

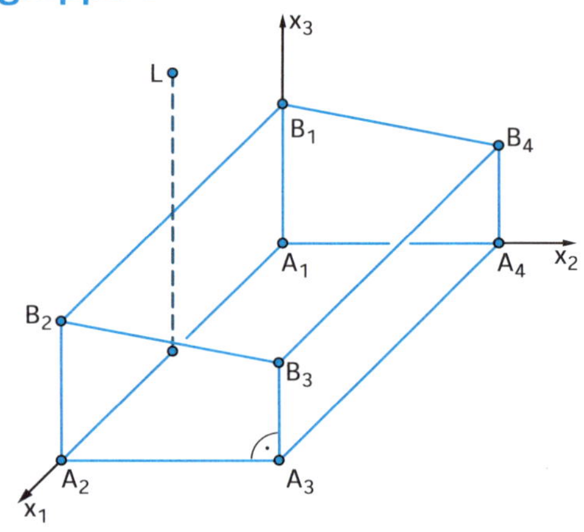

Abbildung 1

a) Geben Sie die Koordinaten der Punkte B_2, B_3 und B_4 an und bestätigen Sie, dass diese Punkte in der Ebene $E: x_2 + 5x_3 - 30 = 0$ liegen. E1 F6

b) Berechnen Sie die Größe des Neigungswinkels der Dachfläche gegenüber der Horizontalen. G2

c) Der Punkt $T(7|10|0)$ liegt auf der Kante $[A_3A_4]$. Untersuchen Sie rechnerisch, ob es Punkte auf der Kante $[B_3B_4]$ gibt, für die gilt: Die Verbindungsstrecken des Punktes zu den Punkten B_1 und T stehen aufeinander senkrecht. Geben Sie gegebenenfalls die Koordinaten dieser Punkte an. F1 E4

Der Punkt L, der vertikal über dem Mittelpunkt der Kante $[A_1A_2]$ liegt, veranschaulicht im Modell die Position einer Flutlichtanlage, die 12 m über der Grundfläche angebracht ist. Die als punktförmig angenommene Lichtquelle beleuchtet – mit Ausnahme des Schattenbereichs in der Nähe der Hallenwände – das gesamte Gelände um die Halle.

d) Die Punkte L, B_2 und B_3 legen eine Ebene F fest. Ermitteln Sie eine Gleichung von F in Normalenform. F3 F6 F7
(zur Kontrolle: $F: 3x_1 + x_2 + 5x_3 - 90 = 0$)

e) Die Ebene F schneidet die x_1x_2-Ebene in der Gerade g. Bestimmen Sie eine Gleichung von g. F4
(zur Kontrolle: $g: \vec{x} = \begin{pmatrix} 30 \\ 0 \\ 0 \end{pmatrix} + \lambda \cdot \begin{pmatrix} 1 \\ -3 \\ 0 \end{pmatrix}, \lambda \in \mathbb{R}$)

f) Die Abbildung 2 zeigt den Grundriss des Hallenmodells in der x_1x_2-Ebene. Stellen Sie unter Verwendung der bisherigen Ergebnisse den Schattenbereich der Flutlichtanlage in der Abbildung exakt dar. F8

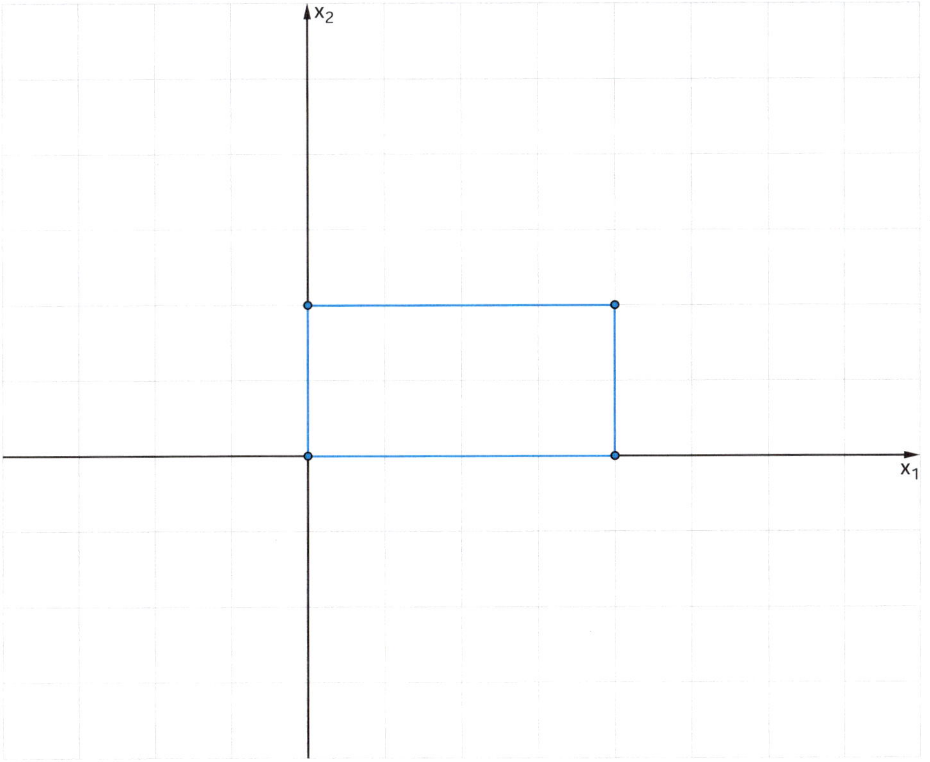

Abbildung 2

Lösung

a) $B_2(20|0|6)$, $B_3(20|10|4)$, $B_4(0|10|4)$

Punktproben: B_2: $20 \cdot 0 + 0 \cdot 1 + 5 \cdot 5 - 30 = 0$, B_3: $20 \cdot 0 + 10 \cdot 1 + 5 \cdot 4 - 30 = 0$,
B_4: $0 \cdot 0 + 10 \cdot 1 + 5 \cdot 4 - 30 = 0$.

b) Normalenvektor der Ebene: $\vec{n} = \begin{pmatrix} 0 \\ 1 \\ 5 \end{pmatrix}$.

Winkel zwischen der Normalen der x_1-x_2-Ebene und der Normalen der Ebene E:

$$\cos(\varphi) = \frac{\begin{pmatrix} 0 \\ 1 \\ 5 \end{pmatrix} * \begin{pmatrix} 0 \\ 0 \\ 1 \end{pmatrix}}{\sqrt{26} \cdot 1} = \frac{5}{\sqrt{26}} \quad \Leftrightarrow \quad \varphi = 11{,}3°$$

```
cos-1(5/√26)
11.30993247
```

c) Punkte auf der Kante B_3B_4 können mithilfe einer Parameterdarstellung beschrieben werden:

$$\vec{x} = \begin{pmatrix} 20 \\ 10 \\ 4 \end{pmatrix} + r \cdot \begin{pmatrix} 0-20 \\ 10-10 \\ 4-4 \end{pmatrix} = \begin{pmatrix} 20 \\ 10 \\ 4 \end{pmatrix} + r \cdot \begin{pmatrix} -20 \\ 0 \\ 0 \end{pmatrix} = \begin{pmatrix} 20 \\ 10 \\ 4 \end{pmatrix} + s \cdot \begin{pmatrix} -1 \\ 0 \\ 0 \end{pmatrix} = \begin{pmatrix} 20-s \\ 10 \\ 4 \end{pmatrix}$$

mit $0 \le r \le 1$, also $0 \le s \le 20$.

Skalarprodukt der Verbindungsvektoren der Punkte $(20 - s|10|4)$ mit den Punkten $T(7|10|0)$ und $B_1(0|0|6)$:

$$\left(\begin{pmatrix}7\\10\\0\end{pmatrix}-\begin{pmatrix}20-s\\10\\4\end{pmatrix}\right)*\left(\begin{pmatrix}0\\0\\6\end{pmatrix}-\begin{pmatrix}20-s\\10\\4\end{pmatrix}\right)=\begin{pmatrix}-13+s\\0\\-4\end{pmatrix}*\begin{pmatrix}-20+s\\-10\\2\end{pmatrix}$$

$= (-13+s)\cdot(-20+s) - 8 = 260 - 33s + s^2 - 8 = s^2 - 33s + 252$

Lösung der quadratischen Gleichung:

$s^2 - 33s + 252 = 0 \quad \Leftrightarrow \quad (s - 16{,}5)^2 = 20{,}25 \quad \Leftrightarrow \quad s = 21 \vee s = 12.$

Wegen $0 \le s \le 20$ kommt nur $s = 12$ infrage: Einsetzen von $s = 12$ ergibt $P(8|10|4)$.

d) Aus dem Text ergibt sich $L(10|0|12)$.

Ebene F: $\vec{x} = \begin{pmatrix}10\\0\\12\end{pmatrix} + r\cdot\begin{pmatrix}20-10\\0-0\\6-12\end{pmatrix} + s\cdot\begin{pmatrix}20-10\\10-0\\4-12\end{pmatrix} = \begin{pmatrix}10\\0\\12\end{pmatrix} + r\cdot\begin{pmatrix}10\\0\\-6\end{pmatrix} + s\cdot\begin{pmatrix}10\\10\\-8\end{pmatrix}.$

Jeder Vektor $\vec{n} = \begin{pmatrix}3\\n_2\\5\end{pmatrix}$ ist orthogonal zum ersten Richtungsvektor, mit $n_2 = 1$ ergibt sich der Normalenvektor der Ebene E: $\begin{pmatrix}3\\1\\5\end{pmatrix} * \begin{pmatrix}10\\10\\-8\end{pmatrix} = 0.$

Koordinatengleichung der Ebene:

$\vec{x} * \begin{pmatrix}3\\1\\5\end{pmatrix} = \begin{pmatrix}3\\1\\5\end{pmatrix} * \begin{pmatrix}10\\0\\12\end{pmatrix} = 90 \quad \Leftrightarrow \quad 3x_1 + x_2 + 5x_3 - 90 = 0\,.$

e) Gemeinsame Punkte mit der x_1x_2-Ebene (Koordinatengleichung $x_3 = 0$) erfüllen beide Bedingungen:

$3x_1 + x_2 + 5x_3 = 90 \wedge x_3 = 0 \quad \Leftrightarrow \quad 3x_1 + x_2 = 90 \wedge x_3 = 0 \quad \Leftrightarrow \quad x_2 = 90 - 3x_1 \wedge x_3 = 0.$

Mit $x_1 = k$ ergibt sich für die Schnittgerade g:

$\vec{x} = \begin{pmatrix}k\\90-3k\\0\end{pmatrix} = \begin{pmatrix}0\\90\\0\end{pmatrix} + k\cdot\begin{pmatrix}1\\-3\\0\end{pmatrix}$

f) In den Grundriss kann man die Bilder der Punkte B_2 und B_3 einzeichnen. Diese liegen auf der Geraden g; dazu wählt man die Parameterwerte $k = 30$ für B_2' (Schattenpunkt von B_2) und $k = 25$ für B_3' (dieser Punkt muss auch auf der Geraden durch L' und A_3 liegen, vgl. gestrichelte blaue Linie).

Wegen der Mittellage des Flutlichtmastes ergeben sich die Schattenbilder von B_1 und B_4 durch Spiegelung an der Parallelen zur x_2-Achse durch L'.

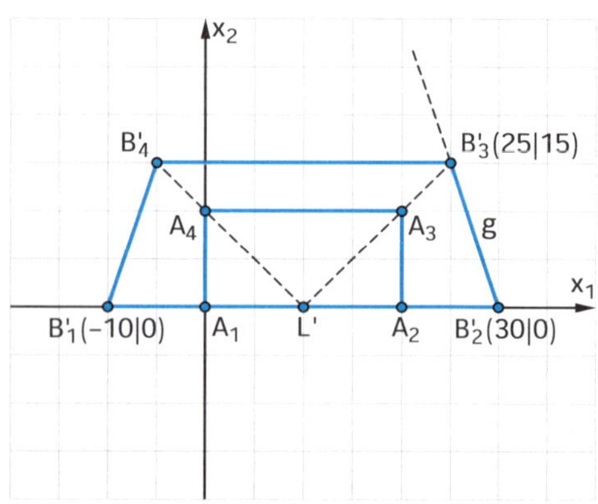

Prüfungsteil B Geometrie – Aufgabengruppe 2

Gegeben sind in einem kartesischen Koordinatensystem die Ebene

$E: 4x_1 - 8x_2 + x_3 + 50 = 0$ und die Gerade $g: \vec{X} = \begin{pmatrix} 3 \\ 12 \\ -2 \end{pmatrix} + \lambda \cdot \begin{pmatrix} 5 \\ 11 \\ -4 \end{pmatrix}, \lambda \in \mathbb{R}$.

a) Erläutern Sie, warum die folgende Rechnung ein Nachweis dafür ist, dass g und E genau einen gemeinsamen Punkt haben:

$$\begin{pmatrix} 4 \\ -8 \\ 1 \end{pmatrix} * \begin{pmatrix} 5 \\ 11 \\ -4 \end{pmatrix} = -72 \neq 0.$$ F8

b) Berechnen Sie die Größe des Schnittwinkels von g und E und zeigen Sie, dass $S(0{,}5|6{,}5|0)$ der Schnittpunkt von g und E ist. G3 F8

c) Die Kugel K mit dem Mittelpunkt $M(-13|20|0)$ berührt die Ebene E.Bestimmen Sie die Koordinaten des zugehörigen Berührpunkts F sowie den Kugelradius r. F8 E6
(zur Kontrolle: $F(-5|4|2)$, $r = 18$)

d) Weisen Sie nach, dass die Gerade g die Kugel K im Punkt $T(3|12|-2)$ berührt.

Die Punkte M, T, S und F (vgl. die Aufgaben b, c und d) liegen in einer Ebene Z. Die nicht maßstabsgetreue Abbildung zeigt die Gerade g, den Schnitt der Ebene E mit der Ebene Z sowie den Schnitt der Kugel K mit der Ebene Z. E6 E4

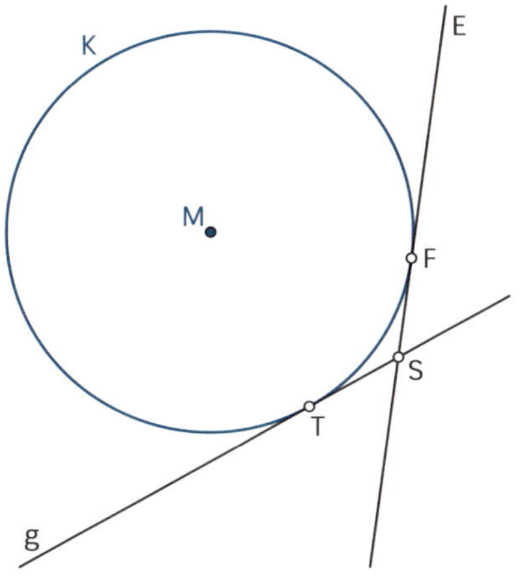

e) Begründen Sie, dass das Viereck MTSF einen Umkreis besitzt. Berechnen Sie den Flächeninhalt dieses Vierecks. G4

f) Durch Rotation des Vierecks MTSF um die Gerade MS entsteht ein Körper. Beschreiben Sie diesen Körper.

In einer Formelsammlung ist zur Berechnung des Volumens eines solchen Körpers die Formel $V = \frac{1}{3} \cdot \left(\frac{a}{2}\right)^2 \cdot \pi \cdot b$ zu finden. Geben Sie für den beschriebenen Körper die Strecken an, deren Längen für a bzw. b einzusetzen sind.

Lösung

a) Der Normalenvektor der Ebene ist nicht orthogonal zum Richtungsvektor der Geraden; daher müssen sich Gerade und Ebene in genau einem Punkt schneiden.

b) Winkel zwischen Normalenvektor der Ebene und Richtungsvektor der Geraden:

$$\frac{\begin{pmatrix}4\\-8\\1\end{pmatrix} * \begin{pmatrix}5\\11\\-4\end{pmatrix}}{\sqrt{81}\cdot\sqrt{162}} = \frac{-72}{\sqrt{81}\cdot\sqrt{162}} \quad \Leftrightarrow \quad \varphi \approx 128{,}94°.$$

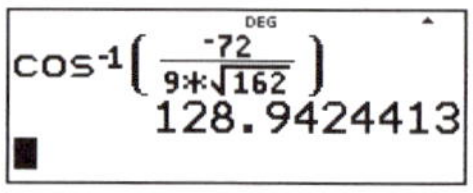

Hieraus ergibt sich als Winkel zwischen Ebene und Gerade
$\alpha = \varphi - 90° \approx 38{,}94°$.

Bestimmung des Schnittpunkts S von Gerade und Ebene:

Einsetzen der Koordinaten von Punkten der Geraden in die Koordinatengleichung der Ebene:
$4\cdot(3+5\lambda) - 8\cdot(12+11\lambda) + (-2-4\lambda) = -50 \quad \Leftrightarrow$
$12 + 20\lambda - 96 - 88\lambda - 2 - 4\lambda = -50 \Leftrightarrow -72\lambda = 36 \Leftrightarrow \lambda = -0{,}5.$

Einsetzen des Parameterwerts zur Bestimmung von S:

$(3+5\cdot(-0{,}5)\,|\,12+11\cdot(-0{,}5)\,|\,-2-4\cdot(-0{,}5)) = (0{,}5\,|\,6{,}5\,|\,0).$

c) Bestimmung des Fußpunktes eines Lots vom Mittelpunkt M auf die Ebene:

$$\vec{x} = \begin{pmatrix}-13\\20\\0\end{pmatrix} + k\cdot\begin{pmatrix}4\\-8\\1\end{pmatrix} = \begin{pmatrix}-13+4k\\20-8k\\k\end{pmatrix}$$

Einsetzen in die Koordinatengleichung der Ebene:

$4\cdot(-13+4k) - 8\cdot(20-8k) + k = -50 \quad \Leftrightarrow \quad -52 + 16k - 160 + 64k + k = -50$
$\Leftrightarrow \quad 8k = 162 \quad \Leftrightarrow \quad k = 2.$

Bestimmung des Fußpunkts F: $(-13+4\cdot2\,|\,20-8\cdot2\,|\,2) = (-5\,|\,4\,|\,2)$.

Quadrat des Abstands zum Mittelpunkt:

$(-13-(-5))^2 + (20-4)^2 + (0-2)^2 = 64 + 256 + 4 = 324$, also Radius $r = 18$.

d) Da die Koordinaten des Punkts T gegeben sind, können diese in die Kugelgleichung eingesetzt werden:
Kugelgleichung K: $(x_1+13)^2 + (x_2-20)^2 + x_3^2 = 18^2$.

Koordinaten von T einsetzen: $16^2 + 8^2 + (-2)^2 = 324 = 18^2$, d. h., T liegt auf der Kugel.

Der Punkt T ist der Aufpunkt der Geraden g; daher liegt T sowohl auf der Kugel als auch auf der Geraden.

Die Berühreigenschaft kann nachgewiesen werden, indem man das Skalarprodukt des Verbindungsvektors $\overrightarrow{TM}$ mit dem Richtungsvektor der Geraden bildet:

$$\begin{pmatrix}-13-3\\20-12\\0-(-2)\end{pmatrix} * \begin{pmatrix}5\\11\\-4\end{pmatrix} = -80 + 88 - 8 = 0$$

Alternativ kann man den Schnittpunkt von Gerade und Kugel bestimmen; die zugehörige Gleichung darf nur genau eine Lösung haben (nämlich $k = 0$, denn T ist der Aufpunkt der Geraden):

$(3 + 5k + 13)^2 + (12 + 11k - 20)^2 + (-2 - 4k)^2 = 18^2 \quad \Leftrightarrow$

$(16 + 5k)^2 + (-8 + 11k)^2 + (-2 - 4k)^2 = 18^2 \quad \Leftrightarrow$

$256 + 160k + 25k^2 + 64 - 176k + 121k^2 + 4 + 16k + 16k^2 = 324 \quad \Leftrightarrow$

$162k^2 = 0 \quad \Leftrightarrow \quad k = 0.$

e) Das Viereck MTSF ist ein symmetrischer Drachen mit rechten Winkeln bei T und F und besitzt daher einen Umkreis. Der Flächeninhalt des Drachen ist doppelt so groß wie der der beiden rechtwinkligen Dreiecke, deren Katheten die Seiten $|MT| = 18$ und $|TS|$ sind.

$|TS|^2 = (3 - 0{,}5)^2 + (12 - 6{,}5)^2 + (-2 - 0)^2 = 2{,}5^2 + 5{,}5^2 + 2^2 = 40{,}5.$

Flächeninhalt des Drachen $= 2 \cdot \frac{1}{2} \cdot 18 \cdot \sqrt{40{,}5} \approx 114{,}55.$

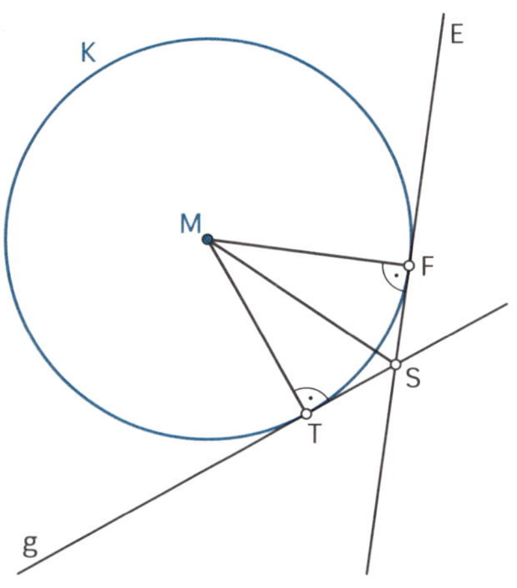

f) Durch Rotation entsteht ein Doppelkegel, dessen Grundflächen übereinstimmen. Der Radius dieser Grundflächen ist durch die Hälfte der Länge der Strecke TF gegeben. Die Höhen der beiden Kegel zusammen haben die Länge $|MS|$, daher ist $a = |TF|$ und $b = |MS|$.

Stichwortverzeichnis

Bildquellenverzeichnis

|Alamy Stock Photo (RMB), Abingdon/Oxfordshire: Burmeister, Holger 144.1; LianeM 135.1; Otto, Werner 149.1. |ARTWORK Agentur für visuelle Kommunikation, Hannover: Fotowirtz, Dormagen 2.1. |Getty Images, München: NurPhoto/Raa, Jonathan 157.1. |Kilian, Ulrich - science & more redaktionsbüro, Frickingen: 12.1, 12.2, 12.3, 12.4, 12.5, 12.6, 12.7, 20.1, 21.1, 22.1, 25.1, 40.2, 55.2, 60.1, 76.1, 77.1, 78.1, 86.1, 115.1, 116.1, 116.2, 117.1, 118.1, 124.1, 140.5, 145.1, 145.2, 166.1. |Langner & Partner Werbeagentur GmbH, Hemmingen: 15.1, 17.1, 17.2, 24.1, 27.1, 28.1, 28.2. |Peter Wirtz Fotografie, Dormagen: Titel. |Texas Instruments Education Technology GmbH, Freising: 89.2, 89.3, 89.4, 89.5, 89.6, 89.7, 98.1, 98.2, 98.3, 98.4, 98.5, 98.6, 98.7, 98.8, 98.9, 98.10, 100.1, 100.2, 100.3, 100.4, 100.5, 100.6, 103.1, 103.2, 103.3, 104.1, 104.2, 104.3, 104.4, 104.5, 104.6, 105.1, 105.2, 105.3, 105.4, 106.1, 106.2, 106.3, 107.1, 107.2, 107.3, 107.4, 107.5, 107.6, 108.1, 108.2, 108.3, 108.4, 129.1, 129.2, 129.3, 129.4, 129.5, 129.6, 133.1, 133.2, 133.3, 133.4, 136.1, 136.2, 136.4, 137.1, 137.2, 137.4, 139.1, 139.2, 139.3, 139.4, 139.5, 140.1, 140.2, 140.3, 140.4, 140.6, 140.7, 142.1, 142.2, 142.3, 142.4, 142.5, 142.6, 143.2, 143.3, 145.3, 145.4, 145.5, 148.1, 148.2, 148.3, 148.4, 148.5, 148.6, 148.8, 148.9, 158.1, 160.1, 161.1, 163.1, 163.2, 163.3, 163.4, 163.5, 163.6, 163.7, 163.8, 163.9, 163.10, 163.11, 164.1, 164.2, 164.3, 164.4, 164.5, 164.6, 164.7, 164.8, 164.9, 164.10, 165.1, 165.2, 165.3, 165.4, 165.5, 165.6, 167.1, 167.2, 167.3, 167.4, 167.5, 167.6, 167.7, 167.8, 167.9, 168.1, 168.2, 168.3, 168.4, 168.5, 168.6, 168.7, 169.1, 169.2, 169.3, 169.4, 171.1, 171.2, 171.3, 171.4, 171.5, 171.6, 171.7, 171.8, 172.1, 172.2, 172.3, 172.4, 172.5, 172.6, 172.7, 184.2, 191.1, 191.2, 191.3, 191.4, 192.2, 192.3, 192.4, 194.1, 194.2, 194.3, 194.4, 195.1, 197.1, 197.2, 197.3, 197.4, 199.1, 199.2, 199.3, 199.4, 199.5, 201.2, 204.1. |Wojczak, Michael, Braunschweig: 15.2, 17.3, 18.1, 18.2, 19.1, 20.2, 22.2, 26.1, 29.1, 30.1, 32.1, 32.2, 33.1, 33.2, 35.1, 35.2, 35.3, 35.4, 36.1, 36.2, 36.3, 37.1, 37.2, 38.1, 38.2, 40.1, 44.1, 45.1, 45.2, 46.1, 46.2, 48.1, 48.2, 48.3, 48.4, 49.1, 50.1, 50.2, 51.1, 52.1, 52.2, 52.3, 53.1, 53.2, 54.1, 54.2, 54.3, 54.4, 55.1, 56.1, 56.2, 58.1, 58.2, 59.1, 60.2, 62.1, 62.2, 62.3, 62.4, 63.1, 64.1, 65.1, 65.2, 68.1, 72.1, 73.1, 73.2, 73.3, 79.1, 79.2, 80.1, 81.1, 82.1, 82.2, 83.1, 84.1, 84.2, 84.3, 85.1, 86.2, 87.1, 89.1, 90.1, 90.2, 91.1, 93.1, 93.2, 95.1, 102.1, 102.2, 102.3, 106.4, 106.5, 111.1, 111.2, 112.1, 112.2, 112.3, 113.1, 114.1, 115.2, 118.2, 119.1, 119.2, 126.1, 127.1, 127.2, 131.1, 131.2, 131.3, 132.1, 133.5, 134.1, 135.2, 136.3, 137.3, 141.1, 143.1, 146.1, 146.2, 147.1, 148.7, 149.2, 150.1, 150.2, 151.1, 152.1, 153.1, 164.11, 170.1, 173.1, 174.1, 175.1, 175.2, 176.1, 176.2, 177.1, 178.1, 178.2, 179.1, 179.2, 179.3, 182.1, 183.1, 184.1, 185.1, 185.2, 186.1, 186.2, 187.1, 188.1, 189.1, 189.2, 190.1, 192.1, 192.5, 200.1, 201.1, 202.1, 203.1, 205.1.